AUTO

건축·인테리어 도면 입문을 위한

| 이은진 저 |

AutoCAD Drawing

CAD

DIGITAL BOOKS
디지털북스

건축·인테리어 도면 입문을 위한

AutoCAD Drawing

ı 만든 사람들 ı

기획 IT·CG기획부 ı **진행** 양종엽·박소정 ı **집필** 이은진 ı **책임 편집** studio Y ı **표지 디자인** D.J.I books design studio 원은영

ı 책 내용 문의 ı

도서 내용에 대해 궁금한 사항이 있으시면
저자의 홈페이지나 아이생각 홈페이지의 게시판을 통해서 해결하실 수 있습니다.

디지털북스 홈페이지 www.digitalbooks.co.kr
디지털북스 페이스북 www.facebook.com/ithinkbook
디지털북스 카페 cafe.naver.com/digitalbooks1999
디지털북스 이메일 digital@digitalbooks.co.kr
저자 이메일 arc217@nate.com

ı 각종 문의 ı

영업관련 hi@digitalbooks.co.kr
기획관련 digital@digitalbooks.co.kr
전화번호 (02) 447-3157~8

머리말

학교에서 실내 건축에 활용되는 컴퓨터 프로그램들을 가르친 지 9년이 되었습니다. 학생들에게 캐드 프로그램을 가르치며 가장 크게 느낀 것은 캐드 프로그램의 명령어만 알아서는 건축이나 인테리어를 디자인한 도면을 제대로 작업할 수 없다는 것입니다. 공간에 대한 이해와 도면 작도법을 알고 그려야 정확한 도면을 완성할 수 있습니다.

이 책에서는 기본 명령어뿐만 아니라 평면도, 천장도, 입면도의 기본 도면들을 작업하는 방법까지 자세하게 설명하였습니다. 처음에는 복잡하고 어렵게 느껴질 수 있습니다. 그렇지만 도면의 선 하나하나의 의미와 표현 기술들을 이해하면서 천천히 따라하면 기본 도면은 충분히 작업할 수 있을 것입니다.

PART 01 에서는 캐드의 구성 및 설정 옵션에 대하여 설명되어 있습니다.

PART 02 에서는 기본 그리기 및 편집 명령어들로 구성되어 있습니다.

PART 03 에서는 앞에서 배운 내용을 활용하여 가구 및 창호 그리기를 실습합니다.

PART 04 에서는 기본 도면 작업에 필요한 여러 가지 명령어들을 배울 수 있습니다.

PART 05 에서는 도면 작업을 하기 전에 알아야 할 도면의 선 및 축척에 대한 개념, 도면 양식이 설명되어 있습니다.

PART 06 에서는 실제 가구를 제작하기 위한 도면을 작성하는 방법에 대하여 배울 수 있습니다.

PART 07 에서는 주거 공간의 기본 평면도, 천장도, 입면도 실습으로 구성되어 있습니다.

PART 08 에서는 마지막으로 작업한 도면을 출력하는 방법에 대하여 설명되어 있습니다.

이 모든 내용은 인테리어 회사에서 일하고 운영하며 익힌 도면 작업 방법들과 학교에서 학생들을 가르치며 축적한 자료들을 기반으로 만들어졌습니다. 앞으로 건축 및 실내건축 분야를 공부하는 분들에게 도움이 되길 바랍니다.

이 책의 구성

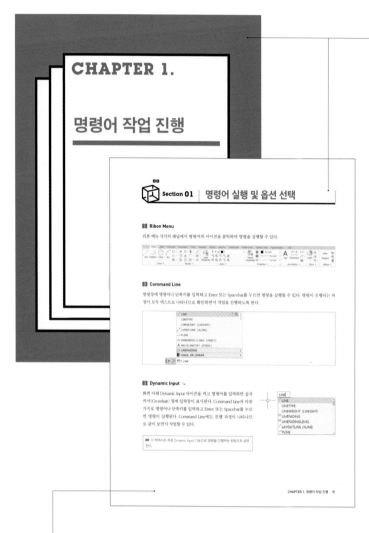

CHAPTER / SECTION

인테리어 도면 설계를 위한 명령어나
기능, 작업 단계를 분류하였습니다.

실습 파일: 도면양식(FORM).dwg

실습 파일 / 참고 파일

실습을 따라하거나 저자가 만든
도면 등을 참고할 수 있도록 제공
하는 파일입니다.

TIP

본문 내용 중에서 좀 더 자세하게
다룰 내용이나 참고할만한 내용을
담았습니다.

따라하기 / 실습

실제 작업 동선에 맞춘 그림을 통해 직관적으로
따라할 수 있도록 구성하였습니다.

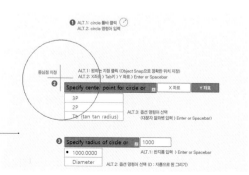

실습 및 참고 파일 다운로드하기

이 책은 실습 파일과 참고 파일을 제공합니다. 디지털북스 홈페이지(http://www. digitalbooks.co.kr/)를 빙문하셔서서 '자유게시판'에서 '오토캐드 드로잉'을 검색해주세요. 해당 게시글을 통해 파일을 다운로드할 수 있습니다.

실습 및 참고 파일 활용하기

위의 경로를 통해 다운로드한 파일의 압축을 풀어서 열어보세요. 파트별로 나눈 폴더가 있고, 그 안에는 다시 챕터별로 나눈 폴더가 들어 있습니다.

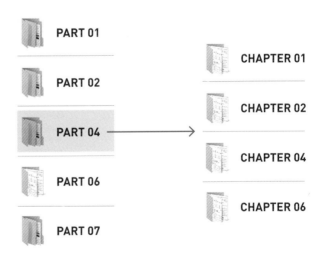

실행 환경

이 책의 저자가 실행한 AutoCAD는 2020 버전(영문판)입니다. 이와 다른 버전이더라도 기능의 구성이 크게 다르진 않으니 자유롭게 따라하실 수 있습니다.

CONTENTS

PART —————— 01

AutoCAD 기본 구성

CHAPTER 1.

AutoCAD
화면 구성 및 메뉴

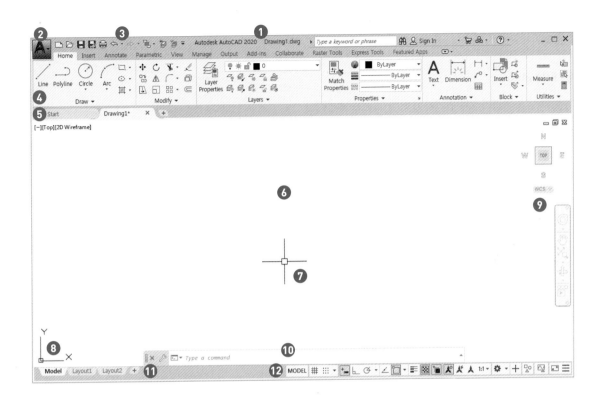

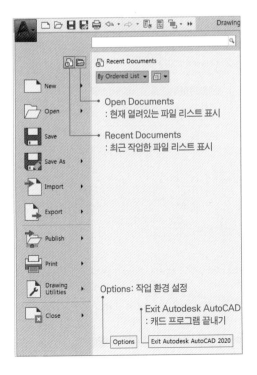

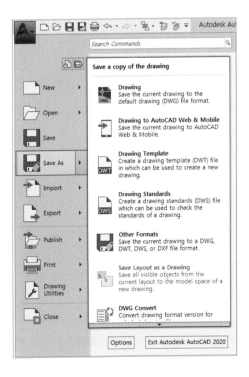

❶ Title Bar

파일의 제목 이름과 프로그램 버전을 표시한다.

❷ File Menu

캐드 파일을 전반적으로 관리하기 위한 기능을 표시한다.

1) **New**: 새로운 도면 열기 Ctrl+N

2) **Open**: 지정한 파일을 불러와서 열기 Ctrl+O

3) **Save**: 작업한 파일을 현재 위치에 저장하기 Ctrl+V

4) **Save As** ⇨ **Drawing**: 작업한 파일을 다른 이름으로 위치를 지정하여 저장하기 Ctrl+Shift+S

> 💬 높은 버전의 파일은 낮은 버전의 프로그램에서 열리지 않기 때문에 반드시 버전 확인하고 맞추어 저장

5) **Save As** ⇨ **Drawing Template**: 설정한 화면 구성 및 옵션을 템플릿 파일로 저장하면 새로운 파일을 열 때 선택하여 사용할 수 있다.

6) **Save As** 〉 **DWG Convert**: 선택한 파일들의 캐드 버전을 한 번에 변환하여 저장할 수 있다.

> **참고 파일: FLOOR PLAN 2020 (DWG Convert).dwg**

> 💬 autodesk.com 홈페이지에서 DWG TrueView 무료 프로그램을 다운로드 받아 설치하여 실행한다. 최신 버전으로 설치되기 때문에 캐드에서와 동일한 DWG Convert 명령을 사용하면 높은 버전의 캐드 파일이 열리고 낮은 버전의 캐드 파일로 변환하여 저장할 수 있다.

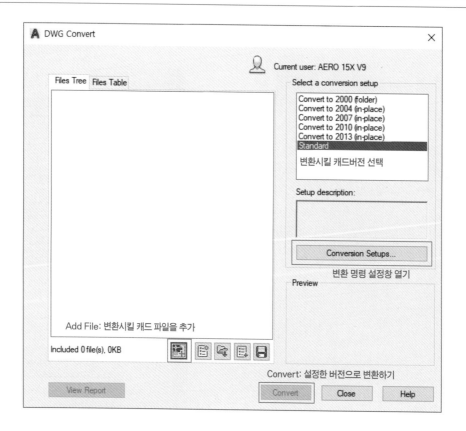

7) **Import 〉PDF:** PDF 파일의 도면을 캐드 도면으로 불러와서 연다.

참고 파일: FLOOR PLAN 2020 (DWG Convert).dwg

8) **Print:** 출력 및 출력 파일 관리하기 (Ctrl+P)

9) **Close 〉Current Drawing:** 현재 열려있는 파일 닫기

   Close 〉All Drawings: 열려있는 모든 파일 닫기

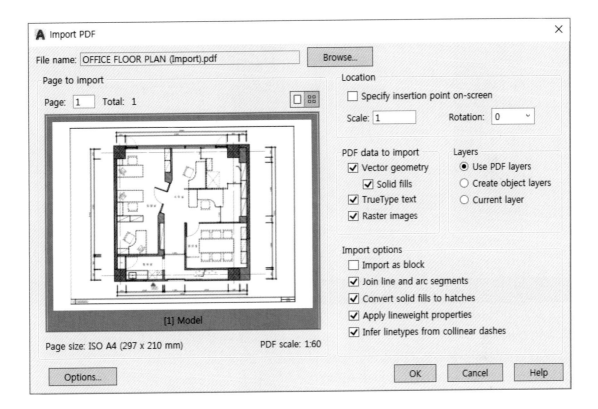

1) **Browse 버튼:** PDF 파일을 선택하여 불러온다.

2) **PDF data to import:** PDF 파일에서 불러올 데이터를 체크한다.

3) **Import options 〉Import as block:** 하나의 블록으로 묶어서 불러오는 옵션으로 상황에 따라 체크한다.

                  〉Join line and arc segments: 선이나 호를 연결하여 불러온다.

                  〉Convert solid fills to hatches: 솔리드 면을 해치로 변환하여 불러온다.

                  〉Apply lineweight properties: 선 두께 속성을 적용하여 불러온다.

                  〉Infer linetypes from collinear dashes: 동일 선상의 점들을 선 종류로 추정하여 불러온다.

> 📢 캐드에서 출력 저장한 PDF 파일만 선이나 레이어를 인식하여 불러올 수 있고 이미지로 이루어진 PDF 파일은 하나의 이미지로만 불러와 진다. 또한 도면으로 불러온 PDF 파일도 치수나 지시선, 점선 등이 분리되고 레이어의 속성도 포함되지 않기 때문에 주의한다.

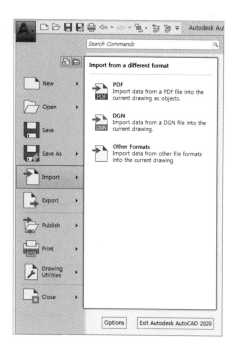
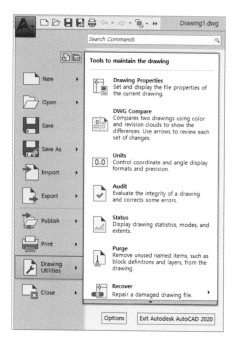

Drawing Utilities: 작업하는 파일을 유지, 복구하는 기능

① DWG Compare: 열려있는 파일과 선택한 파일 두 개를 비교하고 서로 다른 부분을 클라우드 마크로 표시하여 나타낸다.

② Units: 프로그램의 단위를 설정한다. (Decimal: mm 단위 / Precision: 소수점 자리)

③ Audit: 현재 열려있는 파일에 대한 오류 검사를 하고 고칠 것인지 설정한다.

④ Purge: 현재 열려있는 파일에서 사용되지 않고 있는 도면 아이템을 제거하는 기능으로 파일의 용량을 줄일 수 있다.

⑤ Recover: 문제가 발생한 파일을 수정하여 복구시킨다.

⑥ Open the Drawing Recovery Manager: 캐드 프로그램이 멈추거나 다운되었을 때 자동 저장된 백업 파일을 표시하고 복구하여 열도록 한다.

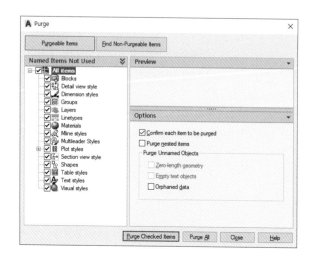

❸ Quick Access Toolbar

Customize Quick Access Toolbar에서 체크한 항목이 아이콘 형식으로 표시되어 나타난다. 또한, 원하는 명령어의 툴바 아이콘 위에서 마우스 오른쪽 클릭을 하면 확장 메뉴가 나타나고 Add to Quick Access Toolbar 명령을 선택하면 해당 명령어의 아이콘이 추가되어 표시된다.

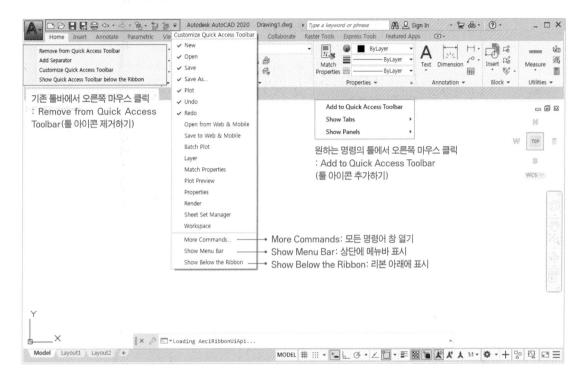

❹ Ribbon Menu

툴바 아이콘으로 표시된 명령을 속성별로 그룹화하여 탭으로 나타낸다. 화면에서 보이지 않을 경우 'ribbon' 명령어를 입력하고 Enter나 Spacebar를 누르면 다시 나타난다.

❺ File Tab

열려있는 파일을 탭으로 표시하여 나타낸다.

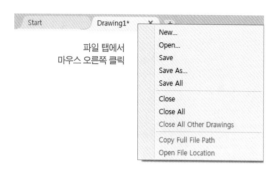

파일 탭에서
마우스 오른쪽 클릭

- **Save All**: 열려있는 전체 파일 저장하기
- **Close All**: 열려있는 전체 파일 닫기
- **Close All Other Drawings**: 현재 파일을 제외하고 열려있는 나머지 파일 모두 닫기
- **Copy Full File Path**: 현재 파일의 경로 복사하기
- **Open File Location**: 현재 파일이 저장되어 있는 위치 폴더 열기

❻ Drawing Area

도면을 작업하는 영역을 나타낸다.

❼ Crosshair Pickbox

현재 마우스의 위치를 나타낸다. 클릭하였을 경우 가운데의 Pickbox 안에 위치한 선이 선택된다.

❽ UCS Icon

화면에서 X, Y, Z 좌표 방향과 원점(0,0)의 위치를 나타낸다.

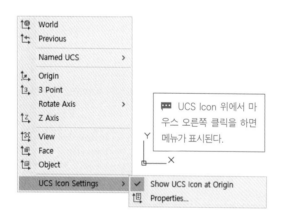

UCS Icon 위에서 마우스 오른쪽 클릭을 하면 메뉴가 표시된다.

UCS Icon Settings

- **Show UCS Icon at Origin을 체크할 경우**
  : 화면을 움직이면 원점의 위치가 계속 바뀌기 때문에 UCS Icon의 위치도 같이 이동

- **Show UCS Icon at Origin을 체크 해제할 경우**
  : UCS Icon이 이동하지 않고 화면 왼쪽 아래에 고정

Command Line 표시 툴

작업 화면에 있는 아이콘 표시 / 숨김

작업 화면의 탭 표시 / 숨김

⑨ ViewCube / Navigation Bar

이 기능은 필요에 따라 화면에서 숨기거나 화면을 더 넓게 사용할 수 있다. Ribbon의 View 탭의 Viewport Tools 패널에서 View Cube와 Navigation Bar 툴바를 클릭하면 각각의 표식을 화면에 나타내거나 숨길 수 있다.

⑩ Command Line (Ctrl+9)

명령어를 입력하고 명령어가 실행되는 과정에 대한 텍스트를 표시한다. 왼쪽 끝부분을 클릭한 상태로 드래그하여 원하는 위치로 이동할 수 있고 박스 테두리를 클릭 드래그하여 크기를 조정할 수 있다. Command Line 툴이 안 보일 경우에는 Command line 명령어를 입력하여 실행하거나 View 탭에서 툴 아이콘을 클릭하여 나타낸다.

⑪ Layout Tab

Model 및 Layout 탭을 표시하고 관리한다. Ribbon의 View 탭의 Interface 패널에서 Layout Tabs 툴바를 클릭하여 화면에서 표시를 숨기거나 나타낼 수 있다.

⑫ Status Bar

도면 작업 시 효율적인 작업을 할 수 있도록 보조 역할을 한다. 필요에 따라 끄거나 켜면서 관리한다.

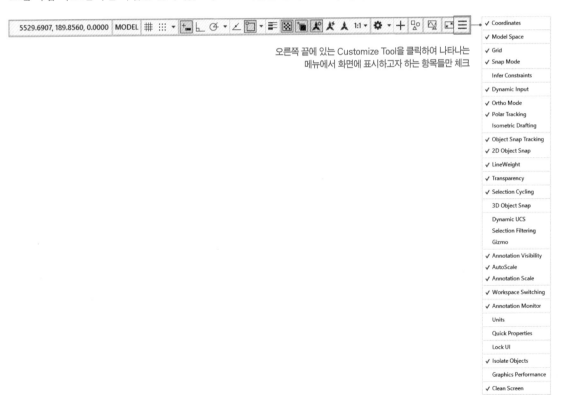

오른쪽 끝에 있는 Customize Tool을 클릭하여 나타나는
메뉴에서 화면에 표시하고자 하는 항목들만 체크

CHAPTER 2.

마우스 구성 및
객체 선택

1 마우스 왼쪽 버튼

객체를 선택하고 명령을 실행한다.

2 마우스 오른쪽 버튼

1) **Shortcut Menu:** 기능에 따라 다양한 확장 메뉴가 나타나며 원하는 명령을 선택할 수 있다.

2) **Enter:** Option에서 설정하면 마우스 오른쪽 버튼을 Enter 기능으로 사용할 수 있다.

3) **Shift + 마우스 오른쪽 버튼 클릭:** Osnap Menu가 표시된다.

3 마우스 가운데 스크롤 휠 버튼

1) **화면 확대 및 축소 기능** (Zoom In / Out)

스크롤 휠을 위로 돌리면 화면이 확대되고 아래로 돌리면 화면이 축소된다.

2) **화면 이동 기능** (Pan)

스크롤 휠을 누른 상태로 마우스를 드래그하면 작업 화면이 이동된다.

3) **객체 전체 보기 기능** (Zoom Extents)

스크롤 휠 버튼을 더블클릭하면 작업 중인 객체 전체가 한 화면에 모두 표시된다.

4 객체 선택 방법

1) 원하는 객체를 마우스 왼쪽 클릭을 하여 선택한다. 기본적으로 클릭할 때마다 십자커서(Crosshair)에 + 아이콘이 나타나면서 자동으로 객체가 추가 선택된다. 선택된 객체 중에서 부분적으로 선택을 취소할 경우에는 Shift + 왼쪽 마우스로 취소할 객체를 클릭한다. (전체 취소: ESC키)

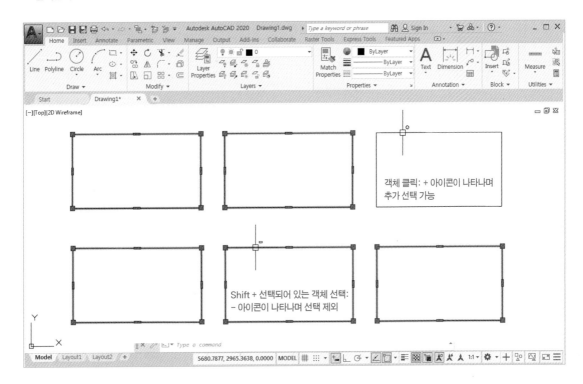

2) Crossing way: 객체의 오른쪽에서 클릭하고 왼쪽으로 드래그하여 다중 선택하는 방법이다. 초록색 박스로 표시되며 객체의 부분만 걸쳐져도 객체의 전체가 선택된다.

3) Window way: 객체의 왼쪽에서 클릭하고 오른쪽으로 드래그하여 다중 선택하는 방법이다. 파란색 박스로 표시되며 객체가 파란색 박스에 모두 포함되어야 선택된다.

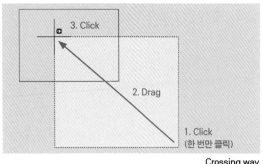

Crossing way

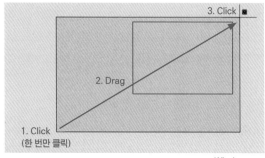

Window way

> 💬 클릭한 상태로 마우스를 드래그하면 드래그하는 방향에 따라 선택 영역의 형태가 만들어진다.

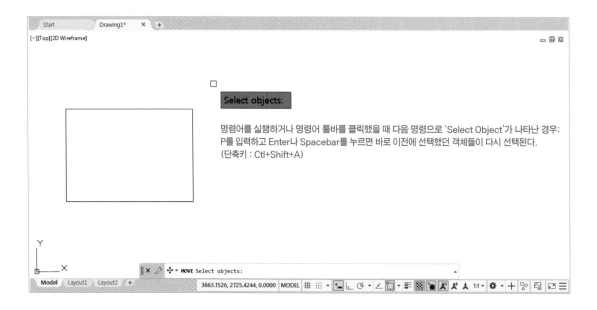

Select objects:

명령어를 실행하거나 명령어 툴바를 클릭했을 때 다음 명령으로 'Select Object'가 나타난 경우:
P를 입력하고 Enter나 Spacebar를 누르면 바로 이전에 선택했던 객체들이 다시 선택된다.
(단축키 : Ctl+Shift+A)

CHAPTER 3.

Status Bar
작업 설정

1 Coordinates `5529.6907, 189.8560, 0.0000`

십자 커서(Crosshair)의 X, Y, Z 좌표 위치를 표시한다. 2D 작업을 할 때는 Z 좌표는 항상 0으로 나타난다.

2 Grid [단축키: F7, Ctrl+G]

작업 영역 화면에 격자무늬의 패턴이 표시된다. 필요에 따라 기능을 사용하거나 해제한다.

3 Snap Mode [단축키: F9, Ctrl+B] ⠿

Snap spacing에서 설정한 간격으로 십자 커서(Crosshair)의 움직임을 제한한다. On 상태에서는 마우스의 움직임이 부드럽지 못하므로 가능한 Off 상태로 꺼놓는다.

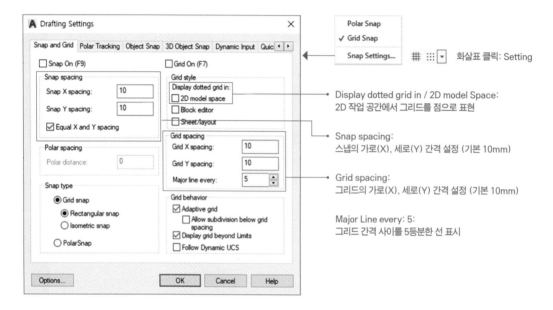

4 Ortho Mode [단축키: F8, Ctrl+L 또는 Shift+드래그] ㄴ

선을 그리거나 객체를 이동시킬 때 작업 방향을 수평 또는 수직으로만 제한한다.

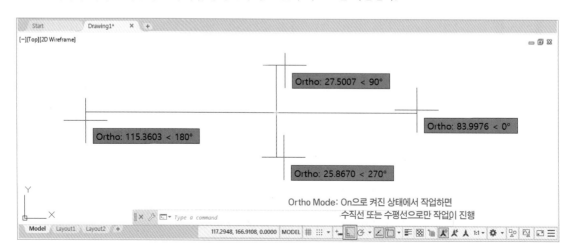

5 **Polar Tracking** (단축키: F10) ⟲

설정한 각도로 작업이 진행될 경우 초록색 점선의 경로가 표시되며, 이 기능은 Ortho Mode 와는 동시에 사용할 수 없다. ㄴ ⟲ ▾ 아이콘 옆의 화살표를 클릭하면 메뉴가 표시되고 원하는 각도를 선택하여 설정할 수 있다.

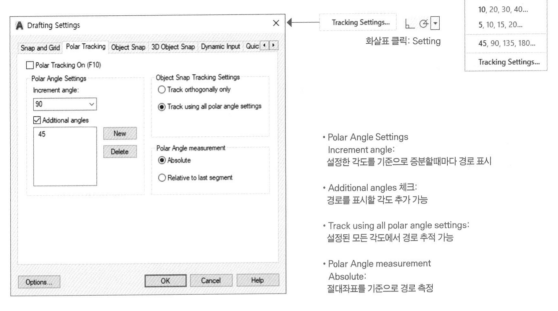

- Polar Angle Settings
  Increment angle:
  설정한 각도를 기준으로 증분할때마다 경로 표시

- Additional angles 체크:
  경로를 표시할 각도 추가 가능

- Track using all polar angle settings:
  설정된 모든 각도에서 경로 추적 가능

- Polar Angle measurement
  Absolute:
  절대좌표를 기준으로 경로 측정

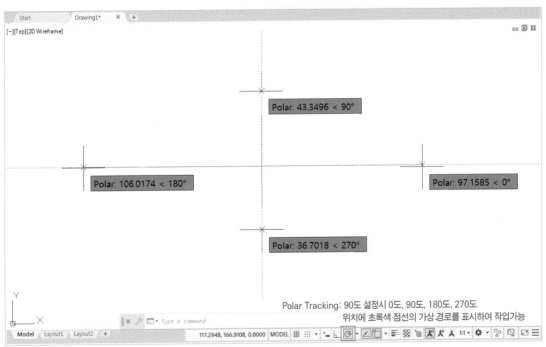

Polar Tracking: 90도 설정시 0도, 90도, 180도, 270도
위치에 초록색 점선의 가상.경로를 표시하여 작업가능

6 **Dynamic Input** [단축키: F12] +

십자 커서(Crosshair) 옆에 프롬프트 및 명령 입력창을 표시한다.

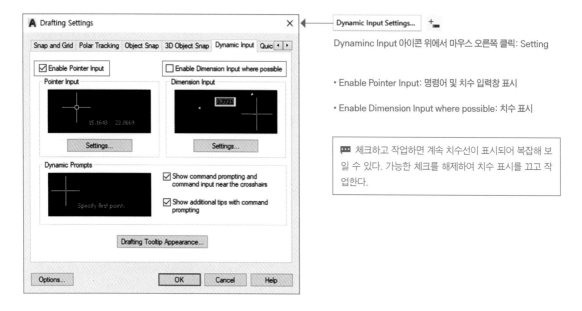

Dynaminc Input 아이콘 위에서 마우스 오른쪽 클릭: Setting

• Enable Pointer Input: 명령어 및 치수 입력창 표시

• Enable Dimension Input where possible: 치수 표시

> 체크하고 작업하면 계속 치수선이 표시되어 복잡해 보일 수 있다. 가능한 체크를 해제하여 치수 표시를 끄고 작업한다.

7 **Object Snap Tracking** [단축키: F11]

활성화된 Object Snap으로부터 자동으로 초록색 점선의 추정선이 표시된다. Object Snap 아이콘이 켜져 있어야 사용할 수 있다.

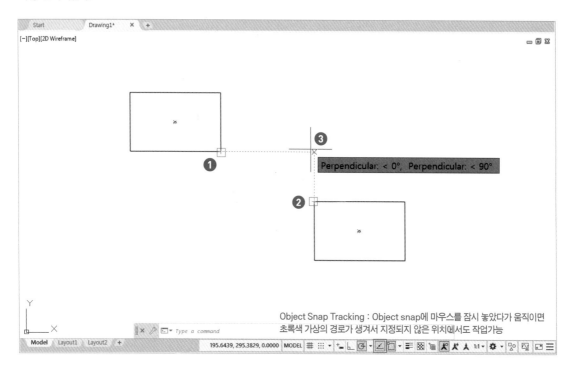

Object Snap Tracking : Object snap에 마우스를 잠시 놓았다가 움직이면 초록색 가상의 경로가 생겨서 지정되지 않은 위치에서도 작업가능

8 **2D Object Snap** [단축키: F3, Ctrl+F]

객체의 특정한 위치를 정확하게 찾을 수 있도록 아이콘이 나타난다. 명령어를 적용하는 경우에만 표시되며 아이콘 옆의 화살표를 클릭하면 메뉴가 표시되고 원하는 Object Snap을 선택할 수 있다. Object Snap Settings 명령을 선택하면 설정창이 나타난다.

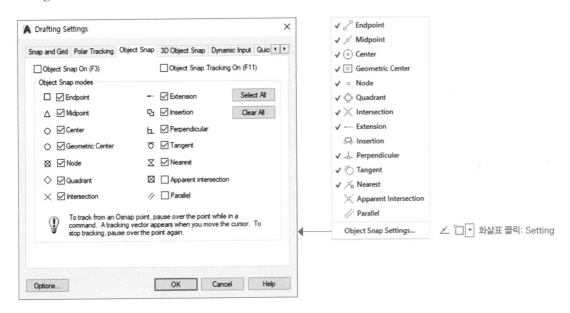

∠ ⬜ ▾ 화살표 클릭: Setting

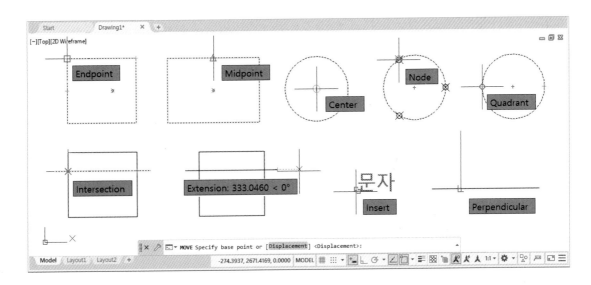

1) **Endpoint**: 객체의 끝점에 스냅 아이콘이 표시된다.

2) **Midpoint**: 객체의 중간점에 스냅 아이콘이 표시된다.

3) **Center**: Arc(호), Circle(원), Ellipse(타원)의 중심점에 스냅 아이콘이 표시된다.

4) **Node**: Point(점)에 스냅 아이콘이 표시된다.

5) **Quadrant**: Arc(호), Circle(원), Ellipse(타원)의 사분점에 스냅 아이콘이 표시된다.

6) **Intersection**: 두 객체가 교차하는 지점에 스냅 아이콘이 표시된다.

7) **Extension**: 객체의 끝점으로 십자 커서(Crosshair)를 가져갔다가 마우스를 움직이면 연장되는 위치에 경로가 표시된다.

8) **Insertion**: 객체의 삽입점에 스냅 아이콘이 표시된다.

9) **Perpendicular**: 기존의 객체에서 수직으로 만나는 지점에 스냅 아이콘이 표시된다.

10) **Tangent**: Arc(호), Circle(원), Ellipse(타원)의 접점에 스냅 아이콘이 표시된다.

11) **Nearest**: 객체에 근접한 지점에 스냅 아이콘이 표시된다.

12) **Apparent Intersection**: 떨어져있는 두 객체의 가상의 교차점에 가상의 경로가 표시된다.

13) **Parallel**: 다른 객체와 평행이 되는 지점에 가상의 경로가 표시된다.

9 LineWeight ≣

객체의 두께를 화면에 표시한다. 가능한 On 상태로 켜놓는다.

10 Transparency ▨

객체의 투명도를 화면에 표시한다. 가능한 On 상태로 켜놓는다.

11 Selection Cycling [단축키: Ctrl+W] ▤

객체가 여러 개 겹쳐있는 경우 리스트 메뉴가 나타나서 원하는 객체를 선택할 수 있다.

12 Workspace Switching ⚙ ▾

작업 환경을 변경할 수 있다. 각각의 작업 환경은 적합한 메뉴와 툴바 등이 그룹화하여 배치되어 있다.

1) **Drafting & Annotation**: 2D 작업을 위한 메뉴와 도구로 구성된 작업 공간

2) **3D Basics**: 3D 작업을 위한 메뉴와 도구로 구성된 작업 공간

3) **3D Modeling**: 3D 모델링 작업을 위한 메뉴와 도구로 구성된 작업 공간

4) **Save Current As**: 작업자가 현재 설정한 상태로 작업 공간을 저장

5) **Workspace Settings**: 작업 공간 설정

6) **Customize**: Customize User Interface 창이 나타나서 사용자에 맞게 환경 설정

```
✓ Drafting & Annotation
  3D Basics
  3D Modeling

  Save Current As...
  Workspace Settings...
  Customize...
  Display Workspace Label
```

13 Units ▤ Decimal ▾

작업 단위를 설정할 수 있다. (Decimal: mm 단위)

14 Isolate Object ⚐

선택한 객체만 화면에 나타내거나 숨길 수 있다.

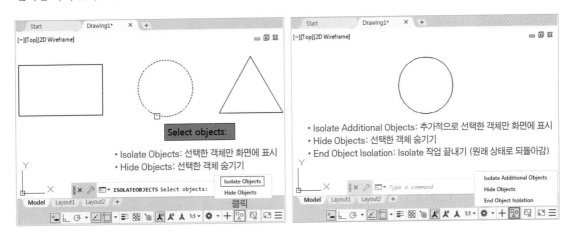

15 Clean Screen ⊡

화면에서 리본 및 메뉴를 모두 숨기고 작업할 수 있다. 다시 클릭하면 원래 화면으로 되돌아간다.

CHAPTER 4.

Options 환경 설정

Options는 프로그램의 세부적인 사항을 사용자에 맞게 설정하는 기능으로 각 탭의 대화상자에서 제어하고 조절할 수 있다. (단축키: op)

📺 〈명령어와 단축키〉
Options는 명령어, op는 Options 명령의 단축키입니다. 명령어는 변경할 수 없지만 단축키는 변경할 수 있습니다.

1️⃣ Files

캐드 프로그램의 각 요소에 해당하는 폴더의 경로를 설정할 수 있다.

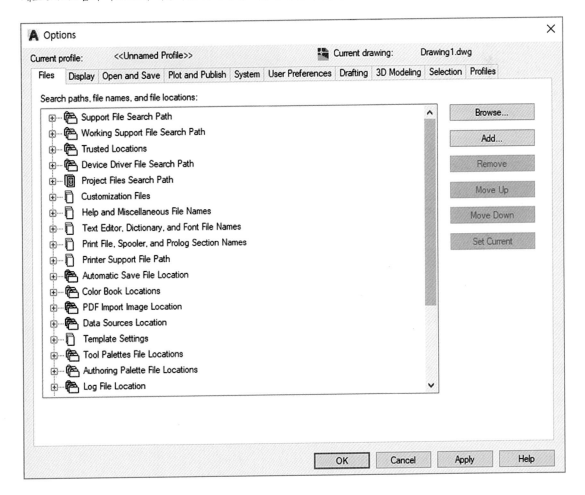

2 Display

캐드 화면에 나타나는 기능에 대한 옵션을 설정한다.

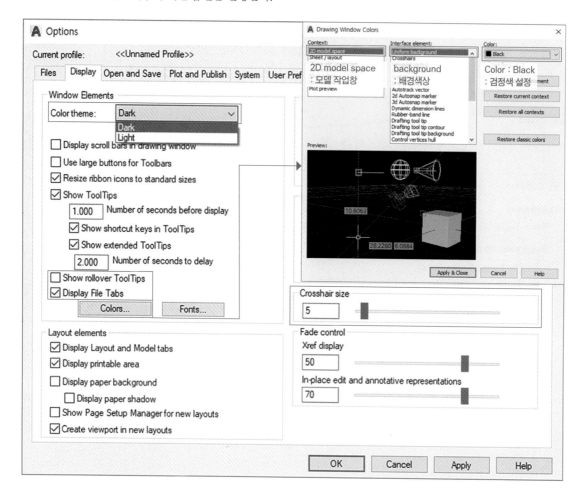

Window Elements

1) **Color theme:** 전체적인 색상의 밝기를 설정한다.

2) **Show rollover ToolTips:** 객체 위에 마우스를 올려놓았을 때 객체의 특성을 표시한다. 체크 해제 권장

3) **Display File Tabs:** 파일을 열었을 때 작업창 상단에 파일의 제목을 각각의 탭으로 표시한다.

4) **Colors 버튼:** 각 요소에 대한 색상을 설정할 수 있다.

Layout elements

1) **Display Layout and Model tabs:** 화면 아래에 모델과 레이아웃 탭을 표시한다.

2) **Display printable area:** 출력 영역을 화면에 표시한다.

Crosshair size: 마우스가 위치하는 십자 커서(Crosshair) 크기를 조정할 수 있다. (기본: 5)

3 Open and Save

캐드 파일을 열고 저장하는 기능에 대한 옵션을 설정한다.

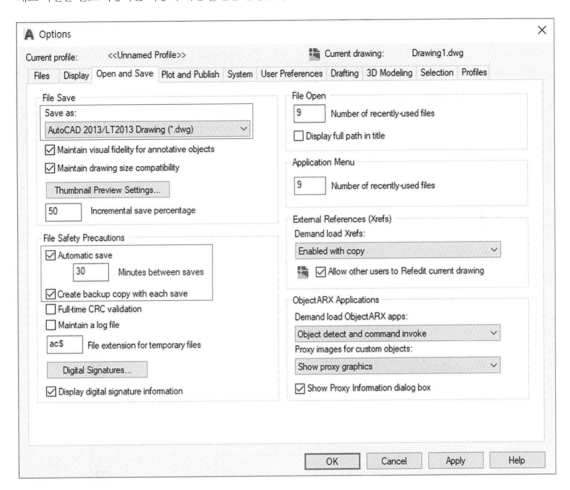

File Save

1) **Save as:** 저장할 캐드 버전을 선택할 수 있다. 상위 버전의 파일은 하위 버전의 프로그램에서 열리지 않으므로 주의해서 설정한다.

> 💬 2020 버전으로 저장한 파일은 2018 버전의 프로그램에서는 안 열린다

File Safety Precautions

1) **Automatic save:** 자동 저장 시간을 설정할 수 있다.

   30 Minutes between saves: 30분마다 파일을 자동 저장한다.

2) **Create backup copy with each save:** 저장할 때 백업 파일을 만든다.

> 💬 자동 저장 시간을 짧게 설정하면 파일의 용량이 클 경우 저장하는 동안 작업이 자주 멈추거나 캐드 프로그램이 다운될 수도 있으므로 주의한다.

4 User Preference

작업 방식을 사용자에 맞게 조정할 수 있다.

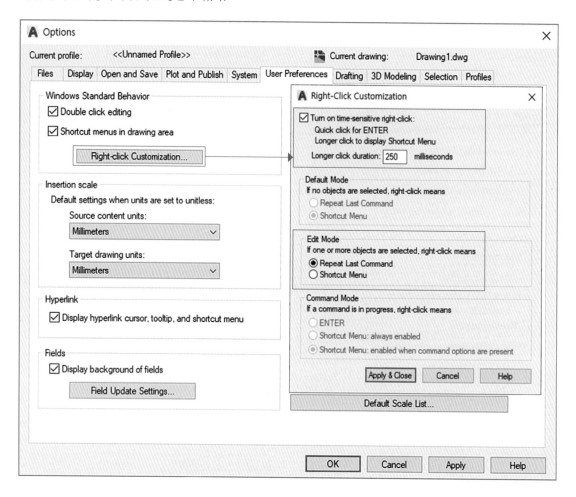

Window Standard Behavior

1) Double click editing: 해치, 문자, 폴리선 등을 더블클릭하면 편집 모드로 전환된다.

2) Shortcut menu in drawing area: 작업 화면에 메뉴창을 표시한다.

💬 • Right-Click Customization 버튼 클릭: 마우스 오른쪽 버튼을 사용자화하여 기능을 설정한다.
   • Turn on time-sensitive right-click: 체크 권장
   • Quick click for ENTER: 마우스 오른쪽 버튼을 클릭하면 Enter 기능으로 사용할 수 있다.
   • Longer click to display Shortcut Menu: 마우스 오른쪽 버튼을 길게 누르면 메뉴창이 나타난다.

   Edit Mode
   • If one or more objects are selected, right-click means:
   Repeat Last Command 항목 선택 :
   편집 모드에서 하나 이상의 객체를 선택했을 때, 마우스 오른쪽 버튼을 클릭하면 마지막에 적용했던 명령을 반복해서 실행한다.

---

5 Drafting

Object Snap 및 Object Snap Tracking 기능에 대한 옵션을 설정한다.

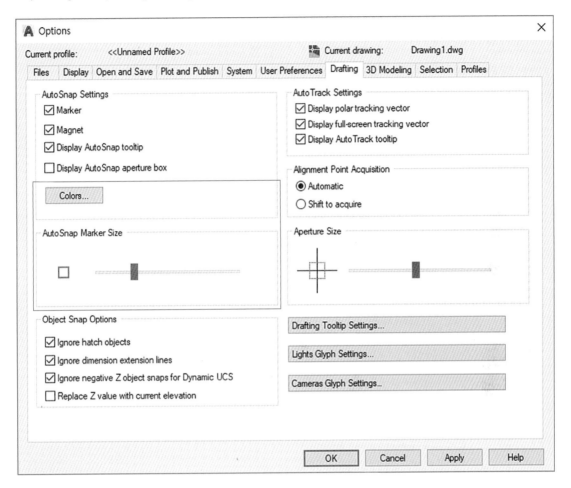

AutoSnap Settings

- **Colors 버튼:** Object Snap 아이콘의 색상을 변경할 수 있다.

AutoSnap Maker Size

- **슬라이드 바:** Object Snap 아이콘의 크기를 조정할 수 있다.

⑥ Selection

객체를 선택하는 기능의 옵션을 설정한다.

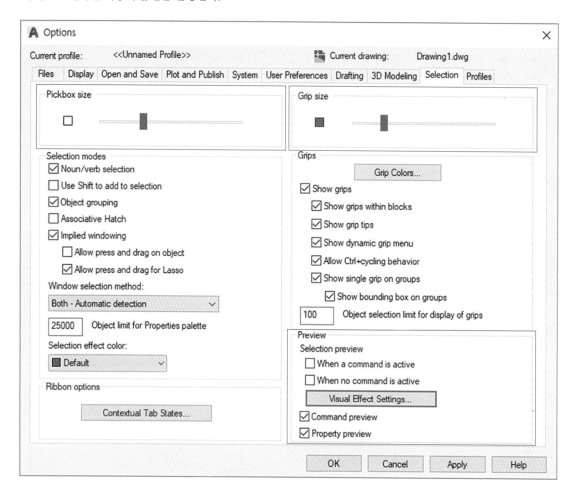

Pickbox size

• **슬라이드 바**: 객체를 선택하는 십자 커서(Crosshair) 가운데 사각형의 크기를 조정할 수 있다.

Grip size

• **슬라이드 바**: 명령을 적용하지 않고 객체를 선택하면 나타나는 그립의 크기를 조정할 수 있다.

Selection preview

1) **When a command is active**: 명령어를 적용할 때 객체를 미리보기 한다. 체크 해제 권장
2) **When no command is active**: 명령어를 적용하지 않은 객체를 미리보기 한다. 체크 해제 권장
3) **Command preview**: 명령어가 적용된 상태를 미리보기 할 수 있다.

7 Profile

현재 설정한 프로파일을 관리한다.

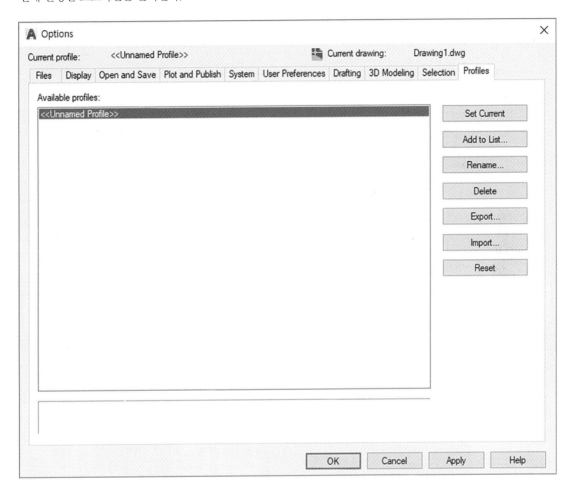

- **Available profiles:** 사용할 수 있는 프로파일을 표시한다.
- **Set Current:** 선택한 프로파일을 현재로 설정하여 사용한다.
- **Rename:** 선택한 프로파일의 이름을 다시 지정한다.
- **Delete:** 선택한 프로파일을 삭제한다.
- **Export:** 선택한 프로파일을 파일로 내보내기하여 저장한다.
- **Import:** 저장된 프로파일 파일을 불러와서 설정한다.
- **Reset:** 설정을 초기화한다.

PART 02

AutoCAD 기본 명령어

CHAPTER 1.

명령어 작업 진행

Section 01 | 명령어 실행 및 옵션 선택

1 Ribbon Menu

리본 메뉴 각각의 패널에서 명령어의 아이콘을 클릭하여 명령을 실행할 수 있다.

2 Command Line

명령창에 명령어나 단축키를 입력하고 Enter 또는 Spacebar를 누르면 명령을 실행할 수 있다. 명령이 진행되는 과정이 모두 텍스트로 나타나므로 확인하면서 작업을 진행하도록 한다.

3 Dynamic Input

화면 아래 Dynamic Input 아이콘을 켜고 명령어를 입력하면 십자 커서(Crosshair) 옆에 입력창이 표시된다. Command Line과 마찬가지로 명령어나 단축키를 입력하고 Enter 또는 Spacebar를 누르면 명령이 실행된다. Command Line에도 진행 과정이 나타나므로 같이 보면서 작업할 수 있다.

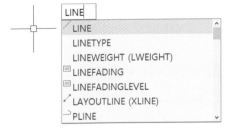

> 📣 이 책에서는 주로 Dynamic Input 기능으로 명령을 진행하는 방법으로 설명한다.

4 **Enter 또는 Spacebar를 누르거나 마우스 오른쪽 버튼(Enter 옵션을 설정한 경우)을 클릭할 경우**

상황에 따라 다음 네 가지 기능 중 하나를 수행한다.

1) 명령을 실행한다.

2) 명령을 다음 단계로 진행시키거나 옵션을 실행한다.

3) 명령을 종료한다.

4) 어떤 명령어도 선택하지 않은 상태에서 Enter 기능을 사용하면 이전에 작업한 명령어가 반복 실행된다.

5 **명령어 실행 과정에서 옵션 선택 및 진행**

1) 명령어를 실행할 때 Command Line 창에 대괄호가 나오는 경우 그 안에 다양한 옵션 명령이 있다.
   필요에 따라 원하는 옵션을 선택하여 효율적으로 작업할 수 있다.

2) Dynamic Input을 실행하는 중 옵션 명령을 적용하려면 'or' 문자가 있을 때 키보드의 화살표 키를 눌러서 옵션 메뉴를 선택한다.

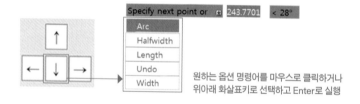

원하는 옵션 명령어를 마우스로 클릭하거나
위아래 화살표키로 선택하고 Enter로 실행

 Section 02 | 명령의 수정 및 취소

1 **명령의 수정, 취소, 중단**

1) **Backspace 키:** 명령행의 명령어를 한 문자씩 뒤에서부터 삭제하여 수정한다.

2) **U(Undo) 또는 Ctrl+Z:** 진행되었던 작업 과정을 한 단계씩 취소하여 뒤로 되돌린다.

3) **Redo 또는 Ctrl+Y:** 취소한 마지막 작업 과정을 원래 상태로 되돌린다.

4) **ESC 키:** 현재 실행 중인 명령어를 중지한다.

CHAPTER 2.

Draw(그리기)
리본메뉴 명령어

 **Section 01**  Line: 선 (단축키: L)

실습파일: Chapter 02 Draw (그리기) 실습.dwg

선을 그리는 명령으로 길이 및 각도 치수를 입력하여 작업한다.

Dynamic Input 기능을 사용한 방법

1 **ALT.1**: 리본의 Home 탭 ➡ Draw 패널 ➡ Line 아이콘 클릭

ALT.2: line 명령어 또는 l 단축키 입력 ➡ Enter or Spacebar: 명령 실행

2 **Specify first point**: 시작 위치 지정

— **ALT1**: 원하는 지점에 시작점 클릭(Object Snap을 이용하여 정확한 위치를 클릭)

— **ALT2**: X 좌표 입력하고 Tab 키 클릭 ➡ Y 좌표 입력 ➡ Enter or Spacebar: 명령 실행

3 **Specify next point or [Undo]**: 다음 위치 지정

— **ALT1**: 원하는 지점에 다음 점 클릭(Object Snap을 이용하여 정확한 위치를 클릭)

— **ALT2**: 길이 입력 후에 Tab 키 클릭 ➡ 각도 입력(시계 반대 방향) ➡ Enter or Spacebar: 명령 실행

> 💬 Ortho Mode를 켠 상태로 작업할 경우에는 그리고자 하는 방향으로 마우스를 드래그하여 움직인 후에 길이 치수만 입력한다. 또한 Polar Tracking 기능을 켜고 마우스를 움직이면 지정된 각도에서 가상의 경로가 나타나므로 각도 지정 없이 작업이 가능하다.

4 **Specify next point or [Close/Undo]**: 다음 위치 지정

— **ALT1**: 원하는 지점에 다음 점을 클릭(Object Snap을 이용하여 정확한 위치를 클릭)

— **ALT2**: 길이를 입력한 후 Tab 키 클릭 ➡ 각도 입력 (시계 반대 방향)

— **ALT3**: 옵션 선택(키보드의 화살표 키 중 하나를 눌러 원하는

옵션을 선택하거나 Command line에서 원하는 옵션 명령을

확인하고 해당 옵션의 대문자 알파벳을 입력)

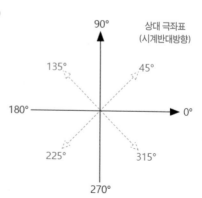

5 Enter or Spacebar: 옵션 명령 실행

6 Enter or Spacebar: 명령 종료

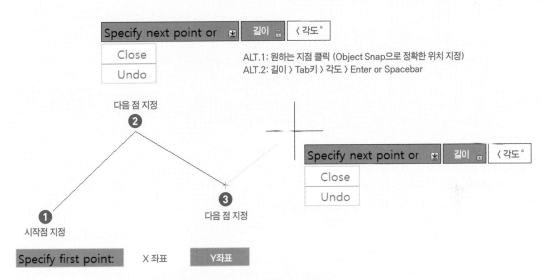

ALT.1: 원하는 지점 클릭 (Object Snap으로 정확한 위치 지정)
ALT.2: 길이 〉 Tab키 〉 각도 〉 Enter or Spacebar

ALT.1: 원하는 지점 클릭 (Object Snap으로 정확한 위치 지정)
ALT.2: X좌표 〉 Tab키 〉 Y 좌표 〉 Enter or Spacebar

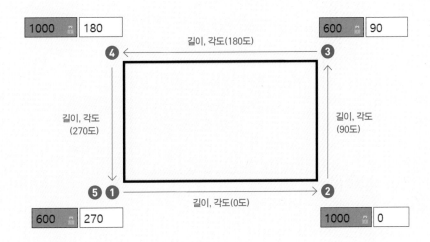

1 line 명령어 또는 l 단축키 입력 ➡ Enter or Spacebar : 명령 실행

2 **Specify first point:** 시작 위치 지정

　　: X 좌표, Y좌표 입력(0,0 : 원점을 시작 위치로 지정) ➡ Enter or Spacebar: 명령 실행

3 **Specify next point or [Undo]:** 다음 위치 지정

　　: @길이 〈 각도 입력 (시계 반대 방향)

> +(양수)는 시계 반대 방향
> −(음수)는 시계 방향으로 돌아간다.

4 **Specify next point or [Close/Undo]:** 다음 위치 지정

　　── **ALT1:** @길이〈각도 입력 (시계 반대 방향)

　　── **ALT2:** 옵션 선택 (원하는 옵션 명령의 대문자 알파벳 입력)

5 **Enter or Spacebar:** 옵션 명령 실행

6 **Enter or Spacebar:** 명령 종료

- OPTION -

- **Close:** 2개 이상의 선을 처음 점과 마지막 점을 연결하여 닫는다.
- **Undo:** 한 단계씩 뒤로 되돌린다.

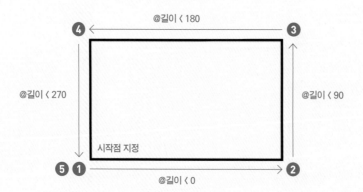

Section 02 |  PolyLine: 연결선(단축키: PL)

직선이나 호 객체들을 사용하여 하나의 연결된 선을 그린다.

❶ ALT1: 리본의 Home 탭 ➡ Draw 패널 ➡ Polyline 아이콘 클릭

ALT2: 'polyline' or 'pl' 명령어 입력 ➡ Enter or Spacebar: 명령 실행

❷ Specify start point :
— **ALT1:** 원하는 지점에 시작점 클릭(Object Snap을 이용하여 정확한 위치를 클릭)
— **ALT2:** X 좌표 입력하고 Tab 키 클릭 ➡ Y 좌표 입력 ➡ Enter or Spacebar: 명령 실행

```
  Specify start point:
× Current line-width is 0.0000*
  ▣▾ PLINE Specify next point or [Arc Halfwidth Length Undo Width]:
```

💬 * 현재 폴리선의 두께를 표시하는 것으로, 폴리선의 기본 두께는 0이다. 이전에 설정한 두께가 있을 경우 다음 선의 두께는 이를 따라 적용된다(예: 이전에 끝점의 두께를 2로 설정했다면, 그 다음 선의 시작점 두께는 2로 설정된다). 따라서 두께가 없는 기본 선을 작업하려면 시작점과 끝점의 두께를 모두 0으로 설정해야 한다.

❸ Specify next point or [Arc/Close/Halfwidth/Length/Undo/Width] :
— **ALT1:** 원하는 지점에 다음 짐 클릭(Object Snap을 이용하여 정확한 위치를 클릭)
— **ALT2:** 길이 입력 후에 Tab 키 클릭 ➡ 각도 입력(시계 반대 방향)
— **ALT3:** 옵션 선택(원하는 옵션 명령의 대문자 알파벳 입력)

❹ Enter or Spacebar: 옵션 명령 실행

❺ Enter or Spacebar: 명령 종료

- LINE 모드 OPTION -

• **Arc:** 직선에 호를 연결하여 작업한다(다시 직선으로 연결하려면 호의 옵션에서 'Line'을 선택).
• **Close:** 마지막 점에서 시작점까지 선을 그려 닫힌 폴리선을 만든다.
• **Width:** 다음 선의 폭을 지정한다.

       Specify starting width: 시작점의 두께를 정한다. ➡ Enter
       Specify ending width: 끝점의 두께를 정한다. ➡ Enter

• **Center:** 중심점을 지정한다.
• **Line:** Line 모드 상태로 바꾸어 호에 연결된 직선을 그릴 수 있다.
• **Radius:** 호의 반지름을 지정한다.

ALT.1: 원하는 지점 클릭 (Object Snap으로 정확한 위치 지정)
ALT.2: 길이 〉 Tab키 〉 각도 〉 Enter or Spacebar

| Specify next point or | 📥 | 길이 | < 각도° |

2 다음 점 지정

| Specify next point or | 📥 | 길이 | < 각도° |

3
| Arc |
| Close |
| Halfwidth |
| Length |
| Undo |
| Width |

Arc 옵션 선택
: a 입력 〉 Enter or Spacebar
(호를 연결해서 작업 가능)

1 시작점 지정

| Specify start point: | X 좌표 | Y좌표 |

ALT.1: 원하는 지점 클릭 (Object Snap으로 정확한 위치 지정)
ALT.2: X좌표 〉 Tab키 〉 Y 좌표 〉 Enter or Spacebar

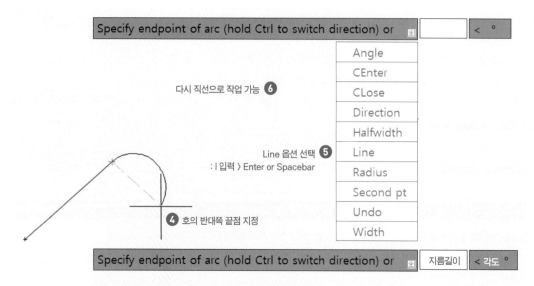

| Specify endpoint of arc (hold Ctrl to switch direction) or | 📥 | | < ° |

다시 직선으로 작업 가능 **6**

| Angle |
| CEnter |
| CLose |
| Direction |
| Halfwidth |
| Line |
| Radius |
| Second pt |
| Undo |
| Width |

Line 옵션 선택 **5**
: l 입력 〉 Enter or Spacebar

4 호의 반대쪽 끝점 지정

| Specify endpoint of arc (hold Ctrl to switch direction) or | 📥 | 지름길이 | < 각도° |

ALT.1: 원하는 지점 클릭 (Object Snap으로 정확한 위치 지정)
ALT.2 : 호의 지름 길이 〉 Tab키 〉 각도 〉 Enter or Spacebar

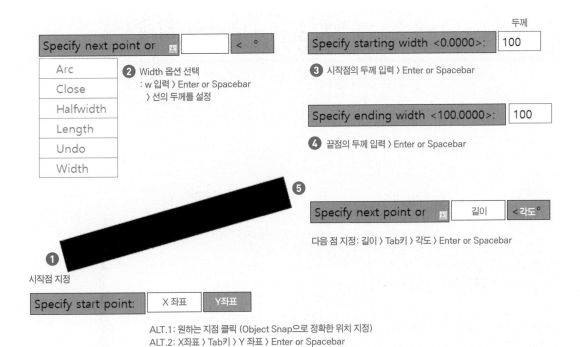

Pedit [단축키: PE] **:** 연속된 폴리선을 편집한다.

❶ ALT1: 폴리선을 더블클릭한다.

　　ALT2: 'pedit' or 'pe' 명령어 입력 ➡ Enter or Spacebar: 명령 실행

　　　　Select polyline or [Multiple]: 폴리선을 선택한다.

❷ Enter an option [Close/Join/Width/Edit vertex/Fit/Spline/Decurve/Ltypegen/Undo]: 옵션을 선택한다.

❸ Enter or Spacebar: 옵션 명령 실행

❹ Enter or Spacebar: 명령 종료

- OPTION -	Enter an option
• **Join:** 끝점이 만나있는 선, 호, 폴리선을 연결하여 하나로 만든다.	Close
• **Width:** 전체 폴리선에 동일한 두께를 지정한다.	Join
• **Edit vertex:** 폴리선 각각의 점을 수정할 수 있다.	Width
(Next: 다음 점 선택 / Previous: 이전 점 선택 / Insert: 점 추가)	Edit vertex
• **Fit:** 폴리선의 점을 지나는 곡선으로 만든다.	Fit
• **Spline:** 폴리선의 각 면에 접하는 곡선으로 만든다.	Spline
• **Decurve:** 곡선의 폴리선을 직선으로 만든다.	Decurve
	Ltype gen
	Reverse
	Undo

 **Section 03** | **Spline: 자유곡선**(단축키: SPL)

부드러운 자유곡선을 작업한다.

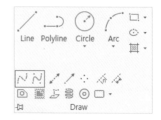

1 ALT1: 리본의 Home 탭 ➡ Draw 패널 ➡ Spline 아이콘 클릭
   ALT2: 'spline' or 'spl' 명령어 입력 ➡ Enter or Spacebar: 명령 실행

2 Specify first point or [Method/Knots/Object]:
   — ALT1: 원하는 지점에 시작점 클릭(Object Snap을 이용하여 정확한 위치를 클릭)
   — ALT2: X 좌표 입력하고 Tab 키 클릭 ➡ Y 좌표 입력 ➡ Enter or Spacebar: 명령 실행
   — ALT3: 옵션 선택(원하는 옵션 명령의 대문자 알파벳 입력)

3 Enter next point or [start Tangency/toLerance]:
   원하는 지점에 다음 점을 클릭하고 마우스를 드래그하여 곡선을 만든다.

4 Enter next point or [end Tangency/toLerance/Undo/Close]:
   원하는 지점에 다음 점을 클릭하고 마우스를 드래그하여 곡선을 만든다.

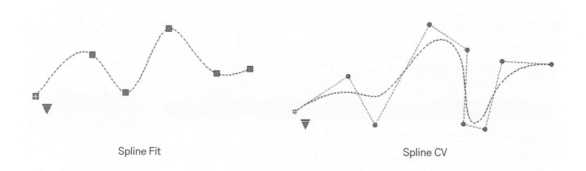

Spline Fit   Spline CV

Splinedit (단축키: SPE): 자유곡선을 수정한다.

❶ ALT1: 스플라인 자유곡선을 더블클릭한다.
   ALT2: 'splinedit' or 'spe' 명령어 입력 ➡ Enter or Spacebar: 명령 실행

❷ Select spline: 스플라인을 선택한다.

❸ Enter an option [Fit data/Close/Edit vertex/rEverse/Undo]: 옵션을 선택한다.

❹ Enter or Spacebar: 옵션 명령 실행

❺ Enter or Spacebar: 명령 종료

- OPTION -	
• **Close:** 시작점과 마지막 점을 닫는다. • **Join:** 끝점이 만나있는 선, 호, 폴리선 등을 연결하여 하나로 합친다. • **Edit vertex:** 스플라인 선의 점을 수정할 수 있다. (Next: 다음 점 선택 / Previous: 이전 점 선택 / Insert: 점 추가) • **convert to Polyline:** 곡선의 스플라인 선을 직선의 폴리선으로 바꾼다. • **Reverse:** 점의 위치를 서로 반전시킨다.	Enter an option Close Join Fit data Edit vertex convert to Polyline Reverse Undo ● eXit

 **Section 04** |  **Xline: 무한선**(단축키: XL)

양쪽 방향으로 무한대로 이어지는 선을 그린다.

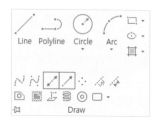

> 💬 무한선은 constructionline 또는 xline이라고 지칭한다.
> construction line은 이름이고, 단축키는 xline이라 쓴다.

❶ ALT1: 리본의 Home 탭 ➡ Draw 패널 ➡ Construction Line 아이콘 클릭
　ALT2: 'xline' or 'xl' 명령어 입력 ➡ Enter or Spacebar: 명령 실행

❷ Specify a point or [Hor/Ver/Ang/Bisect/Offset]: 작업 방식 옵션 설정
　— **ALT1:** 원하는 지점에 시작점 클릭 (Object Snap을 이용하여 정확한 위치를 클릭)
　— **ALT2:** X 좌표 입력하고 Tab 키 클릭 ➡ Y 좌표 입력 ➡ Enter or Spacebar: 명령 실행
　— **ALT3:** 옵션 선택(원하는 옵션 명령의 대문자 알파벳 입력)

❸ Specify through point: 무한선이 통과할 지점을 지정하여 클릭
　— **ALT1:** 원하는 지점에 다음 점 클릭 (Object Snap을 이용하여 정확한 위치를 클릭)
　— **ALT2:** 길이를 입력한 후에 Tab 키 클릭 ➡ 각도 입력 (시계 반대 방향)
클릭한 지점마다 계속 반복해서 무한선을 만들 수 있고 Ortho mode를 켜면 드래그하는 방향에 따라 수직, 수평선을 만들 수 있다.

❹ Enter or Spacebar: 명령 종료

- OPTION -

- **Hor:** 클릭한 지점을 지나가는 수평선을 만든다.
- **Ver:** 클릭한 지점을 지나가는 수직선을 만든다.
- **Ang:** 지정한 각도로 무한선을 만든다.
- **Offset:** 설정한 길이만큼 간격을 띄워서 평행한 무한선을 만든다.

Ray: 한쪽 방향으로만 무한대로 이어지는 선을 그린다.

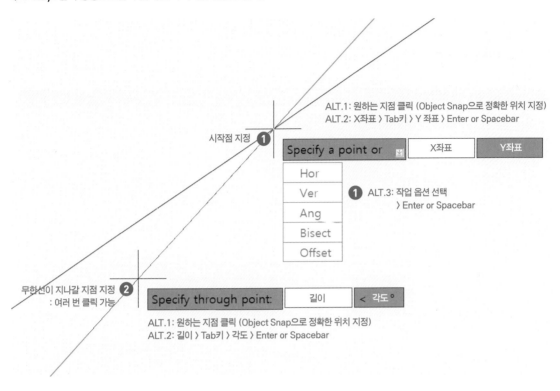

Section 05 | ⬜ Rectangle: 사각형 (단축키: REC)

사각형 모양의 폴리선으로 이루어진 도형을 그린다.

❶ **ALT1:** 리본의 Home 탭 ➡ Draw 패널 ➡ Rectangle 아이콘 클릭

　ALT2: 'rectangle' or 'rec' 명령어 입력 ➡ Enter or Spacebar: 명령 실행

❷ **Specify first corner point or [Chamfer/Elevation/Fillet/Thickness/Width] :**
　── **ALT1:** 원하는 지점에 사각형의 첫 번째 코너점 클릭(Object Snap을 이용하여 정확한 위치를 클릭)
　── **ALT2:** X 좌표 입력하고 Tab 키 클릭 ➡ Y 좌표 입력 ➡ Enter or Spacebar: 명령 실행
　── **ALT3:** 옵션 선택(원하는 옵션 명령의 대문자 알파벳 입력)

3 Specify other corner point or [Area/Dimensions/Rotation] :

　— **ALT1:** 드래그하여 사각형의 반대 코너점 클릭(Object Snap을 이용하여 정확한 위치를 클릭)

　— **ALT2:** X값(가로)을 입력하고 Tab 키를 클릭 ➡ Y값(세로) 입력 ➡ Enter or Spacebar: 명령 실행

　— **ALT3:** 옵션 선택(원하는 옵션 명령의 대문자 알파벳 입력)

- OPTION -

• **Chamfer:** 사각형의 모따기 거리를 설정한다.

• **Fillet:** 사각형의 모깎기 반지름을 지정한다.

• **Width:** 사각형의 두께를 지정한다.

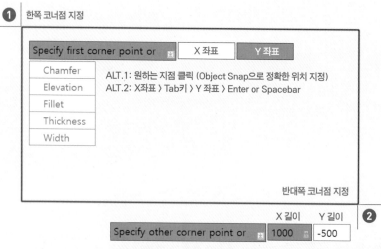

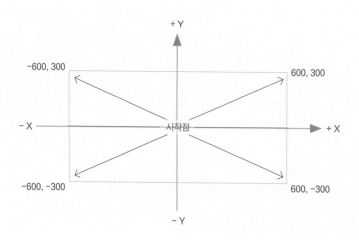

Section 06 |  Polygon: 다각형 (단축키: POL)

다각형 모양의 폴리선으로 이루어진 도형을 그린다.

① **ALT1:** 리본의 Home 탭 ➡ Draw 패널 ➡ Polygon 아이콘 클릭

　　ALT2: 'polygon' or 'pol' 명령어 입력 ➡ Enter or Spacebar: 명령 실행

② **Enter number of sides ⟨4⟩:**

　　다각형의 변의 수를 지정 ➡ Enter or Spacebar: 명령 실행

③ **Specify center of polygon or [Edge]:**

　　— **ALT1:** 원하는 지점에 다각형의 중심점 지정(Object Snap을 이용하여 정확한 위치를 클릭)

　　— **ALT2:** X 좌표 입력하고 Tab 키 클릭 ➡ Y 좌표 입력 ➡ Enter or Spacebar: 명령 실행

　　— **ALT3:** 옵션 선택(원하는 옵션 명령의 대문자 알파벳 입력)

④ **Enter an option [Inscribed in circle/Circumscribed about circle] ⟨I⟩:**

　　내접 또는 외접을 선택 ➡ Enter or Spacebar: 명령 실행

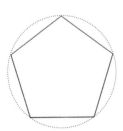
Inscribed: 내접하는 다각형

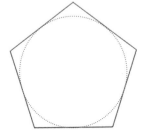
Circumscribed: 외접하는 다각형

⑤ **Specify radius of circle:**

　　— **ALT1:** 원하는 지점에 다각형의 반지름 끝점 지정(Object Snap을 이용하여 정확한 위치를 클릭)

　　— **ALT2:** 원의 반지름 치수 입력 ➡ Enter or Spacebar: 명령 실행

- OPTION -

• **Edge:** 한 변의 길이를 지정하여 다각형을 그린다.

• **Inscribed in circle:** 원에 내접하는 다각형을 그린다.

• **Circumscribed about circle:** 원에 외접하는 다각형을 그린다.

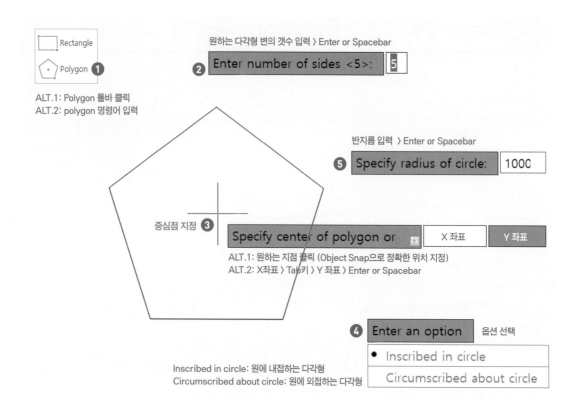

원하는 다각형 변의 갯수 입력 〉 Enter or Spacebar

② Enter number of sides <5>: 5

ALT.1: Polygon 툴바 클릭
ALT.2: polygon 명령어 입력

반지름 입력 〉 Enter or Spacebar

⑤ Specify radius of circle: 1000

중심점 지정 **③**  Specify center of polygon or   X 좌표   Y 좌표

ALT.1: 원하는 지점 클릭 (Object Snap으로 정확한 위치 지정)
ALT.2: X좌표 〉 Tab키 〉 Y 좌표 〉 Enter or Spacebar

④ Enter an option   옵션 선택

● Inscribed in circle
  Circumscribed about circle

Inscribed in circle: 원에 내접하는 다각형
Circumscribed about circle: 원에 외접하는 다각형

Section 07 | ⬠ Circle: 원(단축키: C)

정원을 그린다.

❶ **ALT1**: 리본의 Home 탭 ➡ Draw 패널 ➡ Circle 아이콘 클릭
   ALT2: 'circle' or 'c' 명령어 입력 ➡ Enter or Spacebar: 명령 실행

❷ Specify center point of circle or [3P/2P/Ttr(tan tan radius)]:
   — **ALT1**: 원하는 지점에 원의 중심점을 클릭(Object Snap으로 정확한 위치를 클릭)
   — **ALT2**: X 좌표 입력하고 Tab 키 클릭 ➡ Y 좌표 입력 ➡ Enter or Spacebar: 실행
   — **ALT3**: 옵션 선택(원하는 옵션 명령의 대문자 알파벳 입력)

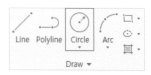

③ Specify radius of circle or [Diameter] :

— **ALT1**: 원하는 지점에 원의 끝점을 클릭(Object Snap을 이용하여 정확한 위치를 클릭)

— **ALT2**: 원의 반지름 치수를 입력 ➡ Enter or Spacebar: 명령 실행

— **ALT3**: 옵션 선택(원하는 옵션 명령의 대문자 알파벳 입력)

- OPTION -

- **Center, Radius:** 원의 중심점을 클릭하고 반지름 치수를 입력하여 원을 그린다.
- **Center, Diameter:** 원의 중심점을 클릭하고 지름 치수를 입력하여 원을 그린다.
- **2P:** 지정한 두 점을 지름으로 하는 원을 그린다.
- **3P:** 지정하는 세 점을 통과하는 원을 그린다.
- **Ttr:** 두 부분의 접점과 반지름으로 원을 그린다.

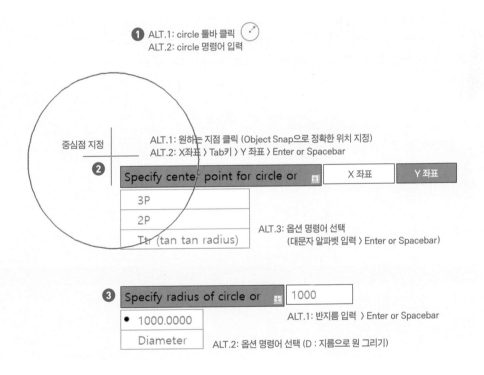

❶ ALT.1: circle 툴바 클릭
　 ALT.2: circle 명령어 입력

중심점 지정

ALT.1: 원하는 지점 클릭 (Object Snap으로 정확한 위치 지정)
ALT.2: X좌표 〉Tab키 〉Y 좌표 〉Enter or Spacebar

❷ Specify center point for circle or ⬇ | X 좌표 | Y 좌표

3P
2P
Ttr (tan tan radius)

ALT.3: 옵션 명령어 선택
(대문자 알파벳 입력 〉Enter or Spacebar)

❸ Specify radius of circle or ⬇ | 1000

● 1000.0000　　　ALT.1: 반지름 입력 〉Enter or Spacebar

Diameter　　ALT.2: 옵션 명령어 선택 (D : 지름으로 원 그리기)

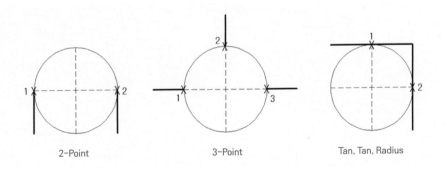

2-Point　　　　　3-Point　　　　Tan, Tan, Radius

 **Section 08** |  **Arc: 호**(단축키: A)

호를 그린다. 시작점에서 시계 반대 방향으로 그려지므로 주의한다.

① **ALT1:** 리본의 Home 탭 ➡ Draw 패널 ➡ Arc 아이콘 클릭

   ALT2: 'arc' or 'a' 명령어 입력 ➡ Enter or Spacebar: 명령 실행

② **Specify first point of arc or [Center]:**
   — **ALT1:** 원하는 지점에 호의 시작점을 클릭(Object Snap으로 정확한 위치를 클릭)
   — **ALT2:** X 좌표 입력하고 Tab 키 클릭 ➡ Y 좌표 입력 ➡ Enter or Spacebar: 실행
   — **ALT3:** 옵션 선택(원하는 옵션 명령의 대문자 알파벳 입력)

③ **Specify second point of arc or [Center/End]:**
   — **ALT1:** 원하는 지점에 호의 두 번째 점을 클릭 (Object Snap으로 정확한 위치를 클릭)
   — **ALT2:** X 좌표 입력하고 Tab 키 클릭 ➡ Y 좌표 입력 ➡ Enter or Spacebar: 실행
   — **ALT3:** 옵션 선택 (원하는 옵션 명령의 대문자 알파벳 입력)

④ **Specify end point of arc:** 호의 끝점의 위치를 지정

- **OPTION -**

- **Center:** 호의 중심점의 위치를 지정한다.
- **End:** 호의 끝점의 위치를 지정한다.

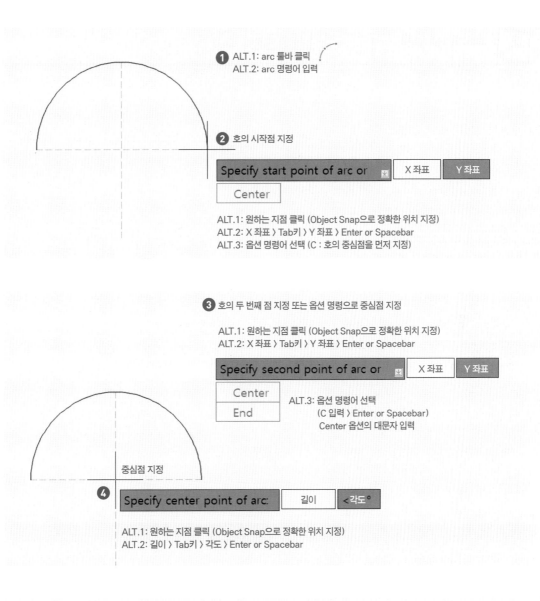

① ALT.1: arc 툴바 클릭
ALT.2: arc 명령어 입력

② 호의 시작점 지정

Specify start point of arc or	X 좌표	Y 좌표
Center		

ALT.1: 원하는 지점 클릭 (Object Snap으로 정확한 위치 지정)
ALT.2: X 좌표 〉 Tab키 〉 Y 좌표 〉 Enter or Spacebar
ALT.3: 옵션 명령어 선택 (C : 호의 중심점을 먼저 지정)

③ 호의 두 번째 점 지정 또는 옵션 명령으로 중심점 지정

ALT.1: 원하는 지점 클릭 (Object Snap으로 정확한 위치 지정)
ALT.2: X 좌표 〉 Tab키 〉 Y 좌표 〉 Enter or Spacebar

Specify second point of arc or	X 좌표	Y 좌표
Center	ALT.3: 옵션 명령어 선택	
End	(C 입력 〉 Enter or Spacebar)	
	Center 옵션의 대문자 입력	

중심점 지정

④

Specify center point of arc:	길이	<각도°

ALT.1: 원하는 지점 클릭 (Object Snap으로 정확한 위치 지정)
ALT.2: 길이 〉 Tab키 〉 각도 〉 Enter or Spacebar

*시작점에서부터 시계 반대 방향으로 그려지므로 주의

호의 끝점 지정

⑤

Specify end point of arc (hold Ctrl to switch direction) or	길이	<각도 °

ALT.1: 원하는 지점 클릭 (Object Snap으로 정확한 위치 지정)
ALT.2: 길이 〉 Tab키 〉 각도 〉 Enter or Spacebar

Section 09 |  ⊙ **Ellipse: 타원**(단축키: EL)

타원 형태의 원이나 호를 그린다.

❶ ALT1: 리본의 Home 탭 ➡ Draw 패널 ➡ Ellipse 아이콘 클릭
ALT2: 'ellipse' or 'el' 명령어 입력 ➡ Enter or Spacebar: 명령 실행

❷ Specify center of ellipse of:
— **ALT1:** 원하는 지점에 타원의 중심점 클릭(Object Snap을 이용하여 정확한 위치를 클릭)
— **ALT2:** X 좌표 입력하고 Tab 키를 클릭 ➡ Y 좌표 입력 ➡ Enter or Spacebar: 명령 실행

❸ Specify endpoint of axis:
— **ALT1:** 원하는 지점에 타원의 한쪽 끝점을 클릭(Object Snap을 이용하여 정확한 위치를 클릭)
— **ALT2:** 길이 입력 후에 Tab 키 클릭 ➡ 각도 입력(시계 반대 방향으로 각도 회전)

❹ Specify distance to other axis or [Rotation]:
— **ALT1:** 원하는 지점에 타원의 다른 쪽 끝점을 클릭(Object Snap을 이용하여 정확한 위치를 클릭)
— **ALT2:** 다른 쪽 끝점의 길이를 입력 ➡ Enter or Spacebar: 명령 실행
— **ALT3:** 옵션 선택(원하는 옵션 명령의 대문자 알파벳 입력)

- OPTION -

• **Arc:** 타원 형태의 호를 그린다.
• **Center:** 타원의 중심점을 지정한다.

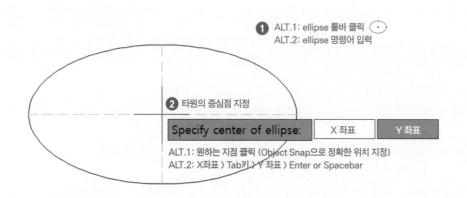

❶ ALT.1: ellipse 툴바 클릭 ⊙
ALT.2: ellipse 명령어 입력

❷ 타원의 중심점 지정

| Specify center of ellipse: | X 좌표 | Y 좌표 |

ALT.1: 원하는 지점 클릭 (Object Snap으로 정확한 위치 지정)
ALT.2: X좌표 〉Tab키 〉Y 좌표 〉Enter or Spacebar

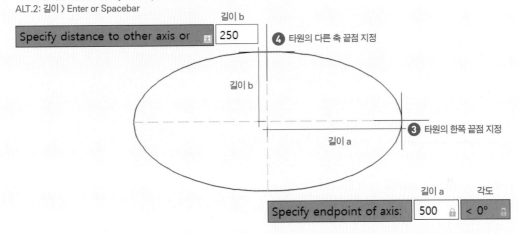

ALT.1: 원하는 지점 클릭 (Object Snap으로 정확한 위치 지정)
ALT.2: 길이 > Enter or Spacebar

길이 b

Specify distance to other axis or   250   ④ 타원의 다른 축 끝점 지정

길이 b

길이 a

③ 타원의 한쪽 끝점 지정

길이 a   각도

Specify endpoint of axis: 500   < 0°

ALT.1: 원하는 지점 클릭 (Object Snap으로 정확한 위치 지정)
ALT.2: 길이 > Tab키 > 각도 > Enter or Spacebar

① ellipse 툴바 중에서   Axis, End   클릭

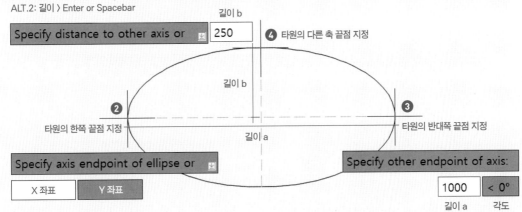

ALT.1: 원하는 지점 클릭 (Object Snap으로 정확한 위치 지정)
ALT.2: 길이 > Enter or Spacebar

길이 b

Specify distance to other axis or   250   ④ 타원의 다른 축 끝점 지정

길이 b

②   ③
타원의 한쪽 끝점 지정   길이 a   타원의 반대쪽 끝점 지정

Specify axis endpoint of ellipse or   Specify other endpoint of axis:

X 좌표   Y 좌표   1000   < 0°
                                                길이 a   각도

ALT.1: 원하는 지점 클릭(Object Snap으로 정확한 위치 지정)   ALT.1: 원하는 지점 클릭 (Object Snap으로 정확한 위치 지정)
ALT.2: X좌표 > Tab키 > Y 좌표 > Enter or Spacebar   ALT.2: 길이 > Tab키 > 각도 > Enter or Spacebar

Section 10 | ⚗️ Divide: 등분하기(단축키: DIV)

객체를 같은 간격으로 나누어 위치를 점으로 표시한다.

1 **ALT1:** 리본의 Home 탭 ➡ Draw 패널 ➡ Divide 아이콘 클릭

  ALT2: 'divide' or 'div' 명령어 입력 ➡ Enter or Spacebar: 명령 실행

2 **Select object to divide:** 등분할 객체를 클릭해서 선택

3 **Enter the number of segments or [Block]:**

  ─**ALT1:** 분할할 길이 치수를 지정하여 입력 ➡ Enter or Spacebar: 명령 실행

  ─**ALT2:** 옵션 선택(원하는 옵션 명령의 대문자 알파벳 입력)

- OPTION -

• **Block:** 미리 설정해놓은 블록을 가져와 등분된 위치에 배치한다.

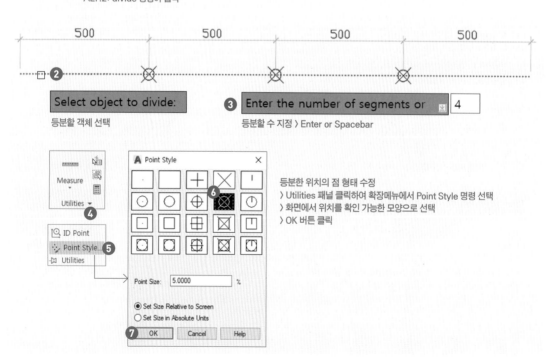

 **Section 11** | **Measure: 분할하기** (단축키: ME)

객체를 설정한 길이로 분할하여 위치를 점으로 표시한다.

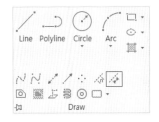

① **ALT1:** 리본의 Home 탭 ➡ Draw 패널 ➡ Measure 아이콘 클릭
   ALT2: 'measure' or 'me' 명령어 입력 ➡ Enter or Spacebar: 명령 실행

② **Select object to measure:**
   분할할 객체를 선택(클릭한 지점과 가까운 끝점에서부터 분할 시작)

③ **Specify length of segment or [Block]:**
   — **ALT1:** 등분할 점의 개수를 지정하여 입력 ➡ Enter or Spacebar: 명령 실행
   — **ALT2:** 옵션 선택(원하는 옵션 명령의 대문자 알파벳 입력)

- OPTION -

• **Block:** 미리 설정해놓은 블록을 가져와 등분된 위치에 배치한다.

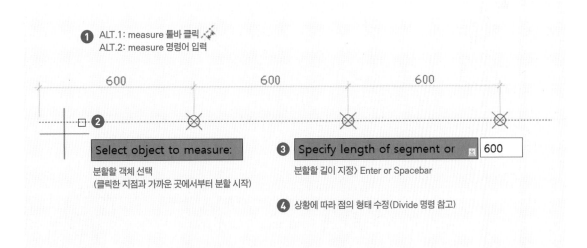

① ALT.1: measure 툴바 클릭
  ALT.2: measure 명령어 입력

② **Select object to measure:**
분할할 객체 선택
(클릭한 지점과 가까운 곳에서부터 분할 시작)

③ **Specify length of segment or** 600
분할할 길이 지정〉 Enter or Spacebar

④ 상황에 따라 점의 형태 수정(Divide 명령 참고)

CHAPTER 3.

Modify(편집)
리본메뉴 명령어

Section 01 | ✛ Move: 이동(단축키: M)

객체를 선택하여 이동시킨다.

1 **ALT1:** 리본의 Home 탭 ➡ Modify 패널 ➡ Move 아이콘 클릭
　　ALT2: 'move' or 'm' 명령어 입력 ➡ Enter or Spacebar: 명령 실행

2 **Select object:** 이동하고자 하는 객체를 클릭 혹은 드래그해서 선택

3 **Enter or Spacebar:** 선택 실행(객체를 먼저 선택하고 명령어를 실행해도 된다.)

4 **Specify base point or [Displacement]:** 이동 기준점을 지정
　　— **ALT1:** 이동의 기준이 되는 지점을 클릭(Object Snap을 이용하여 정확한 위치에 클릭 or 임의로 지정)
　　— **ALT2:** X 좌표 입력하고 Tab 키 클릭 ➡ Y 좌표 입력 ➡ Enter or Spacebar: 명령 실행

5 **Specify second point or ⟨use first point as displacement⟩:** 이동할 위치 지정
　　— **ALT1:** 이동하고자 하는 위치 클릭(Object Snap을 이용하여 정확한 위치에 클릭 or 임의로 지정)
　　— **ALT2:** 이동할 길이 입력 후에 Tab 키 클릭 ➡ 각도 입력(시계 반대 방향)

> 💬 Ortho Mode를 켠 상태로 작업할 경우에는 이동하는 방향으로 마우스를 드래그하여 움직인 후에 길이 치수만 입력한다. 또는 Polar Tracking 기능을 켜고 마우스를 움직이면 지정된 각도에서 가상의 경로가 나타나므로 각도 지정 없이 작업이 가능하다.

6 **Enter or Spacebar:** 명령 실행 및 종료

ALT.1: 원하는 지점 클릭 (Object Snap으로 정확한 위치 지정)
ALT.2: X좌표 > Tab키 > Y 좌표 > Enter or Spacebar

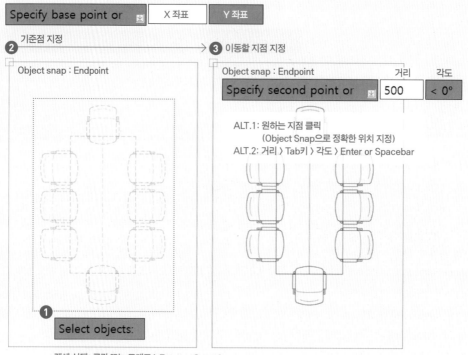

기준점 지정

이동할 지점 지정

Object snap : Endpoint

Object snap : Endpoint

ALT.1: 원하는 지점 클릭
(Object Snap으로 정확한 위치 지정)
ALT.2: 거리 > Tab키 > 각도 > Enter or Spacebar

Select objects:

객체 선택: 클릭 또는 드래그 > Enter or Spacebar

Section 02 — Copy: 복사(단축키: CO)

객체를 선택하여 원하는 수대로 복사하여 이동한다. 반복 실행 가능

1 ALT1: 리본의 Home 탭 ➡ Modify 패널 ➡ Copy 아이콘 클릭

　 ALT2: 'copy' or 'co' 명령어 입력 ➡ Enter or Spacebar: 명령 실행

2 Select object: 복사하고자 하는 객체를 클릭 혹은 드래그해서 선택

3 Enter or Spacebar: 선택 실행(객체를 먼저 선택하고 명령어를 실행해도 된다.)

4 Specify base point or [Displacement/mOde]: 복사 기준점을 지정

— **ALT1**: 복사의 기준이 되는 지점 클릭(Object Snap을 이용하여 정확한 위치에 클릭 or 임의로 지정)

— **ALT2**: X 좌표 입력하고 Tab 키 클릭 ➡ Y 좌표 입력 ➡ Enter or Spacebar: 명령 실행

5 Specify second point or 〈use first point as displacement〉: 복사할 위치 지정 (연속해서 반복적으로 작업 가능)

— **ALT1**: 복사하고자 하는 위치에 클릭(Object Snap을 이용하여 정확한 위치에 클릭 or 임의로 지정)

— **ALT2**: 복사하여 이동할 길이를 입력한 후 Tab 키 클릭 ➡ 각도 입력(시계 반대 방향)

6 Enter or Spacebar: 명령 실행 및 종료

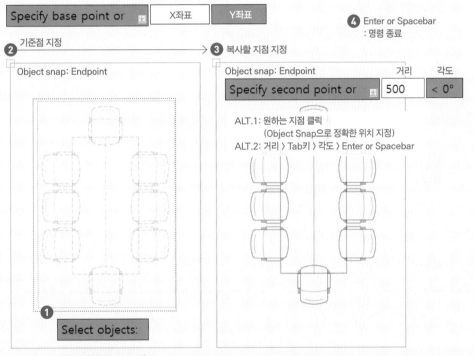

Section 03 | ↻ **Rotate: 회전**(단축키: RO)

객체를 각도를 지정하여 회전한다.

1 **ALT1:** 리본의 Home 탭 ➡ Modify 패널 ➡ Rotate 아이콘 클릭

　　ALT2: 'rotate' or 'ro' 명령어 입력 ➡ Enter or Spacebar: 명령 실행

2 **Select object:** 회전하고자 하는 객체를 클릭 혹은 드래그해서 선택

3 **Enter or Spacebar:** 선택 실행(객체를 먼저 선택하고 명령어를 실행해도 된다.)

4 **Specify base point:** 회전 기준점을 지정

　　── **ALT1:** 회전의 기준이 되는 지점을 클릭(Object Snap을 이용하여 정확한 위치에 클릭 or 임의로 지정)

　　── **ALT2:** X 좌표 입력하고 Tab 키 클릭 ➡ Y 좌표 입력 ➡ Enter or Spacebar: 명령 실행

5 **Specify rotate angle or [Copy/Reference] 〈0〉:** 회전하고자 하는 각도를 지정

　　── **ALT1:** 회전될 위치를 클릭(Object Snap을 이용하여 정확한 위치에 클릭 or 임의로 지정)

　　── **ALT2:** 회전할 각도를 입력(시계 반대 방향으로 각도 회전)

　　── **ALT3:** 옵션 선택(원하는 옵션 명령의 대문자 알파벳 입력)

💬 Ortho Mode를 켠 상태로 작업할 경우에는 마우스로 회전할 방향을 잡은 후에 클릭하여 지정한다.

---

6 **Enter or Spacebar:** 명령 실행 및 종료

- OPTION -

• **Copy:** 회전하면서 복사한다.

• **Reference:** 다른 객체를 참조하여 회전한다.

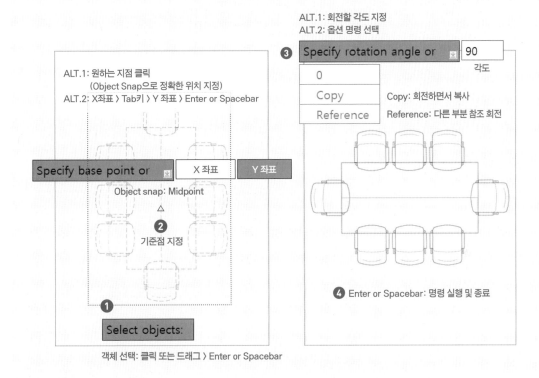

ALT.1: 회전할 각도 지정
ALT.2: 옵션 명령 선택

Specify rotation angle or   90   각도

| 0 |
| Copy | Copy: 회전하면서 복사 |
| Reference | Reference: 다른 부분 참조 회전 |

ALT.1: 원하는 지점 클릭
(Object Snap으로 정확한 위치 지정)
ALT.2: X좌표 〉 Tab키 〉 Y 좌표 〉 Enter or Spacebar

Specify base point or   X 좌표   Y 좌표

Object snap: Midpoint
△
❷
기준점 지정

❶

Select objects:

객체 선택: 클릭 또는 드래그 〉 Enter or Spacebar

❹ Enter or Spacebar: 명령 실행 및 종료

Section 04 | 🔲 Stretch: 길이조절(단축키: S)

객체의 일부분을 선택하여 길이를 늘이거나 줄여서 조질한다.

❶ **ALT1:** 리본의 Home 탭 ➡ Modify 패널 ➡ Stretch 아이콘 클릭

    ALT2: 'stretch' or 's' 명령어 입력 ➡ Enter or Spacebar: 명령 실행

❷ **Select object:** 객체에서 조정할 부분을 선택

    (반드시 <u>Crossing way</u>로 조절하고자 하는 부분만 선택한다.)

        ➤ 객체의 오른쪽에서 왼쪽 방향으로 드래그하여 선택하는 방법

❸ **Enter or Spacebar:** 선택 실행

4 Specify base point or [Displacement]: 기준점 지정

— **ALT1**: 작업의 기준이 되는 지점을 클릭(Object Snap을 이용하여 정확한 위치에 클릭 or 임의로 지정)

— **ALT2**: X 좌표 입력하고 Tab 키 클릭 ➡ Y 좌표 입력 ➡ Enter or Spacebar: 명령 실행

5 Specify second point or ⟨use first point as displacement⟩: 조정할 위치를 지정

— **ALT1**: 조정하고자 하는 위치를 클릭(Object Snap을 이용하여 정확한 위치에 클릭 or 임의로 지정)

— **ALT2**: 조정할 길이를 입력한 후 Tab 키 클릭 ➡ 각도 입력(시계 반대 방향)

6 Enter or Spacebar: 명령 실행 및 종료

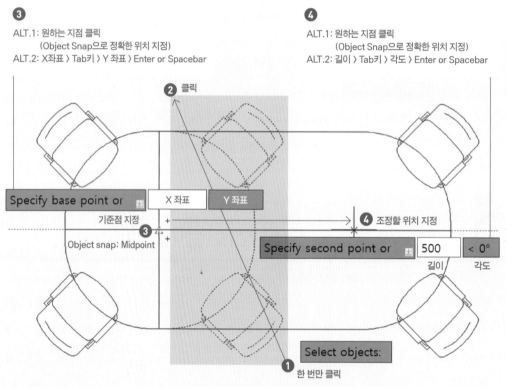

3
ALT.1: 원하는 지점 클릭
　　　(Object Snap으로 정확한 위치 지정)
ALT.2: X좌표 〉 Tab키 〉 Y 좌표 〉 Enter or Spacebar

4
ALT.1: 원하는 지점 클릭
　　　(Object Snap으로 정확한 위치 지정)
ALT.2: 길이 〉 Tab키 〉 각도 〉 Enter or Spacebar

2 클릭

Specify base point or 　 X 좌표 　 Y 좌표

기준점 지정
3
Object snap: Midpoint

4 조정할 위치 지정

Specify second point or 　 500 　 < 0°

길이 　 각도

Select objects:
1 한 번만 클릭

객체 선택: 초록색 박스(Crossing way)로
　　조정할 부분만 선택 〉 Enter or Spacebar

 **Section 05** | △ **Mirror: 대칭**(단축키: MI)

객체를 대칭시켜 복사한다.

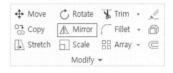

❶ ALT1: 리본의 Home 탭 ➡ Modify 패널 ➡ Mirror 아이콘 클릭

    ALT2: 'mirror' or 'mi' 명령어 입력 ➡ Enter or Spacebar: 명령 실행

❷ Select object: 대칭하고자 하는 객체를 클릭 혹은 드래그해서 선택

❸ Enter or Spacebar: 선택 실행(객체를 먼저 선택하고 명령어를 실행해도 된다.)

❹ Specify first point of mirror line: 대칭 기준선의 첫 번째 위치를 지정

❺ Specify second point of mirror line: 대칭 기준선의 두 번째 위치를 지정

❻ Erase source objects? [Yes/No] 〈N〉: 원본 객체를 지울 것인지 지우지 않을 것인지를 결정

    (Y: 원본 객체를 지움 / N: 원본 객체를 지우지 않음)

❼ Enter or Spacebar: 명령 실행 및 종료

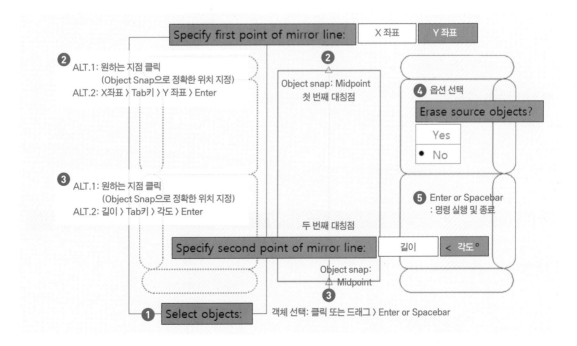

Section 06 |  Scale: 확대/축소 (단축키: SC)

객체의 크기를 조정한다.

❶ ALT1: 리본의 Home 탭 ➡ Modify 패널 ➡ Scale 아이콘 클릭
  ALT2: 'scale' or 'sc' 명령어 입력 ➡ Enter or Spacebar: 명령 실행

❷ Select object: 확대 또는 축소하고자 하는 객체를 클릭 혹은 드래그해서 선택

❸ Enter or Spacebar: 선택 실행(객체를 먼저 선택하고 명령어를 실행해도 된다.)

❹ Specify base point : 기준점을 지정
  — **ALT1:** 크기를 조정할 중심점을 클릭(Object Snap을 이용하여 정확한 위치에 클릭 or 임의로 지정)
  — **ALT2:** X 좌표 입력하고 Tab 키 클릭 ➡ Y 좌표 입력 ➡ Enter or Spacebar: 명령 실행

❺ Specify scale factor or [Copy/Reference]: 크기의 비율 지정
  — **ALT1:** 크기를 조정할 위치를 클릭(Object Snap을 이용하여 정확한 위치에 클릭 or 임의로 지정)
  — **ALT2:** 비율 입력(1:1이 원본 크기의 기준으로 0.5는 반으로 줄어들고 2는 두 배로 커짐)
  — **ALT3:** 옵션 선택(원하는 옵션 명령의 대문자 알파벳 입력)

TIP 객체의 크기 비율 지정하기
  1 : 1   원본 크기
  1 : 0.5 원본 크기의 반으로 줄어든다.
  1 : 2   원본 크기의 2배로 커진다.

💬 정확한 비율을 모를 경우, '바꾸려는 크기/기존 크기' 치수를 입력하여 실행한다.
  (예: 3000/2000 치수를 입력하면 크기가 2000인 객체가 3000으로 변경)

---

❻ Enter or Spacebar: 명령 실행 및 종료

- OPTION -

• **Copy:** 회전하면서 복사한다.
• **Reference:** 다른 객체를 참조하여 크기를 조절한다.

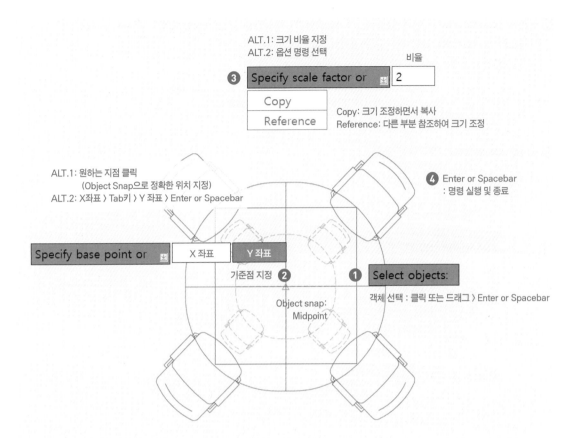

ALT.1: 크기 비율 지정
ALT.2: 옵션 명령 선택

비율

③ Specify scale factor or   2

Copy
Reference

Copy: 크기 조정하면서 복사
Reference: 다른 부분 참조하여 크기 조정

ALT.1: 원하는 지점 클릭
　　(Object Snap으로 정확한 위치 지정)
ALT.2: X좌표 〉 Tab키 〉 Y 좌표 〉 Enter or Spacebar

④ Enter or Spacebar
　: 명령 실행 및 종료

Specify base point or   X 좌표   Y 좌표

기준점 지정 ②

Object snap:
Midpoint

① Select objects:

객체 선택 : 클릭 또는 드래그 〉 Enter or Spacebar

Section 07 | Trim: 자르기(단축키: TR)

객체의 일부분을 잘라낸다.

① **ALT1:** 리본의 Home 탭 ➡ Modify 패널 ➡ Trim 아이콘 클릭

　ALT2: 'trim' or 'tr' 명령어 입력 ➡ Enter or Spacebar: 명령 실행

② **Select objects or 〈select all〉:** 자를 기준선을 먼저 클릭하거나 드래그해서 선택

　(기준선이 정확히 없을 경우, Enter or Spacebar를 누르면 select all 옵션이 실행되어 전체 객체가 선택)

③ **Enter or Spacebar:** 다음 명령으로 진행

4 Select object to trim or shift-select to extend or [Fence/Crossing/Project/Edge/eRase/Undo]:

— **ALT1:** 자르고자 하는 불필요한 선들을 클릭하거나 드래그해서 선택

— **ALT2:** 옵션 선택 (원하는 옵션 명령의 대문자 알파벳 입력)

💬 Shift 키를 누른 상태로 선을 선택하면 반대 명령인 Extend가 적용되어 선이 연장된다.

---

5 Enter or Spacebar: 명령 실행 및 종료

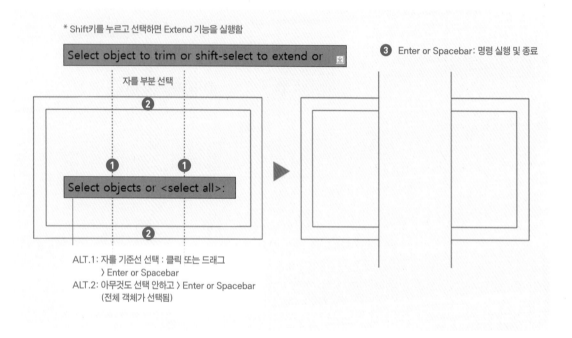

* Shift키를 누르고 선택하면 Extend 기능을 실행함

Select object to trim or shift-select to extend or

자를 부분 선택

❸ Enter or Spacebar: 명령 실행 및 종료

Select objects or <select all>:

ALT.1: 자를 기준선 선택 : 클릭 또는 드래그
　　　〉Enter or Spacebar
ALT.2: 아무것도 선택 안하고 〉Enter or Spacebar
　　　(전체 객체가 선택됨)

 **Section 08** |

객체의 길이를 기준선까지 연장시킨다.

❶ **ALT1:** 리본의 Home 탭 ➡ Modify 패널 ➡ Extend 아이콘 클릭

ALT2: 'extend' or 'ex' 명령어 입력 ➡ Enter or Spacebar: 명령 실행

❷ **Select objects or ⟨select all⟩:** 연장할 경계선을 먼저 클릭하거나 드래그해서 선택

(기준선이 정확히 없을 경우, Enter or Spacebar를 누르면 전체 객체가 선택)

❸ **Enter or Spacebar:** 다음 명령으로 진행

❹ **Select object to extend or shift-select to trim or [Fence/Crossing/Project/Edge/Undo]:**

— **ALT1:** 연장하고자 하는 선들을 클릭하거나 드래그해서 선택

— **ALT2:** 옵션 선택 (원하는 옵션 명령의 대문자 알파벳 입력)

> 💬 Shift를 누른 상태로 선을 선택하면 반대 명령인 Trim이 적용되어 선이 잘려진다.

❺ **Enter or Spacebar:** 명령 실행 및 종료

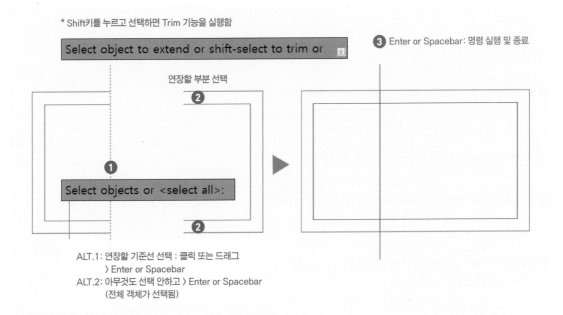

* Shift키를 누르고 선택하면 Trim 기능을 실행함

Select object to extend or shift-select to trim or

❸ Enter or Spacebar: 명령 실행 및 종료

연장할 부분 선택

❷

❶

Select objects or <select all>:

❷

ALT.1: 연장할 기준선 선택 : 클릭 또는 드래그
〉Enter or Spacebar
ALT.2: 아무것도 선택 안하고 〉Enter or Spacebar
(전체 객체가 선택됨)

Section 09 |  Fillet: 모서리 둥글게(단축키: F)

객체의 모서리 부분을 둥글게 만들거나 90도로 만든다.

① **ALT1:** 리본의 Home 탭 ➡ Modify 패널 ➡ Fillet 아이콘 클릭

   ALT2: 'fillet' or 'f' 명령어 입력 ➡ Enter or Spacebar: 명령 실행

```
Command: _fillet
Current settings: Mode = TRIM, Radius = 0.0000
FILLET Select first object or [Undo Polyline Radius Trim Multiple]:
```

> 🔲 Current settings(현재 설정 상태): Mode는 현재 Trim 옵션을 나타내고 Radius는 현재 Radius 옵션의 반지름 치수를 표시한다. 반드시 현재 설정을 확인한 후에 옵션을 설정하고 작업을 진행한다.

② **Select first object or [Undo/Polyline/Radius/Trim/Multiple]:** Radius 옵션 선택(r입력)

   — **ALT1:** 정리할 모서리의 첫 번째 선 선택

   — **ALT2:** 옵션 선택(원하는 옵션 명령의 대문자 알파벳 입력) ➡ Enter or Spacebar: 명령 실행

- OPTION -

- **Polyline:** 폴리선으로 된 객체의 모서리를 모두 한 번에 정리한다.
- **Radius:** 호의 반지름을 지정한다.
- **Trim:** 선택한 테두리의 상태를 조절한다. (Trim: 모서리를 제거 / No Trim: 제거하지 않음)
- **Multiple:** 연속해서 객체를 선택하여 계속 작업할 수 있다.

---

③ **Specify fillet radius 〈0.0000〉:** 반지름 크기를 지정

   (90도 직각으로 모서리를 정리하고자 할 때는 각도를 0도로 지정한다.)

④ **Enter or Spacebar:** 명령 실행 및 다음 명령으로 진행

⑤ **Select first object or [Undo/Polyline/Radius/Trim/Multiple]:**

   모서리의 첫 번째 선을 클릭하거나 다른 옵션을 선택

⑥ **Select second object or shift-select to apply corner:**

   — **ALT1:** 모서리의 두 번째 선 클릭

   — **ALT2:** Shift 누른 상태로 두 번째 선을 클릭하면 반지름 0과 같이 90도 직각의 모서리로 정리된다.

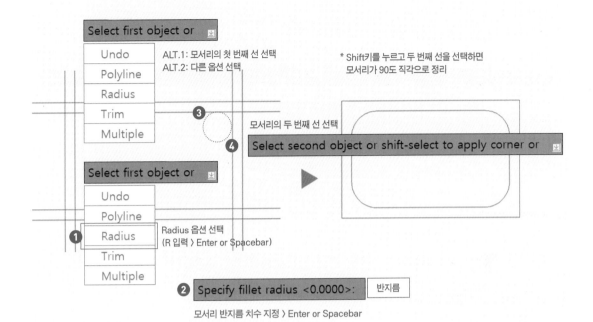

Select first object or

| Undo |
| Polyline |
| Radius |
| Trim |
| Multiple |

ALT.1: 모서리의 첫 번째 선 선택
ALT.2: 다른 옵션 선택

❸ 모서리의 두 번째 선 선택

❹ Select second object or shift-select to apply corner or

* Shift키를 누르고 두 번째 선을 선택하면
모서리가 90도 직각으로 정리

Select first object or

| Undo |
| Polyline |
| Radius |
| Trim |
| Multiple |

❶ Radius 옵션 선택
(R 입력 〉 Enter or Spacebar)

❷ Specify fillet radius <0.0000>: 반지름

모서리 반지름 치수 지정 〉 Enter or Spacebar

Section 10 | ◻ Chamfer: 모서리 각지게 (단축키: CHA)

객체의 모서리 부분을 사선으로 만든다.

❶ **ALT1:** 리본의 Home 탭 ➡ Modify 패널 ➡ Chamfer 아이콘 클릭

ALT2: 'chamfer' or 'cha' 명령어 입력 ➡ Enter or Spacebar: 명령 실행

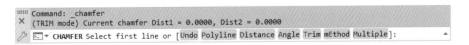

```
Command: _chamfer
(TRIM mode) Current chamfer Dist1 = 0.0000, Dist2 = 0.0000
CHAMFER Select first line or [Undo Polyline Distance Angle Trim mEthod Multiple]:
```

💬 **Current chamfer Dist1,2:** 현재 모서리 길이 확인
명령을 실행하고 Command Line에서 Chamfer 명령의 현재 설정을 확인한 후에 작업을 진행한다.

2 Select first line or [Undo/Polyline/Distance/Angle/Trim/mEthod/Multiple]: Distance 옵션 선택

— **ALT1**: 정리할 모서리의 첫 번째 선 선택

— **ALT2**: 옵션 선택 (원하는 옵션 명령의 대문자 알파벳 입력) ➡ Enter or Spacebar: 명령 실행

- OPTION -

- **Polyline**: 폴리선으로 된 객체의 모서리를 모두 한 번에 정리한다.
- **Distance**: 모서리를 사선 처리할 길이를 지정한다.
- **Trim**: 선택한 테두리의 상태를 조절한다. (Trim: 모서리를 제거 / No Trim: 제거하지 않음)
- **Multiple**: 연속해서 객체를 선택하여 계속 작업을 실행할 수 있다.

---

3 Specify first chamfer distance 〈0.0000〉: 첫 번째 길이 지정 ➡ Enter or Spacebar: 명령 실행

4 Specify second chamfer distance 〈0.0000〉: 두 번째 길이 지정 ➡ Enter or Spacebar: 명령 실행

5 Select first line or [Undo/Polyline/Distance/Angle/Trim/mEthod/Multiple]:
모서리의 첫 번째 선을 선택(첫 번째 길이를 적용)하거나 다른 옵션을 선택

6 Select second line or shift-select to apply corner :

— **ALT1**: 모서리의 두 번째 선을 선택(두 번째 길이를 적용)

— **ALT2**: Shift를 누른 상태로 두 번째 선을 클릭하면 반지름 0과 같이 90도 직각의 모서리로 정리된다.

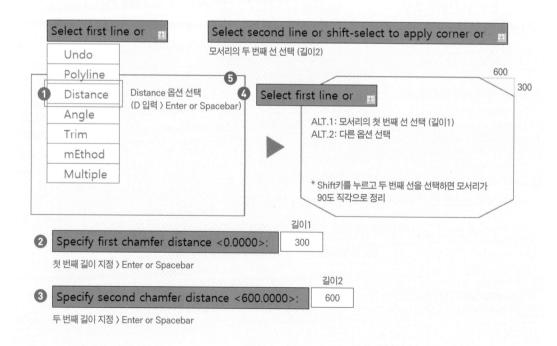

Section 11 |  **Rectangular Array: 사각 배열**(단축키: AR)

객체를 설정한 간격으로 일정하게 복사하여 배치한다.

❶ **ALT1:** 리본의 Home 탭 ➡ Modify 패널 ➡ Rectangular Array 아이콘 클릭

　ALT2: 'array' or 'ar' 명령어 입력 ➡ Enter or Spacebar: 명령 실행

❷ **Select object:** 배열하고자 하는 객체를 클릭 혹은 드래그해서 선택

❸ **Enter or Spacebar:** 선택 실행(객체를 먼저 선택하고 명령어를 실행해도 된다.)

❹ **Enter array type:** 배열 방법 선택

　— **ALT1:** Rectangular (사각 배열)

　— **ALT2:** PAth (선 배열)

　— **ALT3:** POlar (원형 배열)

❺ **Enter or Spacebar :** 명령 선택 및 실행

❻ **Select grip edit array or 〈eXit〉:** eXit

　— **ALT1:** 배열 편집한 그립을 선택

　— **ALT2:** 'eXit'이 기본 옵션으로 설정되어 있어 바로 종료 가능

　— **ALT3:** 옵션 선택(원하는 옵션 명령의 대문자 알파벳 입력)

❼ **Enter or Spacebar:** 명령 실행 및 종료

Rectangular Array 설정 패널

1 **Columns**: 세로 배열 설정

1) **Columns**: 세로로 배열할 객체의 수 설정

2) **Between**: 객체와 객체의 세로 간격 길이 설정

3) **Total**: 첫 번째 객체와 마지막 객체 사이의 세로 간격 길이 설정(Columns 개수와 Between 길이에 따라 자동으로 계산되어 표시)

2 **Rows**: 가로 배열 설정

1) **Rows**: 가로로 배열할 객체의 수 설정

2) **Between**: 객체와 객체의 가로 간격 길이 설정

3) **Total**: 첫 번째 객체와 마지막 객체 사이의 가로 간격 길이 설정(Rows 개수와 Between 길이에 따라 자동으로 계산되어 표시)

3 **Properties**: 배열 속성 설정

1) **Associative**: 기본으로 선택되어 있고 배열된 객체들끼리 연결되어 만들어진다. 그리고 만들어진 배열 객체를 선택하면 편집 패널이 나타나서 수정할 수 있다.

2) **Base Point**: 배열이 시작되는 기준이 될 객체를 지정한다.

Rectangular Array 편집 패널

1 **Columns 및 Rows**: 배열된 객체* 중에서 한 객체를 수정하면 나머지 객체도 자동적으로 같이 수정된다. 또한 다른 객체로 바꿀 수도 있다.

> * 배열된 객체는 한 객제를 반복적으로 복사하여 배치한 것이므로 수정 사항이 동일하게 적용된다.

2 **Properties의 Base Point**: 배열이 시작되는 기준이 될 객체를 다시 지정하여 바꿀 수 있다.

3 **Options**

1) **Edit Source**: 배열된 객체들은 하나의 객체를 반복적으로 복사하여 배치한 것으로 이중에서 한 객체를 수정하면 나머지 객체들도 자동적으로 같이 수정된다. 또한 다른 객체로 바꿀 수도 있다.

2) **Replace Item:** 배열된 객체들 중에서 원하는 객체들만 선택하여 다른 형태의 객체로 변경할 수 있다. 또한 Source Objects 옵션 명령으로 배열된 모든 객체들을 한 번에 바꿀 수도 있다.

3) **Reset Array:** Replace Item 명령으로 바뀐 객체들을 처음으로 복구시킨다.

4 Close Array: 배열 편집을 완료하고 패널을 닫는다.

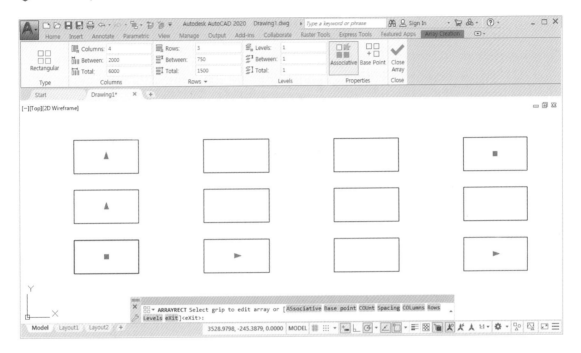

 Section 12 |  **Polar Array: 원형 배열**(단축키: AR)

객체를 원형의 형태로 일정하게 복사하여 배치한다.

1 ALT1: 리본의 Home 탭 ➡ Modify 패널 ➡ Polar Array 아이콘 클릭

ALT2: 'array' or 'ar' 명령어 입력 ➡ Enter or Spacebar: 명령 실행

2 Select object: 배열하고자 하는 객체를 클릭 혹은 드래그해서 선택

3 Enter or Spacebar: 선택 실행(객체를 먼저 선택하고 명령어를 실행해도 된다.)

❹ Enter array type: 배열 방법 선택

　— **ALT1:** Rectangular(사각 배열)

　— **ALT2:** PAth(선 배열)

　— **ALT3:** POlar(원형 배열)

❺ Enter or Spacebar: 명령 선택 및 실행

❻ Specify center point of array or [Base point/Axis of rotation]:

　— **ALT1:** 원형 배열의 중심이 되는 지점을 클릭

　　(Object Snap을 이용하여 정확한 위치에 클릭 or 임의로 지정)

　— **ALT2:** X 좌표 입력하고 Tab 키 클릭 ➡ Y 좌표 입력 ➡ Enter or Spacebar: 명령 실행

　— **ALT3:** 옵션 선택(원하는 옵션 명령의 대문자 알파벳 입력)

❼ Select grip edit array or ⟨eXit⟩: eXit

　— **ALT1:** 배열 편집한 그립을 선택

　— **ALT2:** 'eXit'이 기본 옵션으로 설정되어 있어 바로 종료 가능

　— **ALT3:** 옵션 선택(원하는 옵션 명령의 대문자 알파벳 입력)

❽ Enter or Spacebar: 명령 실행 및 종료

Polar Array 설정 패널

❶ Items: 원형 배열 설정

1) Items: 원형으로 배열할 객체의 수 설정

2) Between: 객체와 객체의 사이 각도 설정(Items 개수와 Fill 각도에 따라 자동으로 계산되어 표시)

3) Fill: 원형 배열의 전체 각도 설정(Items 개수와 Between 각도에 따라 자동으로 계산되어 표시)

> ⟨명령에 따라 달라지는 Between의 개념⟩
> Rectangular array 명령에서의 Between은 길이 간격, Polar array 명령에서의 Between은 각도이다.

❷ Rows: 가로 배열 설정

1) Rows: 가로로 배열할 객체의 수 설정

2) Between: 객체와 객체의 가로 간격 길이 설정

3) Total: 첫 번째 객체와 마지막 객체 사이의 가로 간격 길이 설정(Rows 개수와 Between 길이에 따라 자동으로 계산되어 표시)

❸ Properties: 배열 속성 설정

1) Associative: 기본으로 선택된 설정으로, 배열된 객체들끼리 연결되어 만들어진다. 그리고 만들어진 배열 객체를 선택하면 편집 패널이 나타나서 수정할 수 있다.

2) Base Point: 배열이 시작되는 기준이 될 객체를 지정한다.

3) Rotate Items: 각각의 객체 자체가 회전하면서 배치된다.

4) Direction: 회전 방향을 설정한다. 선택하면 시계 반대 방향으로 회전 배치하고, 해제하면 시계 방향으로 회전 배치한다.

Polar Array 편집 패널

❶ Items 및 Rows: 배열 설정 패널과 동일한 내용이며 만들어진 배열의 회전 개수 및 각도를 편집하여 바꿀 수 있다.

❷ Properties: 배열 설정 패널과 동일한 내용이다.

❸ Options: Rectangular Array 편집 옵션과 동일한 내용이다.

❹ Close Array: 배열 편집을 완료하고 패널을 닫는다.

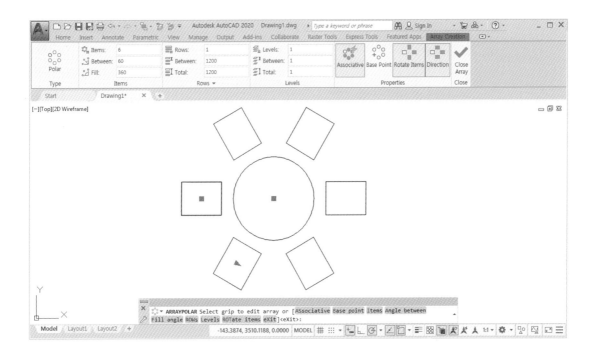

 **Section 13** |  **Erase: 지우기**(단축키: E)

객체를 선택하여 삭제한다.

❶ **ALT1:** 리본의 Home 탭 ➡ Modify 패널 ➡ Erase 아이콘 클릭
  ALT2: 'erase' or 'e' 명령어 입력 ➡ Enter or Spacebar: 명령 실행

❷ **Select object:** 삭제하고자 하는 객체를 클릭 혹은 드래그해서 선택

❸ **Enter or Spacebar:** 선택 실행(객체를 먼저 선택하고 명령어를 실행해도 된다.)

💬 객체를 선택하고 키보드의 'Delete' 키를 눌러 삭제할 수도 있다.

 Section 14 | **Explode: 분해하기**(단축키: X)

폴리선이나 블록처럼 하나로 연결되어 있는 객체를 분해한다.

❶ **ALT1:** 리본의 Home 탭 ➡ Modify 패널 ➡ Explode 아이콘 클릭
  ALT2: 'explode' or 'x'명령어 입력 ➡ Enter or Spacebar: 명령 실행

❷ **Select object:** 분해하고자 하는 객체를 클릭 혹은 드래그해서 선택

❸ **Enter or Spacebar:** 선택 실행(객체를 먼저 선택하고 명령어를 실행해도 된다.)

💬 Xplode (XP) 명령은 객체를 분해하면서 특성을 바꿀 수 있다.

Section 15 | ⊆ Offset: 간격 복사 (단축키: O)

객체를 설정한 간격으로 일정하게 평행 복사한다.

> ✥ Move   ↻ Rotate   ✂ Trim ▾   ✎
> ⧉ Copy   ⚠ Mirror   ⌐ Fillet ▾   ⬚
> △ Stretch ⬚ Scale   ⊞ Array ▾   ⊆
> Modify ▾

❶ ALT1: 리본의 Home 탭 ➡ Modify 패널 ➡ Offset 아이콘 클릭
　　ALT2: 'offset' or 'o' 명령어 입력 ➡ Enter or Spacebar: 명령 실행

❷ Specify offset distance or [Through/Erase/Layer] 〈Through〉:
　　— **ALT1:** 간격을 띄우고자 하는 거리를 입력(거리를 지정하지 않으면 기본 옵션인 Through를 실행)
　　— **ALT2:** 옵션 선택(원하는 옵션 명령의 대문자 알파벳 입력)

- OPTION -

- **Through:** 클릭한 위치에 복사되어 배치된다.
- **Erase:** 원본 객체는 삭제하고 복사한 객체만 남는다.
- **Layer:** Source는 원본 객체의 레이어를 그대로 복사하고 Current는 현재 설정된 레이어로 복사된다.

---

❸ Enter or Spacebar: 명령 및 옵션 실행

❹ Select object to offset or [Exit/Undo] 〈Exit〉: 조정할 객체를 선택

❺ Specify point on side to offset or [Exit/Multiple/Undo] 〈Exit〉:
　　복사 배치하고자 하는 방향이나 위치에 클릭

❻ Select object to offset or [Exit/Undo] 〈Exit〉:
　　다시 간격을 띄울 객체를 선택(같은 간격으로 연속해서 반복적으로 작업 가능)

❼ Enter or Spacebar: 명령 실행 및 종료

❹ Specify point on side to offset or   ⊡ | X 좌표 | Y 좌표 |

복사할 방향 또는 위치를 지정해서 클릭

❸ Select object to offset or   ⊡

객체 선택: 클릭

❶ Specify offset distance or   ⊡ | 거리 |

Through	ALT.1: 간격 띄울 거리 지정
Erase	ALT.2: 옵션 선택
Layer	**❷** Enter or Spacebar : 명령 및 옵션 실행

Section 16 | 🔲 Break: 부분 자르기 (단축키: BR)

객체의 중간 부분을 지정해서 자른다.

✥ Move   ↻ Rotate   ✂ Trim   ▾
⊙⊙ Copy   ⚠ Mirror   ⌒ Fillet   ▾
⬚ Stretch   ⬚ Scale   品 Array   ▾

Modify

❶ **ALT1:** 리본의 Home 탭 ➡ Modify 패널 ➡ Break 아이콘 클릭
     ALT2: 'break' or 'br' 명령어 입력 ➡ Enter or Spacebar: 명령 실행

❷ **Select object:** 객체 선택 및 끊어질 첫 번째 지점을 지정

❸ **Specify second break point or [First point]:** 끊어질 두 번째 지점을 지정
    — **ALT1:** 끊어질 두 번째 지점을 클릭(Object Snap을 이용하여 정확한 위치에 클릭)
    — **ALT1:** X 좌표 입력하고 Tab 키 클릭 ➡ Y 좌표 입력 ➡ Enter or Spacebar: 명령 실행

- OPTION -

• **First point:** 끊어질 첫 번째 위치를 다시 지정하고자 할 경우 사용한다.

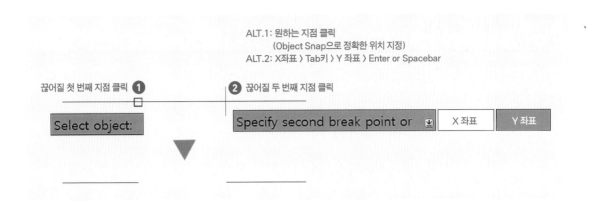

ALT.1: 원하는 지점 클릭
(Object Snap으로 정확한 위치 지정)
ALT.2: X좌표 〉 Tab키 〉 Y 좌표 〉 Enter or Spacebar

끊어질 첫 번째 지점 클릭 ❶   ❷ 끊어질 두 번째 지점 클릭

Select object: Specify second break point or   X 좌표   Y 좌표

 Section 17 | ⊡ **Break at Point: 한 부분에서 분리하기**

객체의 한 지점에서 잘라서 분리한다.

❶ 리본의 Home 탭 ➡ Modify 패널 ➡ Break at Point 아이콘 클릭

❷ break Select object: 분리하고자 하는 객체를 선택

❸ Specify second break point or [First point]: _f / Specify first break point:
  — **ALT1:** 분리할 지점을 클릭하여 지정(Object Snap을 이용하여 정확한 위치에 클릭)
  — **ALT2:** X 좌표 입력하고 Tab 키 클릭 ➡ Y 좌표 입력 ➡ Enter or Spacebar: 명령 실행

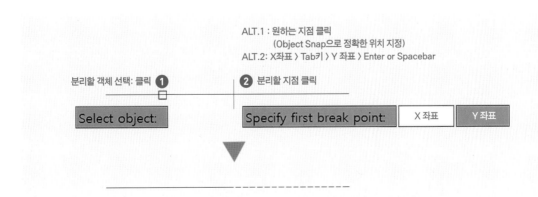

ALT.1 : 원하는 지점 클릭
(Object Snap으로 정확한 위치 지정)
ALT.2: X좌표 〉 Tab키 〉 Y 좌표 〉 Enter or Spacebar

분리할 객체 선택: 클릭 ❶   ❷ 분리할 지점 클릭

Select object: Specify first break point: X 좌표   Y 좌표

 **Section 18** |  **Join: 연결하기** (단축키: J)

분리된 객체들을 하나로 합친다.

1 **ALT1:** 리본의 Home 탭 ➡ Modify 패널 ➡ Join 아이콘 클릭

ALT2: 'join' or 'j' 명령어 입력 ➡ Enter or Spacebar: 명령 실행

2 **Select source object or multiple objects to join at once:** 결합하고자 하는 객체를 선택한다.

3 **Select lines to join to source:** 첫 번째 객체에 결합할 객체를 선택한다.

4 **Enter or Spacebar:** 명령 실행 및 종료

> 💬 끝점의 방향이 일치하는 객체를 결합한다(폴리선의 경우는 끝점의 방향이 일치하지 않아도 된다).

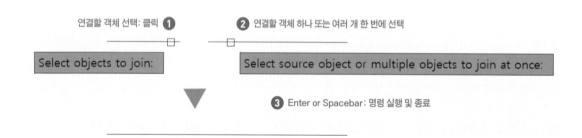

Section 19 |  Draworder: 객체 순서 (단축키: DR)

겹쳐있는 객체의 순서를 조정한다.

❶ 겹쳐 있는 객체들 중에서 순서를 바꾸고자 하는 객체를 선택한다.

❷ Draworder 아이콘 옆의 화살표를 눌러서 그중에서 원하는 순서를 선택한다.

— **Bring to Front**: 겹쳐있는 객체 중에 가장 위로 배치한다.

— **Send to Back**: 겹쳐있는 객체 중에 아래에 배치한다.

— **Bring Above Objects**: 선택한 객체 바로 위로 배치한다.

— **Send Under Objects**: 선택한 객체 바로 아래에 배치한다.

— **Bring Text to Front**: 문자 요소를 가장 위로 배치한다.

— **Bring Dimensions to Front**: 치수 요소를 가장 위로 배치한다.

— **Bring Leaders to Front**: 지시선 요소를 가장 위로 배치한다.

— **Bring All Annotations to Front**: 모든 문자, 치수, 지시선 요소들을 가장 위로 배치한다.

— **Sent Haches to Back**: 해치를 가장 아래에 배치한다.

CHAPTER 4.

기타 명령어

Section 01 | Units: 단위 설정 (단축키: UN)

캐드 도면의 단위를 지정한다.

❶ **Length**
　── **Type**: 길이 단위를 지정(반드시 Decimal로 설정: 십진법)
　── **Precision**: 길이의 소수점 자릿수를 지정

❷ **Angle**
　── **Type**: 각도 단위를 지정 (반드시 Decimal로 설정: 십진법)
　── **Precision**: 각도의 소수점 자릿수를 지정
　── **Clockwise**: 각도 측정 방향을 '시계 방향'으로 지정

❸ **Insertion scale**: 삽입된 객체의 단위 설정(Millimeters로 설정)

Section 02 | Limits: 화면 영역 설정

캐드 화면에서 작업할 영역 크기를 설정한다. (기본 acadiso 파일*은 A3 크기)

> 💬 acad 파일과 acadiso 파일은 새로운 파일을 열 때 기본적으로 캐드에서 제공히는 템플릿 파일이다. acad 파일은 inch 단위, acadiso 파일은 mm 단위로 설정되어 있다.

❶ 'limits' 명령어 입력 ➡ Enter or Spacebar: 명령 실행

❷ **Reset Model space limits:**
　Specify lower left corner or [ON/OFF] ⟨0,0⟩: 0,0(원점 지정)

❸ Specify upper right corner ⟨420,297⟩: 10000,10000(원하는 크기 지정)

❹ **Enter or Spacebar**: 명령 종료

- OPTION -

- **On:** 영역 밖으로 작업을 할 수 없다.
- **Off:** 기본적으로 설정된 옵션으로 영역 밖에서도 작업이 가능하다.

 **Section 03** | **Regen: 화면 다시보기** (단축키: RE)

화면에 있는 모든 객체를 다시 표현하여 나타낸다. 원형과 곡선의 객체가 각이 지게 나타나거나 Zoom 기능(화면을 작게 또는 크게 조정하는 기능)이 잘 안될 때 적용한다.

 Section 04 | **Grip 편집**

아무런 명령을 실행하지 않은 상태에서 객체를 선택하면 모서리와 중간점에 나타나는 파란색 사각형을 그립(Grip)이라고 한다.

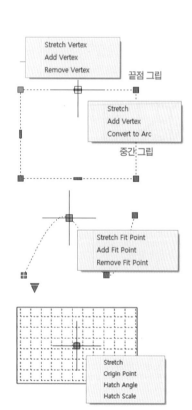

ⓐ **Line 기본 그립:** 기본 설정은 Stretch로, 클릭하여 원하는 위치로 조정한다.

ⓑ **Polyline 다기능 그립**
— **Stretch:** 그립을 이용하여 늘이거나 줄이는 명령을 적용한다.
— **Add Vertex:** 점을 추가한다.
— **Remove Vertex:** 선택한 점을 제거한다.
— **Convert to Arc:** 선을 호로 변환하거나 호를 선으로 변환한다.

ⓒ **Spline의 다기능 그립**
— **Stretch Fit Point:** 그립을 늘이거나 줄인다.
— **Add Fit Point:** 점을 추가한다.
— **Remove Fit Point:** 점을 제거한다.

ⓓ **Hatch 패턴의 다기능 그립**
— **Stretch:** 패턴의 중심을 이동한다.
— **Origin Point:** 패턴의 원점을 다시 설정한다.
— **Hatch Scale:** 패턴의 크기를 다시 설정한다.

CHAPTER 5.

불러온 도면 이미지의 각도 및 크기 조정

수작업한 도면을 스캔 받은 파일, 다운받은 도면 이미지 파일을 캐드 프로그램으로 불러와 스케일에 맞게 크기 및 각도를 조정하는 방법을 배워본다.

01 이미지가 있는 폴더를 열고 이미지 파일을 캐드 프로그램으로 드래그한다.

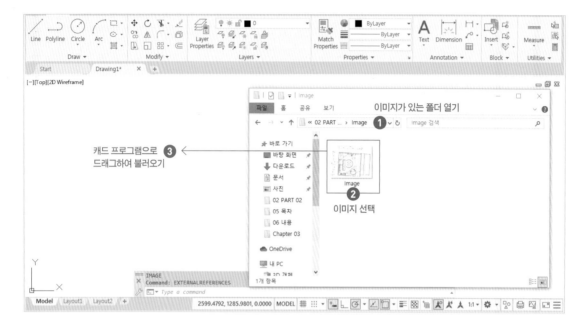

02 불러온 이미지 파일을 캐드 작업 화면에 배치하고 보이도록 화면 크기를 조정한다.

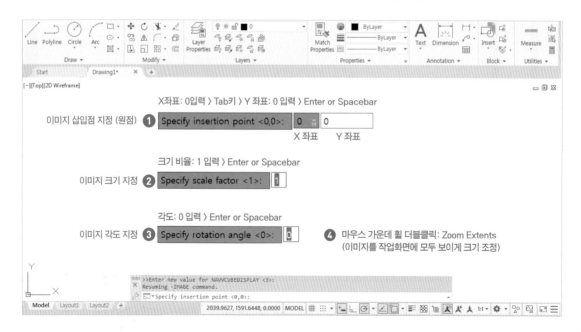

03 이미지의 테두리 선을 클릭하여 선택하면 상부에 이미지 설정 리본이 나타난다. 상황에 따라 이미지의 밝기나 투명도 등을 적절하게 조정한다.

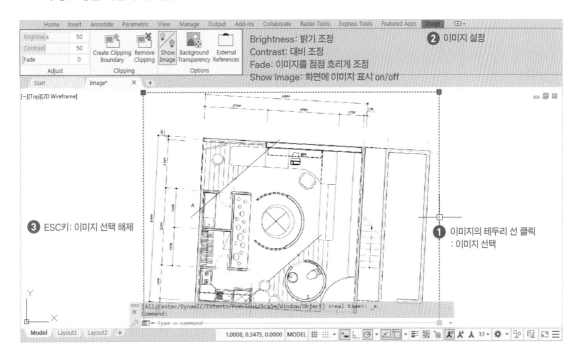

04 도면 이미지가 기울어져 있는 경우 수평, 수직선을 일직선으로 조정해야 한다. 먼저 회전의 기준점을 만들기 위해 Line 또는 Xline 명령으로 도면 이미지의 가로선 기울기에 맞춰서 선을 하나 그린다.

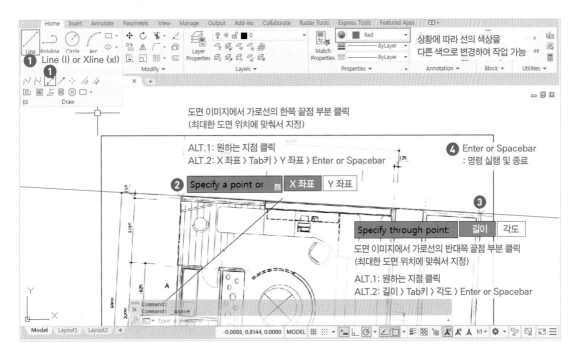

05 Line 또는 Xline 명령으로 앞서 그린 가로선과 한 지점에서 만나는 수평선을 하나 그린다.

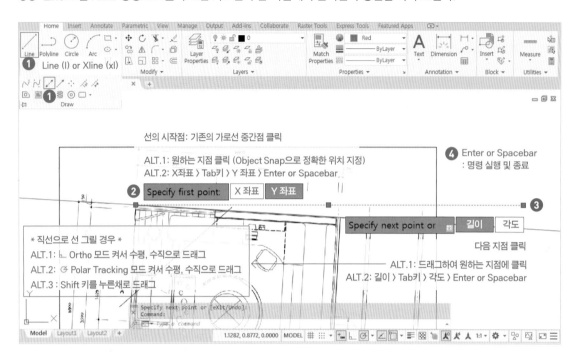

06 회전 각도를 알 수 없을 경우, Rotate 명령의 Reference 옵션을 활용하면 다른 객체를 참조하여 맞춰서 회전시킬 수 있다. 기울어진 도면을 수평선에 맞게 회전

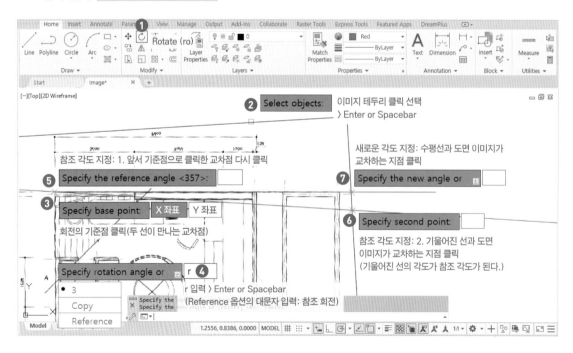

07 이번에는 불러온 이미지의 현재 크기를 확인하기 위해서 Utilities 패널의 Measure 항목에서 Distance 명령을 선택한다. 그리고 치수가 표시된 지점의 양끝 부분을 클릭하여 거리 치수를 확인한다.

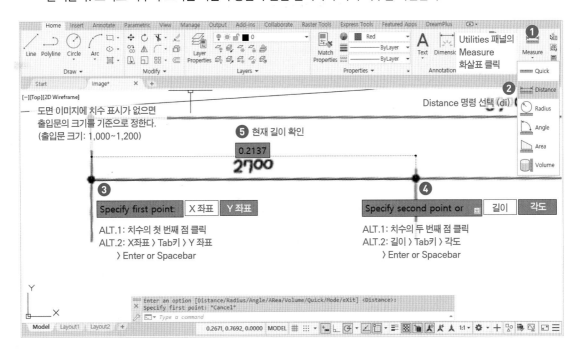

08 Scale 명령으로 이미지의 크기를 조정한다. 스케일의 비율을 알 수 없을 경우, Scale 명령의 Reference 옵션을 활용하면 현재 크기를 기준으로 실제 거리에 맞춰서 이미지의 스케일을 조정할 수 있다.

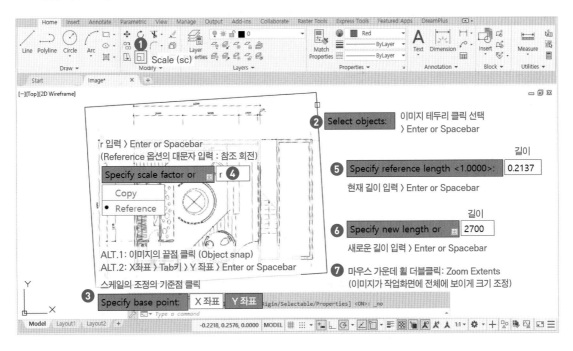

PART ——— 03

기본 그리기
실습

CHAPTER 1.

테이블 및 의자 그리기

Section 01 | 사각 테이블 및 의자 평면도

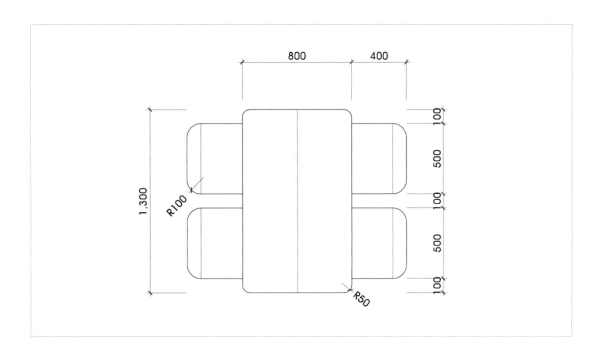

01 Rectangle 명령으로 가로 800mm, 세로 1300mm의 사각형 테이블을 그린다.

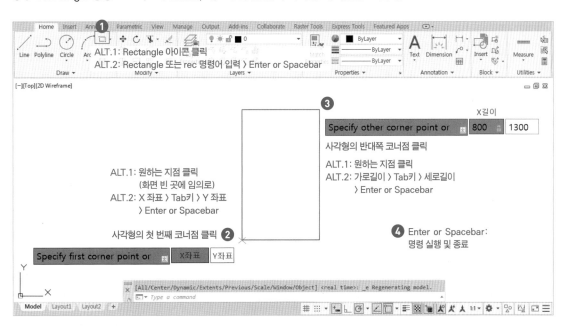

02 이번에는 Rectangle 명령으로 의자 형태로 만들 사각형(가로: 400mm, 세로: 500mm)을 그린다.

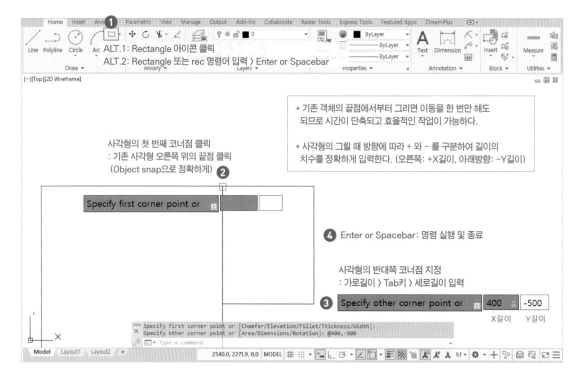

03 Move 명령어를 사용하여 의자 형태의 사각형을 아래 방향으로 100mm 이동한다.

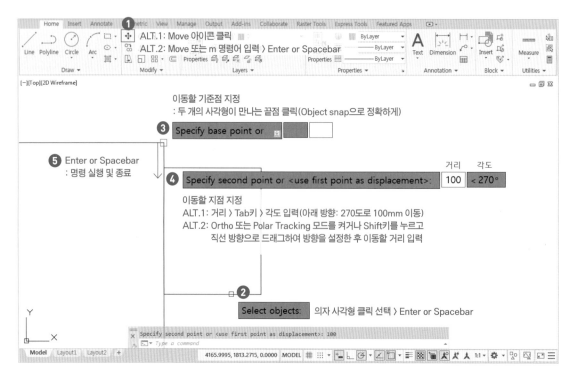

04 Fillet 명령으로 의자로 그린 사각형의 양쪽 두 모서리를 둥글게 만든다. Radius는 100으로 설정한다.

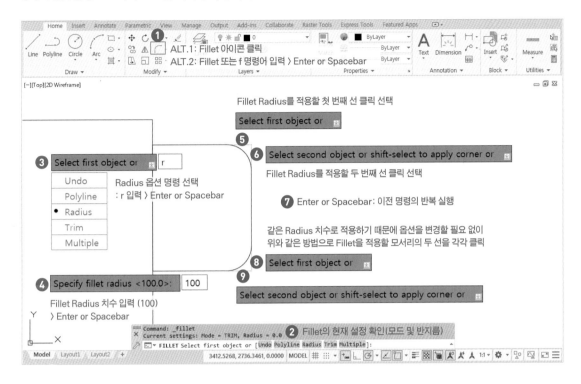

05 가로선의 끝점을 연결하는 세로선을 하나 그린다.

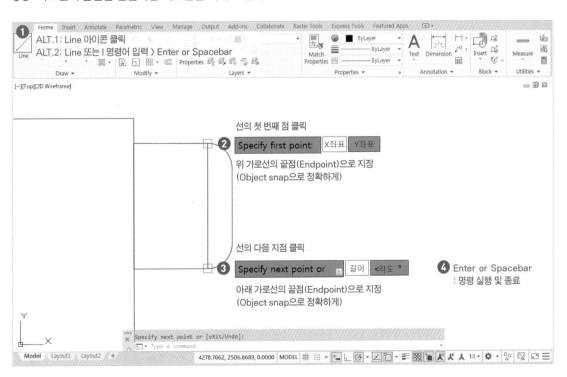

06 테이블에서 같은 치수로 배치되어 있으므로 기존의 의자 객체를 Mirror 명령을 사용하여 대칭 복사한다.

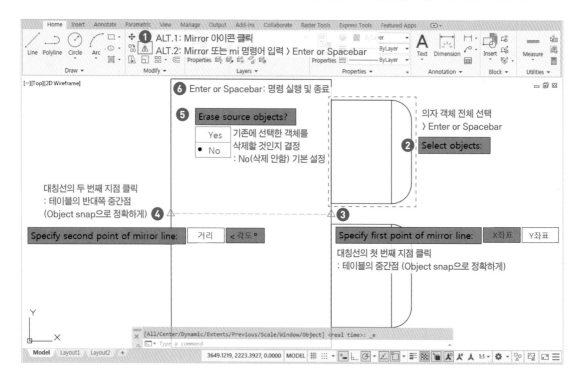

07 테이블의 반대쪽에도 같은 방법으로 의자를 대칭 복사하여 배치한다.

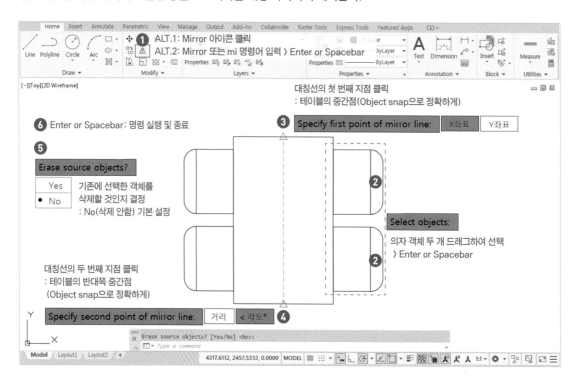

08 Fillet 명령으로 테이블의 모서리도 둥글게 만든다. 이때 Radius는 50으로 설정한다.

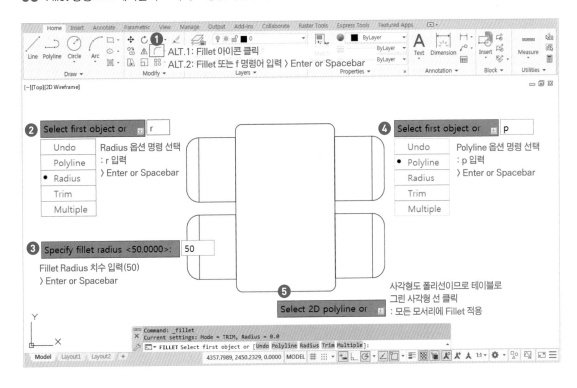

09 테이블 가운데에 세로선을 하나 그린다.

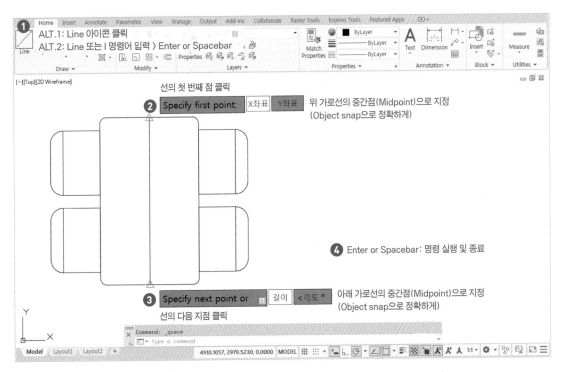

Section 02 | 원형 테이블 및 사각 의자 평면도

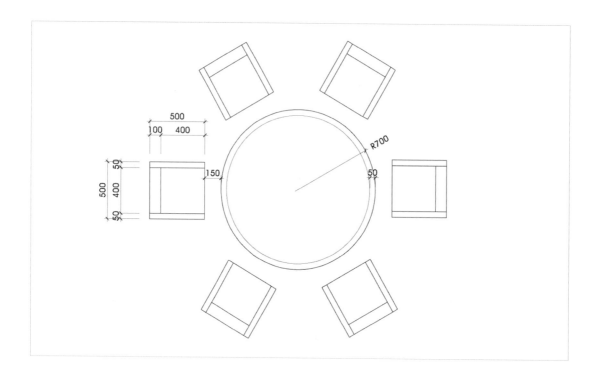

01 Circle 명령으로 반지름이 700mm인 원형 테이블을 그린다.

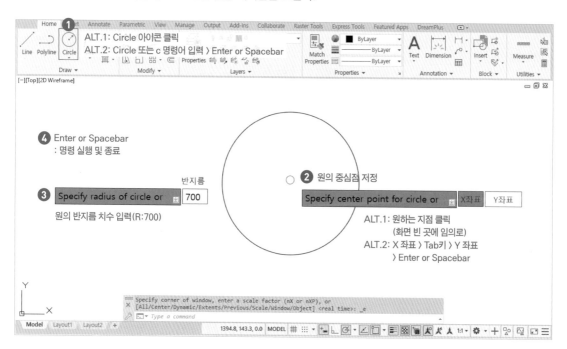

02 Offset 명령으로 원의 안쪽에 50mm 간격의 원을 하나 더 만든다.

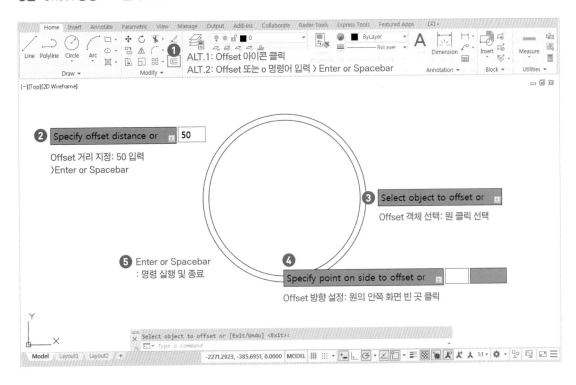

03 이번에는 Rectangle 명령으로 의자 형태로 만들 사각형(가로 500mm, 세로 400mm)을 그린다.

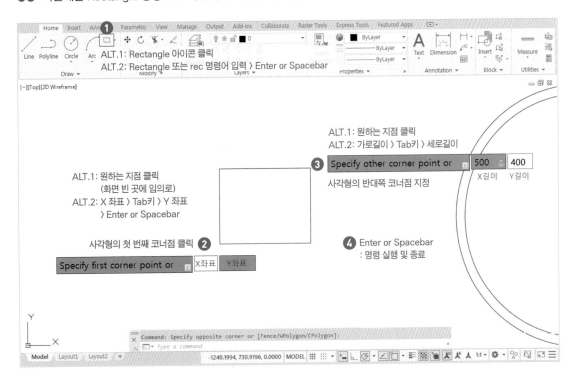

04 Line 명령으로 사각형의 왼쪽 세로선과 겹치게 선을 하나 그린다.

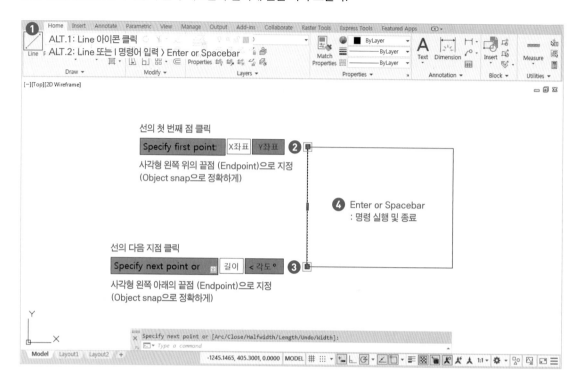

05 Move 명령으로 100mm 이동하여 의자 등받이 선을 표현한다.

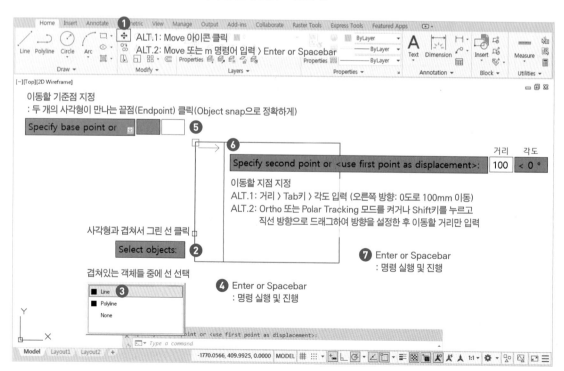

06 Rectangle 명령으로 팔걸이가 될 사각형(가로: 500mm, 세로: 50mm)을 그린다.

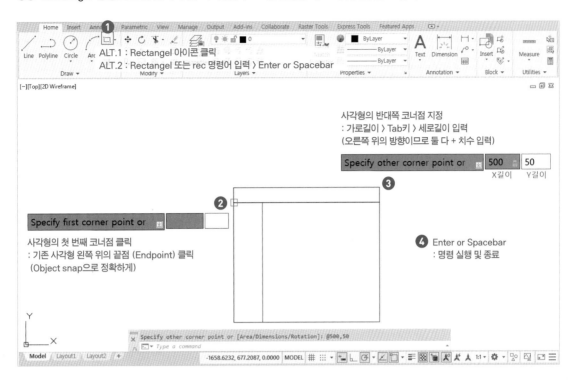

07 Copy 명령으로 반대쪽에도 사각형을 복사하여 배치한다(Mirror 명령으로도 가능).

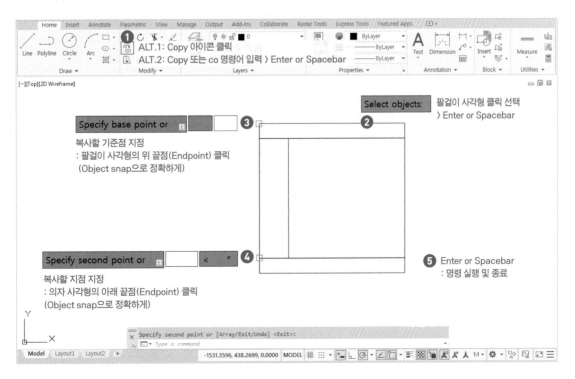

08 Move 명령으로 의자 객체의 중간점을 원형 테이블의 사분점 위치에 맞춰서 이동시킨다.

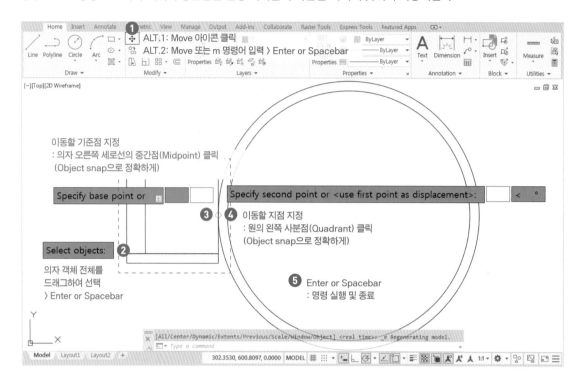

09 한 번 더 Move 명령으로 의자 객체가 큰 원으로부터 150mm 떨어지도록 배치한다.

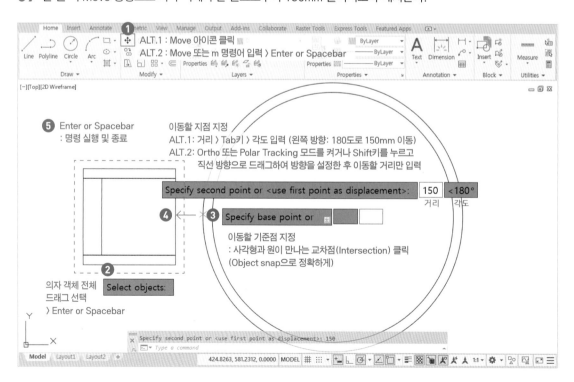

10 Polar array 명령을 사용하여 의자 6개를 원형 테이블을 중심으로 배열 복사한다.

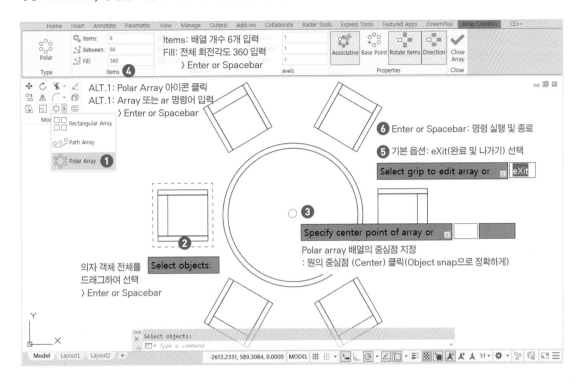

11 Array 명령을 적용한 객체를 클릭 선택하면 편집 메뉴가 나타나서 수정 작업이 가능하다.

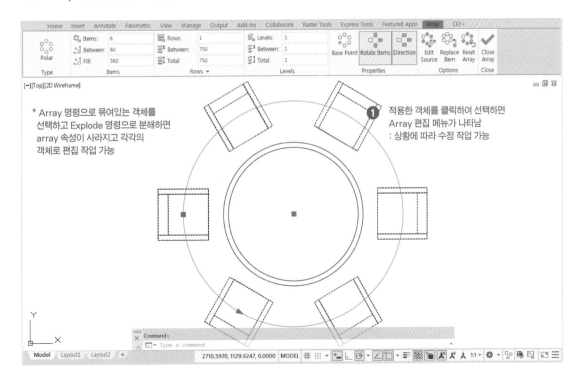

Section 03 | 사각 테이블 및 원형 의자 평면도

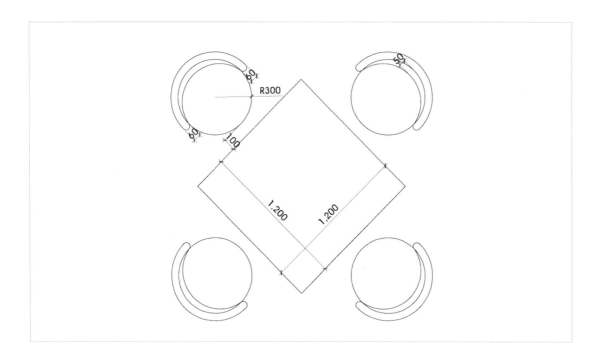

01 Rectangle 명령으로 사각형 테이블(가로 1200mm, 세로 1200mm)을 그린다.

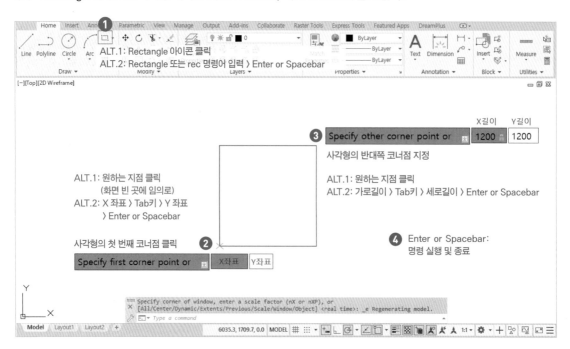

02 Circle의 2p 명령으로 사각형에서부터 원형 의자 지름 600mm를 그린다.

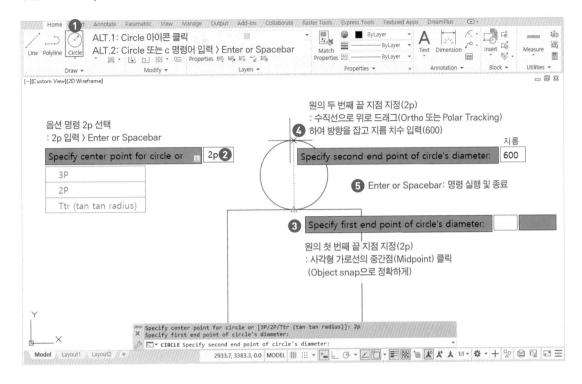

03 Move 명령으로 의자 객체를 위로 100mm 이동시켜 배치한다.

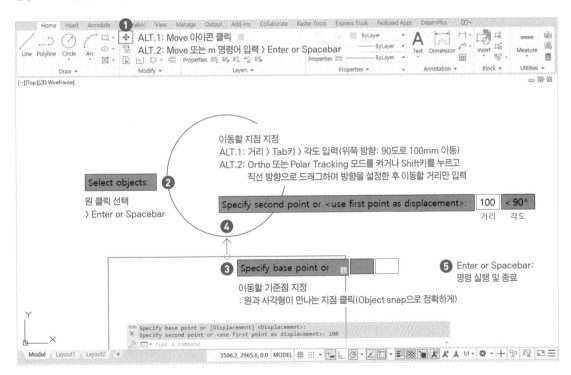

04 Offset 명령으로 60mm 간격의 의자 등받이를 만든다.

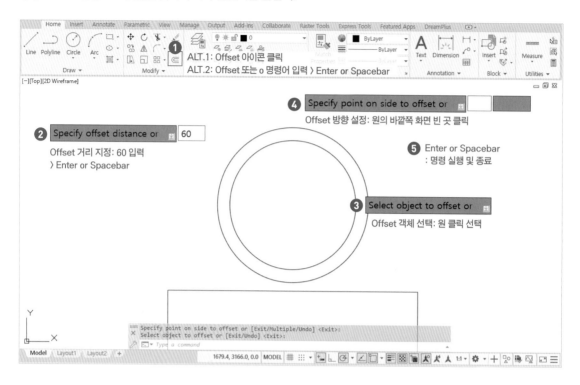

05 Arc 명령으로 두 개의 원 사이에 호를 하나 그린다.

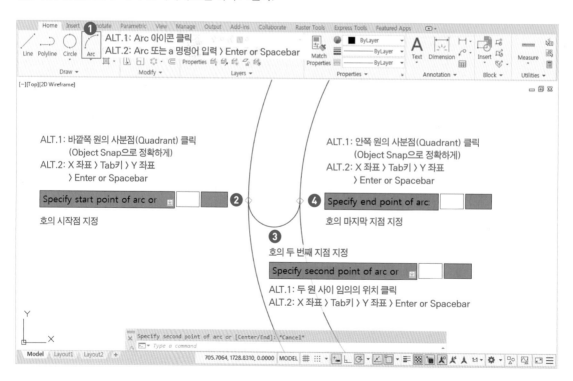

06 Mirror 명령으로 반대쪽에도 호를 대칭 복사한다.

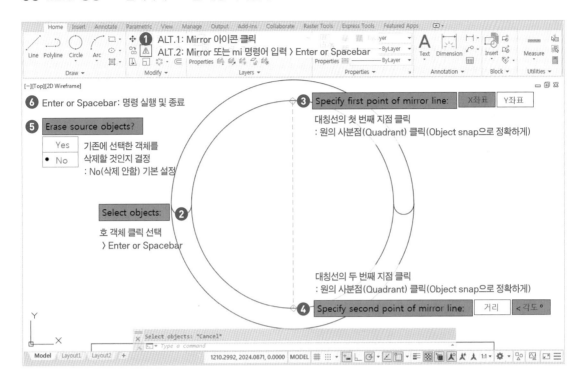

07 Trim 명령으로 바깥쪽 원의 아래 부분을 자른다.

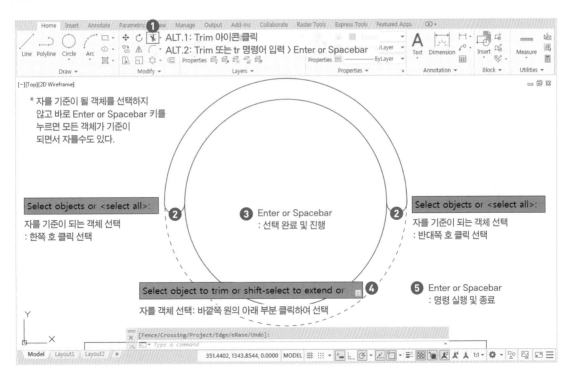

08 Line 명령으로 안쪽 원의 가운데부터 50mm 길이의 세로선을 하나 그린다.

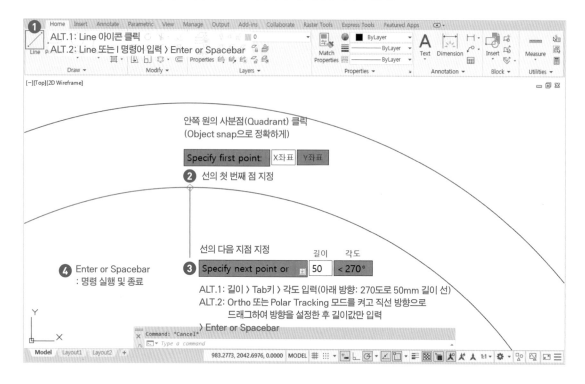

09 Arc 명령으로 원의 안쪽에 호를 하나 그린다.

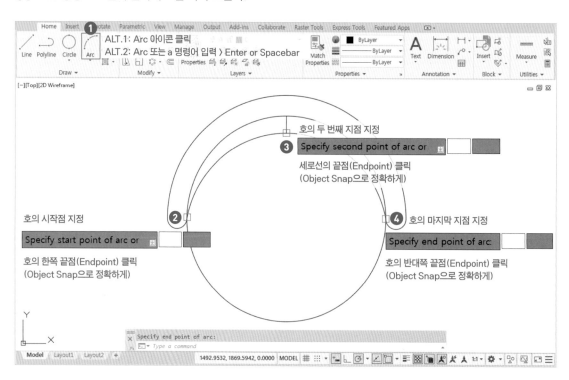

10 세로선은 이제 필요 없으므로 선택하여 Erase 명령이나 Delete 키로 삭제한다.

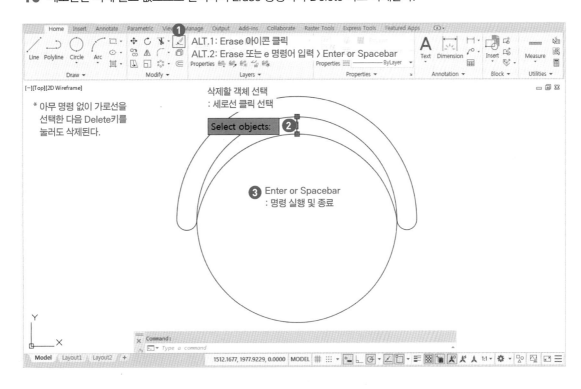

11 Mirror 명령을 사용하여 의자 객체를 테이블의 대각선을 기준으로 대칭 복사한다.

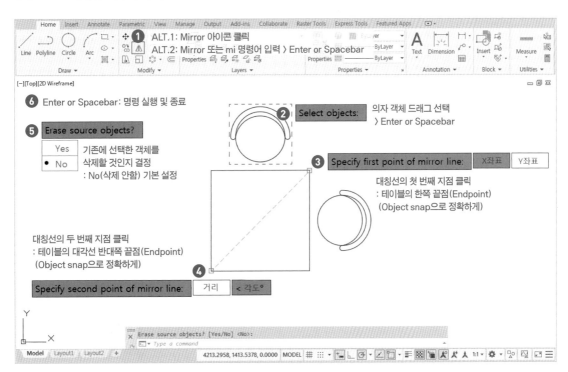

12 다시 Mirror 명령으로 의자 객체 두 개도 반대쪽 대각선을 기준으로 대칭 복사하여 배치한다.

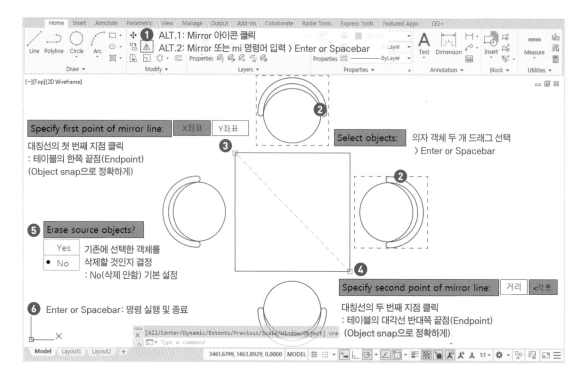

13 테이블과 의자들 모두 선택하고 45도 회전시킨다.

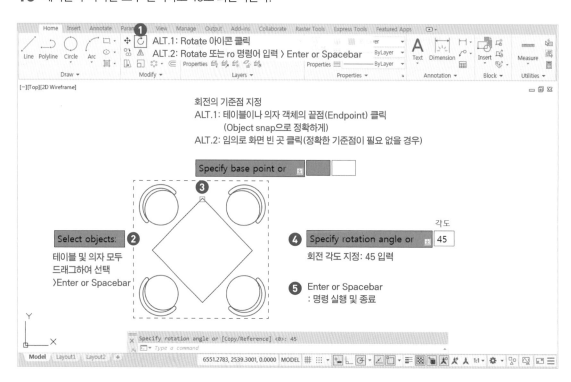

CHAPTER 2.

소파 그리기

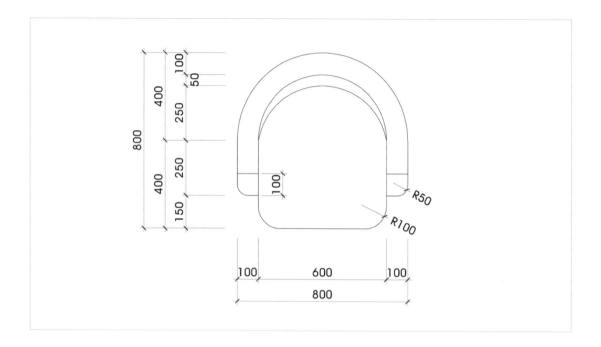

01 Rectangle 명령을 사용하여 소파의 전체 크기로 사각형(가로: 800mm, 세로: 800mm)을 하나 그린다.

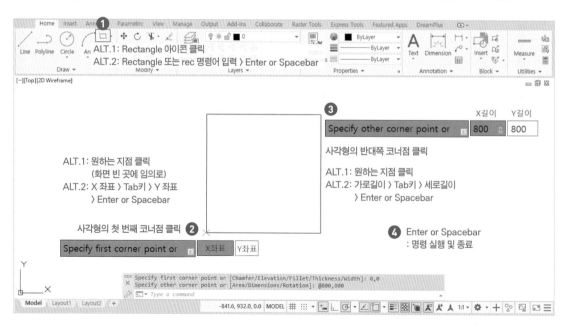

02 사각형은 연결된 하나의 선으로 만들어진 폴리선이므로 Explode 명령을 사용하여 분해한다.

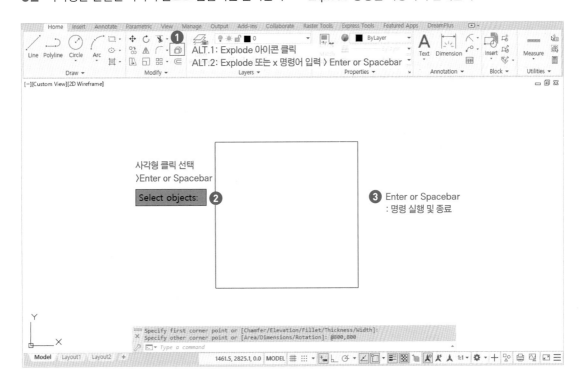

03 Arc 명령을 사용하여 사각형 세로 선의 중간점에서부터 원형 등받이로 만들 호를 하나 그린다.

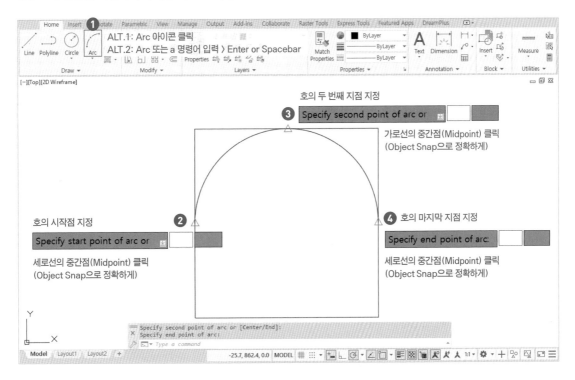

04 Trim 명령으로 사각형의 세로 선 두 개를 호의 시작 부분까지 자른다.

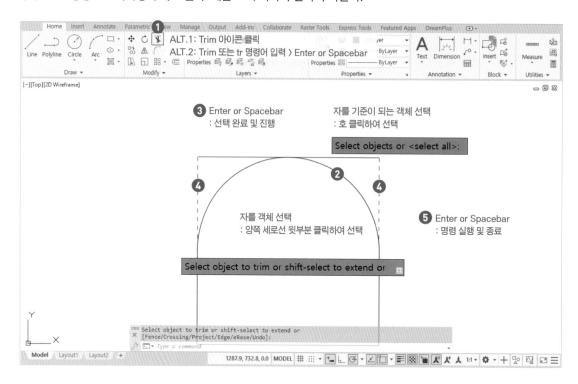

05 위의 가로 선은 필요 없으므로 Erase 명령을 사용하거나 Delete 키를 눌러 삭제한다.

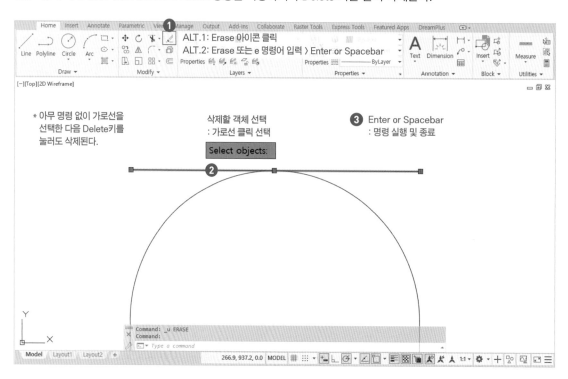

06 Offset 명령을 사용하여 안쪽으로 100mm 간격의 소파 등받이 및 팔걸이를 만든다.

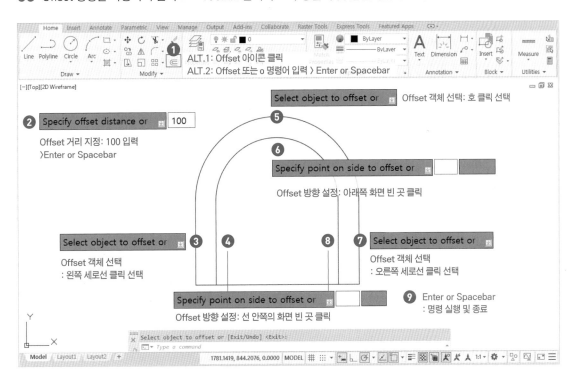

07 팔걸이 위치의 선을 만들기 위해 다시 Offset 명령으로 150mm 간격의 가로선을 하나 만든다.

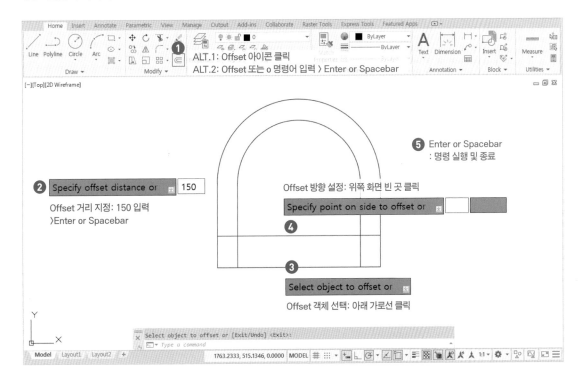

08 다시 Offset 명령으로 100mm 간격의 가로선을 위로 하나 만든다.

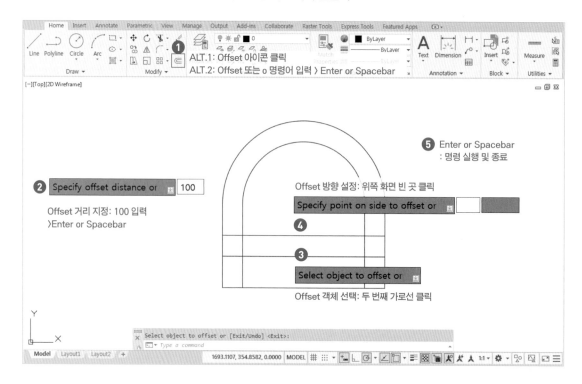

09 Fillet 명령으로 소파 팔걸이의 양끝 모서리를 둥글게 만든다. Radius는 50으로 설정한다.

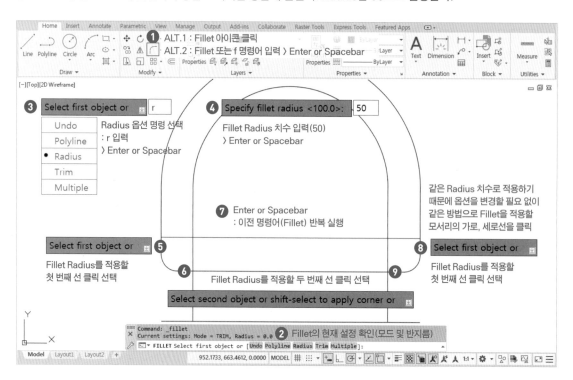

10 Fillet 명령으로 소파 아래 부분의 양쪽 모서리도 둥글게 만든다. 바깥쪽 Radius는 100으로 설정한다.

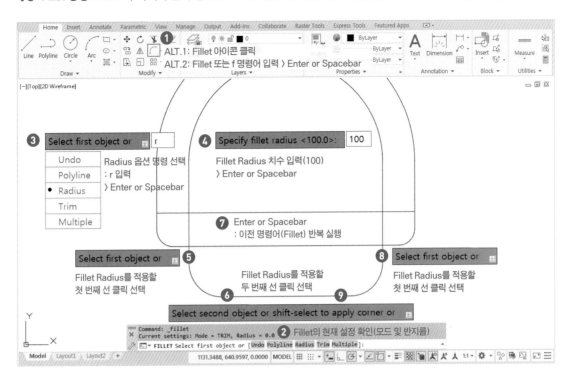

11 팔걸이 부분에 불필요한 선을 Trim 명령으로 자른다.

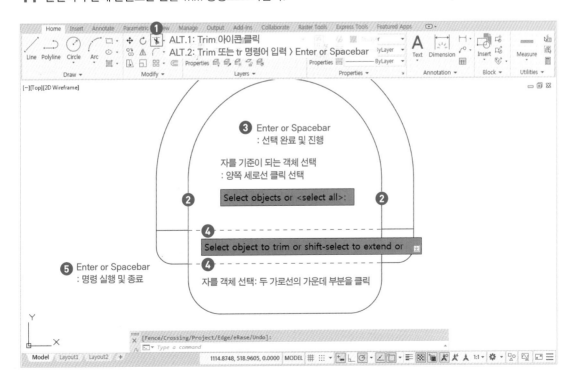

12 Line 명령으로 안쪽 원의 가운데부터 50mm 길이의 세로선을 하나 그린다.

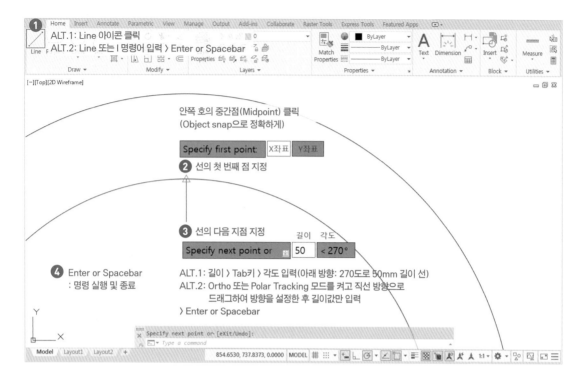

13 Arc 명령으로 원의 안쪽에 호를 하나 그린다.

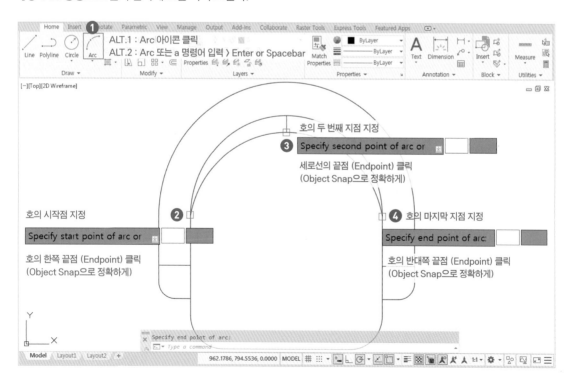

14 세로선은 필요 없으므로 선택하여 Erase 명령이나 Delete 키로 삭제한다.

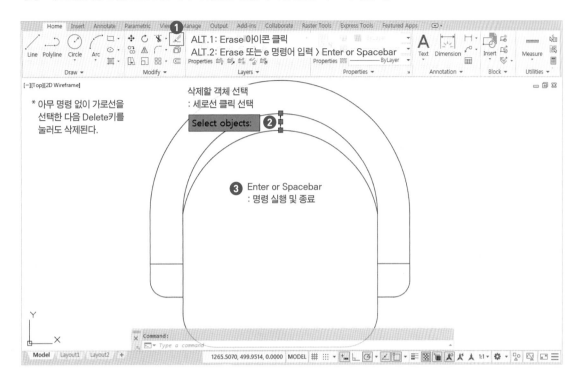

ALT.1: Erase 아이콘 클릭
ALT.2: Erase 또는 e 명령어 입력 〉 Enter or Spacebar

* 아무 명령 없이 가로선을
  선택한 다음 Delete키를
  눌러도 삭제된다.

삭제할 객체 선택
: 세로선 클릭 선택

Select objects:

3 Enter or Spacebar
: 명령 실행 및 종료

Section 02 | 3인 소파 평면도

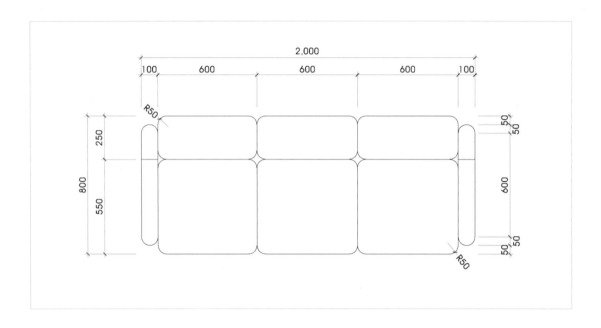

01 Rectangle 명령으로 소파 사각형을 하나 그린다. (가로: 600mm, 세로: 550mm)

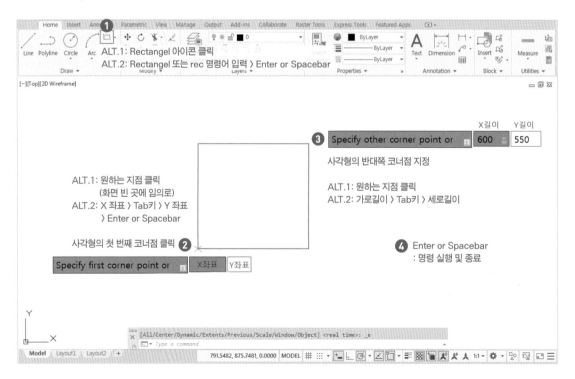

02 Fillet 명령으로 사각형의 모든 모서리를 둥글게 만든다. Radius는 50으로 설정한다.

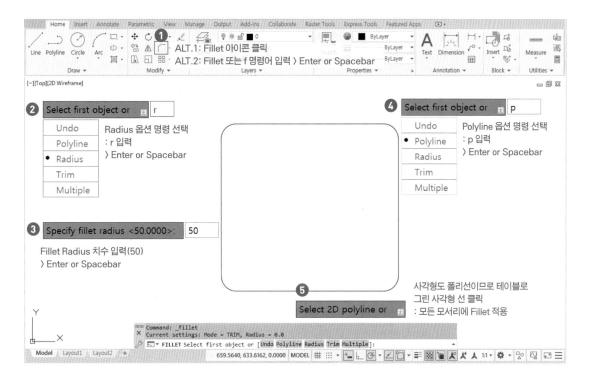

03 사각형을 위에 하나 복사하여 배치한다.

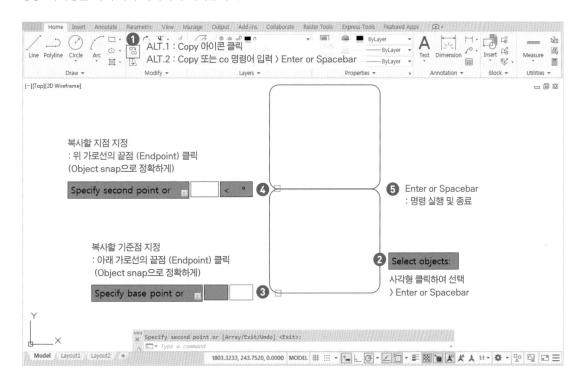

04 복사한 사각형 소파의 세로 길이를 Stretch 명령으로 300mm 만큼 줄인다. (Grip으로도 길이 조정 가능)

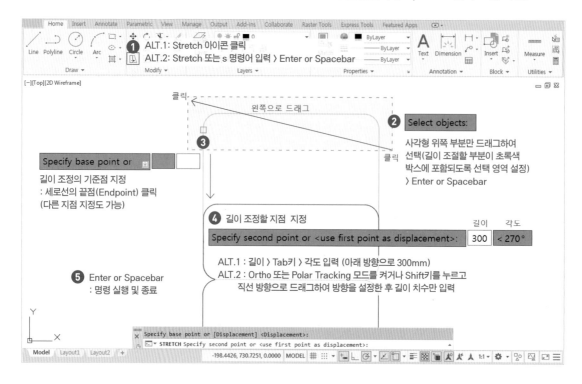

05 소파 사각형을 모두 선택하고 Copy 명령으로 옆에 2개씩 복사하여 배치한다.

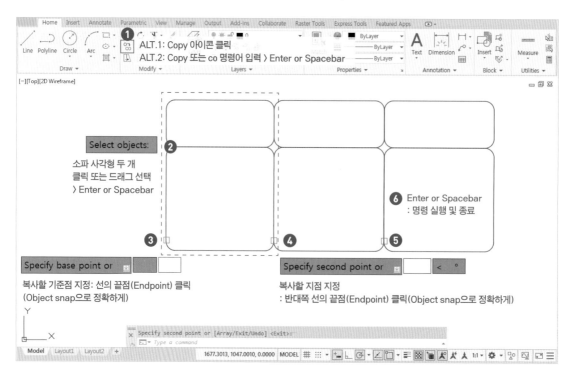

06 이번에는 옆의 빈 공간에 Polyline 명령으로 소파 팔걸이를 하나 만든다. 폴리선은 하나의 연결된 선이다.

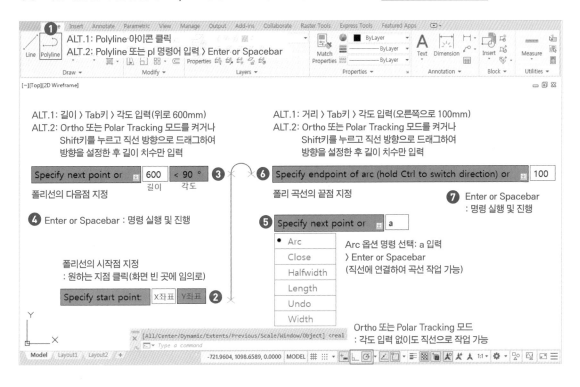

07 연결하여 닫힌 객체로 완성한다.

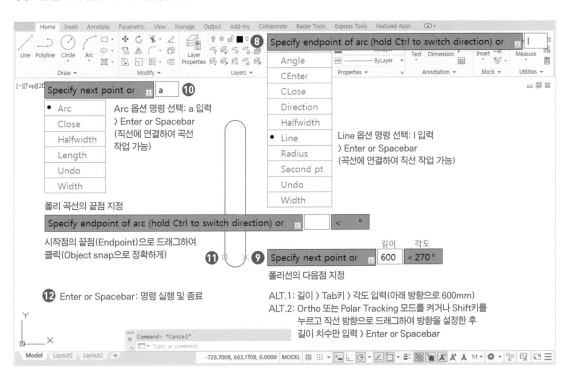

08 Move 명령으로 팔걸이 폴리선을 소파 사각형의 끝부분에 맞춰서 이동한다.

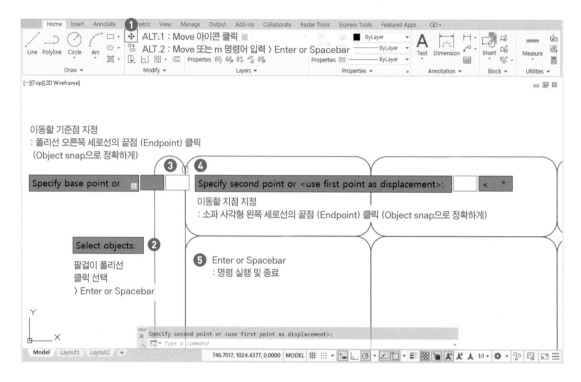

09 다시 Move 명령으로 팔걸이 폴리선을 아래 방향으로 50mm 만큼 이동하여 배치한다.

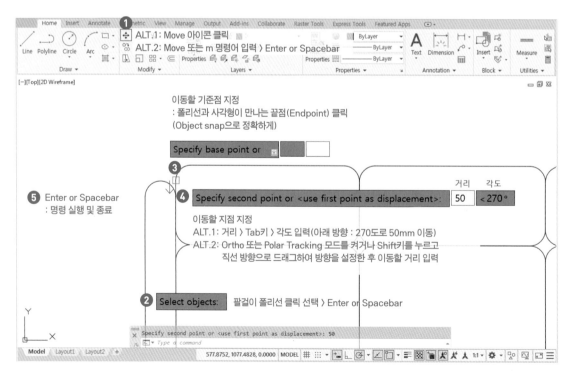

10 두 개의 소파 사각형이 만나는 끝점에서 팔걸이 세로선에 직교로 만나는 선을 하나 그린다.

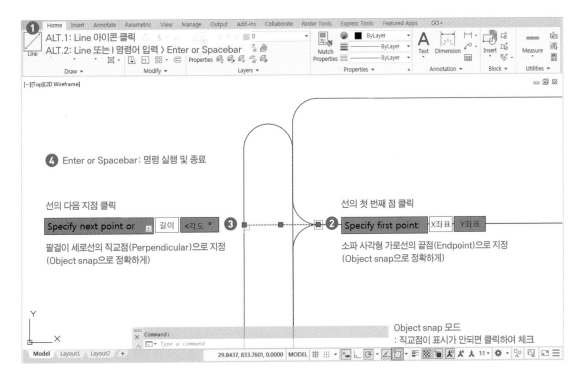

11 Trim 명령으로 팔걸이 바깥 부분의 선은 잘라서 정리한다.

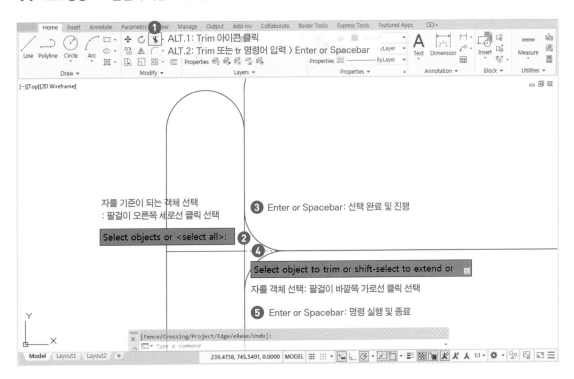

12 Mirror 명령으로 팔걸이 객체들을 소파 반대쪽에 대칭 복사하여 배치한다.

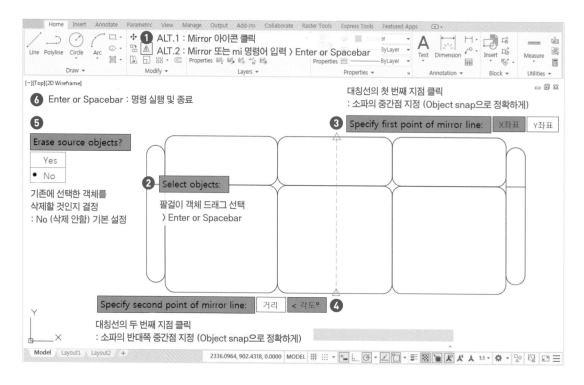

NOTE

CHAPTER 3.

침대 평면도 그리기

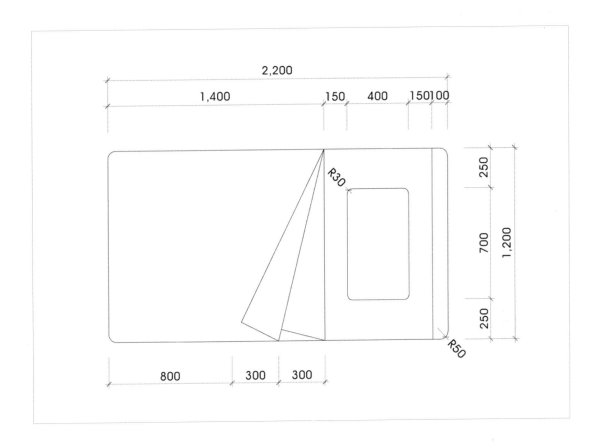

01 Rectangle 명령으로 침대 전체 크기로 사각형(가로: 2200mm, 세로: 1200mm)을 그린다.

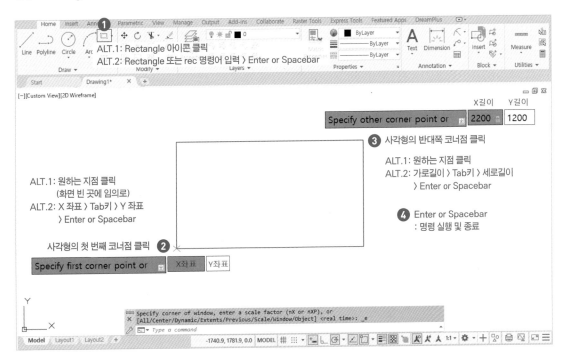

02 사각형은 연결된 하나의 선으로 만들어진 폴리선이므로 Explode 명령을 사용하여 분해한다.

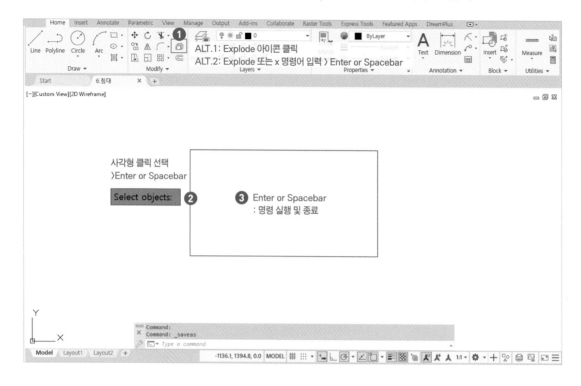

03 Offset 명령으로 100mm 간격의 침대 머리 부분의 선을 만든다.

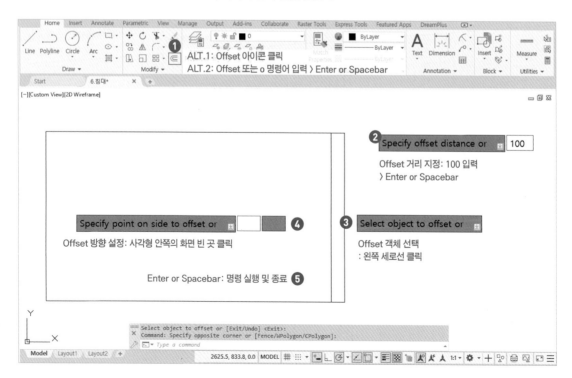

04 이번에는 이불 객체를 만들기 위해 Offset 명령으로 800mm 간격의 세로선을 만든다.

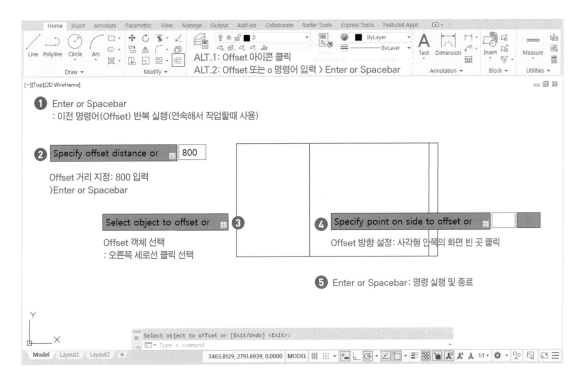

05 다시 300mm 간격의 세로선 두 개를 만든다.

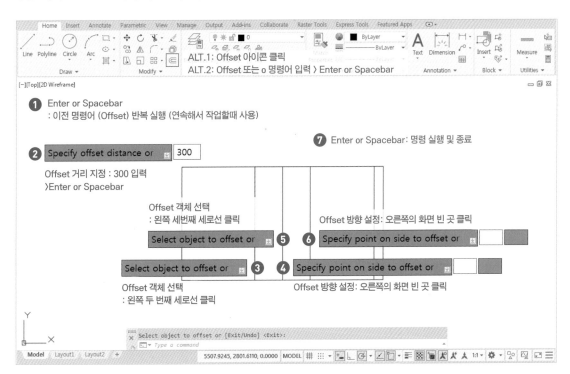

06 Line 명령으로 이미지처럼 대각선을 하나 그린다.

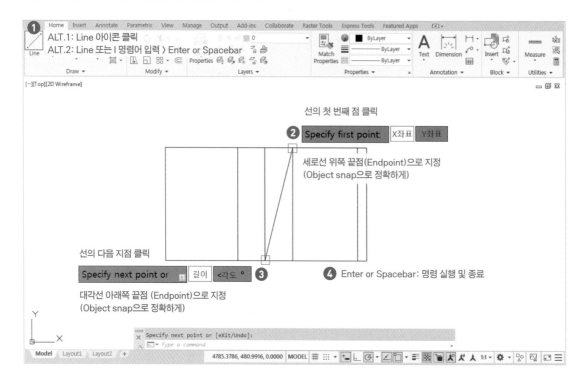

07 다시 Line 명령으로 아래 그림처럼 대각선을 하나 더 그린다.

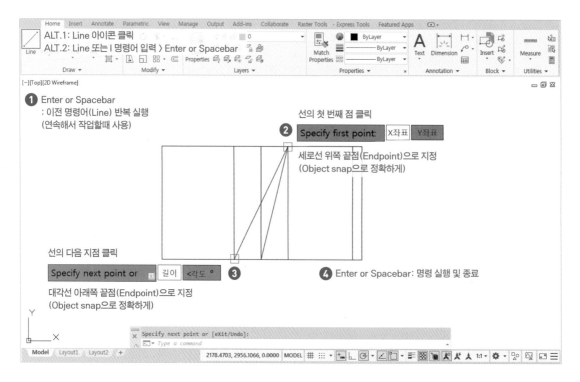

08 다시 Line 명령으로 첫 번째 대각선의 끝점에서 두 번째 대각선에 직교로 만나는 선을 그린다.

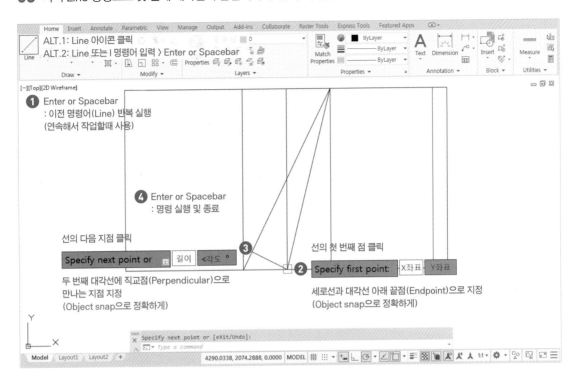

09 Trim 명령으로 불필요한 선을 잘라서 이불 선을 정리한다.

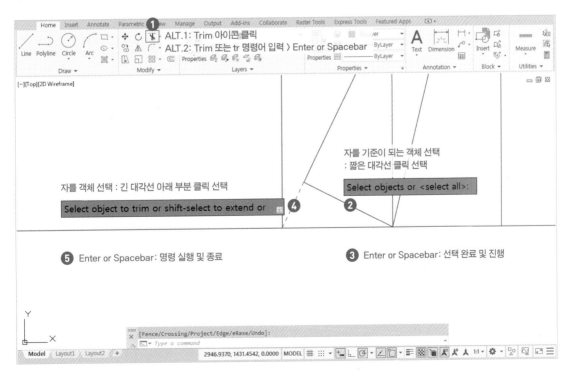

10 다시 Line 명령으로 세로선의 끝점에서 첫 번째 대각선에 직교로 만나는 선을 그린다.

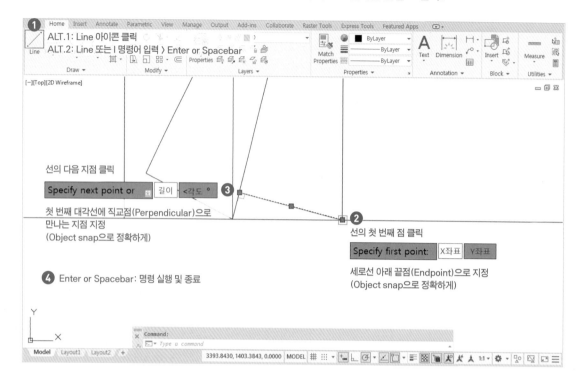

11 세로선 두 개는 필요 없으므로 Erase 명령이나 Delete 키로 삭제한다.

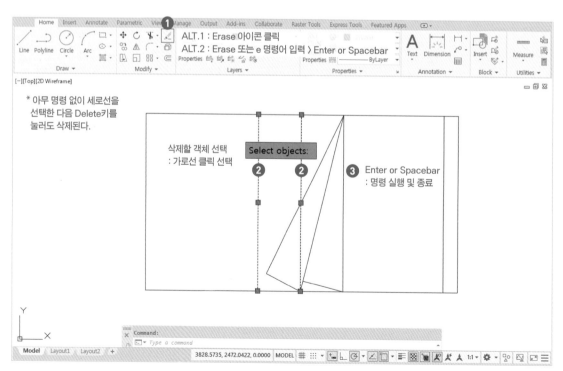

12 이번에는 베개를 만들기 위해 Rectangle 명령으로 사각형(가로: 400mm, 세로: 700mm)을 하나 그린다.

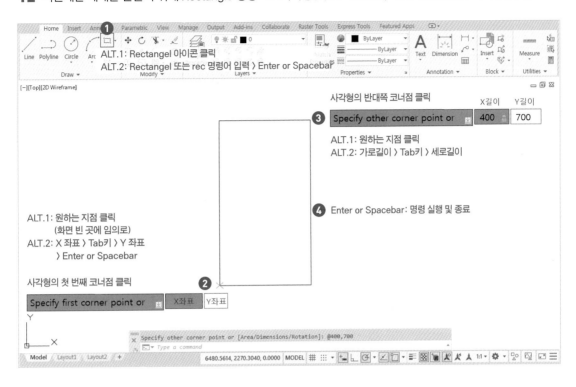

13 Move 명령으로 사각형을 침대 머리의 가운데에 맞춰서 이동한다.

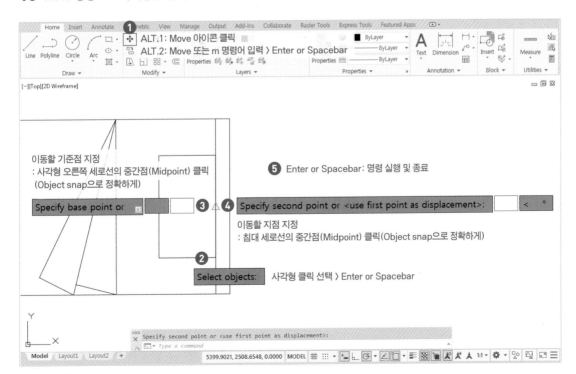

14 사각형을 다시 옆으로 150mm 한 번 더 이동시켜 배치한다.

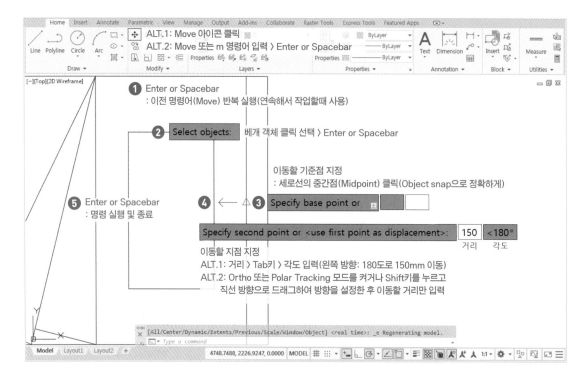

15 Fillet 명령으로 베개 사각형의 모든 모서리를 둥글게 만든다. (Radius : 30)

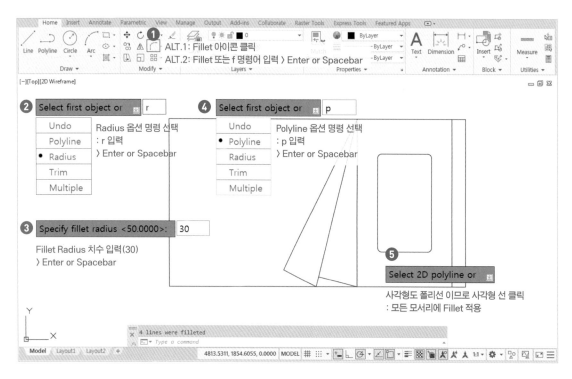

16 다시 Fillet 명령으로 침대 사각형의 한쪽 모서리를 둥글게 만든다. (Radius: 50)

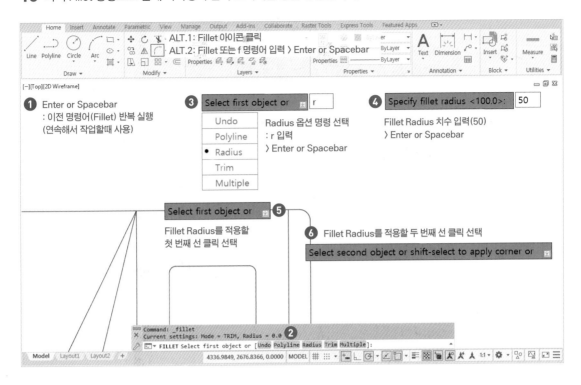

17 침대 사각형의 나머지 모서리도 Fillet 명령으로 둥글게 만든다. (Radius: 50)

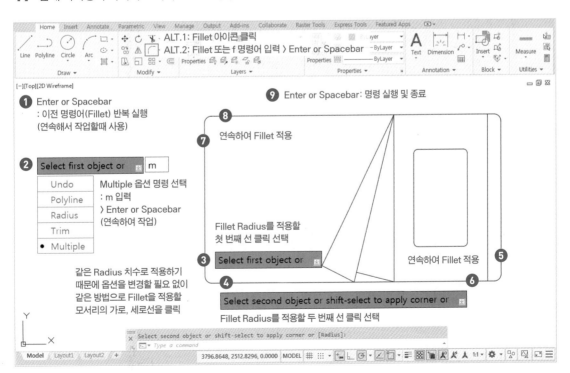

CHAPTER 4.

창문 및 문 평면도 그리기

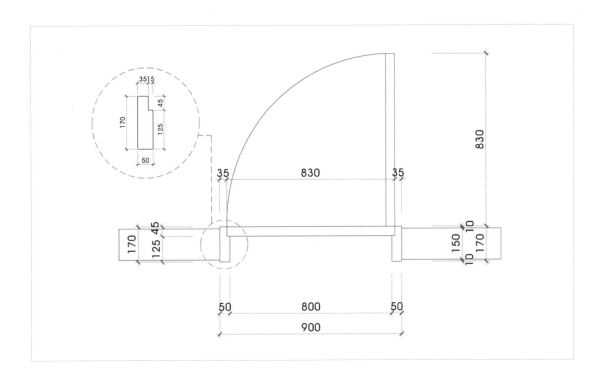

01 Rectangle 명령으로 사각형 형태로 벽체를 그린다. 가로는 임의로 500mm, 세로는 150mm로 설정한다.

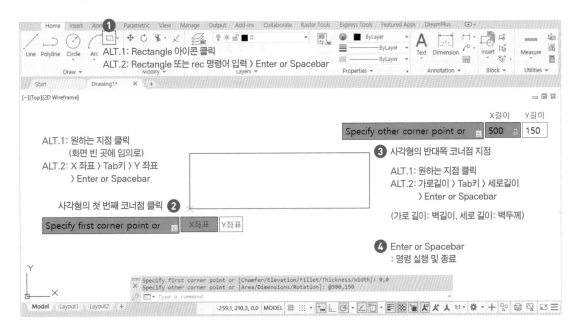

02 Rectangle 명령을 사용해 하나의 연결된 선으로 작업하면서 문틀을 그린다. 치수는 문틀 확대 도면을 참고

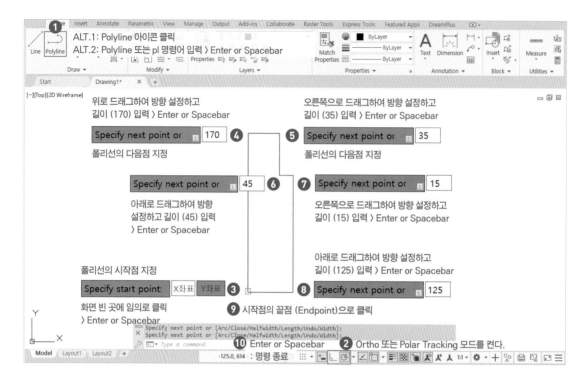

03 Move 명령으로 문틀 객체를 벽체 사각형 세로선의 가운데로 이동하여 배치한다.

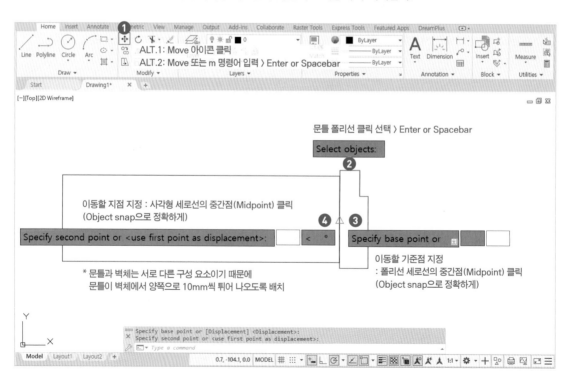

04 Rectangle 명령으로 문틀에서부터 바닥 턱이 되는 사각형(가로: 830mm, 세로: 45mm)을 그린다.

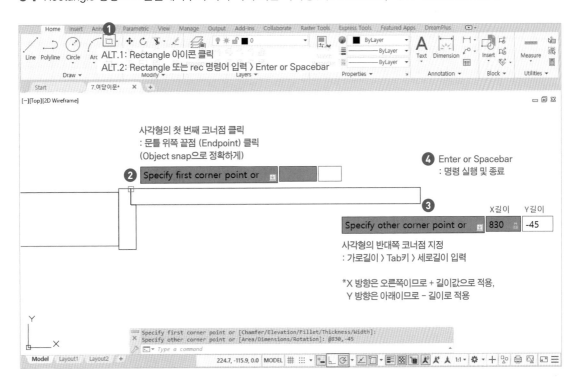

05 Mirror 명령으로 반대 방향에도 벽체인 사각형과 문틀 객체를 대칭 복사하여 배치한다.

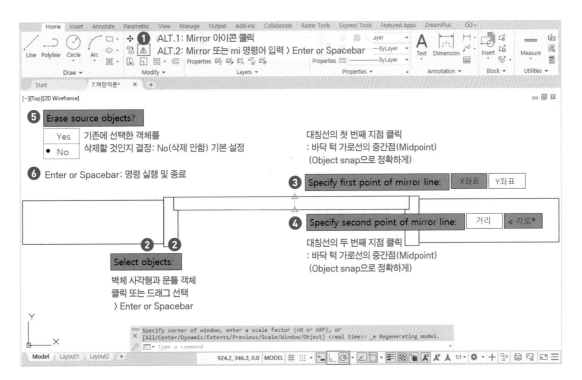

06 바닥 턱과 문짝은 같은 크기이므로 Rotate 명령의 Copy 옵션으로 바닥 턱 사각형을 회전 복사하여 문짝 사각형을 만든다.

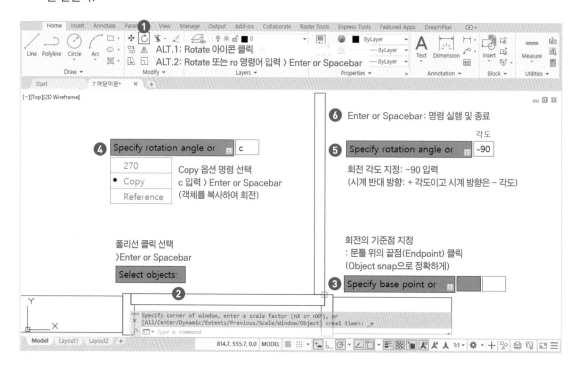

07 Arc 명령으로 문이 열리는 방향과 영역을 표시하는 호를 그린다.

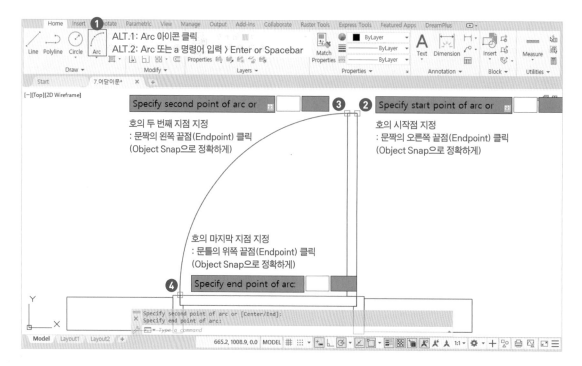

Section 02 | 쌍여닫이문(붙박이 가구) 평면도

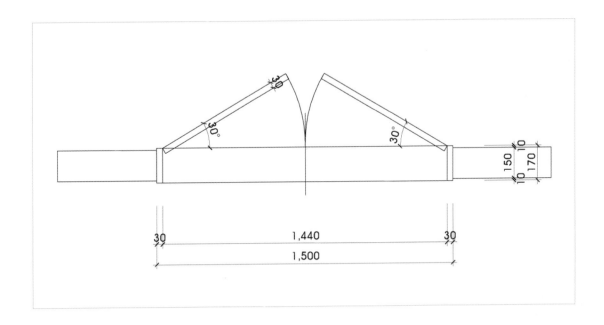

01 Rectangle 명령으로 사각형 형태로 벽체(가로: 임의로 500mm, 세로: 150mm)를 그린다.

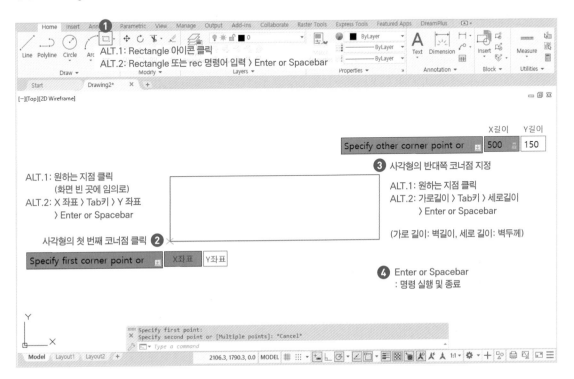

02 Rectangle 명령으로 문틀이 되는 사각형(가로: 30mm, 세로: 170mm)을 그린다.

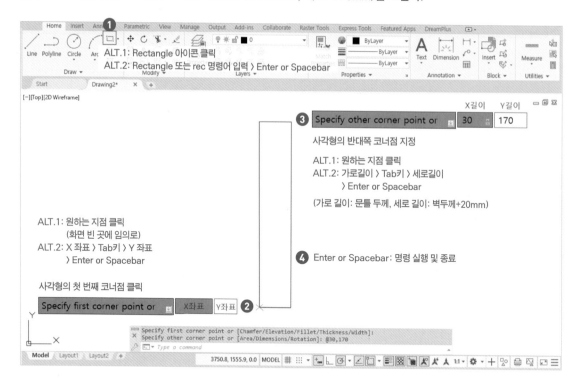

03 Move 명령으로 문틀 사각형을 벽체 사각형 세로선의 가운데로 이동하여 배치한다.

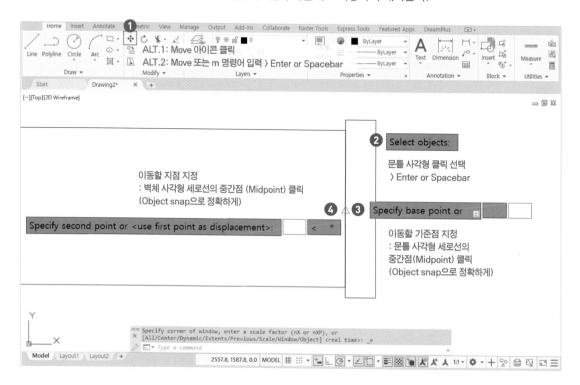

04 Line 명령으로 문틀에서부터 바닥 턱이 되는 선(길이: 1440mm)을 두 개 그린다.

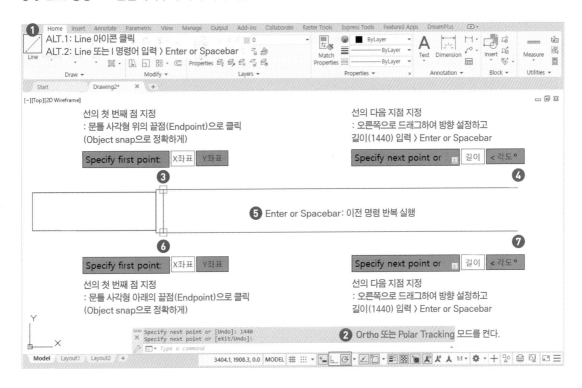

05 Mirror 명령으로 반대 방향에도 벽체와 문틀 사각형들을 대칭 복사하여 배치한다.

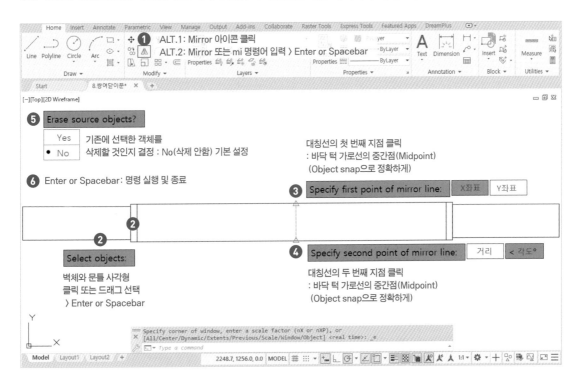

06 Rectangle 명령으로 문틀에서부터 문짝이 되는 사각형(가로: 720mm, 세로: 30mm)을 그린다.

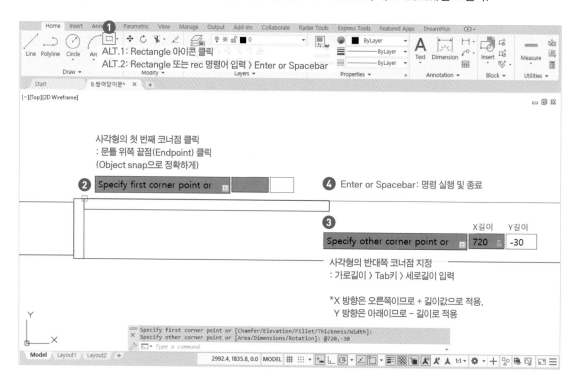

07 문짝으로 그린 사각형을 Rotate 명령으로 30도 회전하여 열려있는 문으로 표현한다.

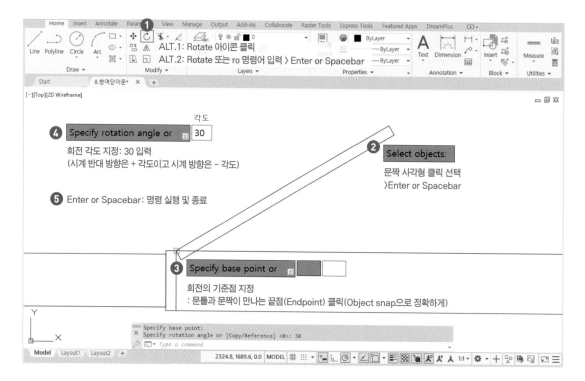

08 Arc 명령으로 문이 열리는 방향과 영역을 표시하는 호를 그린다.

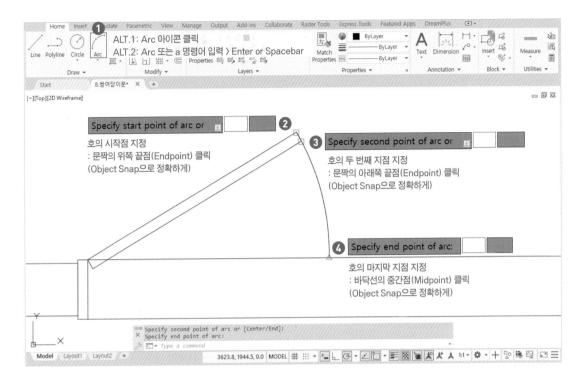

09 Mirror 명령으로 반대 방향에도 문짝과 호를 대칭 복사하여 배치한다.

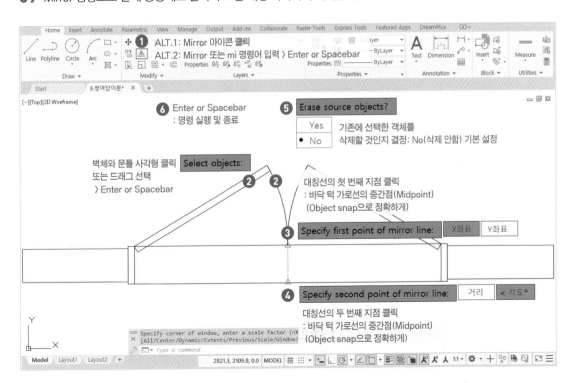

10 Line 명령으로 바닥 선 가운데를 연결하는 세로선을 하나 그린다.

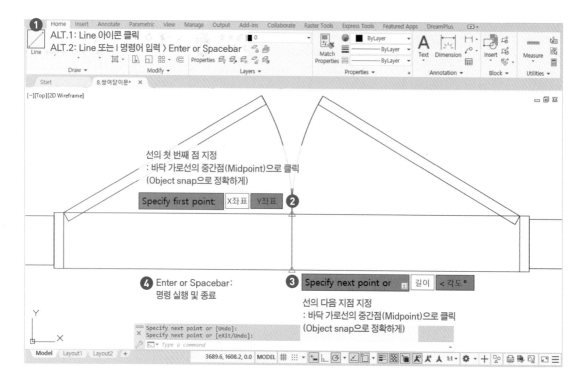

11 세로선을 선택하고 Grip을 사용하여 길이를 적절하게 조정한다.

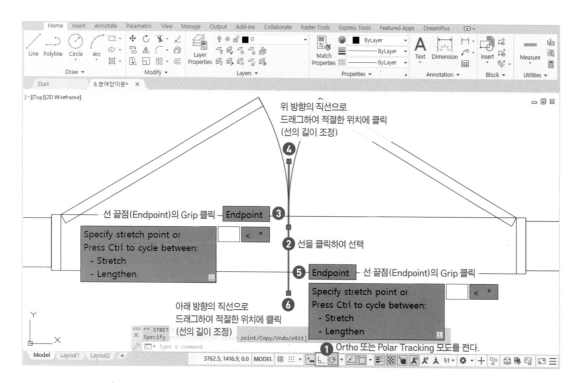

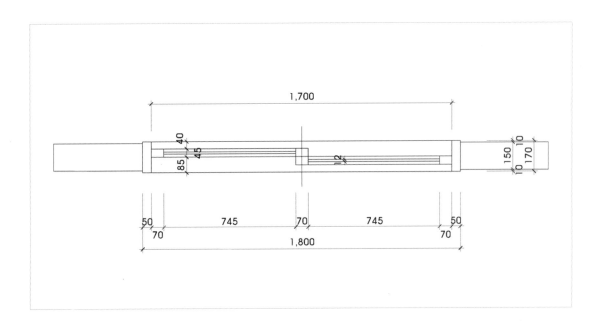

01 Rectangle 명령으로 사각형(가로: 임의로 500mm, 세로: 150mm) 벽체를 그린다.

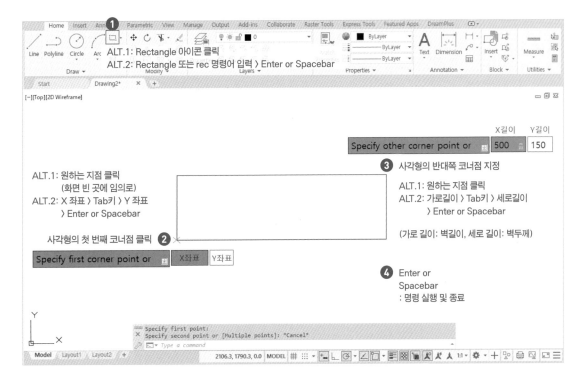

02 Rectangle 명령으로 전체 창틀이 되는 사각형(가로: 50mm, 세로: 170mm)을 그린다.

03 Move 명령으로 전체 창틀 사각형을 벽체 사각형 세로선의 가운데로 이동하여 배치한다.

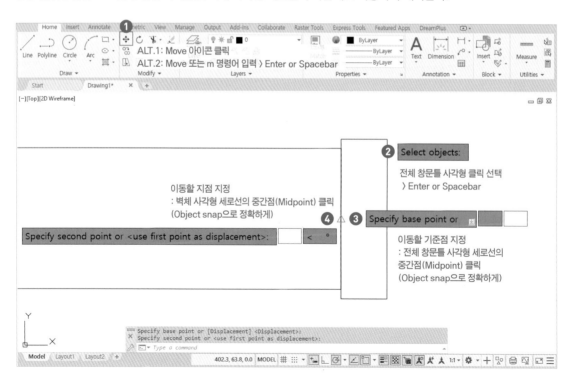

04 Line 명령으로 전체 창틀 사각형에서부터 바닥 창턱이 되는 선(길이: 1700mm)을 두 개 그린다.

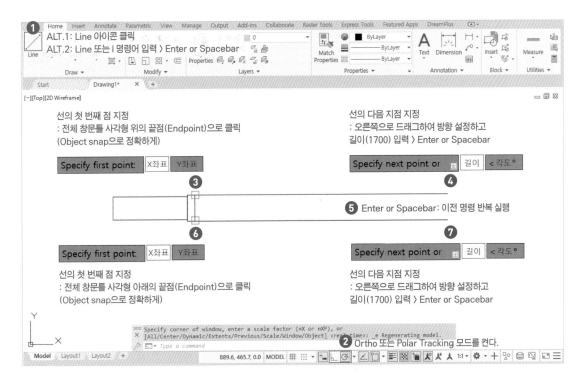

05 Mirror 명령으로 반대 방향에도 벽체와 전체 창틀 사각형을 대칭 복사하여 배치한다.

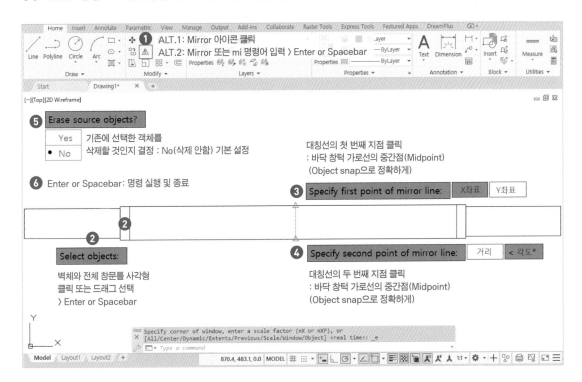

06 Rectangle 명령으로 전체 창틀에서부터 창문틀이 되는 사각형(가로: 70mm, 세로: 45mm)을 그린다.

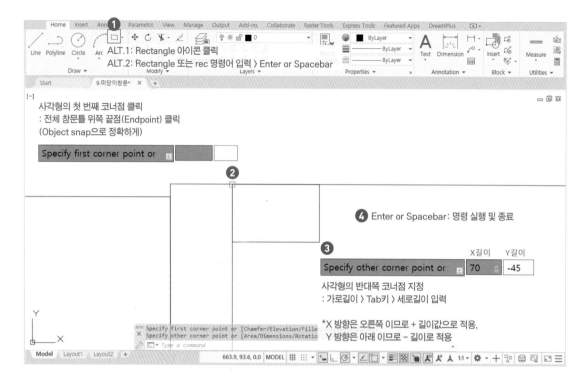

07 Move 명령으로 창문틀 사각형을 아래로 40mm 만큼 이동시킨다.

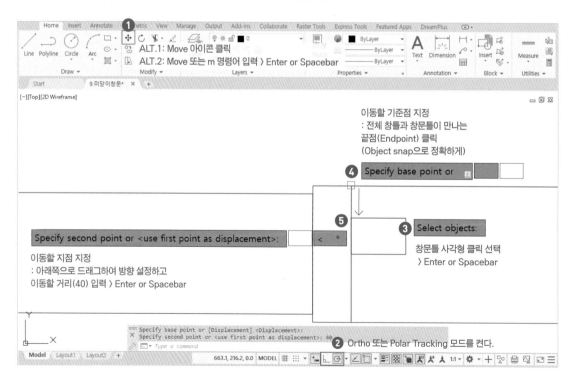

08 Line 명령으로 창문틀 사각형에서부터 아래 창문틀이 되는 선(길이: 745mm)을 두 개 그린다.

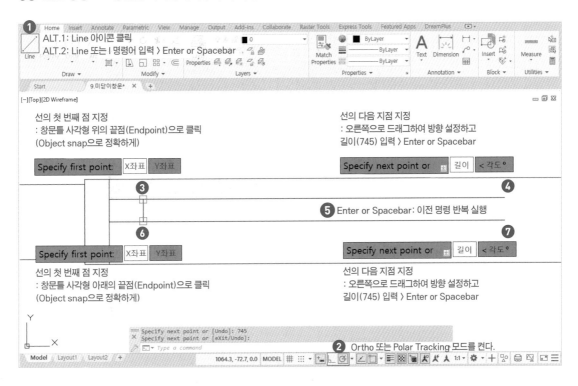

09 Line 명령으로 창문틀 가운데에도 같은 길이의 가로선을 하나 그린다. Copy 명령으로 복사해도 된다.

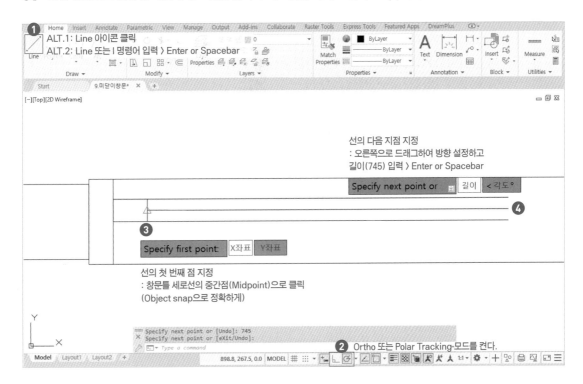

10 Offset 명령으로 가운데 그린 가로선을 위, 아래로 6mm씩 간격 복사하여 유리 선을 만든다.

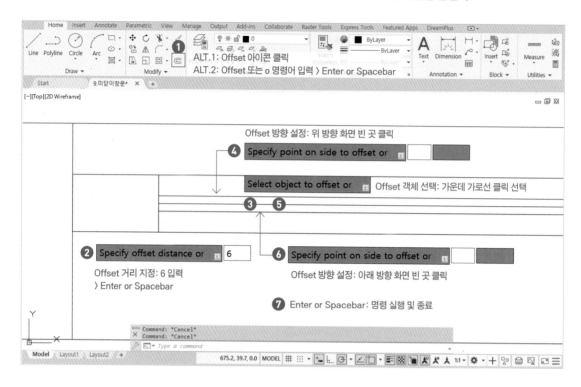

11 가운데 가로선은 필요 없으므로 Erase 명령을 사용하거나 Delete 키를 눌러 삭제한다.

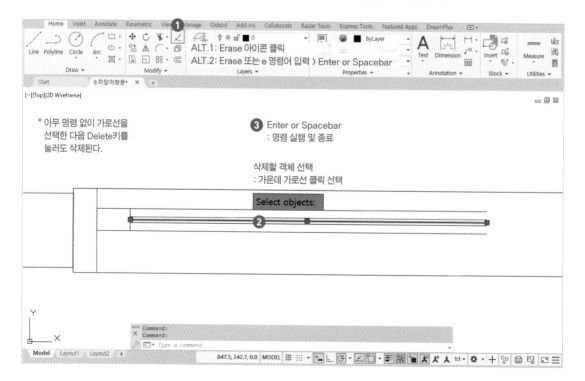

12 Copy 명령으로 창문틀 사각형을 창문틀 반대쪽 끝에도 복사하여 배치한다.

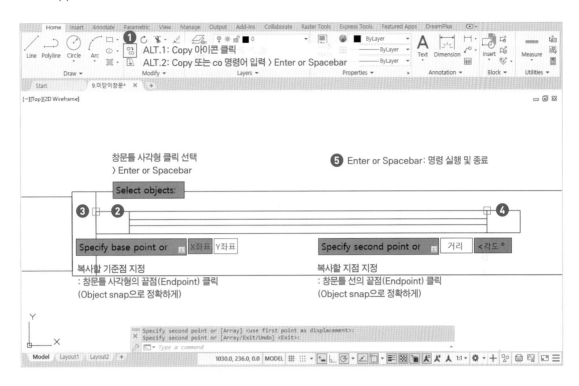

13 이번에는 Copy 명령으로 창문틀과 유리 객체를 모두 선택하여 옆쪽에 겹치도록 배치한다.

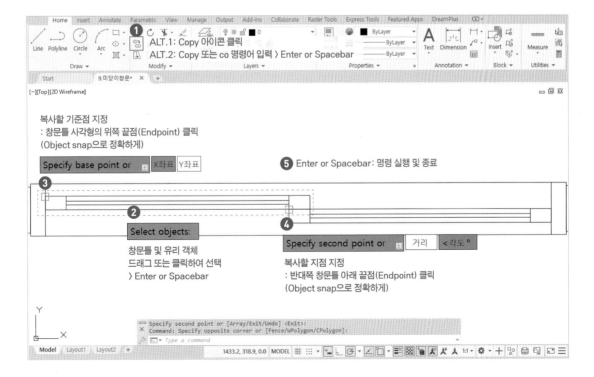

14 Line 명령으로 전체 창문틀 바닥선 가운데를 연결하는 세로선을 하나 그린다.

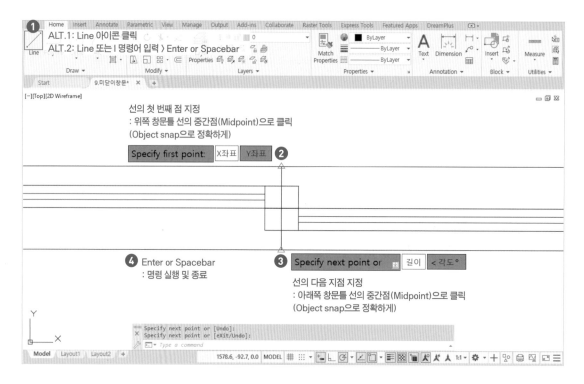

15 세로선을 선택하고 Grip을 사용하여 길이를 적절하게 조정한다.

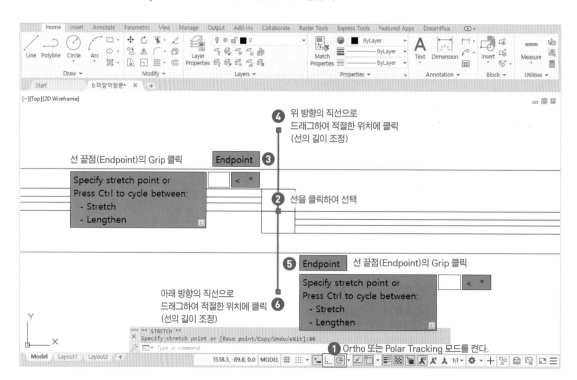

NOTE

PART ─── 04

기본도면 작업에 중요한 명령어

CHAPTER 1.

Layers(도면층)
리본메뉴 명령어

같은 도면 요소의 선들을 하나의 도면층(Layer)으로 작업하여 도면을 효율적으로 관리할 수 있다.

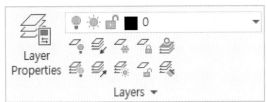 

Layer Properties: 도면층(Layer) 속성 관리

도면층(Layer)을 만들고 각각의 속성을 설정하여 한 번에 관리할 수 있다. 관리창의 테두리에 마우스를 가져가서 드래그하면 창의 크기를 늘리거나 줄일 수 있다. 또한 항목들 사이의 선을 마우스로 드래그하여 영역을 조정할 수 있다.

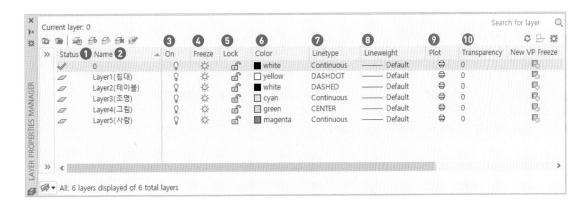

❶ **Status:** 도면층(Layer)의 현재 상태를 표시한다.

✔ 현재 작업 중인 도면층(Current Layer)을 나타낸다. 원하는 도면층을 더블클릭하면 현재 도면층으로 설정된다.

▱ 사용하고 있는 도면층(Layer)을 나타낸다.

▱ 사용하지 않는 도면층(Layer)을 나타내고 필요하지 않으면 바로 삭제할 수 있다.

❷ **Name:** 도면층(Layer)의 이름을 표시한다. 천천히 누르면서 클릭하면 이름을 수정할 수 있다. 다만 '0'이라는 이름의 도면층(Layer)은 처음부터 기본으로 만들어져 있는 도면층이므로 삭제할 수 없다. 또한 Name 탭을 클릭하면 이름 순으로 도면층(Layer)을 자동 정렬한다.

❸ **On:** 선택한 도면층(Layer)에 포함된 객체를 화면에서 끄거나 켤 수 있다. 꺼져있는 도면층(Layer)은 출력할 수 없다.

❹ **Freeze:** 모형 탭 뿐만 아니라 배치 탭에서도 각각의 뷰 포트의 도면층(Layer)에 포함된 객체를 화면에서 끄거나 켤 수 있다.

❺ **Lock:** 선택한 도면층(Layer)을 잠그거나 해제할 수 있다. 잠긴 도면층(Layer)의 객체는 불투명하게 변하며 선택하거나 수정할 수 없다.

❻ **Color:** 도면층(Layer)에 포함된 객체의 색상을 설정한다. 도면 요소별로 색상을 다르게 지정하면 화면에서도 도면 요소를 구분하기 쉽다. 또한 색상별로 선 두께를 다르게 설정하여 출력할 수 있다.

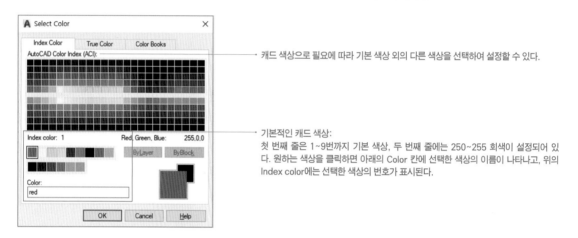

→ 캐드 색상으로 필요에 따라 기본 색상 외의 다른 색상을 선택하여 설정할 수 있다.

→ 기본적인 캐드 색상:
첫 번째 줄은 1~9번까지 기본 색상, 두 번째 줄에는 250~255 회색이 설정되어 있다. 원하는 색상을 클릭하면 아래의 Color 칸에 선택한 색상의 이름이 나타나고, 위의 Index color에는 선택한 색상의 번호가 표시된다.

❼ **Linetype:** 도면층(Layer)에 포함된 객체의 선 종류를 설정한다. 약속된 도면 기호(도면 제도에서 정해진 기호: KS, ISO 등)와 요소에 알맞은 선 종류를 선택해야 한다.

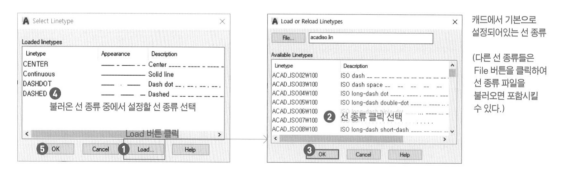

캐드에서 기본으로 설정되어있는 선 종류

(다른 선 종류들은 File 버튼을 클릭하여 선 종류 파일을 불러오면 포함시킬 수 있다.)

❽ **Lineweight:** 도면층(Layer)에 포함된 객체의 선 두께를 설정할 수 있다. 출력할 때 색상별로 선 두께를 지정하기 때문에 여기서는 설정하지 않고 기본값(Default)으로 그대로 둔다.

❾ **Plot:** 도면층(Layer)에 포함된 객체의 출력 여부를 설정한다. 출력을 끄더라도 화면에서는 객체가 표시되므로 주의한다.

❿ **Transparency:** 도면층(Layer)에 포함된 객체의 투명도를 설정한다.

⊞ **Layer States Manager:** 도면층(Layer)을 현재 설정된 상태로 그룹화하여 저장하고 필요에 따라 불러와서 표시할 수 있다. (예: 평면도 도면층, 천장도 도면층을 구분하여 설정 및 저장)

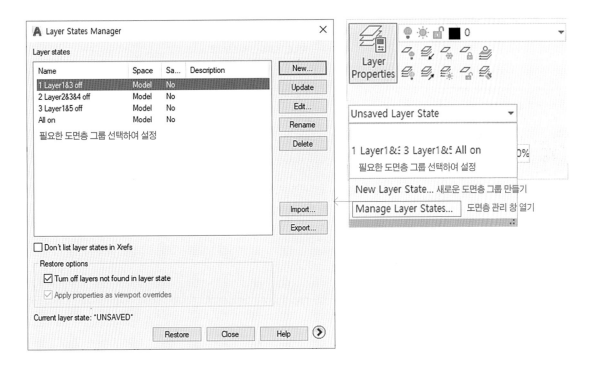

1) **New:** 현재 설정된 도면층(Layer) 상태로 새로운 도면층 그룹을 만들 수 있다.

2) **Edit:** 도면층 그룹을 선택하여 설정 상태를 수정한다.

3) **Rename:** 도면층 그룹의 이름을 다시 설정한다.

4) **Delete:** 필요 없는 도면층 그룹을 선택하여 삭제한다.

5) **Import:** 저장된 도면층 그룹 파일을 불러와서 설정할 수 있다.

6) **Export:** 선택한 도면층 그룹을 파일로 저장하여 내보내기 할 수 있다.

7) **Restore:** 선택한 도면층 그룹을 화면에 표시한다.

⊞ **New Layer:** 새로운 도면층(Layer)을 만들고 이름을 설정한다.

⊞ **Delete Layer:** 선택한 도면층(Layer)을 삭제한다. 단 선택한 도면층(Layer)으로 작업한 객체가 없을 경우에만 삭제할 수 있다.

⊞ **Set Current:** 선택한 도면층(Layer)을 현재 도면층(Current Layer)으로 설정한다.

Layer: 도면층(Layer)을 하나씩 설정하고 조정할 때 사용한다.

01 기본적으로 아무런 객체를 선택하지 않은 상태에서는 현재 작업할 수 있는 도면층(Current Layer)을 나타낸다.

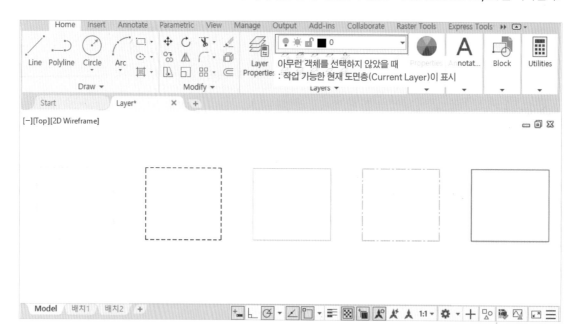

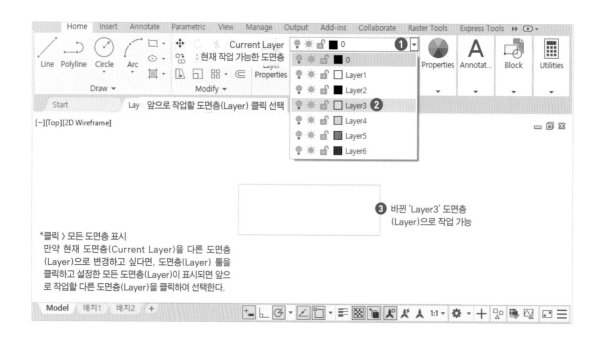

*클릭 〉 모든 도면층 표시

만약 현재 도면층(Current Layer)을 다른 도면층
(Layer)으로 변경하고 싶다면, 도면층(Layer) 툴을
클릭하고 설정한 모든 도면층(Layer)이 표시되면 앞으
로 작업할 다른 도면층(Layer)을 클릭하여 선택한다.

02 객체를 선택했을 때는 선택한 객체의 도면층(Layer)이 표시된다. 선택한 객체의 도면층(Layer)을 다른 도면층(Layer)으로 변경하고 싶다면, 도면층(Layer) 툴을 클릭하고 다른 도면층을 선택하여 변경한다.

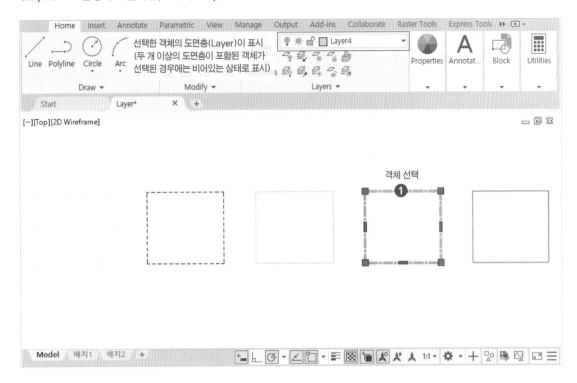

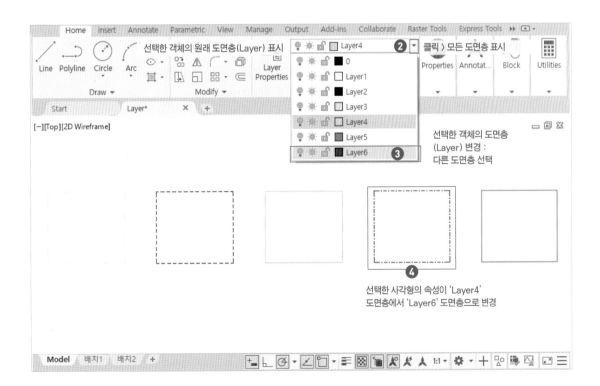

03 각 도면층(Layer) 이름 앞에 있는 On, Freeze, Lock 아이콘을 클릭하여 해당 도면층(Layer)을 끄고 켜거나 잠그는 기능을 사용할 수 있다. 또한 Color 아이콘을 클릭하면 해당 도면층(Layer)의 색상도 변경할 수 있다.

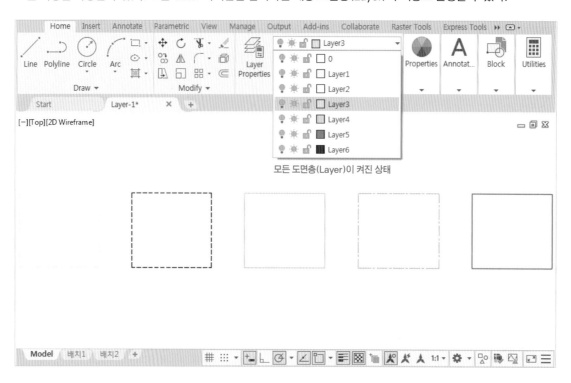

모든 도면층(Layer)이 켜진 상태

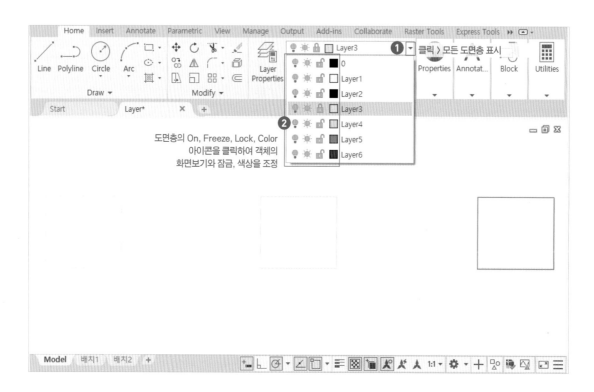

Off: 화면에서 끄고자 하는 객체를 클릭하면 그 객체가 포함된 도면층(Layer)이 꺼진다.

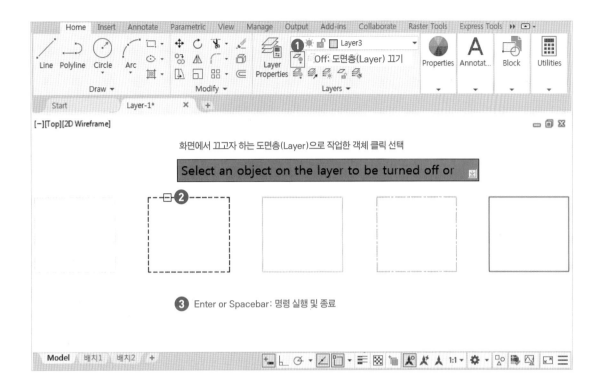

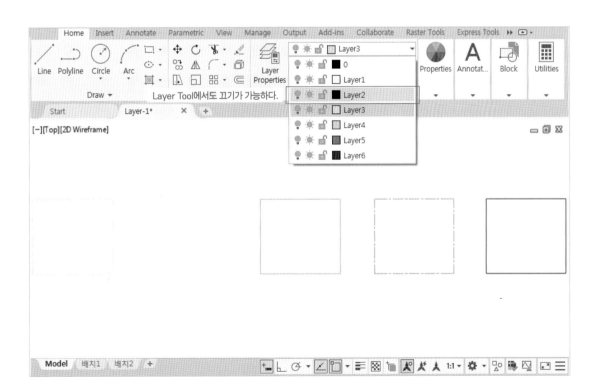

💬 현재 도면층(Current Layer)을 끌 경우에는 경고창이 나타나며 도면층을 끌지, 끄지 않을지 선택하게 된다.

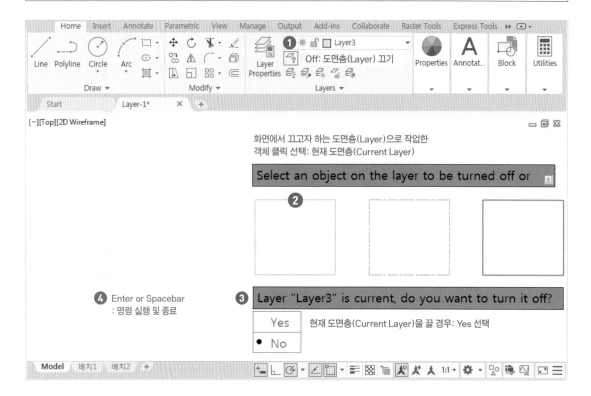

🗂 **Turn All Layers On:** 꺼져있는 모든 도면층(Layer)이 켜져서 화면에 나타난다.

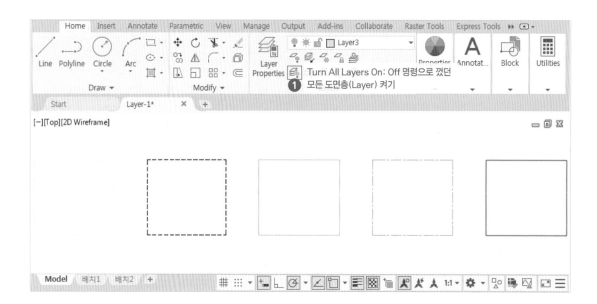

Isolate: 선택한 객체로 작업된 도면층(Layer)만 화면에 나타내고 나머지 도면층(Layer)들은 끄거나(Off) 잠그고 흐리게 만든다(Lock and fade). 가장 먼저 Setting 옵션을 설정하고 진행한다.

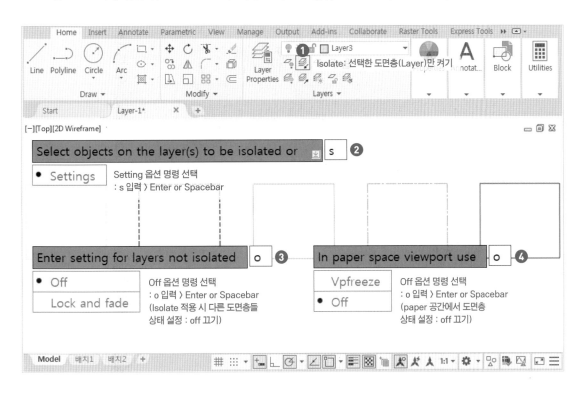

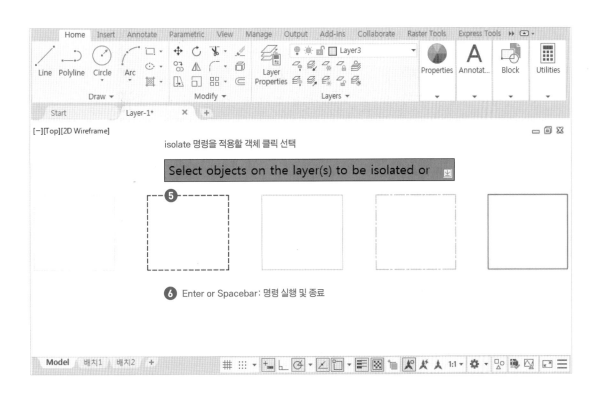

Unisolate: 도면층(Layer)을 Isolate 이전의 상태로 되돌린다.

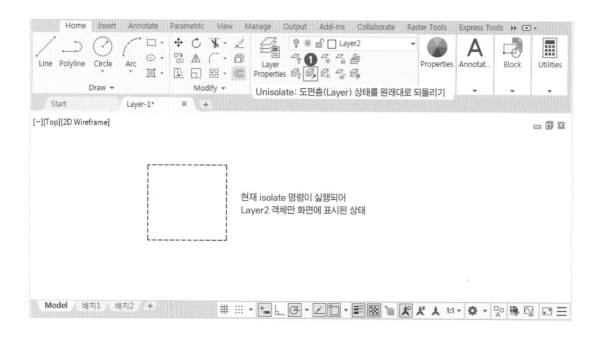

Freeze: 화면에서 동결하고자 하는 객체를 클릭하면 그 객체가 포함된 도면층(Layer)이 동결되어 꺼진다. 배치(Paper) 탭에서 동결시켰을 경우에는 Model 탭에서는 변화가 없지만 Model 탭에서 동결시키면 Model 탭과 Paper 탭 모두에서 객체가 꺼진다. 현재 도면층(Layer)은 동결되지 않는다.

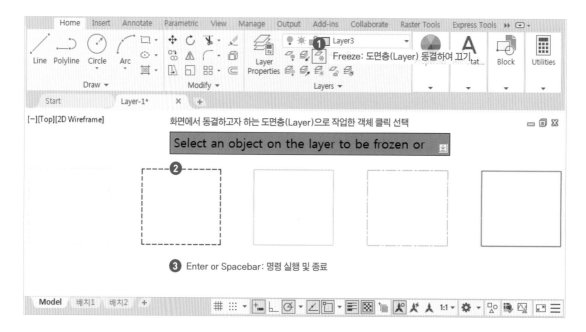

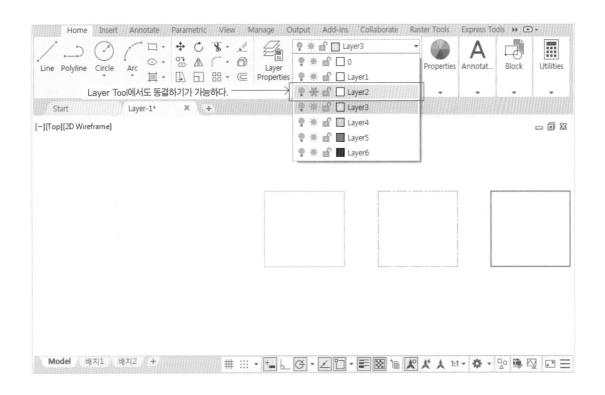

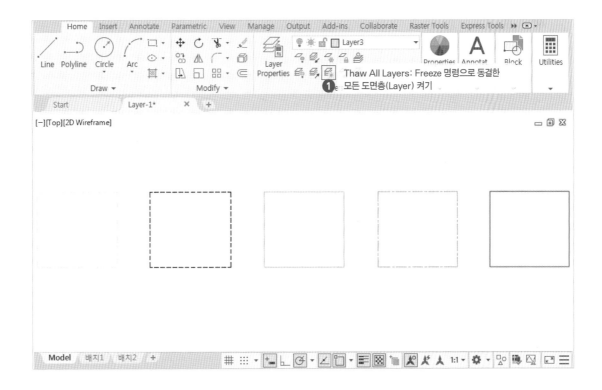

Thaw All Layers: 동결되어 있는 모든 도면층(Layer)이 켜져서 화면에 나타난다.

Lock: 화면에서 잠그고자 하는 객체를 클릭하면 그 객체가 포함된 도면층(Layer)이 잠긴다.

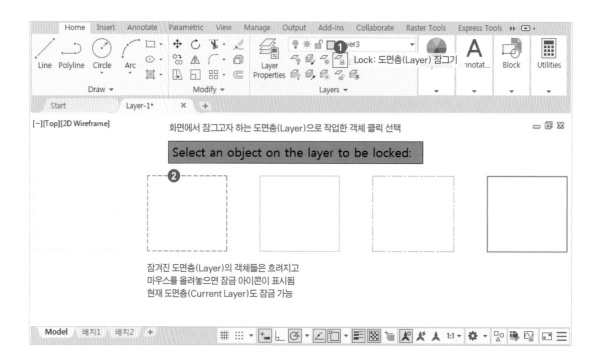

Unlock: 화면에서 잠겨있는 도면층(Layer)의 객체를 클릭하면 그 도면층(Layer)의 잠금이 풀어진다.

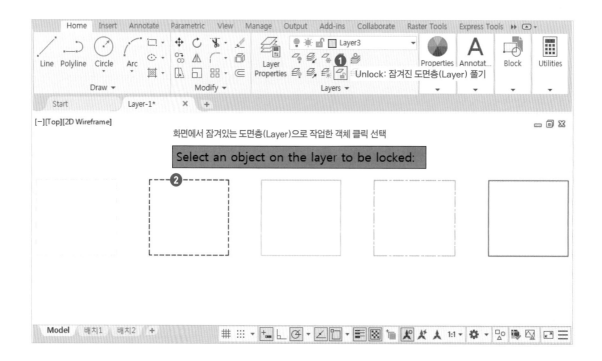

Make Current: 화면에서 선택한 객체의 도면층(Layer)이 현재 도면층(Currnet Layer)으로 설정된다. 복잡한 도면에서는 도면층(Layer) 창에서 현재 도면층(Currnet Layer)을 선택하기 쉽지 않다. 따라서 이 명령을 사용하면 효율적으로 앞으로 작업할 현재 도면층(Currnet Layer)을 설정할 수 있다.

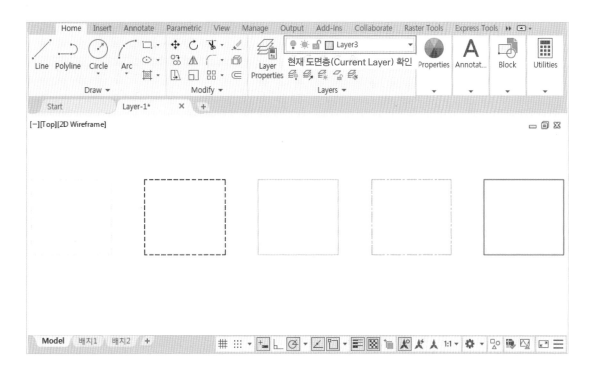

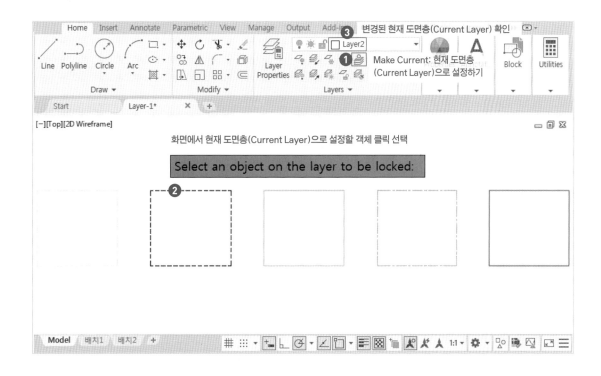

Previous: 도면층(Layer)의 상태를 이전으로 되돌린다(작업 상태는 그대로 있고 도면층만 변경된다).

Change to Current Layer: 화면에서 선택한 객체들의 도면층(Layer)을 현재 도면층(Current Layer)으로 변경한다.

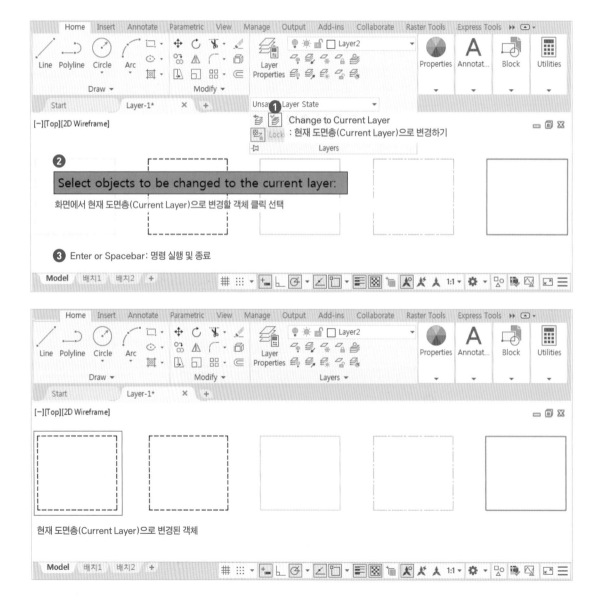

Layer Walk: 선택한 도면층(Layer)으로 작업한 객체만 화면에 표시한다. Restore on exit 항목을 체크한 상태로 Close 버튼으로 창을 닫으면 원래 상태로 되돌릴 수 있다. Restore on exit 항목 체크

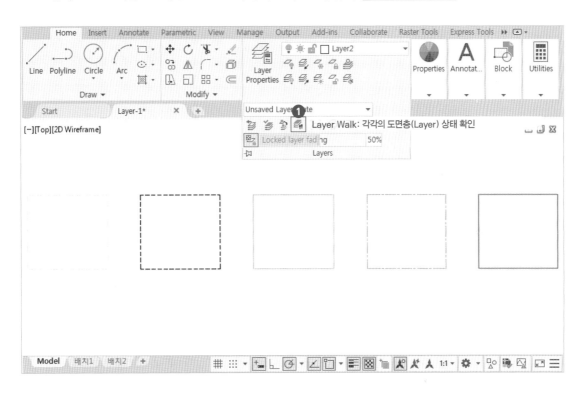

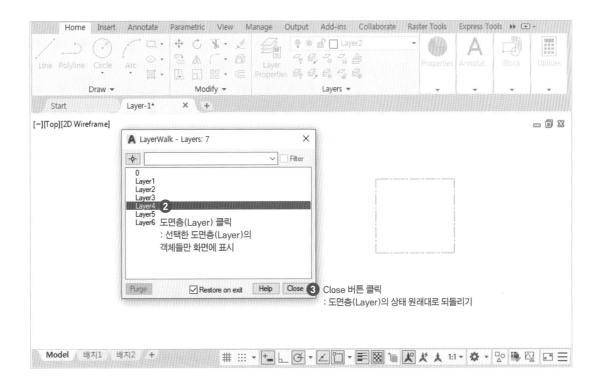

Merge: 화면에서 선택한 객체의 도면층(Layer)을 다른 도면층(Layer)과 합쳐서 하나의 도면층(Layer)으로 만든다. 현재 도면층(Current Layer)은 병합할 수 없다.

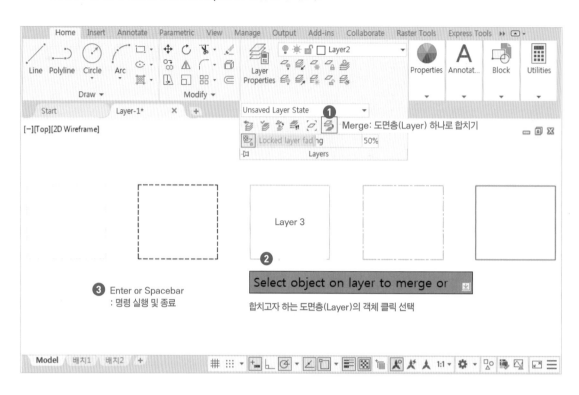

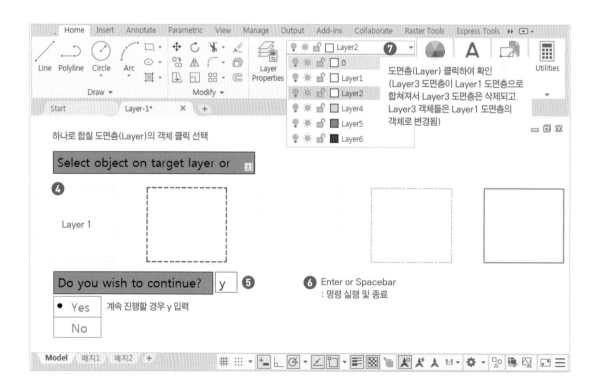

Delete: 화면에서 선택한 객체의 도면층(Layer)과 포함된 모든 객체들을 삭제한다. 현재 도면층(Current Layer)은 삭제할 수 없다.

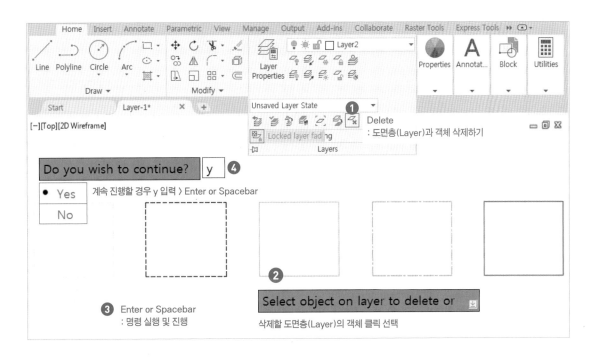

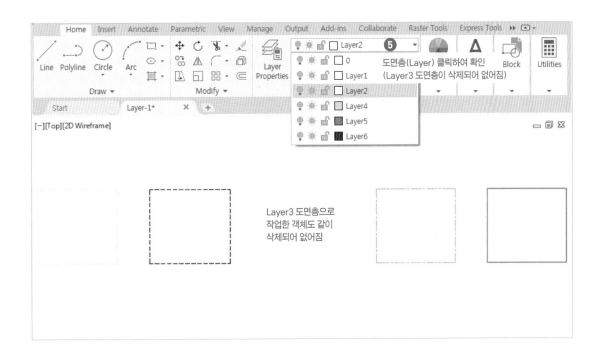

CHAPTER 2.

Properties(객체 특성) 리본메뉴 명령어

선택한 객체의 속성을 변경하거나 앞으로 작업할 객체의 속성을 설정한다.

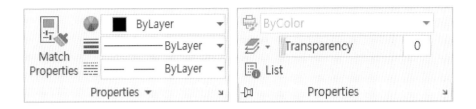

Match Properties: 화면에서 선택한 도면층(Layer)의 속성을 다른 도면층(Layer)의 속성으로 변경하여 일치시킨다.

> 실습 파일: Layer 실습.dwg

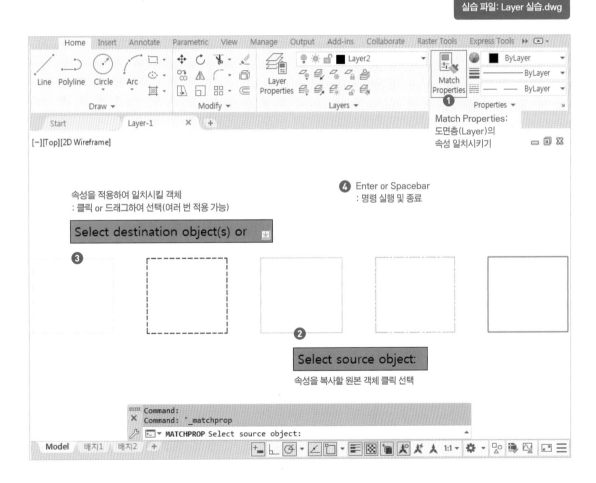

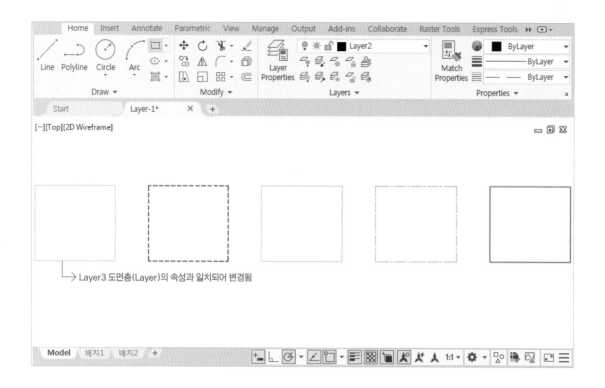

→ Layer3 도면층(Layer)의 속성과 일치되어 변경됨

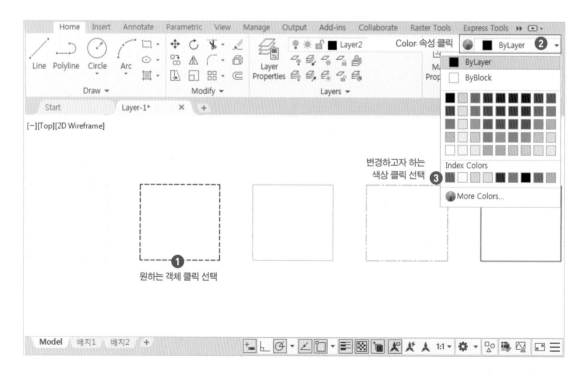

Color: 도면층(Layer)과 상관없이 선택한 객체나 작업할 객체의 색상을 지정할 수 있다. ByLayer는 Layer Properties 창에서 설정한 도면층(Layer)의 색상을 의미한다.

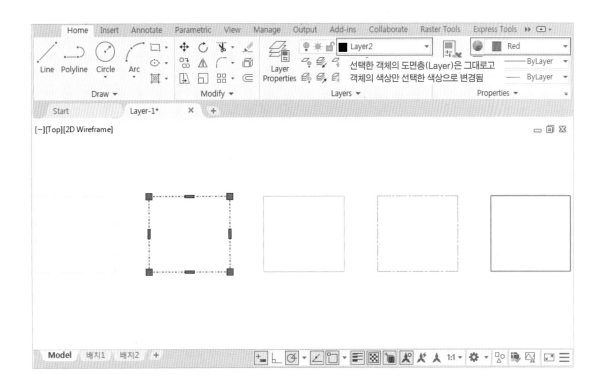

≡ ——————ByLayer ▼ **Lineweight:** 도면층(Layer)과 상관없이 선택한 객체나 작업할 객체의 선 두께를 지정할 수 있다. ByLayer는 Layer Properties 창에서 설정한 도면층(Layer)의 선 두께를 의미한다.

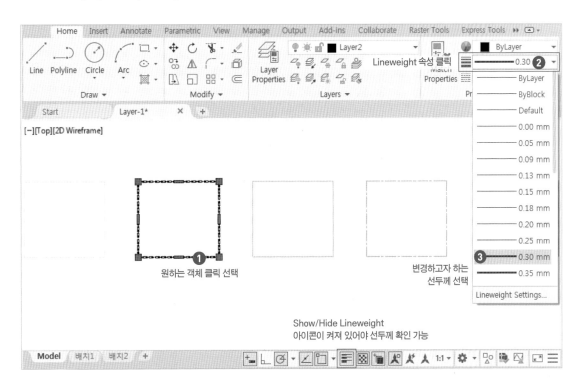

Linetype: 도면층(Layer)과 상관없이 선택한 객체나 작업할 객체의 선 종류를 지정할 수 있다. ByLayer는 Layer Properties 창에서 설정한 도면층(Layer)의 선 종류를 의미한다.

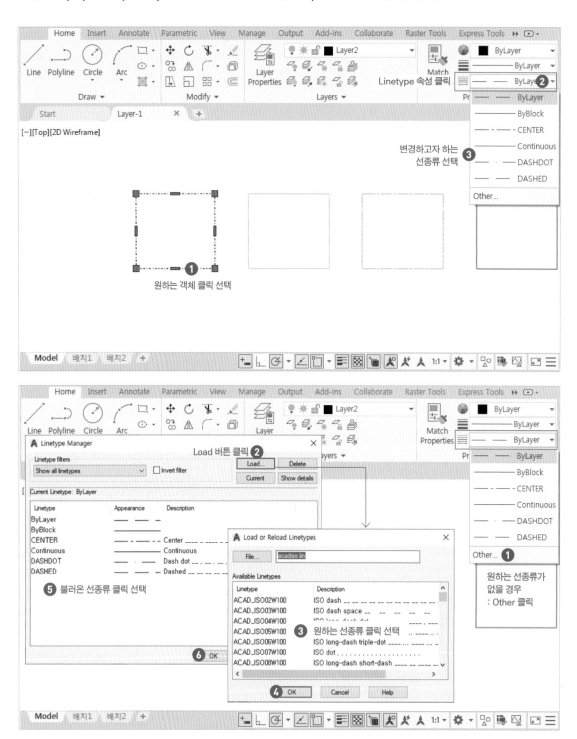

💬 Color, Lineweight, Linetype의 ByLayer는 의미하는 바가 각각 다르다. Color는 선색상, Lineweight는 선두께, Linetype은 선종류를 의미한다.

Transparency: 도면층(Layer)과 상관없이 선택한 객체나 작업할 객체의 불투명 도를 지정할 수 있다. 숫자가 커질수록 점점 투명하게 조정된다.

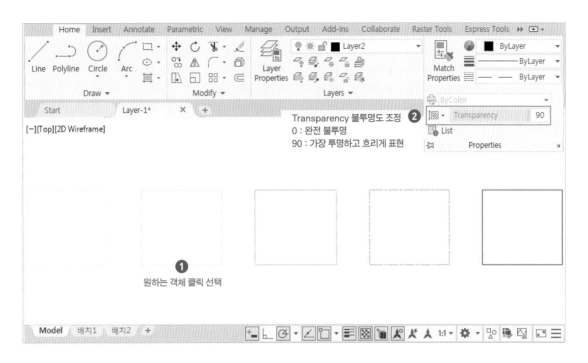

List **List**(단축키: li): 선택한 객체에 대한 정보를 확인할 수 있다.

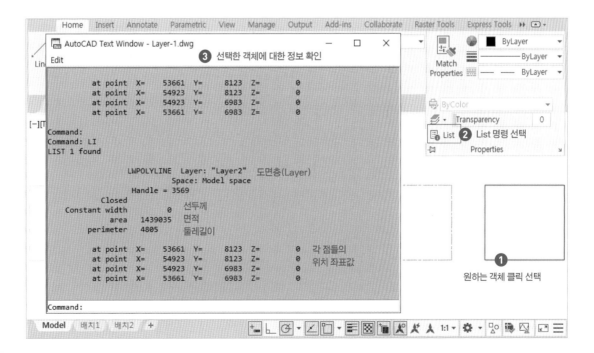

Properties **Properties**(단축키: pr 또는 ch): 선택한 객체의 모든 정보를 표시하고 각각의
속성을 수정할 수 있는 속성창이 나타난다.

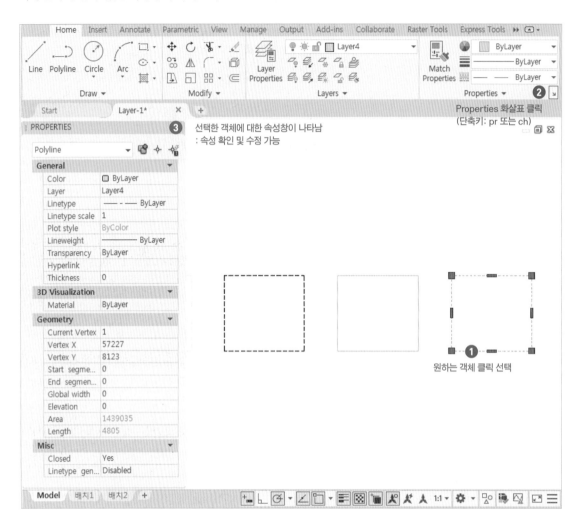

CHAPTER 3.

Utilities (측정)
리본메뉴 명령어

선택한 객체를 측정하거나 점의 종류를 설정할 수 있다.
또한, 필요에 따라 계산기를 사용할 수 있다.

Measure: 선택한 객체 또는 두 점의 거리, 반지름, 각도, 면적 등을 측정하여 확인할 수 있다.

1) Quick: 마우스가 위치한 객체의 치수를 빠르게 확인할 수 있도록 바로 표기한다.

2) Distance(단축키: di): 클릭한 두 지점 사이의 거리를 측정하여 표기한다.

3) Radius: 선택한 호 또는 원의 반지름과 지름 치수를 측정하여 표기한다.

4) Angle: 선택한 호, 선, 두 지점의 각도를 측정하여 표기한다.

5) Area(단축키: aa): 선택한 객체나 지정한 영역의 면적과 둘레 길이(Perimeter)를 측정하여 표기한다.

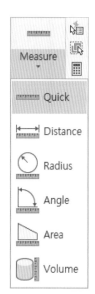

실습 파일: Utilities 실습.dwg

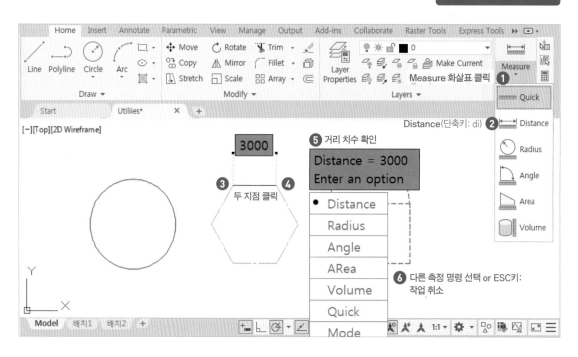

Quick Select: 선택한 속성별로 객체를 묶어서 빠르게 선택할 수 있다.

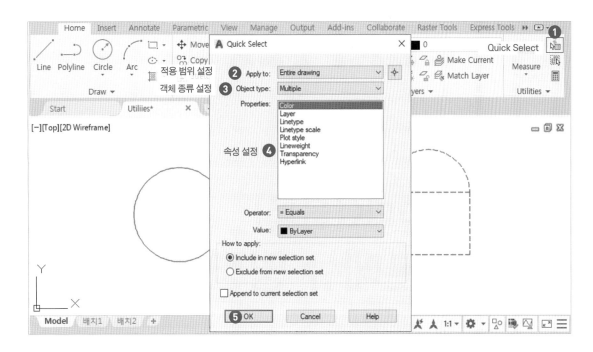

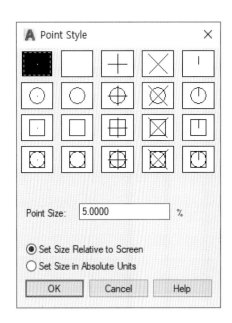

Select All(단축키: Ctrl + A):
파일의 모든 객체를 선택한다.

Quick Calculator:
계산기 기능을 사용할 수 있다.

ID Point **ID Point:**
클릭하여 지정한 위치의 좌표값을 표시한다.

Point Style **Point Style**(단축키: ddptype):
점을 표기할 형태와 크기를 선택하여 설정할 수 있다.

CHAPTER 4.

Block(블록)
리본메뉴 명령어

블록은 여러 객체들을 하나로 묶어서 만들어 이동 및 편집 등의 작업을 효율적으로 관리할 수 있게 한다. 그리고 만들어진 가구, 창문, 문, 기호 등을 블록 파일로 저장하면 다른 도면 파일에서도 불러와 사용할 수 있어 빠른 작업이 가능하다.

Section 01 | Block Create: 블록 만들기(단축키: b)

현재 작업 중인 도면 파일에서 묶어서 작업할 객체들을 선택하여 블록으로 만든다. 블록에 포함된 모든 객체를 한 번에 끄거나 켜려면 블록으로 만들 객체의 도면층(Layer)을 하나로 통일하여 설정한다. 그리고 블록 자체의 도면층(Layer)은 현재 도면층(Current Layer)으로 만들어지기 때문에 객체들의 도면층(Layer)을 현재 도면층(Current Layer)으로 설정한 다음에 블록을 만든다.

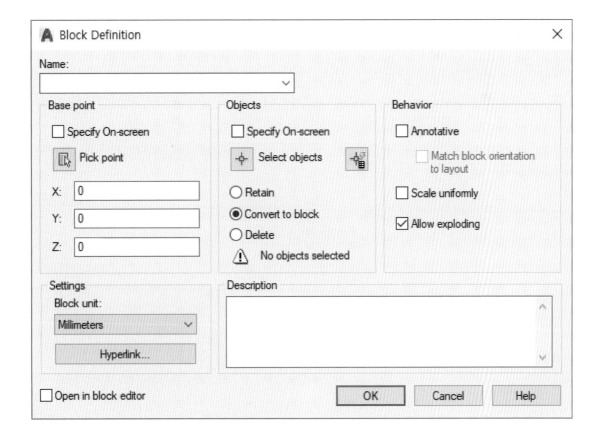

❶ Name: 블록의 이름을 지정한다.

❷ Base point: 블록의 기준점을 지정한다.
— **Pick point:** 작업 화면에서 기준점을 클릭하여 지정한다.

❸ Object: 블록으로 만들 객체들을 선택하고 블록으로 만든 후의 상태를 설정한다.
— **Select objects:** 작업 화면에서 블록으로 만들 객체를 선택한다.
— **Retain:** 블록을 만든 후에 선택한 객체들은 블록이 아닌 각각의 객체로 유지한다.
— **Convert to block:** 블록을 만든 후에 선택한 객체를 블록으로 변환한다.
— **Delete:** 블록을 만든 후에 선택한 객체를 삭제한다.

블록 만들기 실습

실습 파일: Block 실습1.dwg

01 블록으로 만들 객체를 모두 선택하고 하나의 도면층(Layer)으로 설정한다(상황에 따라 다르게 설정할 수도 있다).

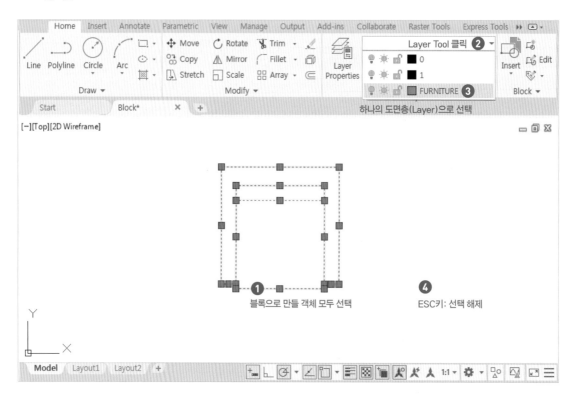

02 현재 도면층(Current Layer)도 블록으로 만들 객체의 도면층(Layer)과 같은 도면층(Layer)로 설정한다.

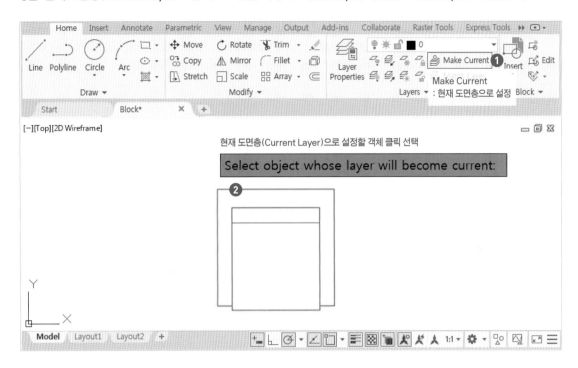

03 Home 탭의 Block 패널에서 Create Tool 명령을 선택한다(단축키: b). 블록 설정창이 나타나면 블록 이름을 지정하고 Base point 항목의 Pick point 버튼을 클릭한다.

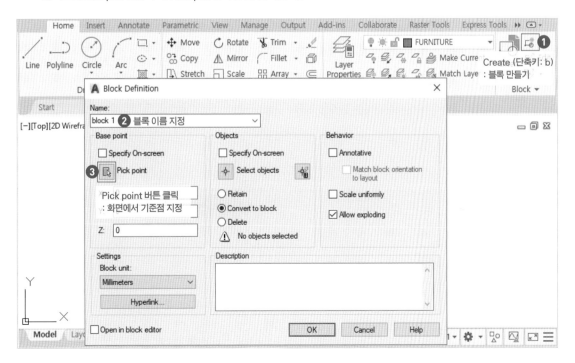

04 캐드 화면으로 돌아가면 블록의 기준점이 될 지점을 클릭하여 지정한다. 다시 블록 설정창이 나타나면 Objects 항목의 Select objects 버튼을 클릭한다.

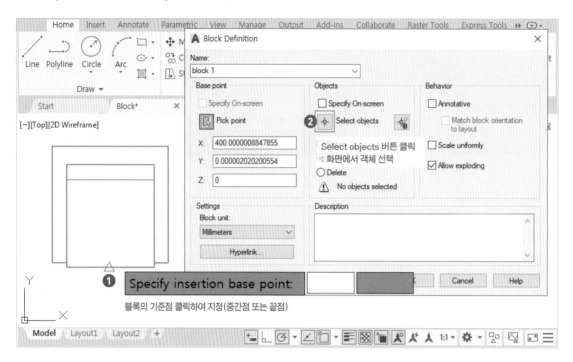

05 캐드 화면으로 돌아가면 블록으로 만들고자 하는 객체를 모두 선택한다.

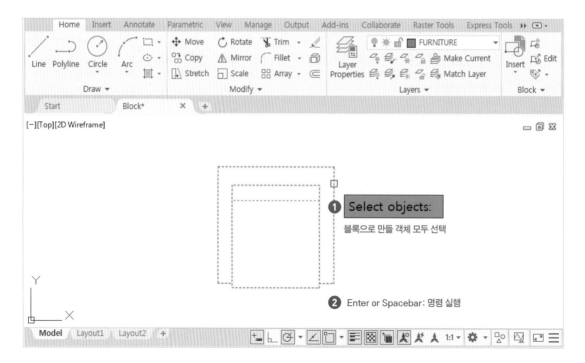

06 블록 설정창이 다시 나타나면 Objects 항목에서 Convert to block 항목을 선택한다(선택한 객체를 블록으로 전환하기). 그리고 OK 버튼을 클릭하여 블록 만들기를 완성한다.

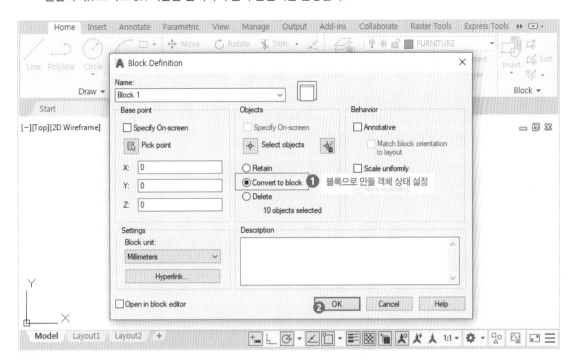

Section 02 | WBlock: 블록 파일로 저장하기 (단축키: w)

현재 작업 중인 도면 파일에서 묶어서 작업할 객체를 선택하여 블록으로 만들고 파일로 저장한다. 마찬가지로 블록으로 만들 객체의 도면층(Layer)과 블록 자체의 도면층(Layer)을 모두 하나로 통일시켜 블록을 만들어야 한다.

1 Source: 파일로 저장할 블록을 지정한다.
　— Block: 현재 파일에 있는 기존 블록 중에서 파일로 저장할 블록을 선택한다.
　— Entire drawing: 현재 도면 파일 전체를 블록으로 선택한다.
　— Object: 도면에서 블록으로 저장할 객체를 선택한다.

2 Base point: 블록의 기준점을 지정한다.
　— Pick point: 작업 화면에서 기준점을 클릭하여 지정한다.

③ Object: 블록으로 만들 객체들을 선택하고 블록으로 만든 후의 상태를 설정한다.

— **Select objects**: 작업 화면에서 블록으로 만들 객체들을 선택한다.

— **Retain**: 블록을 만든 후에 선택한 객체는 블록이 아닌 각각의 객체로 유지한다.

— **Convert to block**: 블록을 만든 후에 선택한 객체를 블록으로 변환한다.

— **Delete**: 블록을 만든 후에 선택한 객체를 삭제한다.

④ Destination: 파일을 저장할 위치를 지정하고 단위를 설정한다.

— **File name and path**: 파일로 저장할 경로 위치와 이름을 설정한다.

— **Insert units**: 블록을 가져올 때 단위를 설정한다.

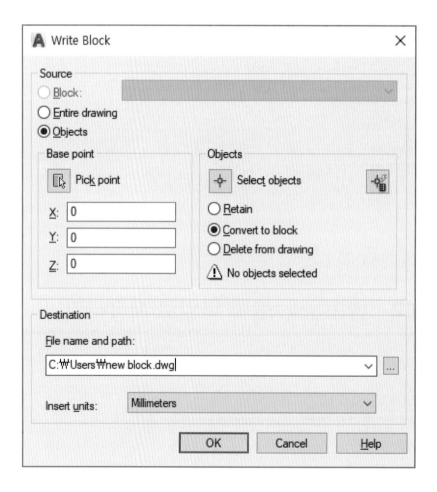

실습 파일: Block 실습2.dwg

01 블록 파일로 만들 객체를 모두 선택하고 하나의 도면층(Layer)으로 설정한다(상황에 따라 다르게 설정할 수도 있다).

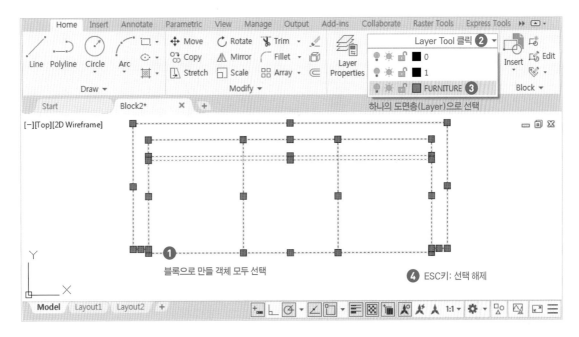

02 현재 도면층(Current Layer)도 블록으로 만들 객체의 도면층(Layer)과 같은 도면층(Layer)으로 설정한다.

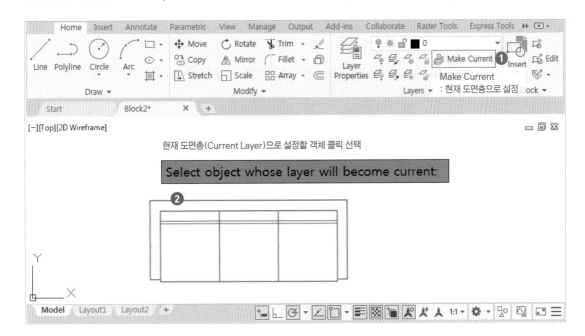

03 wblock 명령을 실행한다(단축키: w). 블록 설정창이 나타나면 블록 소스 항목에서 Objects로 선택하고 Base point 항목의 Pick point 버튼을 클릭한다.

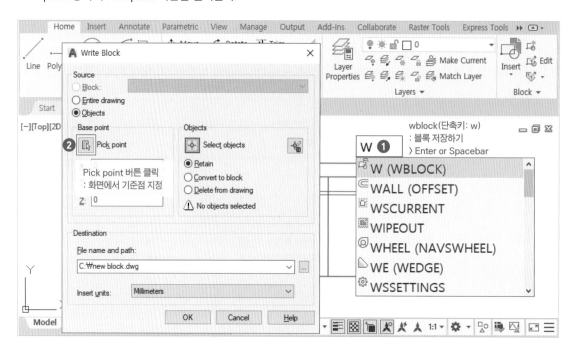

04 캐드 화면으로 돌아가면 블록의 기준점이 될 지점을 클릭하여 지정한다. 다시 블록 설정창이 나타나면 Objects 항목의 Select objects 버튼을 클릭한다.

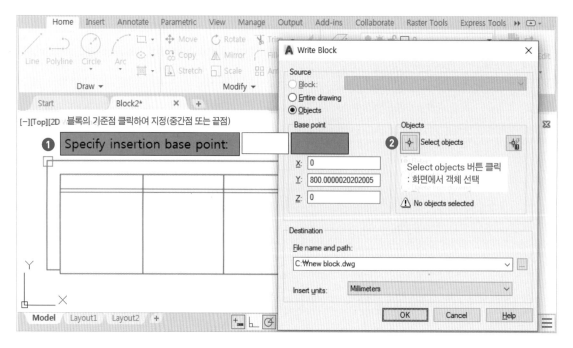

05 캐드 화면으로 돌아가면 블록으로 만들고자 하는 객체를 모두 선택한다.

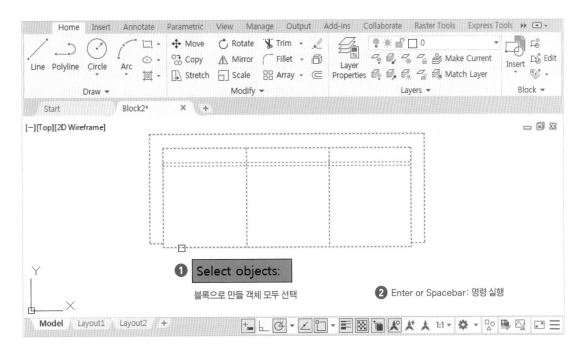

06 블록 설정창이 다시 나타나면 Objects에서 Convert to block 항목을 선택한다(선택한 객체를 블록으로 전환하기). 그리고 파일로 저장할 경로와 이름을 설정하기 위해 Destination의 File name and path 항목의 버튼을 클릭한다.

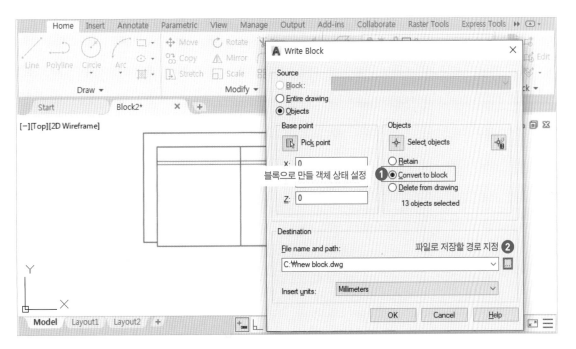

07 파일 저장창이 나타나면 저장할 위치를 지정하고 이름을 설정한다. 그리고 Save 버튼을 클릭한다.

08 OK 버튼을 클릭하여 완료한다.

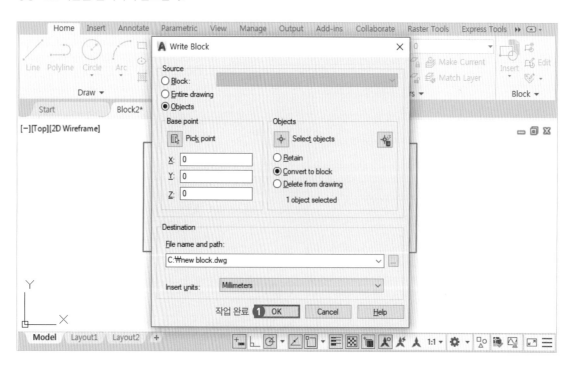

 **Section 03** |  **Insert : 블록 불러오기**(단축키: i)

기존의 블록을 불러와서 도면에 삽입한다. 블록 자체의 도면층(Layer)은 현재 도면층(Current Layer)으로 설정이 되므로 가능한 현재 도면층(Current Layer)을 먼저 정하고 불러와야 한다. 그리고 블록을 불러온 다음 블록을 이루는 객체의 도면층(Layer)도 블록 자체 도면층(Layer)에 맞춰서 정리해야 추후에 블록을 관리하기 쉽다.

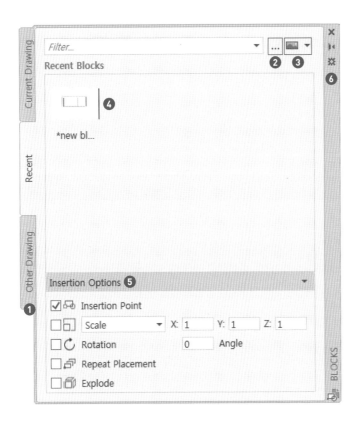

❶ 파일 선택 탭

1) Current Drawing 탭: 현재 파일에 있는 블록을 표시한다.

2) Recent 탭: 최근에 만들거나 불러온 블록을 표시한다.

3) Other Drawing 탭: 다른 파일에 있는 블록을 표시한다.

❷ Displays File: 블록이 위치한 파일을 열어서 가져온다.

❸ Displays Mode: 가져온 블록의 미리보기 방식을 설정한다.

❹ Displays: 가져온 블록을 미리보기 표시한다. 선택하여 작업 파일로 드래그하여 가져온다.

❺ Insertion Options: 화면으로 블록을 가져올 때 옵션을 설정한다.

1) **Insertion Point:** 체크하면 불러오는 블록의 삽입점을 화면에서 클릭하여 지정한다.

2) **Scale:** 불러오는 블록의 크기를 지정한다.

3) **Rotation:** 불러오는 블록의 회전 각도를 지정한다.

4) **Repeat Placement:** 체크하면 블록을 계속 반복해서 불러온다.

5) **Explode:** 체크하면 블록을 분해하여 불러온다.

❻ 블록 불러오기 설정창을 조정한다.

1) **Close:** 블록 삽입 설정창을 닫는다.

2) **Auto-hide:** 선택하면 설정창이 자동으로 열리고 닫힌다.

3) **Properties:** 설정창을 조정하는 메뉴가 나타난다.

블록 불러오기 실습

01 불러온 블록의 도면층(Layer)은 현재 도면층(Current Layer)으로 설정된다. 따라서 가구 블록을 불러올 경우에는 가구 도면층(Layer)을 현재 도면층(Current Layer)으로 설정하고, 창문을 불러올 경우에는 창문 도면층(Layer)을 현재 도면층(Current Layer)으로 설정한다. 그리고 Insert 명령을 실행한다.

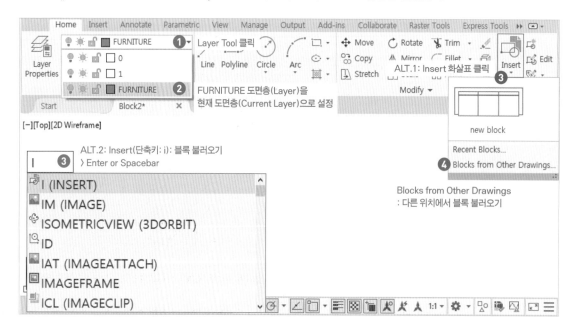

02 블록 파일을 선택하여 불러온다.

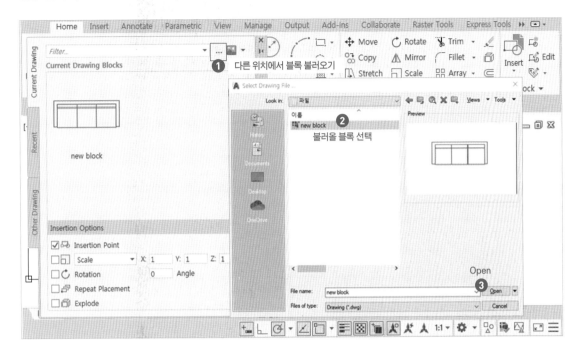

03 블록을 더블클릭하거나 드래그하여 작업 화면으로 가져와 배치한다.

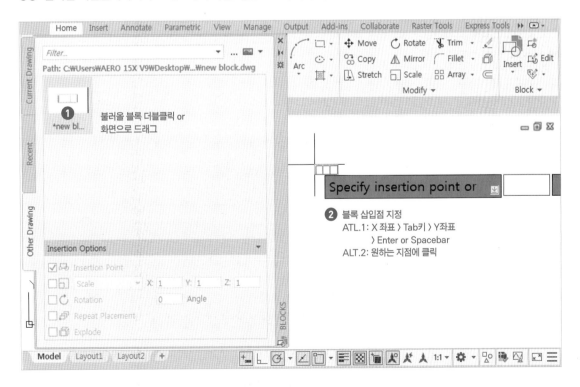

04 블록 자체의 도면층(Layer)을 확인하고 필요에 따라 수정한다. 그리고 블록 객체 선들의 도면층(Layer)도 맞는지 확인하기 위해 블록을 더블클릭하여 편집 모드로 전환한다.

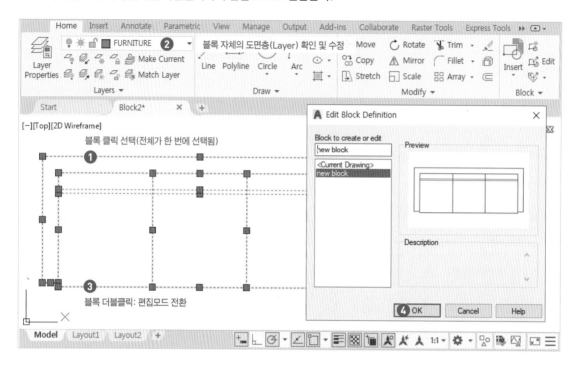

05 편집 모드에서 블록 객체 선들을 선택하여 Layer Tool에서 설정한 도면층(Layer)이 맞는지 확인하고 다르다면 설정한 도면층(Layer)으로 변경하여 정리한다. 그리고 Close Block Editor 버튼을 클릭한다.

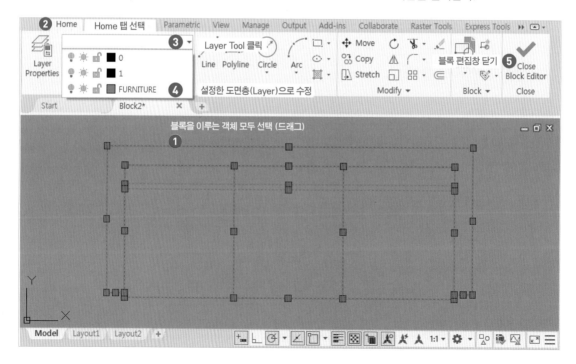

06 Save the change to new block 항목을 선택하여 변경사항을 저장하고 편집창을 닫는다.

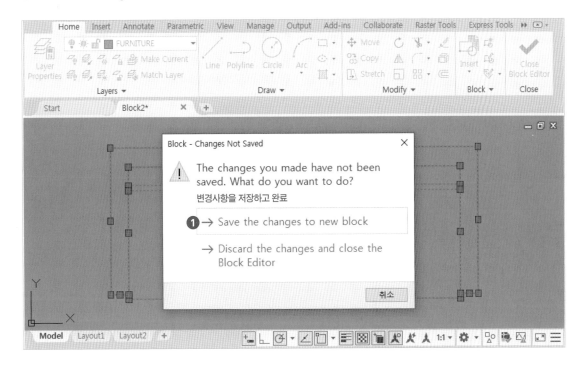

 Section 04 | ⌐⍉ Edit **Block Edit(블록 편집하기)**

블록을 부분적으로 수정하기 위해서는 블록을 더블클릭하여 편집창이 나타나면 객체 선을 하나씩 편집할 수 있다. 그리고 한 블록을 편집하면 같은 이름의 복사한 블록들이 한꺼번에 같이 수정된다. 따라서 한 블록만 따로 수정하고자 할 경우에는 Explode 명령으로 분해하고 작업한다.

01 블록을 더블클릭하여 편집 모드로 전환한다.

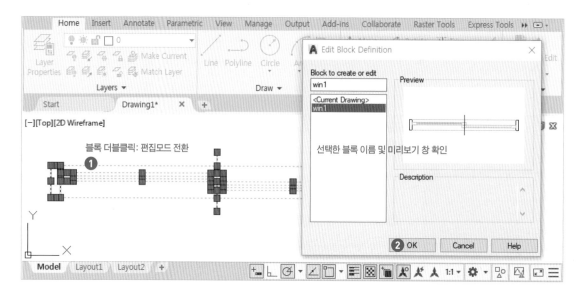

02 리본의 Home 탭으로 이동하고 객체들을 모두 선택하여 도면층(Layer)을 정리한다.

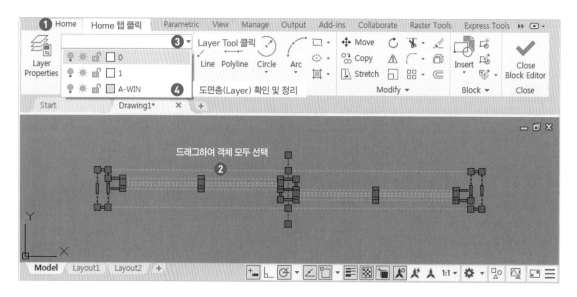

03 그리기 및 편집 명령어들을 사용하여 블록 객체들의 형태를 수정할 수 있다. (예: Stretch Tool)

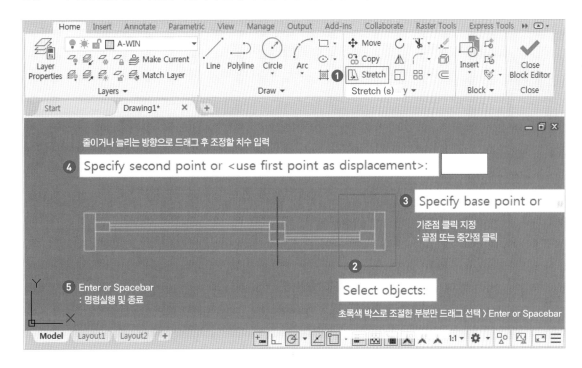

04 수정이 완료되면 화면의 우측 상단에 있는 'Close Block Editor' 명령을 선택한다. 저장 설정창이 나타나면 'Save the changes to 블록 이름'을 선택하여 수정 사항을 저장하고 창을 닫는다.

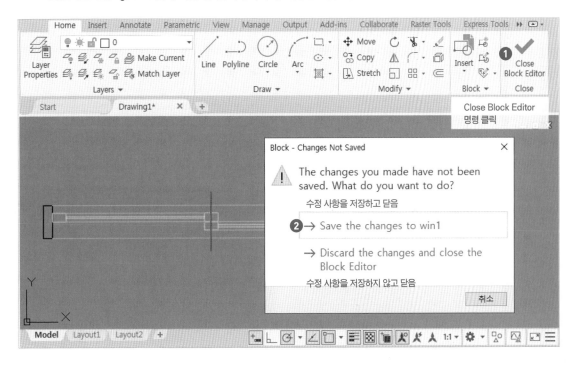

CHAPTER 5.

Hatch (해치) 리본메뉴 명령어

해치는 부분적인 한 영역을 강조하거나 마감재를 표현하기 위해 패턴을 채우는 명령이다. Draw 패널에 있으며 단축키는 h이다. 해치 명령을 실행하거나 만들어진 해치를 선택하면 해치 리본탭이 나타나 설정하고 만들 수 있다.

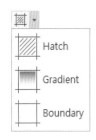

Hatch 작업 시 주의사항

1 해치를 적용할 영역이 복잡하거나 클 경우, 계산 중에 캐드 프로그램이 다운되어 멈추거나 에러가 발생할 수 있다. 따라서 해치를 적용하기 전에 가능한 파일을 한 번 저장하고 작업을 진행한다. 그리고 복잡한 선들은 숨기고 필요한 도면층(Layer)만 켜서 단순한 화면에서 작업하는 것이 좋다.

2 Pick Point Tool로 내부를 클릭하여 해치를 적용하는 것이 잘 안될 수도 있다. 그럴 경우엔 해치가 적용될 영역을 Polyline 명령으로 외곽선 테두리를 만들고 Select Tool로 폴리선을 클릭하여 해치를 적용한다.

3 해치를 적용할 영역이 캐드 화면에 다 나타나지 않은 상태에서 해치를 적용할 경우, 경고창이 나타나고 해치가 적용되지 않을 수도 있다. 따라서 가능한 해치를 적용할 공간이 화면에 모두 보이는 상태에서 해치를 만들도록 한다.

4 같은 해치가 여러 개 겹쳐서 만들어지지 않도록 주의한다. 상황에 따라 두세 개의 패턴을 같이 적용하기도 한다.

Hatch Creation 리본 패널

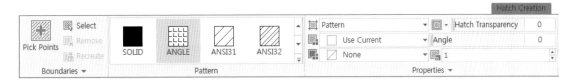

 **Section 01** | # Boundaries: 해치 영역

해치가 들어갈 영역을 지정한다.

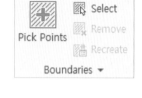

1 Pick Points: 닫힌 영역 내부를 클릭하여 해치를 지정한다.

2 Select Objects: 닫힌 영역을 둘러싸고 있는 폴리선을 클릭하여 해치를 지정한다.

3 Remove Boundaries: 지정한 해치의 경계선을 없앤다.

4 Recreate Boundary Objects: 지정된 해치의 경계선을 제거하고 새로운 경계선을 만든다.

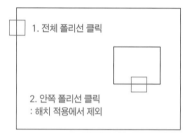

5 Display Boundary Objects: 해치 영역의 경계선을 표시한다.

6 Don't Retain Boundaries: 해치의 경계선을 유지하지 않는다.

7 Retain Boundaries-Polyline: 해치의 경계선을 폴리선으로 만든다.

8 Retain Boundaries-Region: 해치의 경계선을 영역선으로 만든다.

Section 02 | Pattern: 해치 패턴

적용할 해치의 패턴을 선택한다. 오른쪽의 위아래 화살표를 클릭하면 패턴 순서를 올리거나 내리거나 확장해서 표시한다.

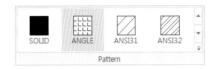

Section 03 | Properties: 해치 속성

해치의 속성을 설정한다. 설정한 속성은 다음번에 해치를 적용할 경우에도 그대로 유지되기 때문에 반드시 확인하고 원하는 속성으로 조정한 다음에 적용해야 한다. 해치를 적용한 후에 편집 모드에서 수정한 경우에는 속성이 유지되지 않기 때문에 가능한 편집 모드에서 수정하는 것이 편리하다.

❶ Hatch Type: 해치의 유형을 Solid, Gradient, Pattern, User defined 중에서 선택한다(기본 유형은 Pattern).

❷ Hatch Color: 해치의 색상을 지정한다. 특별한 경우가 아닌 경우 Use Current로 설정하여 현재 설정된 도면층(Layer)의 색상을 적용하여 사용한다.

❸ Background Color: 해치의 배경에 색상을 지정하여 사용할 수 있다. (None: 배경색 지정 안 함)

❹ Hatch Transparency: 해치의 투명도를 지정할 수 있다.

❺ Hatch Angle: 해치의 회전 각도를 지정할 수 있다(회전은 시계 반대 방향으로 진행).

❻ Hatch Pattern Scale: 해치 패턴의 크기를 조절할 수 있다. 스케일이 너무 크거나 너무 작으면 적용이 안되거나 화면에 표시가 안 될 수 있으므로 주의한다.

7 ⬚ **Hatch Layer Override:** 해치로 적용할 레이어를 선택하거나 변경할 수 있다. 특별한 경우가 아니라면 Use Current로 설정하여 현재 설정된 도면층(Layer)을 적용하여 사용한다.

8 ▦ Double **Double:** Hatch Type을 User defined로 설정했을 경우 활성화된다. 이를 클릭하여 켜면 세로선이 만들어져 정사각형의 격자무늬 패턴을 적용할 수 있다. 가로, 세로선의 간격은 Hatch Pattern Scale 항목에서 조절할 수 있다.

Section 04 | Origin: 해치 원점

해치의 시작점을 지정할 수 있다.

1 **Set Origin:** 캐드 화면에서 원하는 해치의 시작점을 클릭하여 지정할 수 있다.

2 **Bottom Left:** 해치 패턴의 시작점을 좌측 하단 끝점으로 지정한다.

3 **Bottom Right:** 해치 패턴의 시작점을 우측 하단 끝점으로 지정한다.

4 **Top Left:** 해치 패턴의 시작점을 좌측 상단 끝점으로 지정한다.

5 **Top Right:** 해치 패턴의 시작점을 우측 상단 끝점으로 지정한다.

6 **Center:** 해치 패턴의 시작점을 가운데 중심으로 지정한다.

7 **Use Current Origin:** 선택한 패턴의 기본으로 설정된 시작점으로 지정한다.

8 **Store as Default origin:** 클릭한 지점을 기본 시작점으로 설정한다.

Section 05 | Options: 해치 옵션

해치의 옵션 설정을 조정할 수 있다. 이 경우에도 이전에 적용한 옵션 설정이 다음번에도 그대로 유지된다. 따라서 가능한 해치를 적용한 후에 편집 모드에서 옵션 설정을 수정하는 것이 편리하다.

❶ **Associative:** 기본적으로 활성화되는 옵션이다. 해치 패턴과 경계선이 서로 연관성을 가지게 되어 경계선의 형태를 수정하면 해치 패턴이 같이 수정된다. 체크를 해제하면 경계선의 형태를 수정해도 해치 패턴의 형태는 그대로 유지된다. 대신 해치 패턴 테두리에 그립(Grip)이 생겨서 해치 패턴 자체의 형태를 경계선과 상관없이 변경할 수 있다. 다만 해제 후에 다시 켜는 것은 불가능하고 해치를 복사하면 Associative 속성이 사라진 상태로 적용된다.

❷ **Match Properties:** 선택한 해치 패턴의 속성을 다른 해치 패턴에 그대로 똑같이 적용하여 일치시킨다.

> 💬 • 기존 해치 패턴을 선택하여 편집 모드로 들어갈 경우
> : 명령어 툴을 클릭하고 적용하고자 하는 원본 해치 패턴을 선택한다.
> • **해치를 적용하기 전에 명령어 툴을 클릭하고 원본 해치 패턴을 선택**
> : 선택한 해치 패턴의 속성이 설정되어 같은 해치 패턴을 만들 수 있다.
> • **Use current origin:** 기존 해치 패턴의 시작점을 그대로 적용한다.
> • **Use source hatch origin:** 적용한 원본 해치 패턴의 시작점을 가져와서 적용한다.

❸ **Gap Tolerance:** 해치 패턴과 경계선의 차이 크기를 설정한다.
기본은 0으로 되어 있어 경계선과 차이 없이 해치 패턴이 만들어진다.

❹ **Create Separate Hatches:** 연결되어 하나로 만들어진 해치 패턴을 해제하여 각각의 패턴으로 조정할 수 있다. 한 번 분리된 패턴은 다시 합칠 수 없다.

❺ **Normal Island Detection:** 객체와 객체 사이 경계 부분에 해치를 적용한다.
Outer Island Detection: 가장 밖에 있는 영역에 해치를 적용한다. (기본 설정)
Ignore Island Detection: 모든 내부 경계를 무시하고 전체 영역에 해치를 적용한다.
No Island Detection: 경계 영역을 계산하지 않고 적용한다.

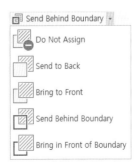

❻ **Send to Back:** 해치 패턴을 가장 뒤에 배치한다.
Bring to Front: 해치 패턴을 가장 앞에 배치한다.
Send Behind Boundary: 해치 패턴을 경계선 바로 뒤에 배치한다.
Bring in Front of Boundary: 해치 패턴을 경계선 바로 앞에 배치한다.

Section 06 | 마감재별 해치 패턴의 종류

 ① Wall(일반벽체): 색으로 채운다.

: SOLID

 ② Wall(조적벽체-벽돌): 실선 사선

: ANSI31

 ③ Wall(콘크리트블록벽체)

: 이중사선 (ANSI37)

 ④ Wood Flooring: 나무바닥(평면)

: DOLMIT

 ⑤ Stone(석재 단면)

: 실선과 점선 사선 (ANSI33)

 ⑥ Stone(석재 평면/콘크리트)

: AR-CONC

 ⑦ Wood(나무결 표현)

: AR-RROOF(나무결 방향에 따라 방향 설정)

 ⑧ Glass(유리 입면)

: AR-RROOF(Angle: 45도, Scale: 크게)

 ⑨ Steel(철재)

: ANSI32

 ⑩ Paint(페인트, 모르타르 등)

: AR-SAND

⑪ 바닥, 천장 정사각형 패턴(Tile, Stone, Tex)

① Hatch Type을 User defined로 지정한다.

② Double 속성을 체크하여 세로선을 추가한다.

③ Scale을 마감재 크기대로 지정한다.

300: 타일 사이즈가 가로 300 × 세로 300

600: 타일 사이즈가 가로 600 × 세로 600

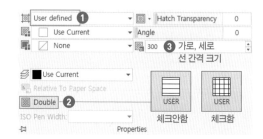

⑫ 직사각형 패턴

: 정해진 크기가 없을 경우에는 AR-B816, AR-BRSTD, AR-B88 등에서 선택하여 적용하고 정해진 크기가 있을 경우에는 실제
크기와 동일하게 마감재 선을 만들어 표현해야 한다.

Section 07 | 해치 패턴 적용하기 실습

01 Hatch Tool을 클릭하거나 단축키 H를 입력하여 해치 명령을 실행한다.

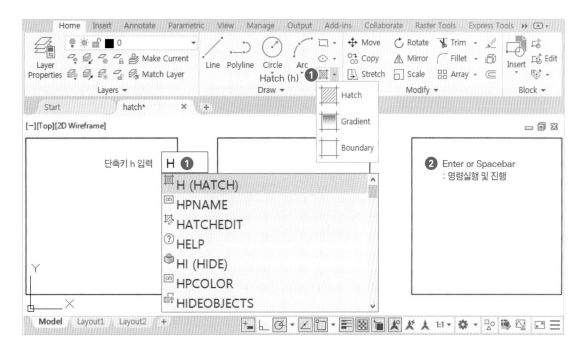

02 Pattern 탭에서 적용할 패턴을 선택한다.

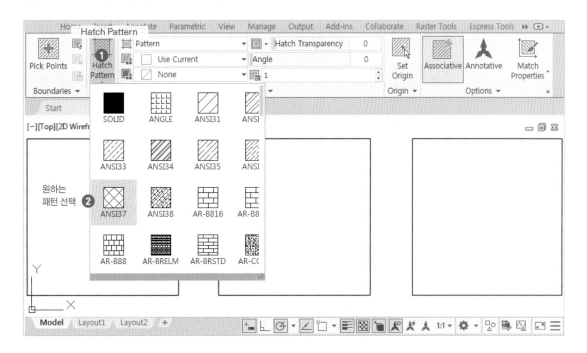

03 Boundaries 탭에서 해치를 지정하는 방법을 선택하고 캐드 화면에서 해치가 적용될 영역을 클릭하여 적용한다.

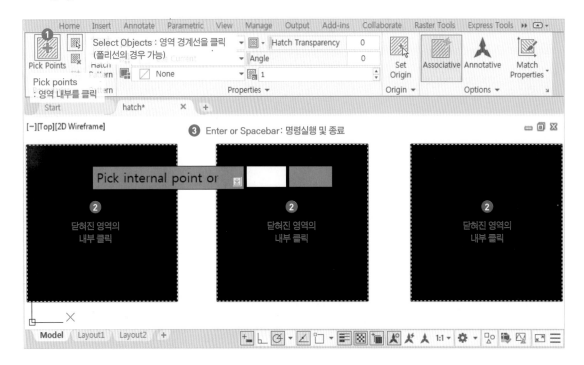

04 적용된 해치 패턴을 선택하면 Hatch Editor 편집 화면이 나타나고 해치의 속성을 수정한다.

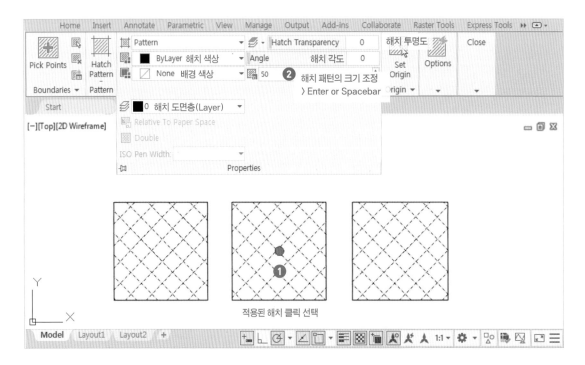

적용된 해치 클릭 선택

05 상황에 따라 Origin 탭에서 해치 패턴의 시작점을 지정한다.

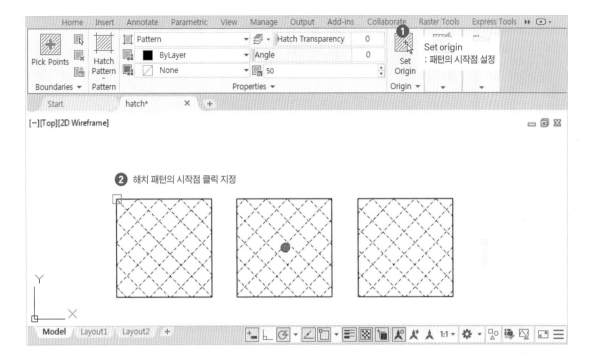

06 상황에 따라 Option 탭을 설정한다.

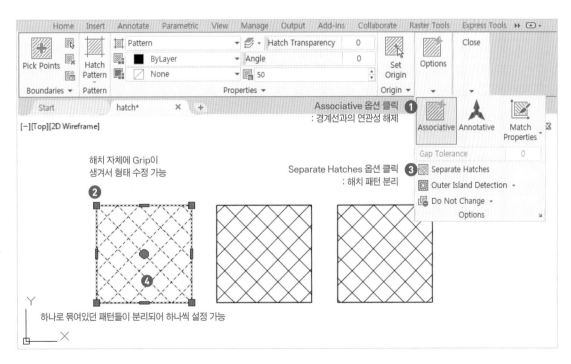

CHAPTER 6.

Text(문자)
리본메뉴 명령어

문자는 도면의 다양한 정보를 효과적으로 전달할 수 있다. 따라서 한 눈에 잘 보이고 정확하게 쓰는 것이 중요하다. 그리고 문자의 높이나 스타일의 통일성을 유지하여야 한다. 그리하여 서로 다른 스케일의 도면들을 출력했을 때에도 같은 높이와 스타일의 문자로 표현되어야 한다.

 Section 01 │ # 문자 스타일 설정: Text Style (단축키: st)

자신만의 문자 스타일을 만들 수 있으며 기본적으로 글꼴을 설정하여 지정한다.

Section 02 | 한 줄 문자 작성: Single Line Text (단축키: dt)

한 줄로만 된 문자를 작성할 수 있다.

01 Annotation 탭에서 Single Line Tool을 클릭하거나 단축키 dt를 입력하여 한 줄 문자 명령을 실행한다.

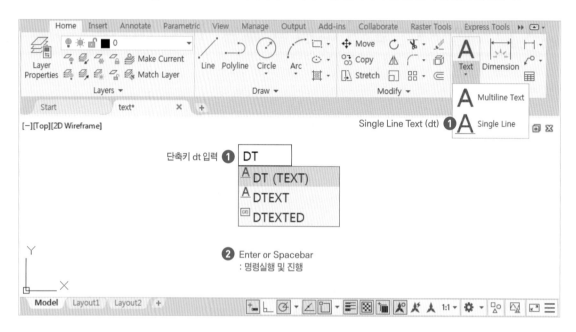

02 캐드 화면에서 문자의 시작 위치를 지정한다.

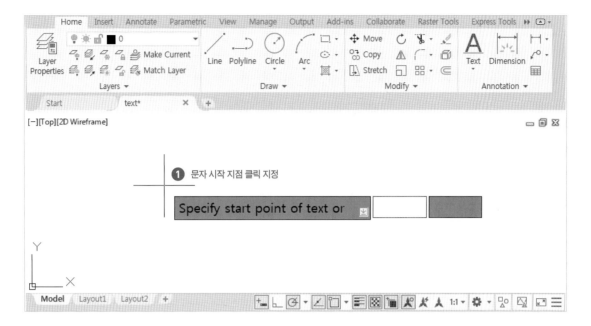

03 문자의 높이를 스케일에 따라 계산하여 지정하고 회전 각도를 설정한다.

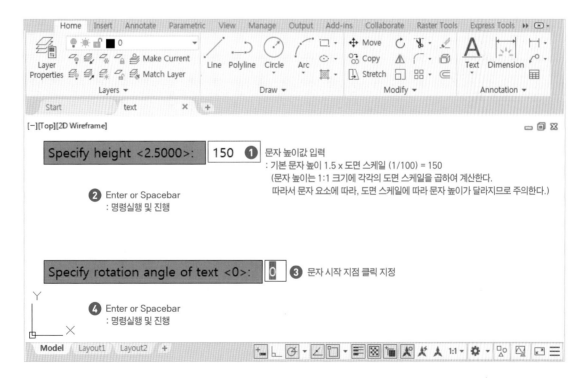

04 커서가 깜박이면 원하는 문자를 입력한다.

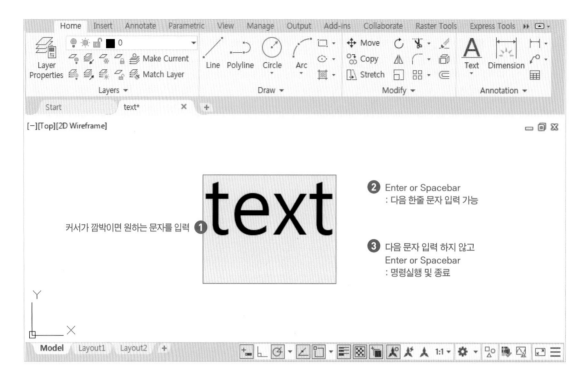

05 작업한 문자를 선택하고 Properties 창을 연다(단축키: pr). 그리고 상황에 따라 문자의 속성을 변경한다. 문자를 더블클릭하면 내용을 수정할 수 있다.

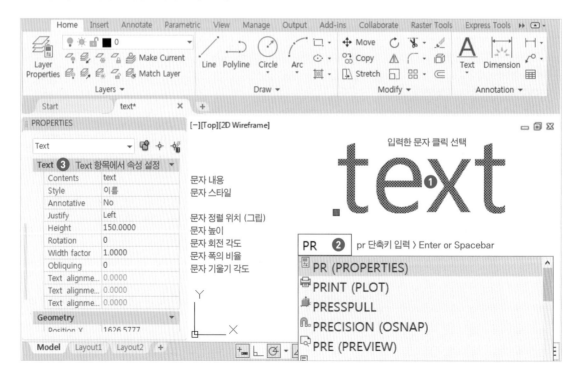

도면에서 문자를 작업할 때 도면 출력 스케일에 맞춰서 높이를 설정해야 한다. 그래야 스케일이 다른 전체 도면들을 출력했을 때 문자 높이가 동일하게 표현된다. 따라서 1:1 스케일의 문자 높이에 도면 스케일 치수를 곱한 치수로 문자 높이를 설정해야 한다.

1:1 문자 높이(출력했을 때 문자 크기)

─ 도면명(제목): 2.5mm ~ 3mm

─ 실명(실별 이름): 2.0mm ~ 2.5mm

─ 기본 문자: 1.5mm ~ 2.0mm

─ 설명 및 작은 문자 : 1.0mm ~ 1.5mm

X 도면 스케일 치수 = 문자 높이
(예를 들어 도면 스케일이 1/100이면 1:1 크기에 100을 곱함)

Section 03 | 여러 줄 문자 작성: Multiline Text (단축키: t, mt)

한 줄 또는 여러 줄로 된 문자를 작성할 수 있다.

01 Annotation 탭에서 Multiline Text Tool을 클릭하거나 단축키 t를 입력해 여러 줄 문자 명령을 실행한다.

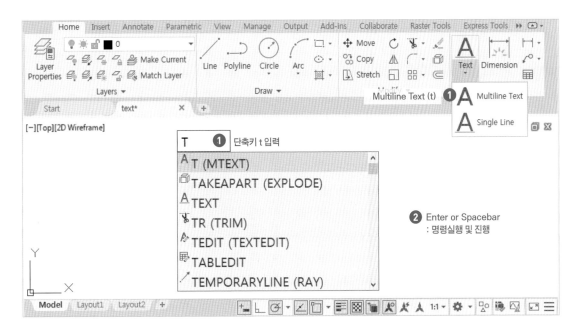

02 캐드 화면에서 문자가 들어갈 영역을 지정한다.

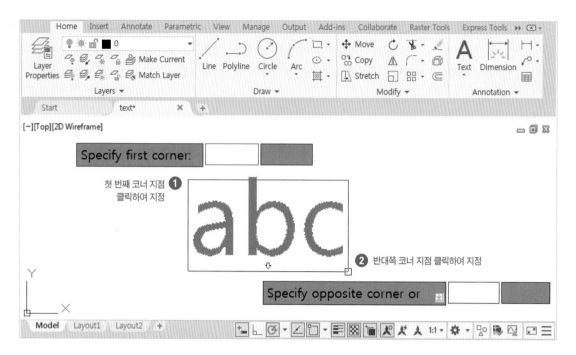

03 문자 설정 창에서 문자 스타일을 선택하고 문자 높이를 지정한다.

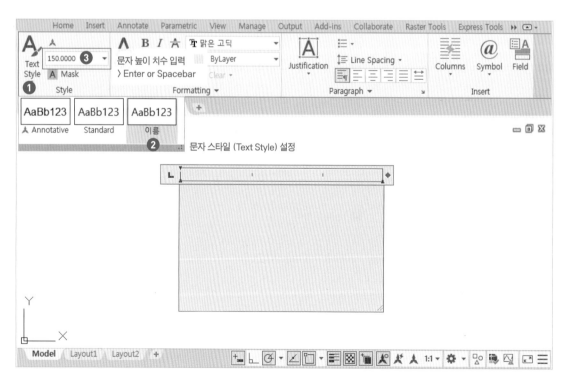

04 Paragraph 탭의 Justification 항목에서 문자의 정렬 위치를 지정한다. 그리고 필요에 따라 Insert 탭의 Symbol 항목에서 기호를 선택하여 적용한다.

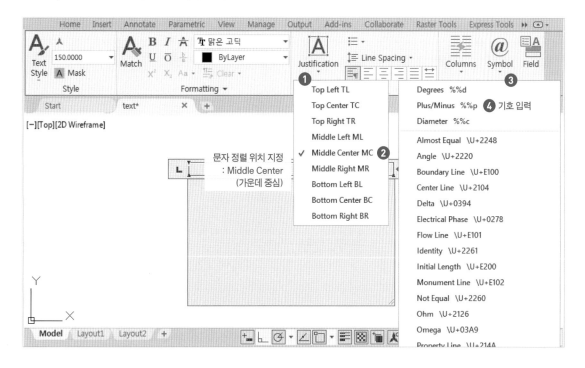

05 커서가 깜박이면 원하는 문자를 입력하고 입력이 끝나면 화면의 빈 곳을 클릭하여 완료한다.

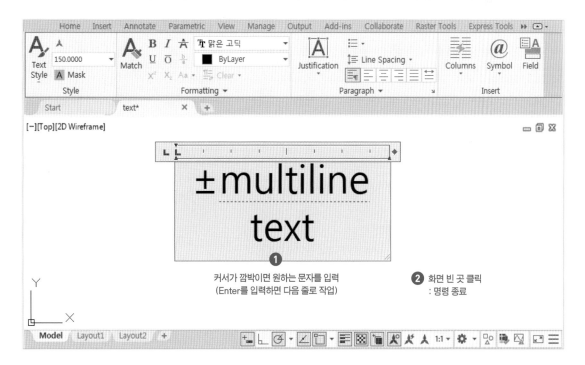

06 문자에 있는 그립(Grip)을 클릭하여 드래그하면 문자를 이동시킬 수 있다. 그리고 문자를 수정하고자 할 경우에는 기존 문자를 더블클릭한다.

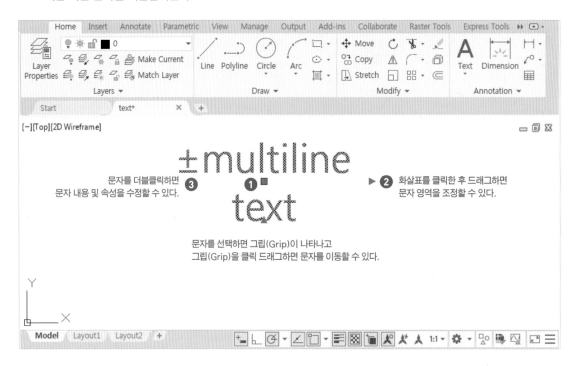

Text Editor 편집창

Multiline Text를 실행하거나 수정할 때 상단에 문자 설정창이 표시된다.

① **Style: 문자 스타일 및 높이**

문자의 스타일을 설정하고 문자 높이를 지정한다.

1) **Text Style**: 원하는 문자 스타일을 선택한다.

2) **Text Height**: 문자의 높이를 설정하거나 선택한 문자의 높이를 수정한다.

3) **Background Mask**: 문자 뒤에 배경색을 적용할 수 있다.

② Formatting: 문자 서식

필요에 따라 문자의 서식을 설정한다.

1) **A** Match: 선택한 문자의 서식을 다른 부분에도 일치시켜 적용한다.

2) **B** Bold: 문자를 굵게 만들 수 있다.

3) *I* Italic: 문자를 기울게 만들 수 있다.

4) Ā Strikethrough: 문자의 가운데 줄을 표시할 수 있다.

5) U Underline: 문자의 아래에 줄을 표시할 수 있다.

6) Ō Overline: 문자의 위에 줄을 표시할 수 있다.

7) 맑은 고딕 ▾ **Font**: 새로운 글꼴을 지정하거나 선택한 문자의 글꼴을 변경할 수 있다.

8) ■ ByLayer ▾ **Text Color**: 새로운 문자의 색상을 지정하거나 선택한 문자의 색상을 변경할 수 있다.

9) 0/ Oblique Angle: 문자의 기울어진 정도를 설정한다.

10) ab Tracking: 선택한 문자 사이의 간격을 조정한다.

11) ○ Width Factor: 문자 폭의 비율을 조정한다.

③ Paragraph: 문자의 위치 및 형식

필요에 따라 문자의 정렬 위치 및 형식을 설정한다.

1) Justification: 문자를 정렬하기 시작할 위치를 설정한다.

2) Bullets and Numbering: 글머리 기호 및 번호를 설정한다.

3) Line Spacing: 줄과 줄 사이 간격을 설정한다.

4) 문단의 위치를 클릭하여 지정한다. (Default / Left / Center / Right / Justify / Distribute)

④ Insert: 기호나 표 배치

필요에 따라 기호나 표를 가져와서 배치할 수 있다.

📖 Find: 문자 찾기 및 변경

같은 문자를 한 번에 찾아서 수정할 수 있다.

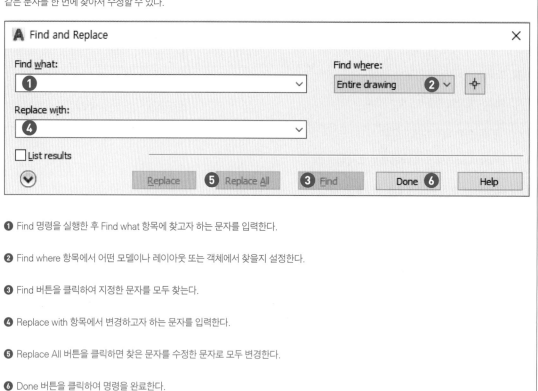

❶ Find 명령을 실행한 후 Find what 항목에 찾고자 하는 문자를 입력한다.

❷ Find where 항목에서 어떤 모델이나 레이아웃 또는 객체에서 찾을지 설정한다.

❸ Find 버튼을 클릭하여 지정한 문자를 모두 찾는다.

❹ Replace with 항목에서 변경하고자 하는 문자를 입력한다.

❺ Replace All 버튼을 클릭하면 찾은 문자를 수정한 문자로 모두 변경한다.

❻ Done 버튼을 클릭하여 명령을 완료한다.

CHAPTER 7.

Dimensions(치수) 리본메뉴 명령어

도면의 길이 및 높이 등의 치수를 표시한다. 정확한 치
수를 표기하고 파악하기 쉽게 배치하는 것이 중요하다.

Section 01 | 치수 스타일 설정: Dimension Style (단축키: d)

자신만의 치수 스타일을 만들 수 있으며 표준화된 스타일로 설정하여 모든 도면에서 같은 스타일의 치수로 표시
해야 한다.

01 Annotation 탭에서 치수 스타일(Dimension Style) 명령을 실행하고 새로운 스타일의 이름을 설정한다.

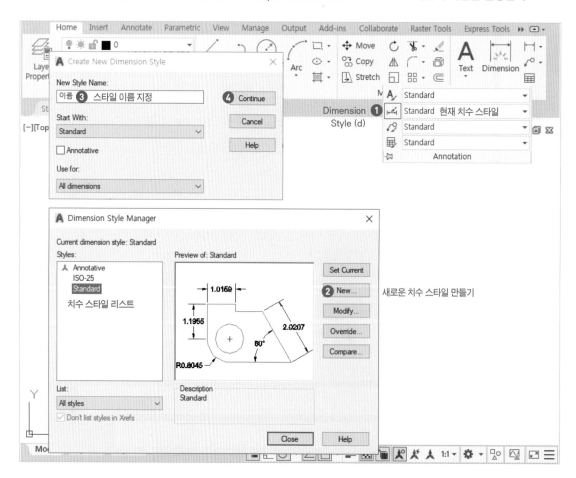

💬 아래 그림은 02와 같이 설정할 경우를 보여주기 위한 것이다. 참조하면서 자신만의 치수 스타일을 만들어보자.

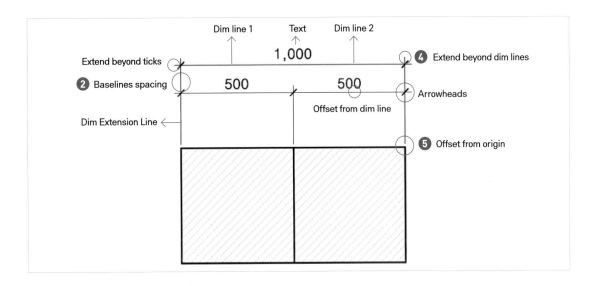

02 Line 탭에서 가로 치수선(Dimension lines)과 세로 치수선(Extension lines)을 설정한다.

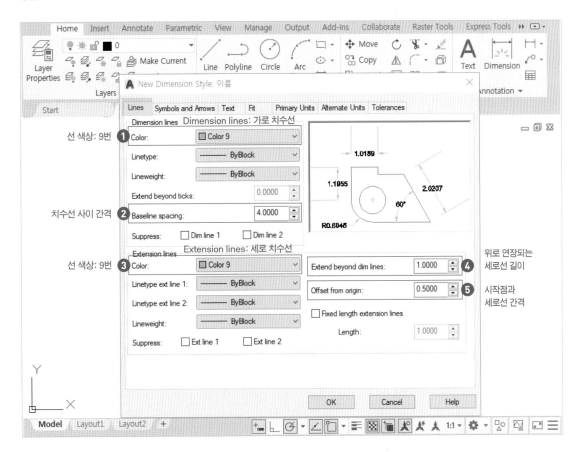

03 Symbols and Arrows 탭에서 Arrowheads 항목을 설정한다.

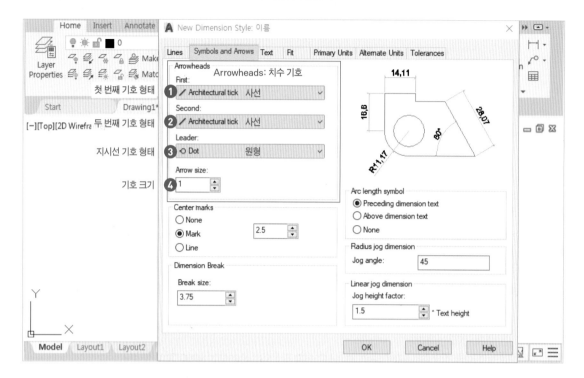

04 다시 Line 탭을 선택해서 Extend beyond ticks 항목을 1로 설정한다.

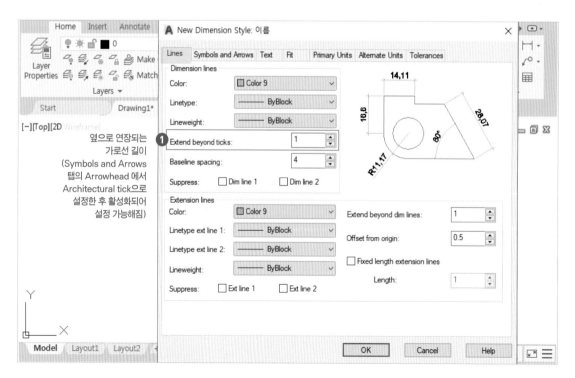

05 Text 탭에서 치수 문자를 설정한다.

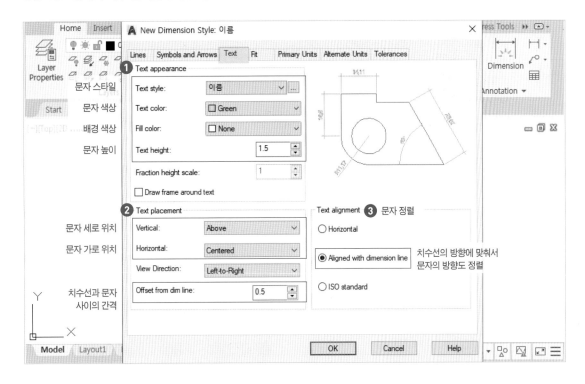

06 Fit 탭에서 Fit option 및 Scale 항목을 설정한다.

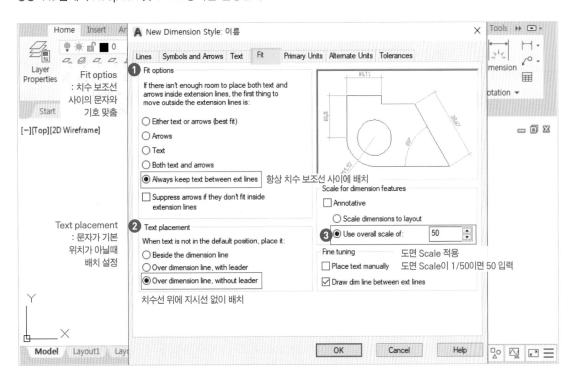

07 Primary Units 탭에서 치수 단위 및 정밀도를 설정하고 OK 버튼을 클릭한다.

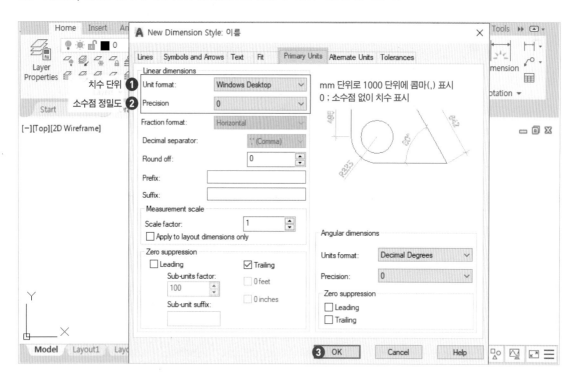

08 Set Current 버튼을 클릭하여 현재 치수 스타일로 설정하고 Close 버튼을 클릭하여 설정창을 닫는다.

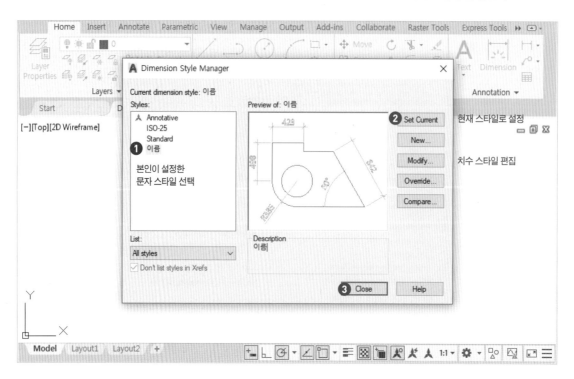

Section 02 | 치수 작성 방법 1

01 Annotation 탭에서 Linear 명령을 실행한다.

실습 파일: Dimension 실습.dwg

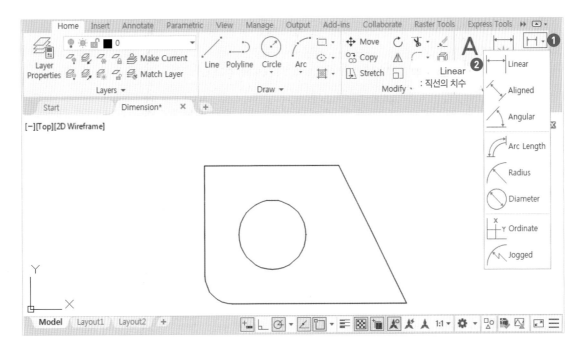

02 직선의 치수선을 하나 만든다.

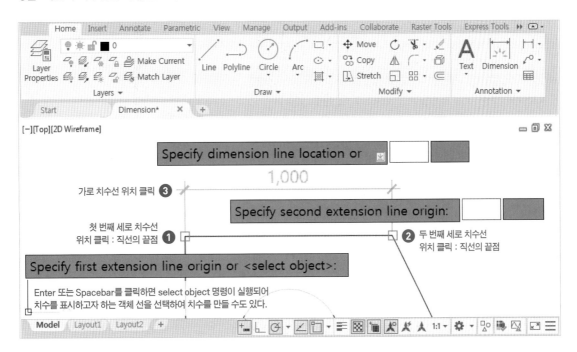

03 다른 직선의 치수도 같은 방법으로 실행하여 만든다.

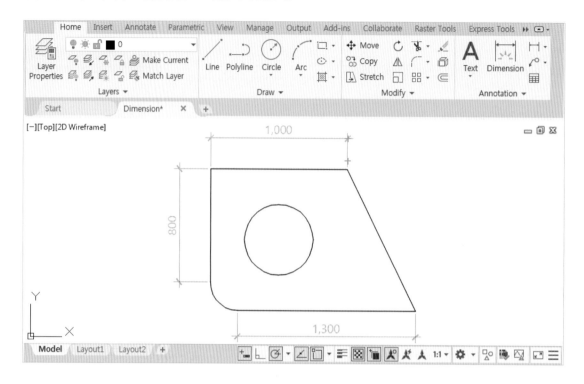

04 Annotation 탭에서 Aligned 명령을 실행하여 사선의 치수를 만든다.

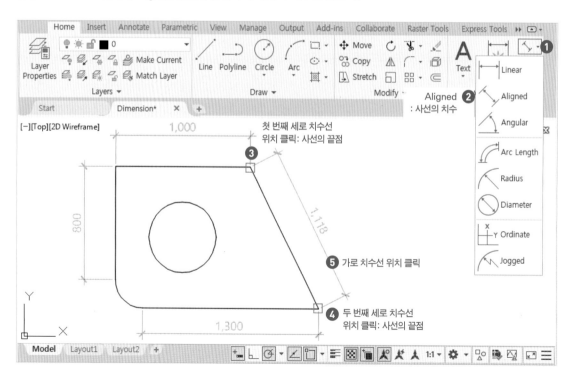

05 Annotation 탭에서 Angular 명령을 실행하여 각도의 치수를 만든다.

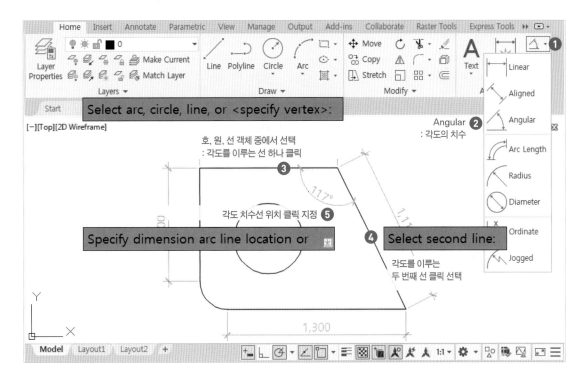

06 다른 각도의 치수도 같은 방법으로 실행하여 만든다.

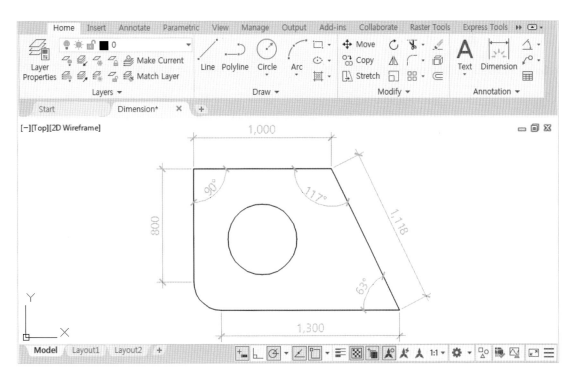

07 Annotation 탭에서 Arc Length 명령을 실행하여 호 길이의 치수를 만든다.

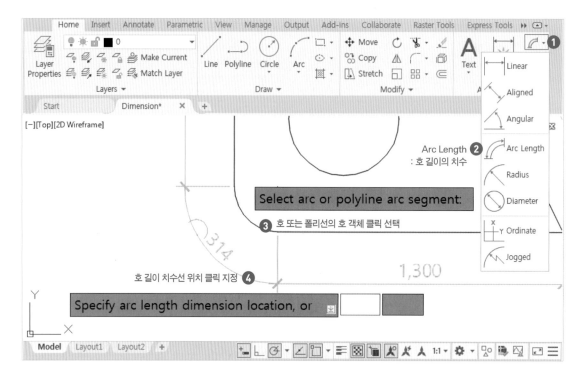

08 Annotation 탭에서 Radius 명령을 실행하여 원의 반지름 치수를 만든다.

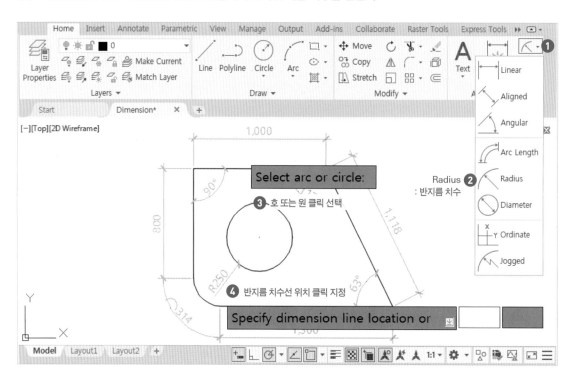

09 Annotation 탭에서 Diameter 명령을 실행하여 원의 지름 치수를 만든다.

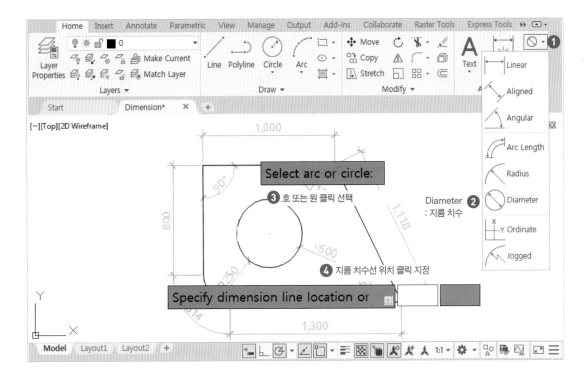

Section 03 | 치수 작성 방법 2

01 Annotation 탭에서 Dimension 명령(단축키: dim)을 실행하고 직선의 치수를 만든다.

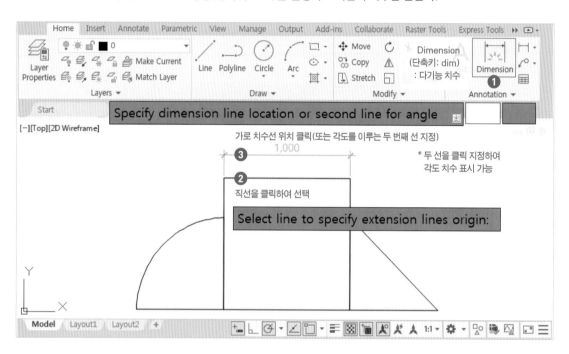

02 연속해서 사선의 치수를 만든다.

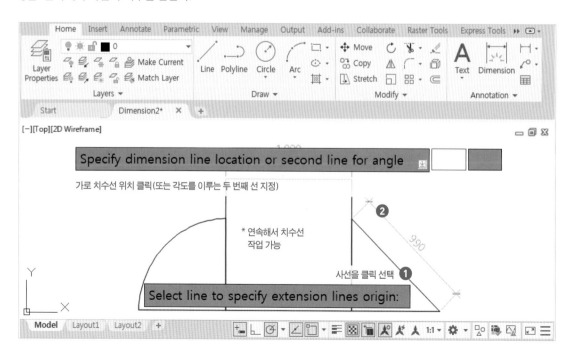

03 연속해서 호 또는 원과 관련된 치수도 만든다.

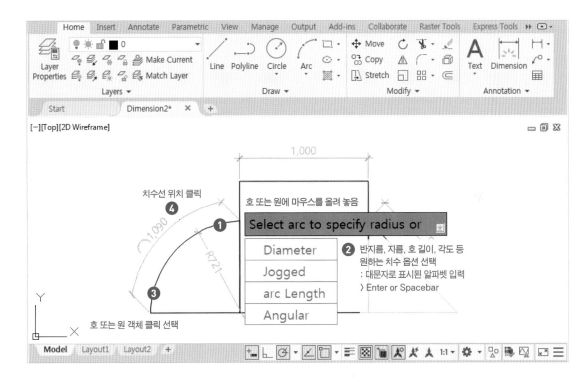

04 치수를 만들기 위한 객체를 지정하지 않고 Enter or Spacebar를 실행하면 Dimension 명령이 종료된다.

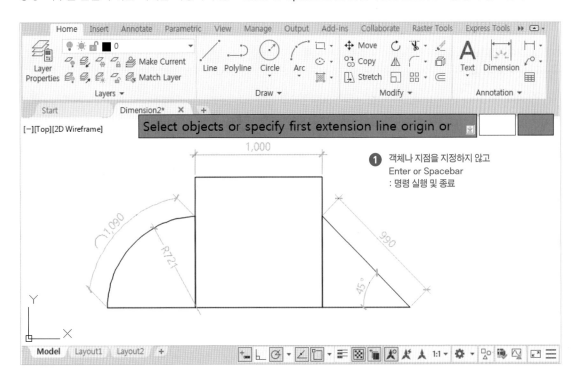

Section 04 | 치수 작성 방법 3

01 치수를 하나 만든다.

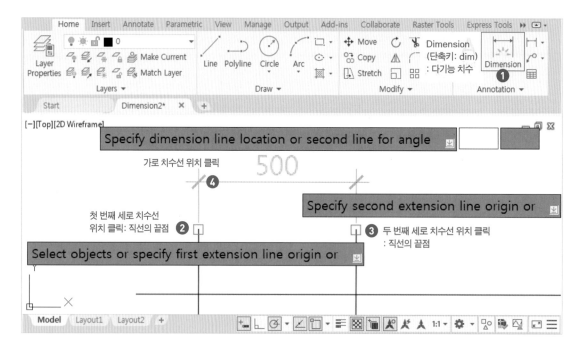

02 만들어진 치수선을 선택하고 기호에 위치한 Grip(그립)에 마우스를 위치한다.

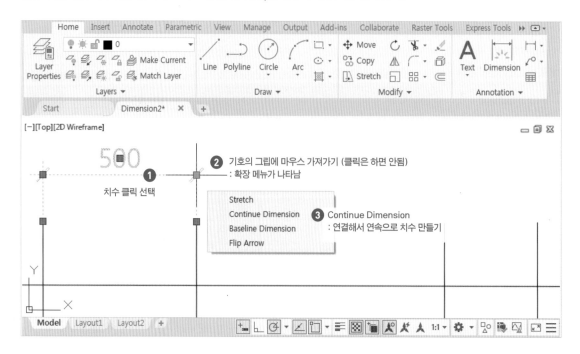

03 표시된 메뉴에서 Continue 명령을 선택하여 일직선으로 연속된 치수를 만든다.

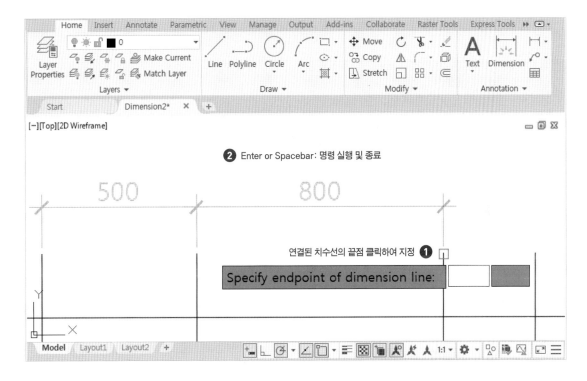

04 Dimension Tool 명령으로도 기존의 치수선에서 연속된 치수를 만들 수 있다.

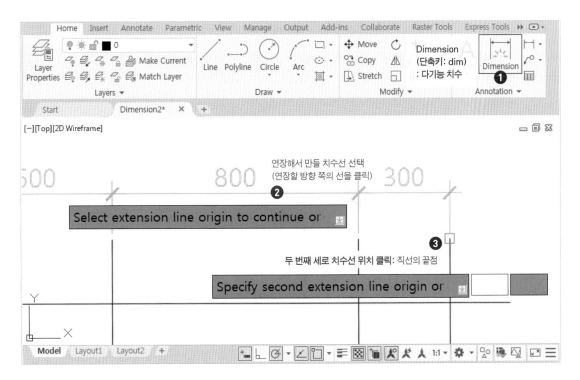

Section 05 | 치수 수정 방법

방법 01 만들어진 치수를 선택하고 Grip(그립)을 클릭한 후 드래그해 치수 및 치수 문자의 위치를 조정한다.

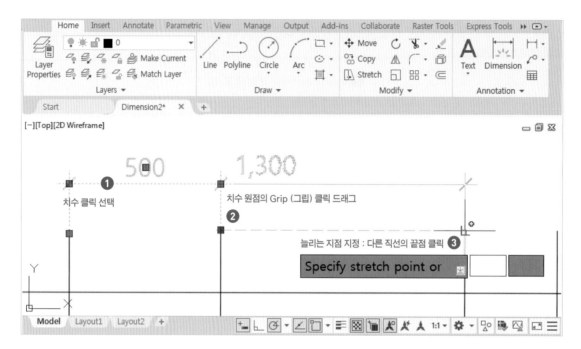

방법 02-1 Trim Tool을 선택하고 자를 기준이 되는 객체를 클릭하여 지정한다.

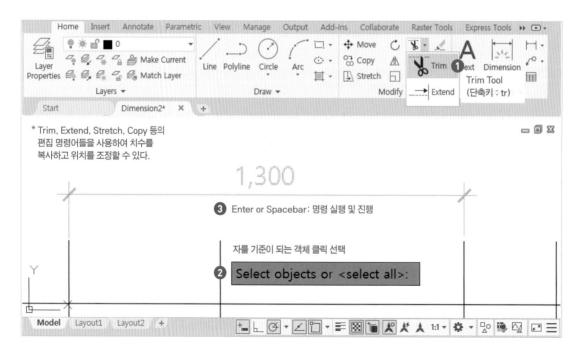

방법 02-2 치수선에서 자를 부분을 클릭하여 치수의 위치를 조정한다.

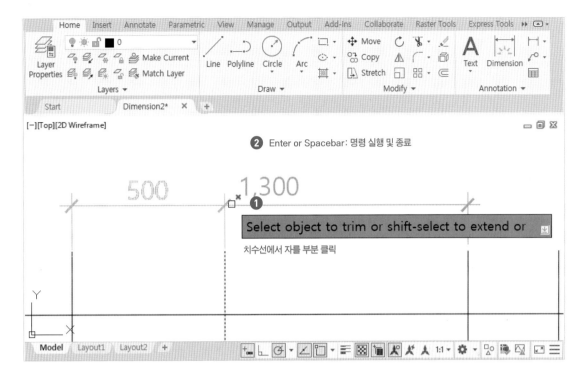

방법 03-1 Match Properties 명령을 이용하여 서로 다른 치수 스타일을 하나로 일치시킬 수도 있다.

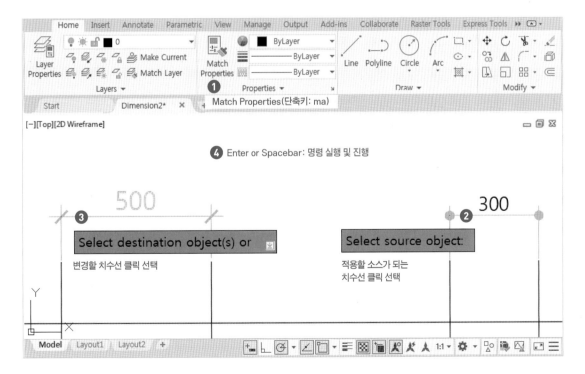

방법 03-2 치수의 속성을 일치시킨 모습이다.

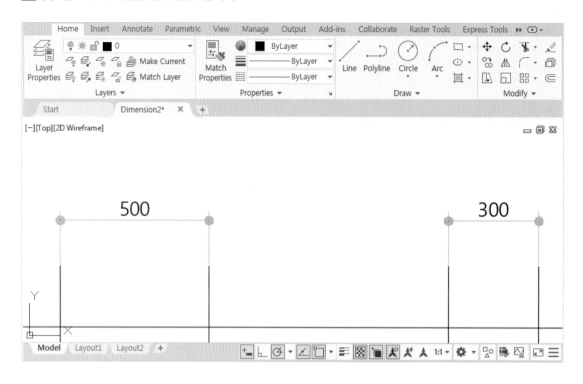

방법 04-1 변경할 치수를 선택하고 Properties 창을 열어서 치수의 속성을 수정할 수 있다.

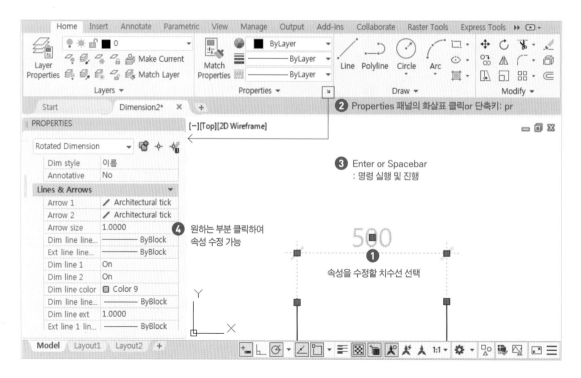

방법 04-2 Text override 항목에서 치수 문자의 내용을 변경할 수 있다. 치수의 숫자와 함께 다른 문자를 포함하고 싶으면 〈〉기호를 입력하고 원하는 문자를 쓴다.

> 💬 치수 문자 약어
> - EQ: 동일한 간격으로 작업
> - VARIES: 유동적인 치수로 다른 치수들을 작업하고 남는 치수로 작업
> - VERIFY: 확인하고 작업해야 하는 치수로 반드시 유지해야 하는 치수 부분에 사용

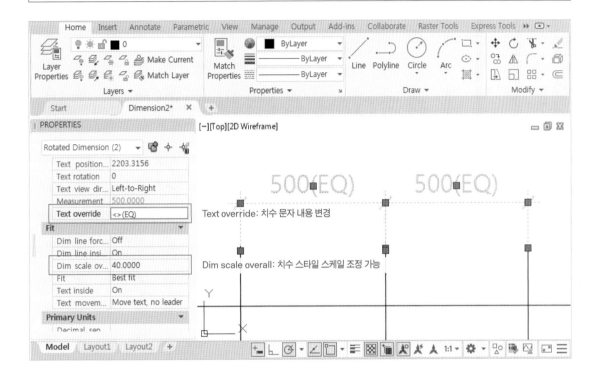

CHAPTER 8.

Leaders(지시선)
리본메뉴 명령어

도면에서 설명이 필요한 부분이나 마감재의 이름을 나타낼 때 지시선을 만들어 표기한다. 문자 스타일과 치수 스타일의 속성 및 스케일에 맞춰서 만들고 정확한 명칭을 표기하는 것이 중요하다.

Section 01 | 지시선 스타일 설정: Multileader Style (단축키: mls)

자신만의 지시선 스타일을 만들 수 있으며 표준화된 스타일로 설정하여 모든 도면에서 같은 스타일의 지시선으로 표시해야 한다.

01 Annotation 탭에서 지시선 스타일(Multileader Style) 명령을 실행하고 새로운 스타일의 이름을 설정한다.

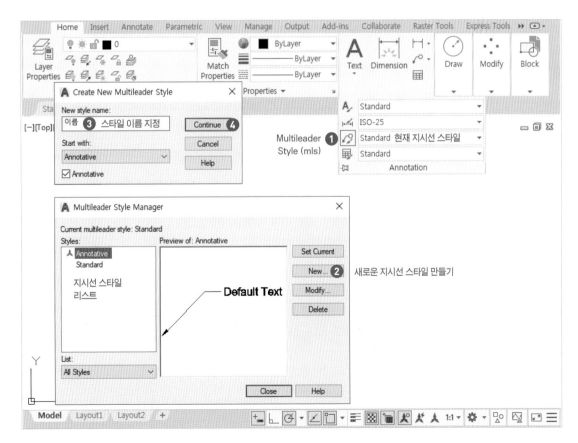

02 Leader Format 탭에서 지시선의 유형과 기호를 설정한다.

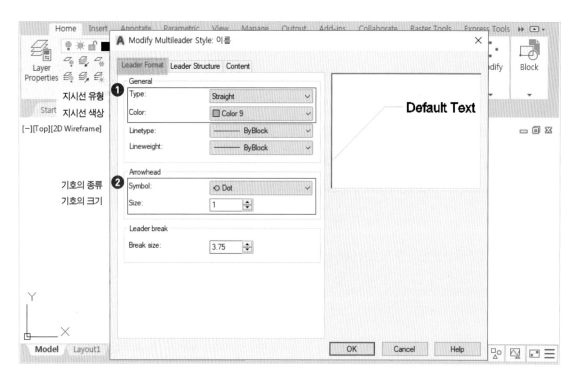

03 Leader Structure 탭에서 연결선 설정과 스케일을 설정한다.

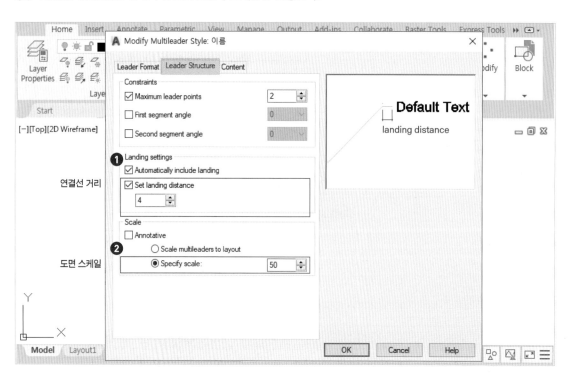

04 Content 탭에서 지시선 문자와 연결 위치를 설정한다.

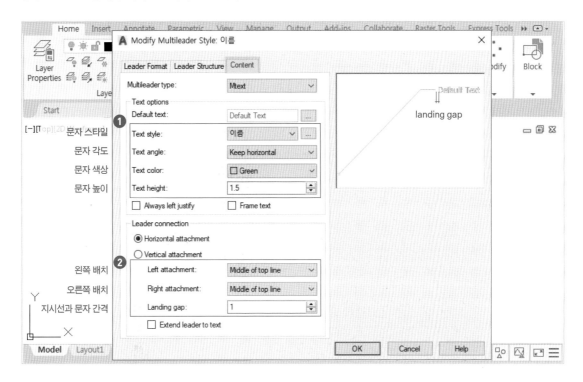

05 Set Current 버튼을 클릭하여 현재 지시선 스타일로 설정하고 Close 버튼을 클릭하여 설정창을 닫는다.

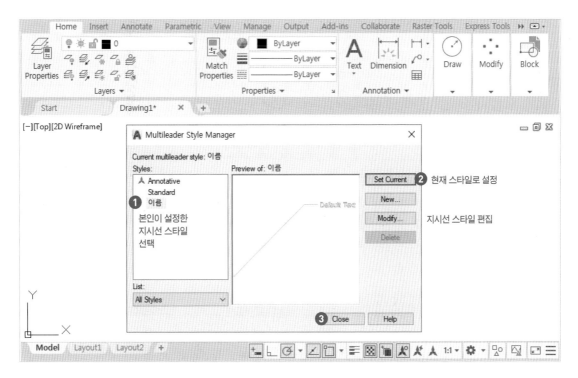

Section 02 | 지시선 작성 방법

01 Annotation 탭에서 Leader 명령을 실행한다.

02 화면에서 지시선 기호의 위치와 지시선이 꺾이는 지점을 클릭하여 지정한다.

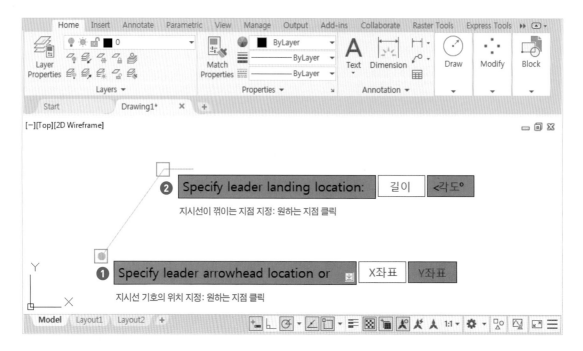

03 원하는 문자를 작성하고 화면의 빈 곳을 클릭하여 완료한다.

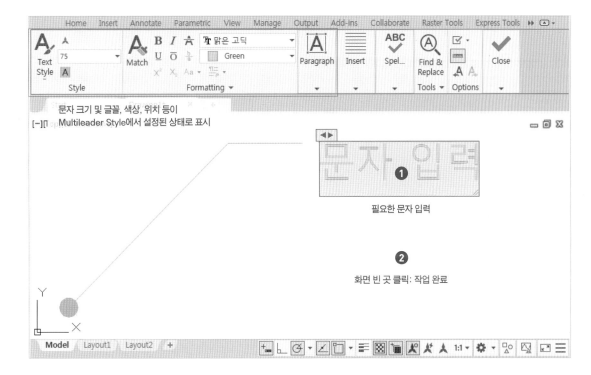

Section 03 | 지시선 수정 방법

01 만들어진 지시선을 선택하고 Grip(그립)을 클릭한 후 드래그해 기호 및 꺾인 지점의 위치를 조정한다.

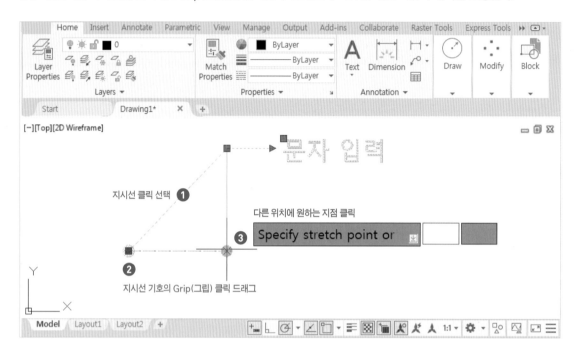

02 지시선의 문자를 수정할 경우에는 문자를 더블클릭하고 다른 내용으로 변경한다.

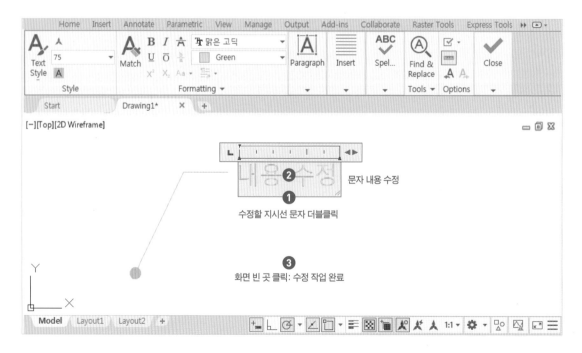

NOTE

PART

05

기본도면
작업 준비 및
설정

CHAPTER 1.

기본 도면 도면층 특성

기본 도면을 작성하는 데 중요한 요소별 선 두께, 선 종류, 선의 크기에 대해 알아본다.

 Section 01 | 도면 요소별 선 두께(Line Weight)

복잡한 선들로 이루어진 도면을 보기 쉽고 효율적으로 이해하기 위해, 중요한 요소들은 두꺼운 선으로 표현한다. 그리고 보조적인 요소들은 얇은 선으로 표현하여 도면을 작성한다. 이때 설정하는 선 두께는 출력했을 경우가 기준이며 캐드 화면에서는 기본 Default 두께로 작업한다. 그리고 도면의 종류와 스케일(Scale), 표현하고자 하는 내용에 따라 선 두께는 조금씩 달라질 수 있다. 또한 두께별 선 색상은 개인별, 회사별로 다르게 설정된다.

선두께 (LINE WEIGHT)	도면요소	선두께 (PLOT STYLE)	선색상 (LAYER COLOR)
건물의 구조체, 벽체 등 중요한 요소들은 두꺼운 선으로 표현 (0.2~0.4mm)	건축 구조벽, 내력벽, 옹벽 등 (A-WALL) 기둥 (A-COL) / 입면외곽선 (ELE)	0.3~0.4 (0.35)	YELLOW (2번)
	내벽, 조적벽 등 (IN-WALL) 문자 (TEXT : DIM, LEADER의 TEXT도 포함) 단면선 (SECTION 등)	0.2~0.3 (0.25)	GREEN (3번)
창호, 가구 등 일반적인 요소들은 중간정도 굵기의 선으로 표현 (0.1~0.2mm)	계단, 바닥높이, 엘리베이터 등 코어부분 (STAIR) 가벽, 파티션-낮은벽체 (IN-WALL) 문자 (작은글씨) / 기호(SYMBOL) / 천장선	0.15~0.2 (0.18)	WHITE (7번)
	창문 (WINDOW) / 문 (DOOR)	0.1~0.15 (0.15)	CYAN (4번)
	가구 (FURNITURE) / 화장실 요소 (TOILET) 조명 (LIGHTING)	0.1~0.15 (0.12)	MAGENTA (6번)
	치수선 (DIMENSION) / 지시선 (LEADER) 마감재 분리선	0.05~0.1	GRAY (9번)
마감패턴, 중심선, 점선 등 보조적인 요소들은 얇은 굵기의 선으로 표현 (0.0~0.1mm)	마감재선 / 숨겨진 점선 (HIDDEN)	0.03~0.05	GRAY (8번)
	중심선 (CENTER) / 가상의 선 (일점쇄선)	0.00	RED (1번)
	기타 보조선 / 얇은 선	0.00	BLUE (5번)
	마감패턴 (HATCH) 등 가장 얇은 선	0.00 (회색의 연한선으로 표현)	GRAY (250~252번)

Section 02 | 도면 요소별 선 종류 및 크기(Linetype & Linetype scale)

도면에서는 실선 및 점선, 일점쇄선 등으로 선의 종류를 구분하여 약속된 기호로 작업한다. 공간에서 실제로 존재하는 요소들은 대부분 실선(Continuous)으로 표현한다. 그리고 숨은선은 점선으로 표현한다. 가상의 선은 일점쇄선으로 표현해야 정확하게 도면 요소들을 파악할 수 있다.

1 점선

점선은 '숨은선'으로써 직접적으로 보이지 않는 부분, 천장에서 참고해야 하는 부분, 이동식 가구와 같이 유동성이 있는 선들을 표현하는 데 사용한다.

HIDDEN

DASHED

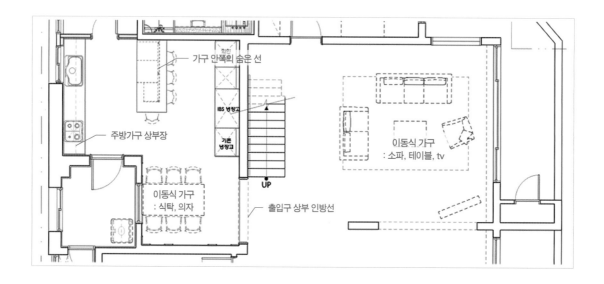

2 일점쇄선

일점쇄선은 실제로 존재하지 않는 선으로 참고선으로 표현한다. 벽체의 중심선이나 가상의 선으로 사용된다.

ACAD_ISO10W100

DASHDOT

CENTER

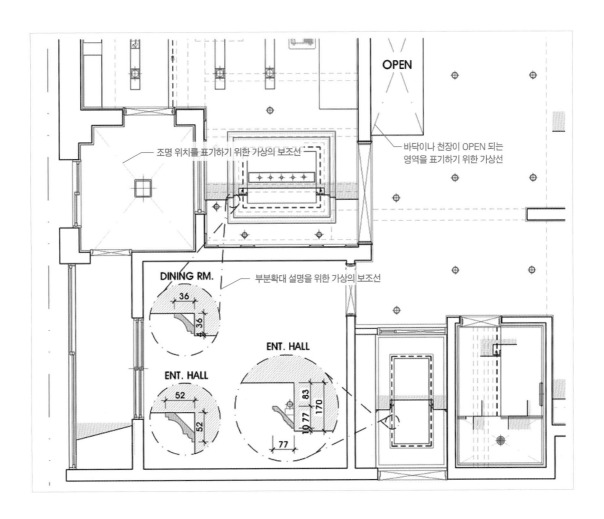

조명 위치를 표기하기 위한 가상의 보조선

바닥이나 천장이 OPEN 되는
영역을 표기하기 위한 가상선

DINING RM.

부분확대 설명을 위한 가상의 보조선

ENT. HALL

ENT. HALL

OPEN

Section 03 | 선 종류의 크기 조정(Linetype Scale)

공간의 크기와 도면 스케일에 맞춰 점과 점, 선과 점의 길이와 간격을 적정하게 조절해야 한다.

01 LTS(Linetype Scale) 명령을 실행한다.

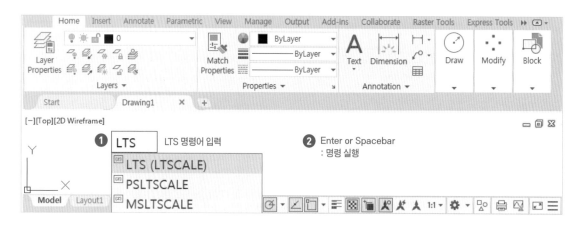

02 LTS 수치를 조정한다(점선과 일점쇄선에서 점과 선의 간격과 크기가 너무 크거나 작지 않아야 한다).

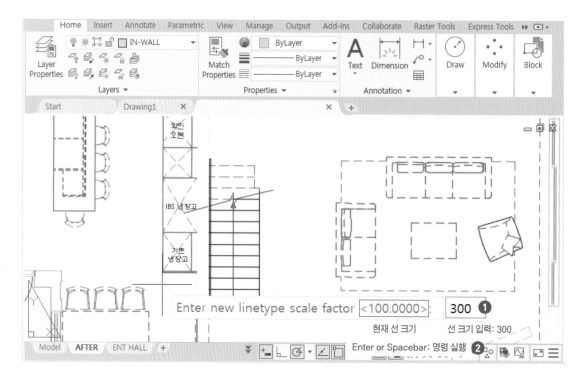

03 점선과 일점쇄선의 변경된 크기를 확인한다(이전보다 3배 커진 것을 알 수 있다).

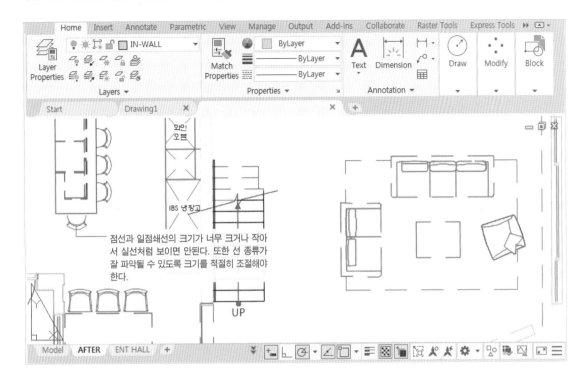

Section 04 | 기본 도면 도면층(Layer) 설정하기

효율적인 도면 관리와 수정을 위해 같은 요소의 선들끼리 도면층을 만들어 작업한다. 앞서 설명한 도면 요소별 선 두께(선의 색상으로 설정)와 선 종류를 참고하여 도면층(Layer)을 만들어 설정한다.

01 Layers 탭에서 도면층 특성(Layer Properties) 명령을 실행한다.

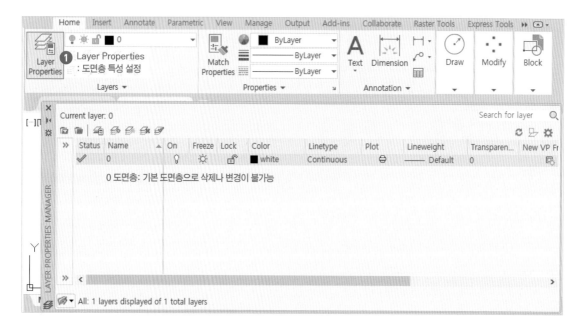

02 도면층 특성창(Layer Properties)의 크기와 특성창 내 항목의 설정 사항이 잘 보이도록 각 탭의 간격을 조정한다.

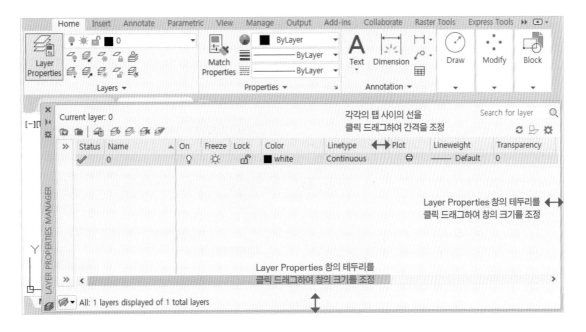

03 New Layer Tool을 클릭하여 새로운 도면층(Layer)을 하나 만들고 이름을 설정한다.

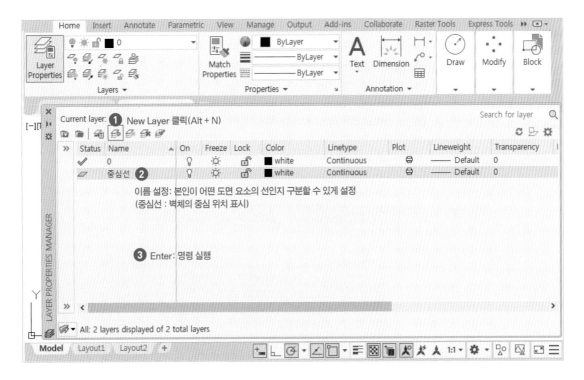

04 Color 탭의 색상을 클릭하여 원하는 두께로 출력하기 위한 색상을 설정한다.

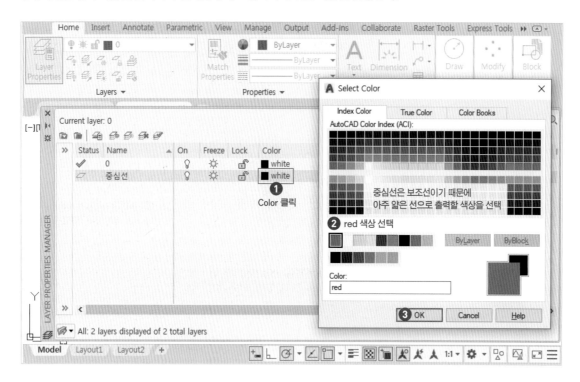

05 Linetype 탭의 선 종류를 클릭하여 적합한 선 종류로 설정한다.

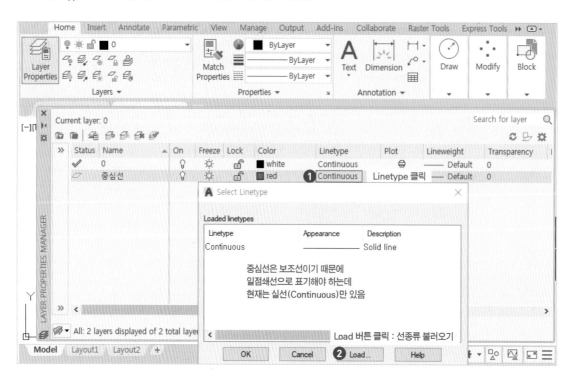

06 원하는 선 종류가 없을 경우 Load 버튼을 클릭하여 다른 선 종류를 선택하여 지정한다.

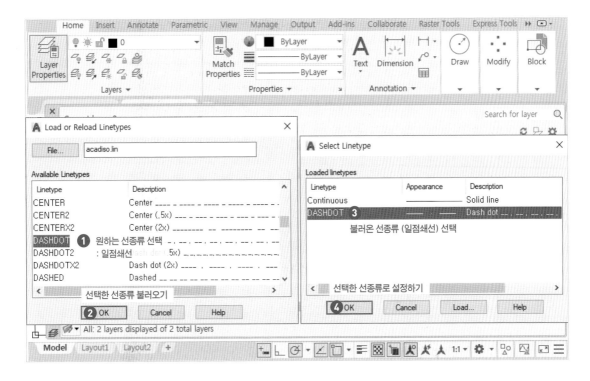

07 벽체 요소를 이루는 도면층(Layer)도 같은 방법으로 설정한다.

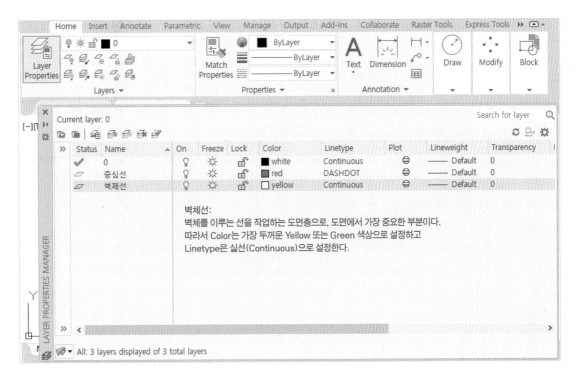

08 창문 요소를 이루는 도면층(Layer)도 같은 방법으로 설정한다.

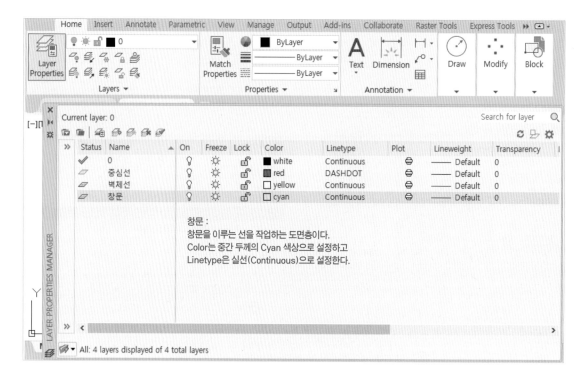

09 문 요소를 이루는 도면층(Layer)도 같은 방법으로 설정한다.

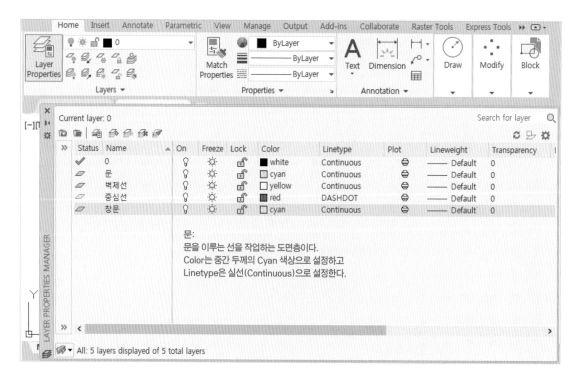

10 고정되는 가구 요소를 이루는 도면층(Layer)도 같은 방법으로 설정한다.

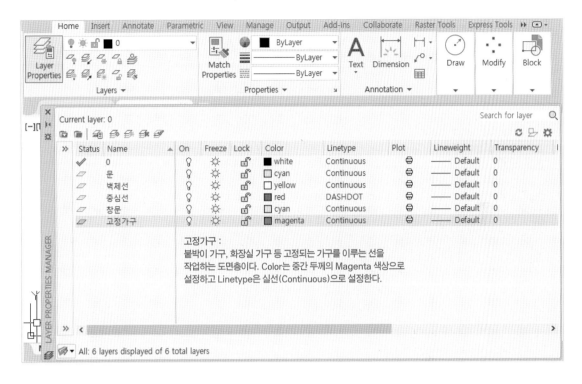

고정가구 :
붙박이 가구, 화장실 가구 등 고정되는 가구를 이루는 선을
작업하는 도면층이다. Color는 중간 두께의 Magenta 색상으로
설정하고 Linetype은 실선(Continuous)으로 설정한다.

11 이동하는 가구 요소를 이루는 도면층(Layer)도 같은 방법으로 설정한다.

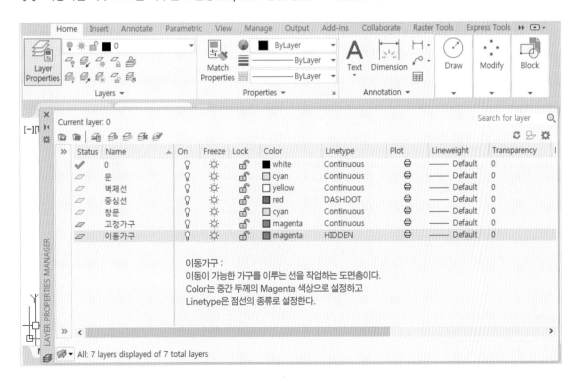

이동가구 :
이동이 가능한 가구를 이루는 선을 작업하는 도면층이다.
Color는 중간 두께의 Magenta 색상으로 설정하고
Linetype은 점선의 종류로 설정한다.

12 바닥 선 요소를 이루는 도면층(Layer)도 같은 방법으로 설정한다.

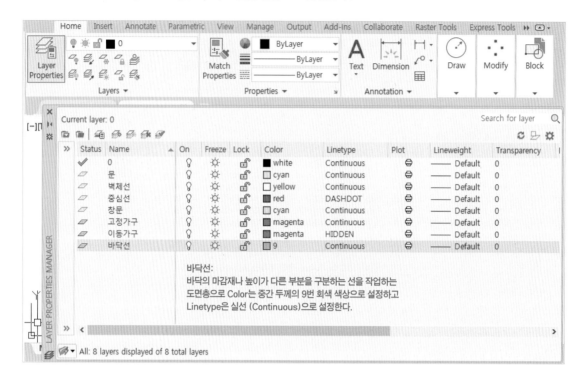

13 숨겨진 선 요소를 이루는 도면층(Layer)도 같은 방법으로 설정한다.

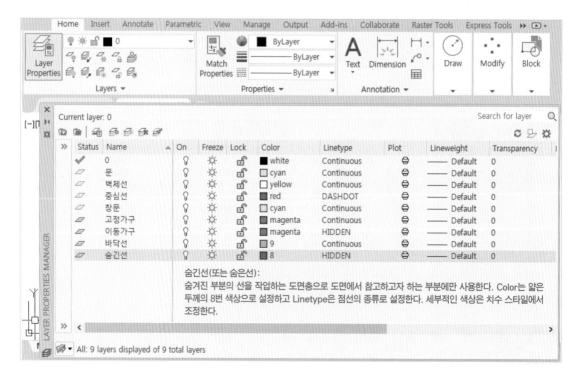

14 문자 요소를 이루는 도면층(Layer)도 같은 방법으로 설정한다.

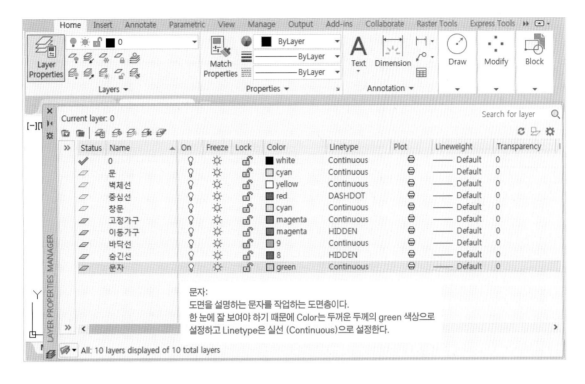

문자:
도면을 설명하는 문자를 작업하는 도면층이다.
한 눈에 잘 보여야 하기 때문에 Color는 두꺼운 두께의 green 색상으로
설정하고 Linetype은 실선 (Continuous)으로 설정한다.

15 치수 요소를 이루는 도면층(Layer)도 같은 방법으로 설정한다.

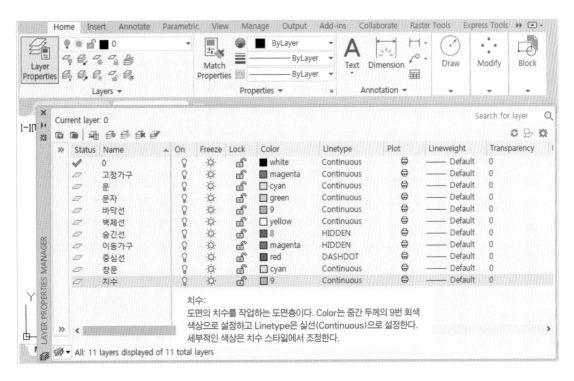

치수:
도면의 치수를 작업하는 도면층이다. Color는 중간 두께의 9번 회색
색상으로 설정하고 Linetype은 실선(Continuous)으로 설정한다.
세부적인 색상은 치수 스타일에서 조정한다.

16 기호 요소를 이루는 도면층(Layer)도 같은 방법으로 설정한다.

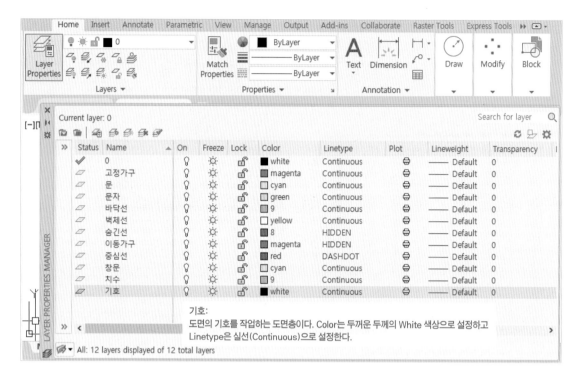

17 벽 마감 요소를 이루는 도면층(Layer)도 같은 방법으로 설정한다.

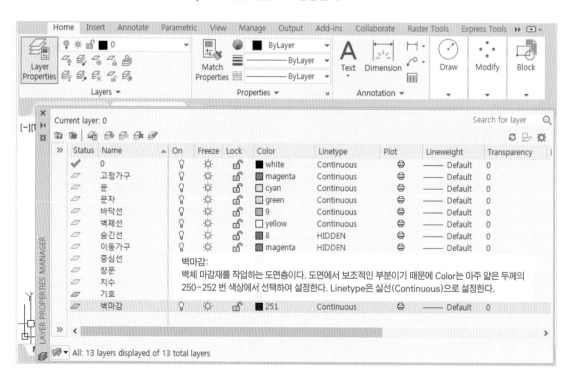

18 바닥 마감 요소를 이루는 도면층(Layer)도 같은 방법으로 설정한다.

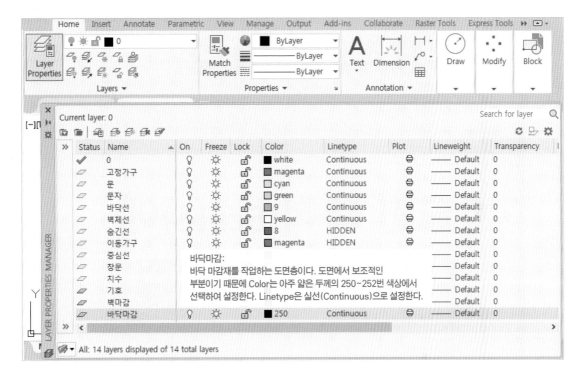

19 Name 탭을 클릭하면 도면층을 이름순으로 정렬할 수 있다. Layer Properties 툴을 다시 클릭하여 설정창을 닫는다(도면층은 필요에 따라 이름을 다시 설정하거나 세분화하여 추가적으로 더 만들 수 있다).

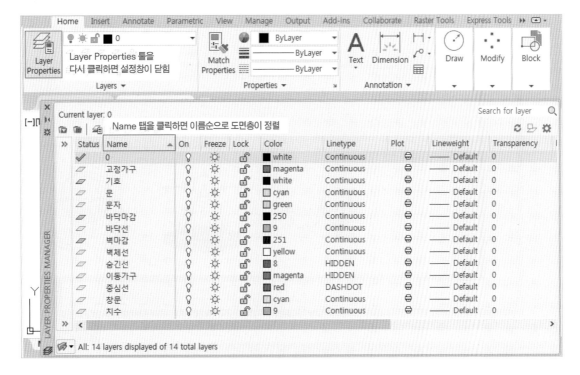

CHAPTER 2.

도면 축척(Scale)에 대한 이해 및 설정

캐드에서의 스케일은 캐드 화면에서 실제 크기로 작업한 도면을 어느 정도의 비율로 줄여서 종이에 출력할 것인지를 계산하는 것이다. 따라서 용지의 크기에 따라 스케일 비율이 달라지고 계산한 스케일(Scale)은 작업하는 도면 요소에도 반영하여 진행한다.

Section 01 | 도면 축척 계산 순서

작업할 공간 영역의 가로, 세로 크기를 가장 먼저 설정한다. 그리고 도면에는 벽체로 이루어진 공간뿐만 아니라 도면 양식, 치수, 기호, 문자 등 공간을 설명하는 요소들이 포함된다. 따라서 공간 주변에 필요한 요소들까지 더해서 작업할 전체 크기(공간 크기의 약 2배 전후)를 계산해야 한다. 그리고 작업한 도면을 출력할 용지(A4 / A3 / A2 / A1)를 선택하고 출력할 스케일(Scale) 비율을 계산한다.

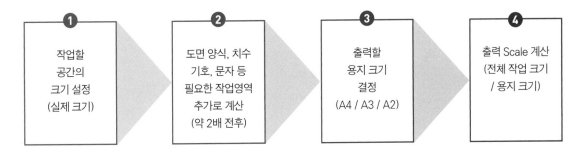

출력 Scale 계산이 끝났으면 지정한 용지와 동일한 크기의 1:1 도면 양식을 복사해서 불러온다. 그리고 도면 양식을 Scale 치수대로 곱하여 크기를 키운다. 그 후에 조정한 도면 양식 내부에 도면 작업을 진행한다. 벽체 및 구성요소들의 작업이 끝나면 문자, 치수, 기호, 지시선 등을 작업한다. 이때 문자 높이, 치수 스케일, 지시선 스케일, 기호 크기도 설정한 Scale 치수대로 곱하여 크기를 설정한 후 작업해야 한다. 마지막으로 작업이 완료되면 반대로 스케일(Scale) 비율대로 줄여서 설정한 종이 용지에 출력한다.

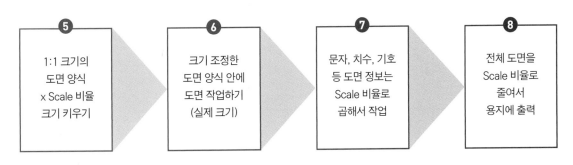

〈출력 Scale 계산의 예〉
Scale 1/100 → 도면 양식을 원래 크기의 100배로 키우기 → 실제 크기로 도면 작업 → 도면 정보(문자, 치수, 기호 등) 원래 크기의 100배로 키워서 작업 → 도면을 Scale 비율(100배)로 줄여서 종이에 출력

Section 02 | 공간 영역을 기준으로 도면 축척(Scale) 계산

가장 먼저 작업할 공간의 전체 크기와 출력 용지를 정하고 그에 따른 출력 스케일(Scale)을 계산한다.

실제 공간의 크기 = CAD 작업 크기 (1:1)	출력할 용지 크기 선택 및 배율 계산

실제 공간의 크기 = CAD 작업 크기 (1:1)

CAD 화면에서 작업할 때는 실제 공간
크기 1:1 그대로 작업해야 한다.

도면 작업에 필요한 총 가로 길이
: 6,000 X 1.5~2.0 = 6,000 x 1.8 = 10,800

치수 기호 영역 — 6,000mm — 치수 기호 영역

공간 영역 실제 크기 — 4,400mm

치수 기호 영역

도면 작업에 필요한 총 세로 길이
: 4,000 × 1.5~2.0 = 4,000 × 1.8 = 7,200

출력할 용지 크기 선택 및 배율 계산

A4 (297 × 210)

297mm / 210mm

공간 영역 / 치수 기호 / 치수 및 기호

가로 배율: 10800 / 297 = 36.36
세로 배율: 7200 / 210 = 34.28

30배 or 40배 줄여서 출력
▼
Scale: 1/30

A3 (420 × 297)

420mm / 297mm

공간 영역 / 치수 기호 / 치수 및 기호

가로 배율: 10800 / 420 = 25.71
세로 배율: 7200 / 297 = 24.24

20배 or 30배 줄여서 출력
▼
Scale: 1/20

A1 (841 × 594)

841mm / 594mm

공간 영역 / 치수 기호 / 치수 및 기호

가로 배율 : 10800 / 841 = 12.84
세로 배율 : 7200 / 594 = 12.12

20배 or 30배 줄여서 출력
▼
Scale : 1/10

Section 03 | 도면 기호 및 정보에 도면 축척(Scale) 반영

공간은 실제 크기로 작업하고 도면 기호 및 문자, 치수 등의 정보들은 도면 스케일(Scale)을 반영한다.

축척 (Scale)	도면 정보 = 1:1 크기 x 축척 Scale 비율
Scale : 1/10 공간 영역은 캐드 화면에서 실제 크기로 작업 문자, 치수 기호, 지시선 도면 양식 등 도면 정보 크기 = 1:1 크기 × 10배 키워서 작업	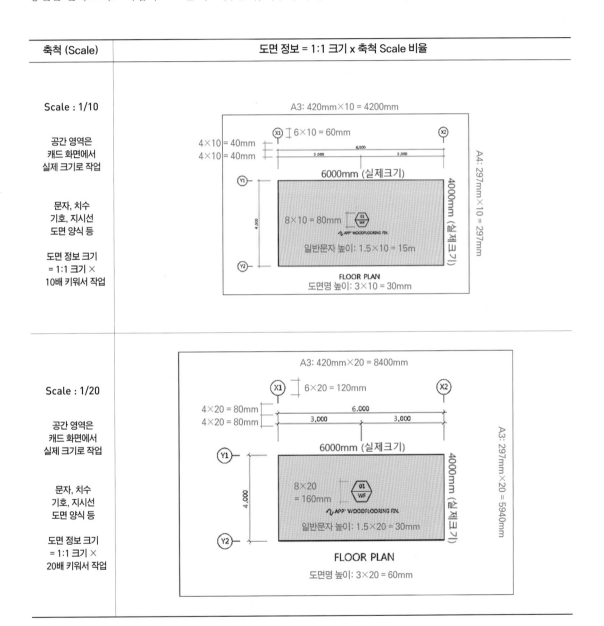
Scale : 1/20 공간 영역은 캐드 화면에서 실제 크기로 작업 문자, 치수 기호, 지시선 도면 양식 등 도면 정보 크기 = 1:1 크기 × 20배 키워서 작업	

Section 04 | 축척(Scale) 비율로 줄여서 용지에 출력

실제 크기로 작업한 공간 영역 및 도면 정보를 설정한 축척(Scale) 비율로 줄여서 출력한다. 그러면 실제 공간은 용지 크기 안에 들어갈 수 있게 줄어들고, 기호 및 도면 정보는 다시 1:1 크기로 줄어들어 용지에 표현된다. 따라서 공간은 축척(Scale)에 따라 출력 결과물의 크기가 달라지고 기호 및 도면 정보는 축척(Scale)에 상관없이 모두 같은 크기로 출력된다.

축척 (Scale)	축척 (Scale) 비율로 줄여서 용지에 출력
Scale : 1/10 공간 영역은 10배 줄어서 용지에 출력 문자, 치수 기호, 지시선 도면 양식 등 도면 정보 크기 = 10배 커진 크기 / 10배 줄어서 용지에 출력 = 1:1 크기	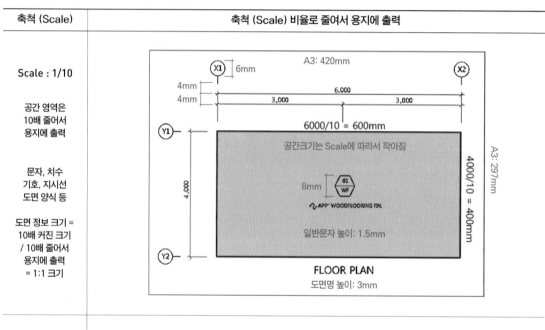
Scale : 1/20 공간 영역은 20배 줄어서 용지에 출력 문자, 치수 기호, 지시선 도면 양식 등 도면 정보 크기 = 20배 커진 크기 / 20배 줄어서 용지에 출력 = 1:1 크기	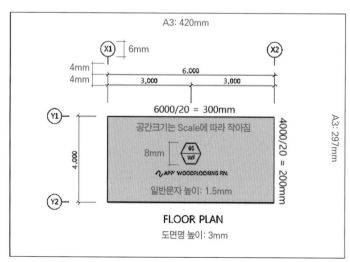

CHAPTER 3.

도면 양식에 대한
이해 및 설정

도면 양식은 용지의 크기에 맞춰서 만들고 도면에 대한 설명 및 정보를 표시한다.

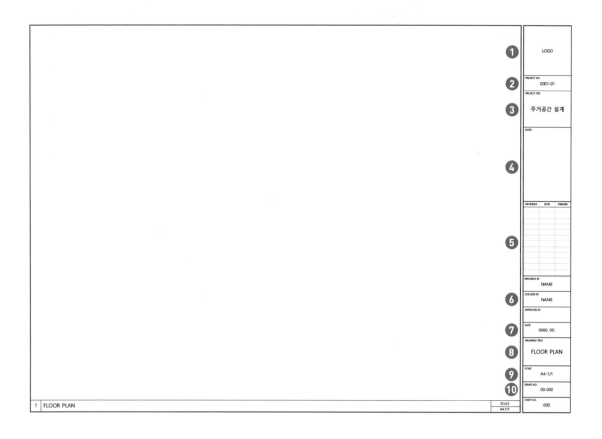

❶ LOGO: 발주처 회사 또는 설계 회사의 로고 이미지를 배치한다.

❷ PROJECT NO.: 프로젝트 번호를 입력한다.

❸ PROJECT TITLE: 프로젝트 제목을 입력한다.

❹ NOTE: 도면을 볼 때 확인해야 하는 부분을 설명한다.

❺ REVISION: 수정하거나 검토해야 하는 부분을 표시하여 번호 및 날짜와 함께 입력한다.

❻ DRAWING BY: 도면을 작업한 사람의 이름을 입력한다.

   CHECKED BY: 작업한 도면을 체크한 사람의 이름을 입력한다.

   APPROVED BY: 도면을 최종 승인한 사람의 이름을 입력한다.

❼ DATE: 도면을 작업한 날짜를 입력한다.

❽ DRAWING TITLE: 도면 제목을 입력한다.

❾ SCALE: 도면 축척을 입력한다.

❿ DRWG NO. / SHEET NO.: 도면 및 전체 번호를 입력한다.

Section 01 | 축척(Scale)에 맞게 도면 양식 설정

01 지정한 용지 크기에 맞는 도면 양식 캐드 파일을 불러와서 연다.

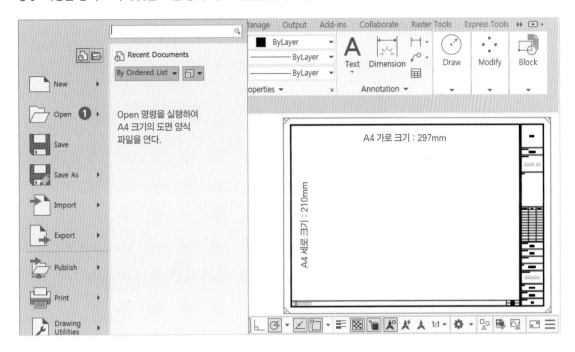

02 Scale 명령을 실행하고 도면 양식 객체를 모두 선택한다.

03 설정한 축척(Scale) 비율을 곱한 크기로 도면 양식 크기를 키운다.

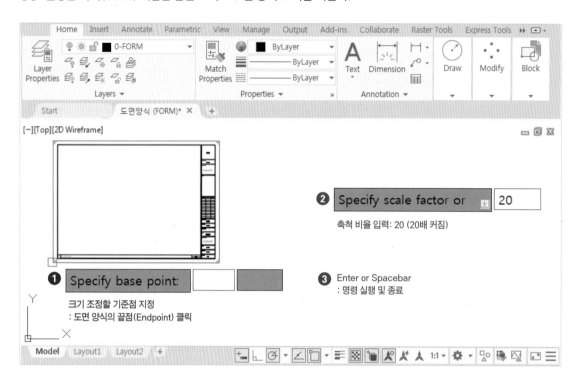

❷ Specify scale factor or   20

축척 비율 입력: 20 (20배 커짐)

❶ Specify base point:

크기 조정할 기준점 지정
: 도면 양식의 끝점(Endpoint) 클릭

❸ Enter or Spacebar
: 명령 실행 및 종료

04 Dist 명령으로 도면 양식의 가로, 세로 크기를 확인해본다.

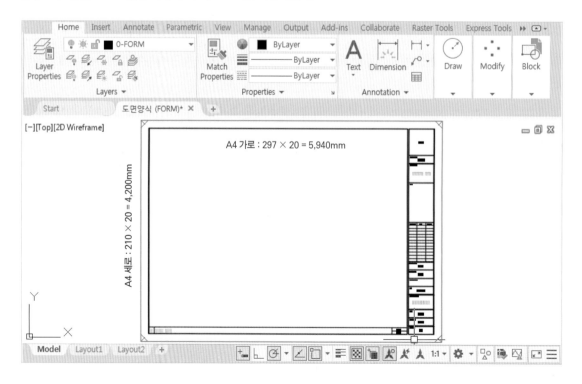

A4 가로 : 297 × 20 = 5,940mm

A4 세로 : 210 × 20 = 4,200mm

05 도면 양식의 정보를 작업할 도면에 맞게 수정한다.

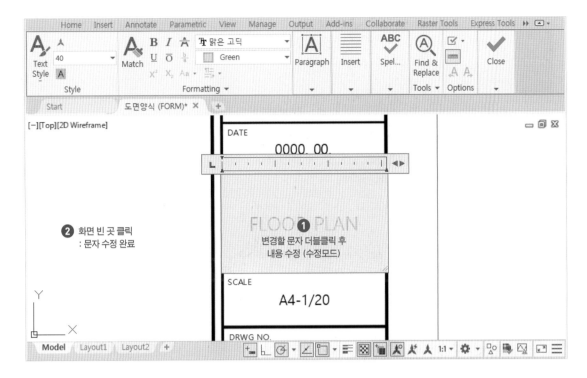

PART 06

가구 제작 도면 실무

CHAPTER 1.

가구 제작 도면

벽체 안에 맞춰서 배치할 책장 겸 장식장을 실제로 제작해본다. 추후 상황에 따라 다른 장소에 이동이 가능하도록 벽에 고정하지 않았지만 붙박이 가구와 같은 느낌이 나도록 하였다. 지금부터 이 가구를 만들기 위한 가구 제작 도면을 작업한다. 가구를 실제로 제작하기 위해서는 위에서 바라본 Top View, 정면에서 바라본 Front View, 측면에서 바라본 Side View 등 필요한 모든 면을 그려야 한다. 디테일한 치수도 모두 표시해야 하고 필요에 따라 3D 투시도 이미지를 도면에 같이 포함하여 나타내기도 한다.

실습할 때는 제공하는 도면 이미지의 치수를 정확하게 확인하면서 진행하는 것이 중요하다. 그리고 주변에 있는 기존 가구들을 실측해서 그대로 그려보는 연습을 많이 하면 좋다.

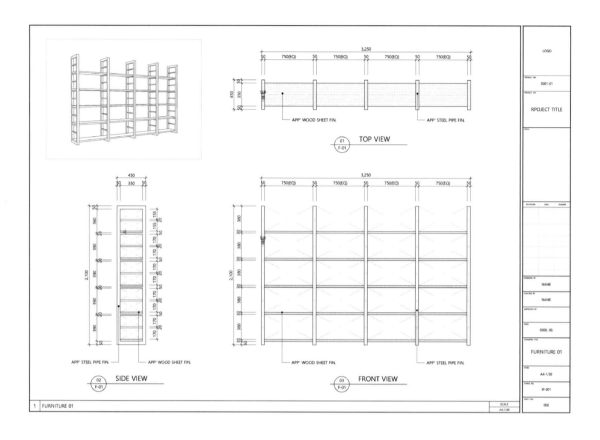

01 TOP VIEW
F-01

02 SIDE VIEW
F-01

03 FRONT VIEW
F-01

APP' WOOD SHEET FIN.
APP' STEEL PIPE FIN.

FURNITURE 01

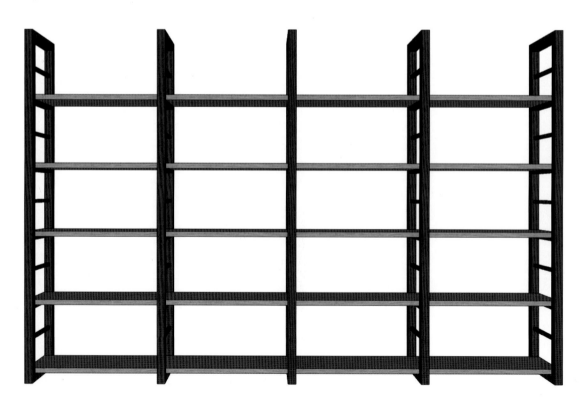

CHAPTER 2.

가구 도면층 및
축척에 따른
도면 양식 설정

01 New 명령으로 새로운 파일을 열고 Layers 탭에서 도면층 특성(Layer Properties) 명령을 실행한다.

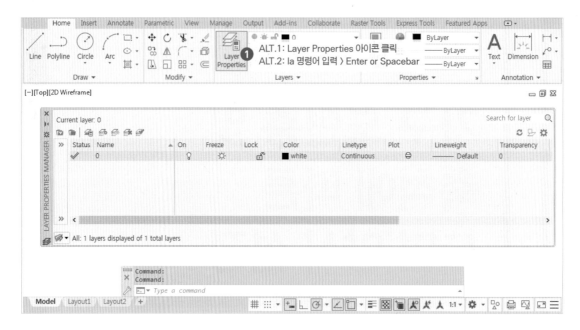

02 설정창이 나타나면 가구 도면 요소에 따른 도면층(Layer)을 만들어준다. 제공 파일 참조

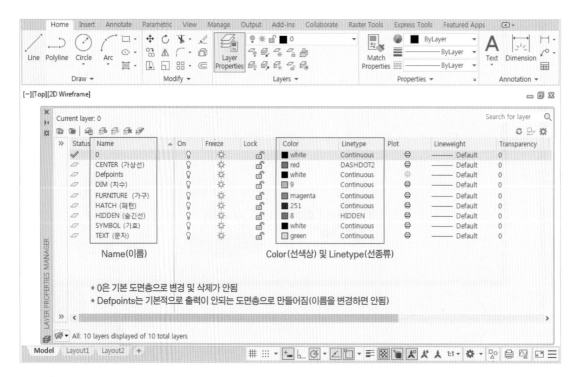

03 가구의 전체 치수를 기준으로 작업할 가구 도면의 축척(Scale)을 계산한다. 제공 파일 참조

도면 작업에 필요한 총 가로 길이: (450+3,250) × 2~2.5배 = 3,700 × 2.2 = 8,140

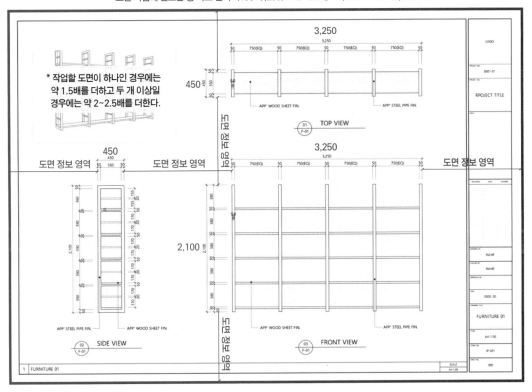

도면의 총 길이 ; 형태크기의 2~2.5배	도면의 총 길이 / 출력할 종이 크기	도면 Scale 결정
도면 작업에 필요한 총 가로 길이: (450+3,250)×2~2.5배 = 3,700×2.2 = 8,140	**가로 비율:** 8,140 / 297 (A4 용지의 가로 길이) = 27.40	가로나 세로 중 큰 치수의 비율로 스케일을 결정한다(10 혹은 5의 단위). 따라서 A4 용지에 작업하여 출력할 경우 가구도면 Scale은 27.40보다 큰 10의 단위인 1/30로 작업한다.
도면 작업에 필요한 총 세로 길이: (450+2,100)×2~2.5배 = 2,550×2.2 = 5,610	**세로 비율:** 5,610 / 210 (A4 용지의 세로 길이) = 26.71	

04 Open 명령으로 1:1 크기의 도면 양식 파일을 연다. 제공 파일 참조

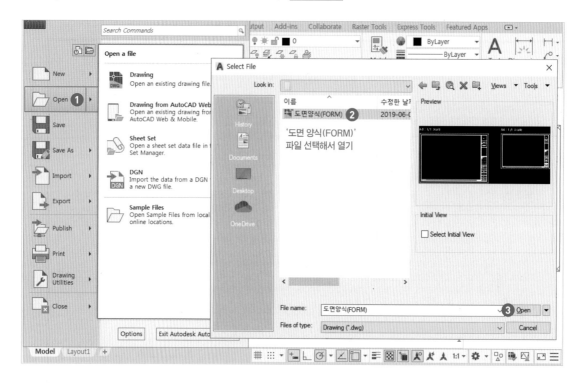

05 선택한 용지인 A4 도면 양식을 선택한 후 Ctrl + C를 눌러 복사한다.

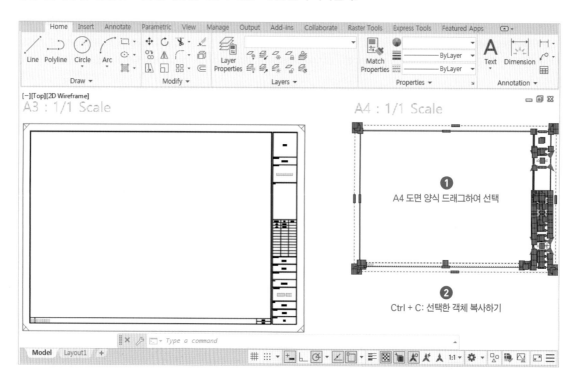

06 Ctrl + V를 눌러 도면층(Layer)을 설정한 파일에 붙여넣는다. 그리고 화면 보기를 조정한다.

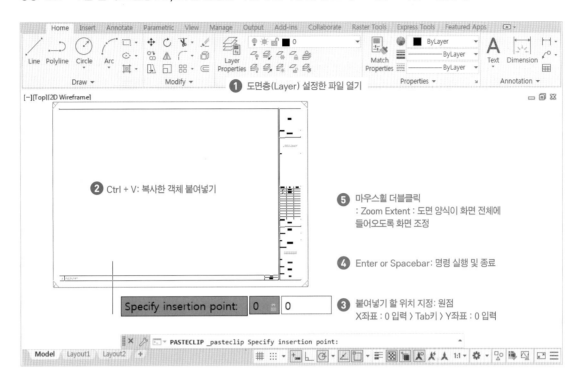

07 Scale 명령으로 앞에서 계산한 도면 축척(Scale)에 맞게 도면 양식 크기를 30배 키운다.

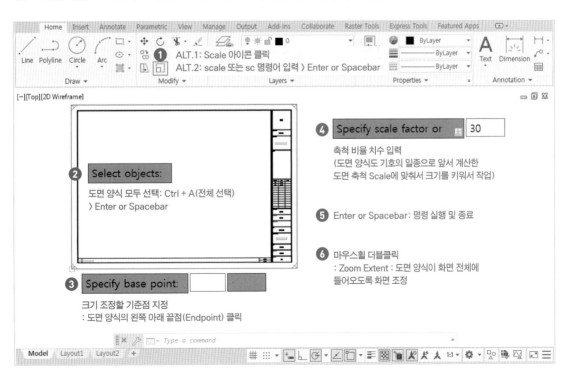

08 도면 양식에서 도면을 설명하는 문자 요소를 각각 더블클릭하여 내용을 수정한다. 제공 파일 참조

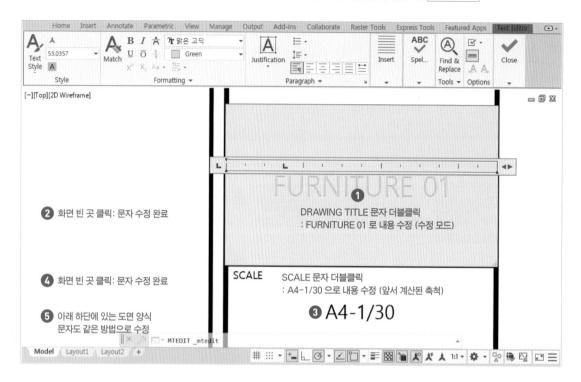

② 화면 빈 곳 클릭: 문자 수정 완료

❶ DRAWING TITLE 문자 더블클릭
: FURNITURE 01 로 내용 수정 (수정 모드)

④ 화면 빈 곳 클릭: 문자 수정 완료

SCALE 문자 더블클릭
: A4-1/30 으로 내용 수정 (앞서 계산된 축척)

❸ A4-1/30

⑤ 아래 하단에 있는 도면 양식
문자도 같은 방법으로 수정

CHAPTER 3.

가구 제작 도면 작업

01 가구 형태를 작업하기 위해 현재 도면층(Current Layer)을 'FURNITURE(가구)' 도면층으로 설정한다.

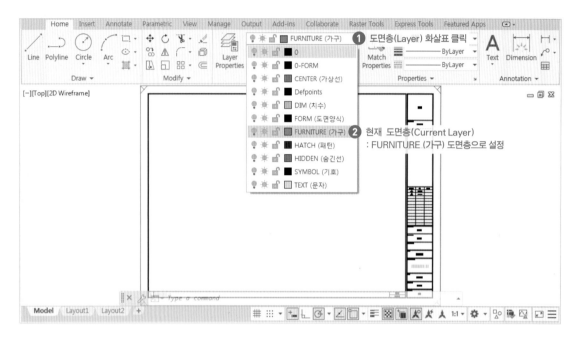

02 TOP VIEW를 작업해본다. 먼저 도면 이미지의 치수를 참고하여 장식장의 고정 틀이 될 사각형(가로: 50mm, 세로: 450mm)을 하나 그린다.

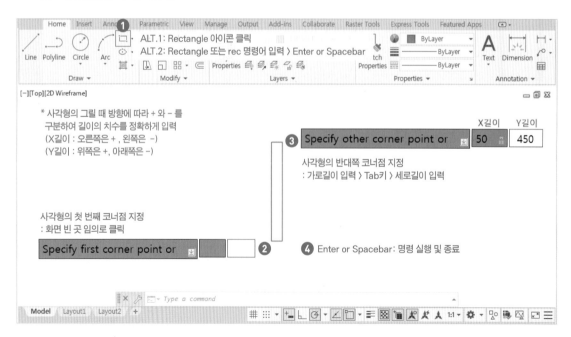

03 옆에 장식장의 선반이 될 사각형(가로: 750mm, 세로: 350mm)도 하나 그린다.

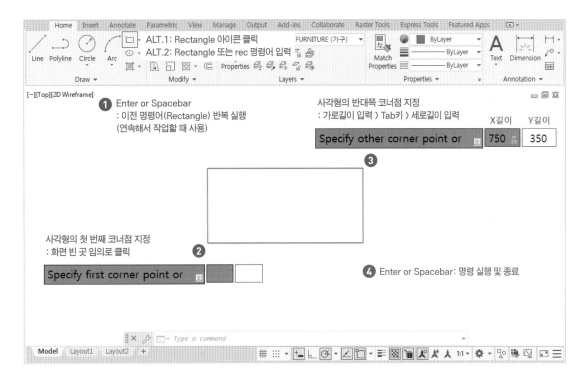

04 고정 틀과 선반이 세로선의 중간점에서 만나도록 이동한다.

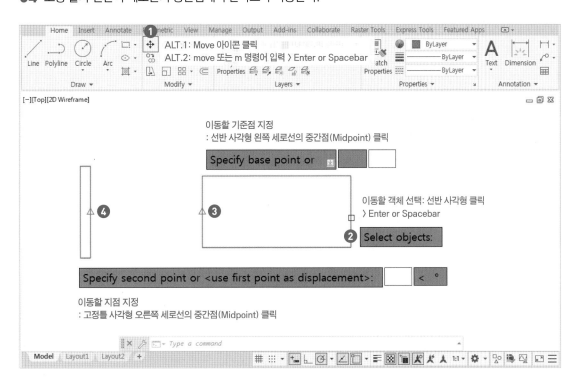

05 선반의 오른쪽 측면에 고정 틀 사각형을 복사하거나 대칭시켜서 배치한다.

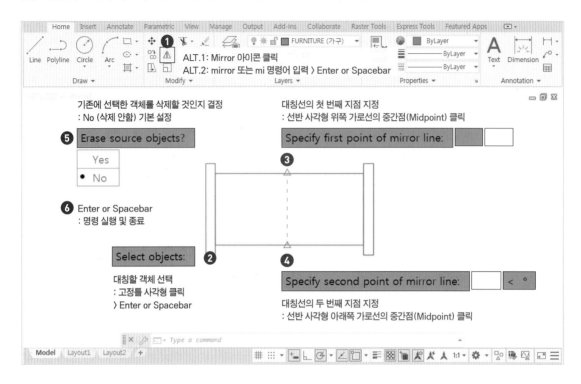

06 선반과 오른쪽 고정 틀을 한 세트로 선택하고 옆에 세 세트를 복사한다.

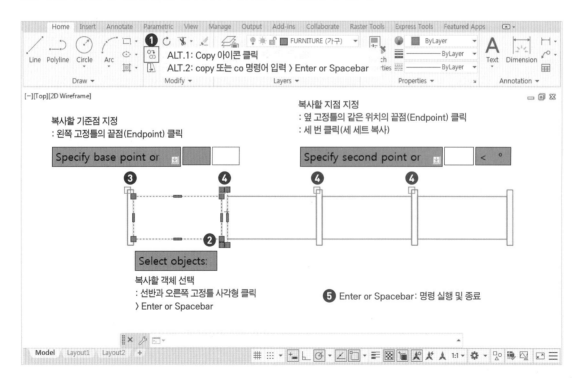

07 이번에는 FRONT VIEW를 작업해본다. 먼저 도면 이미지의 치수를 참고하여 장식장의 고정 틀이 될 사각형(가로: 50mm, 세로: 2,100mm)을 하나 그린다.

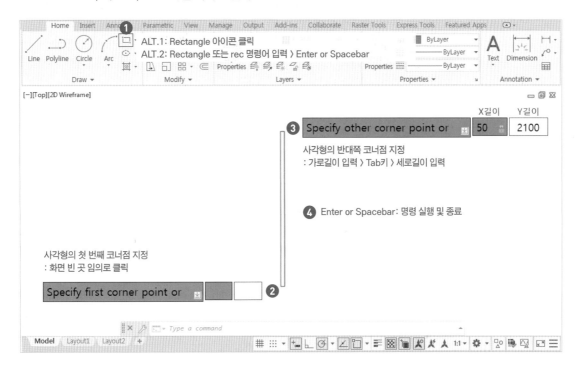

08 옆에 장식장의 선반이 될 사각형(가로: 750mm, 세로: 30mm)도 하나 그린다.

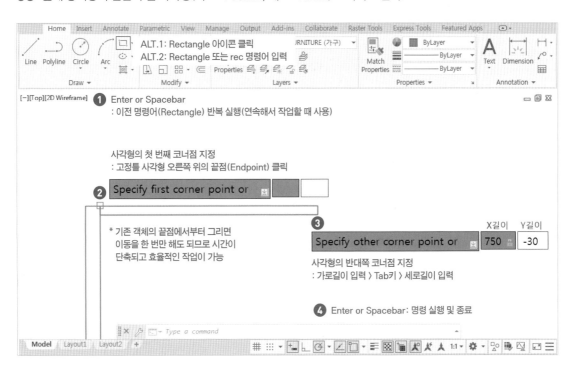

09 선반 사각형을 아래 방향으로 380mm만큼 이동한다.

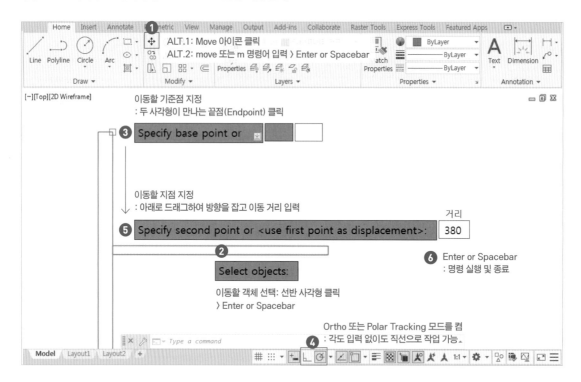

10 선반 사각형을 아래 방향으로 380mm만큼 복사한다.

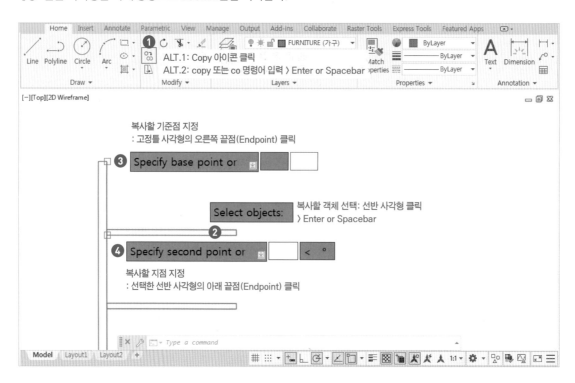

11 연속해서 아래로 세 번 더 복사한다.

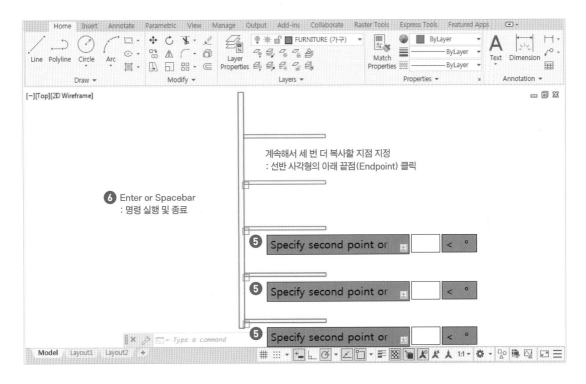

12 선반의 오른쪽 측면에 고정 틀 사각형을 대칭시켜서 배치한다.

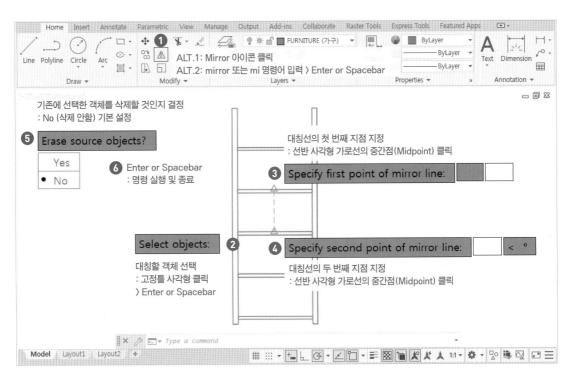

13 선반과 오른쪽 고정 틀을 한 세트로 선택하고 옆에 세 세트를 복사한다.

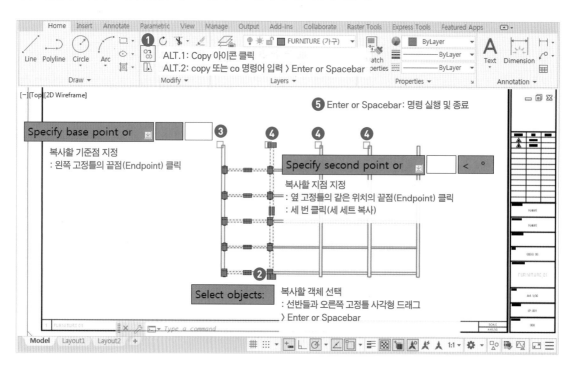

14 이번에는 SIDE VIEW를 작업해본다. 먼저 도면 이미지의 치수를 참고하여 장식장의 고정 틀이 될 사각형(가로: 450mm, 세로: 2,100mm)을 하나 그린다.

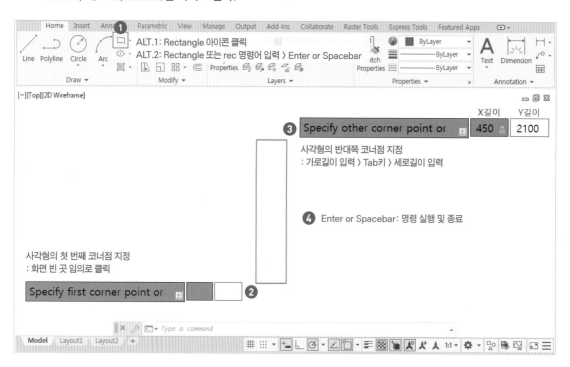

15 Offset 명령으로 고정 틀 두께(50mm) 만큼 안쪽으로 사각형을 만든다.

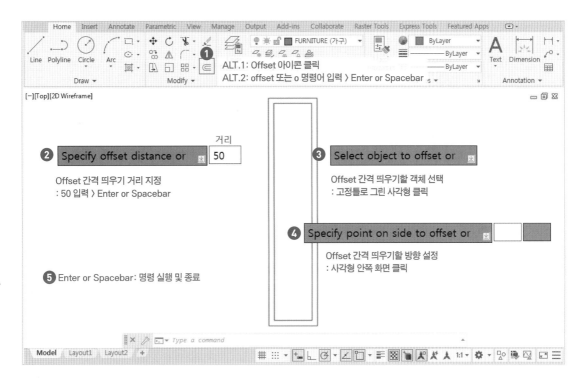

16 각각의 선을 따로 작업하기 위해 안쪽의 사각형을 Explode 명령으로 분해한다.

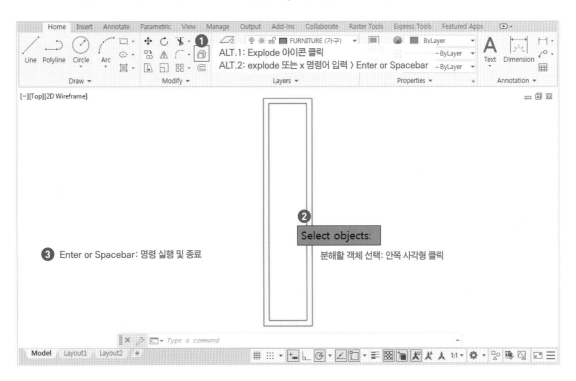

17 Offset 명령으로 위의 가로선을 아래로 360mm만큼 간격을 띄운다(Copy 명령으로도 가능).

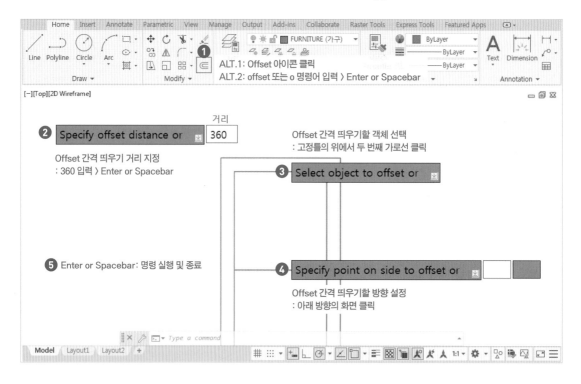

18 다시 Offset 명령으로 아래로 20mm만큼 간격을 띄운다(Copy 명령으로도 가능).

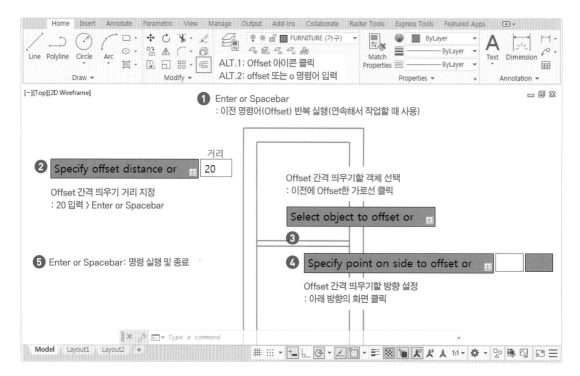

19 다시 Offset 명령으로 가로선을 아래로 390mm만큼 간격을 띄운다(Copy 명령으로도 가능).

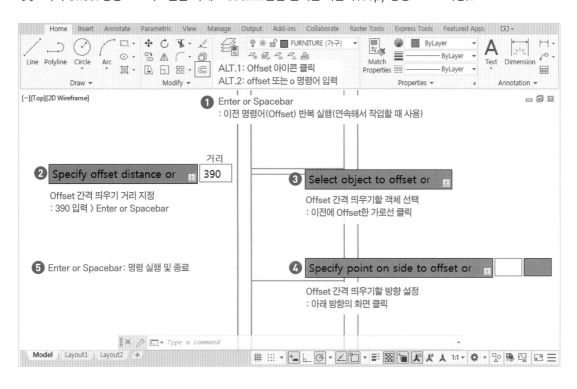

20 다시 Offset 명령으로 아래로 20mm만큼 간격을 띄운다(Copy 명령으로도 가능).

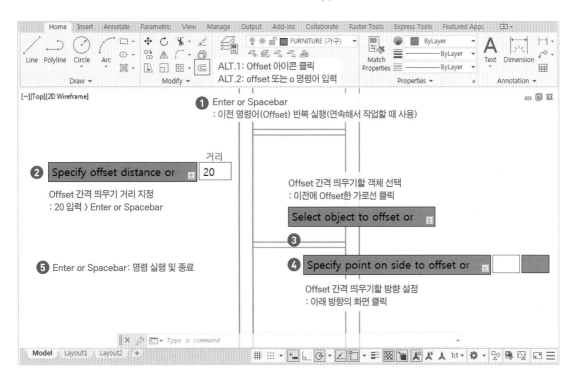

21 마지막에 있는 고정 틀 가로선 2개를 선택하고 아래로 두 번 복사한다.

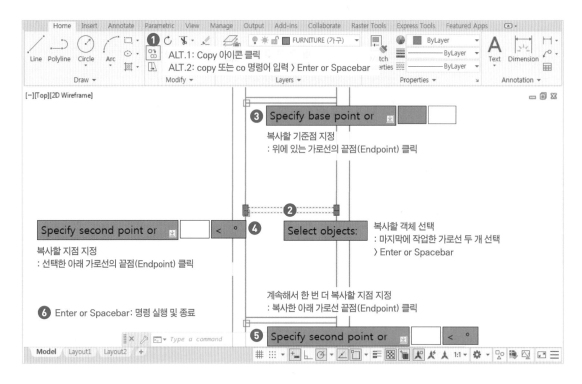

22 가로선들도 선반을 올리기 위한 고정 틀 선이다. 따라서 Trim 명령으로 가로선 양쪽 세로선을 자른다.

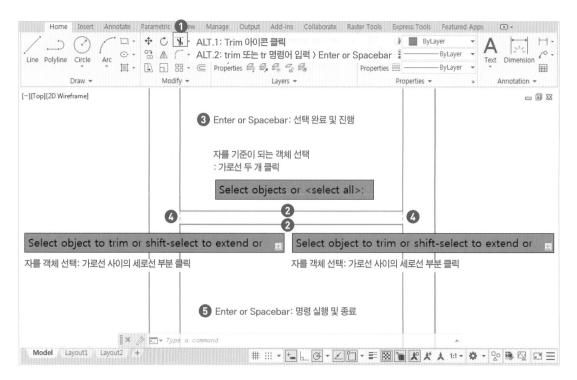

23 아래에 있는 가로선의 양쪽 세로선도 같은 방법으로 잘라서 정리한다.

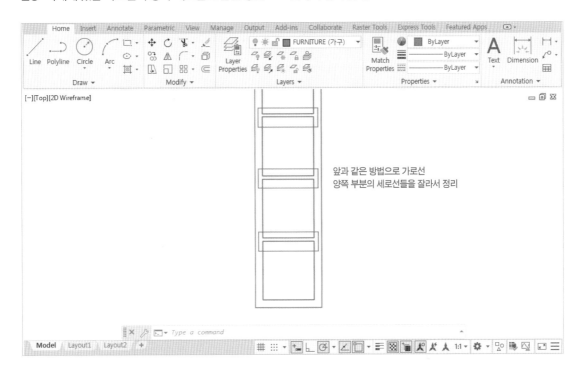

앞과 같은 방법으로 가로선
양쪽 부분의 세로선들을 잘라서 정리

24 고정 틀에 올려져 있는 선반 선을 만든다. Offset 명령이나 Copy 명령을 이용해 고정 틀 가로선에서 위로
30mm 간격의 선을 만든다.

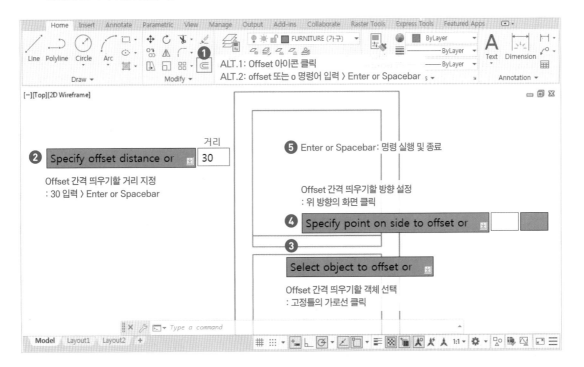

ALT.1: Offset 아이콘 클릭
ALT.2: offset 또는 o 명령어 입력 〉 Enter or Spacebar

거리

❷ Specify offset distance or   30

Offset 간격 띄우기할 거리 지정
: 30 입력 〉 Enter or Spacebar

❺ Enter or Spacebar: 명령 실행 및 종료

Offset 간격 띄우기할 방향 설정
: 위 방향의 화면 클릭

❹ Specify point on side to offset or

❸
Select object to offset or

Offset 간격 띄우기할 객체 선택
: 고정틀의 가로선 클릭

25 앞과 같은 방법으로 아래에 있는 고정 틀 가로선 위쪽에도 30mm 간격의 선반 선을 만든다.

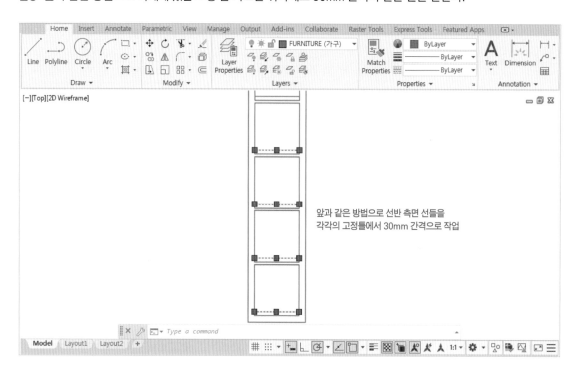

앞과 같은 방법으로 선반 측면 선들을
각각의 고정틀에서 30mm 간격으로 작업

26 이번에는 고정 틀 안쪽에 위치한 가로선을 만든다. Offset 명령으로 위의 고정 틀 가로선을 아래로 155mm만큼
띄운다(Copy 명령으로도 가능).

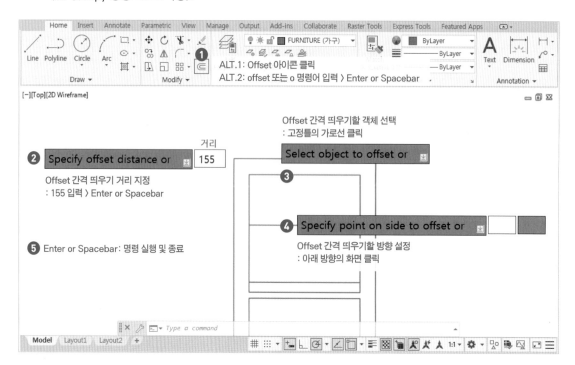

27 다시 Offset 명령으로 아래로 20mm만큼 간격을 띄운다(Copy 명령으로도 가능).

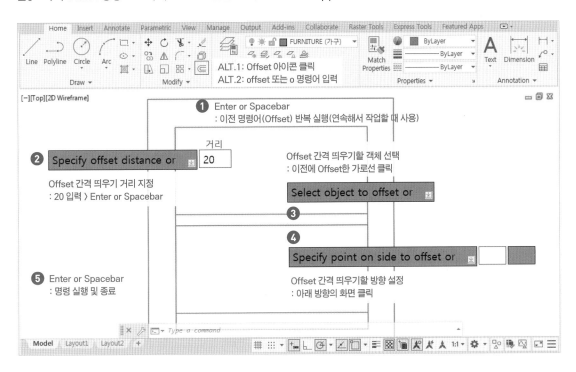

28 그 아래 부분은 Offset 명령으로 중간에 있는 고정 틀 가로선을 아래로 170mm만큼 간격을 띄운다(Copy 명령으로도 가능).

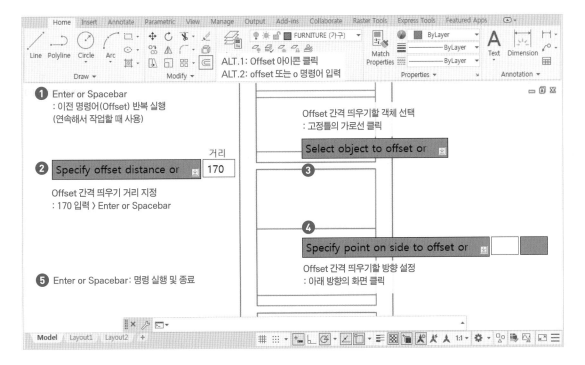

29 다시 Offset 명령으로 아래로 20mm만큼 간격을 띄운다(Copy 명령으로도 가능).

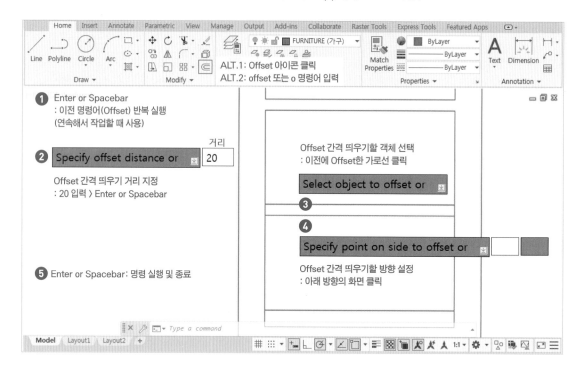

30 아래 부분은 같은 간격이므로 마지막에 작업한 고정 틀 안쪽 가로선 2개를 선택하고 아래로 복사한다.

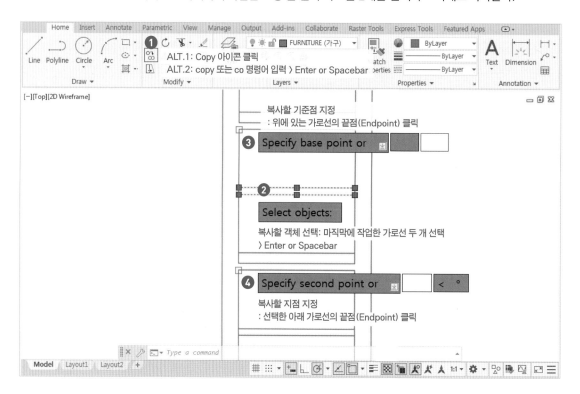

31 연속해서 아래로 두 번 더 복사한다.

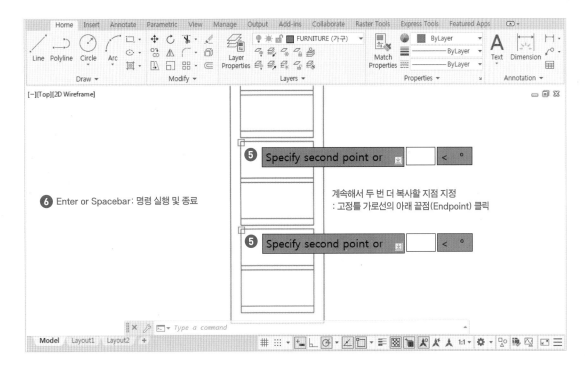

32 TOP VIEW 장면의 객체를 선택하여 Move 명령으로 도면 양식 안에서 적절한 위치에 배치한다. 도면 이미지 참고

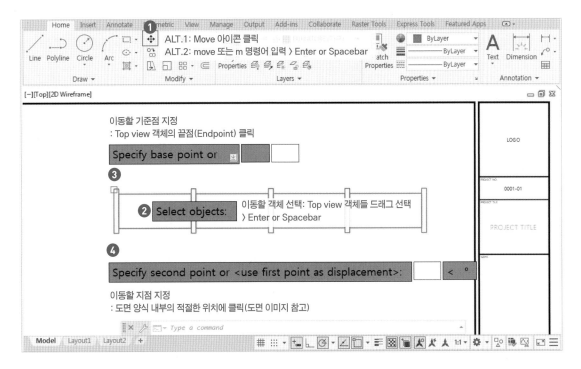

33 TOP VIEW 장면의 객체 끝부분에서 Line 명령으로 세로선을 하나 그린다.

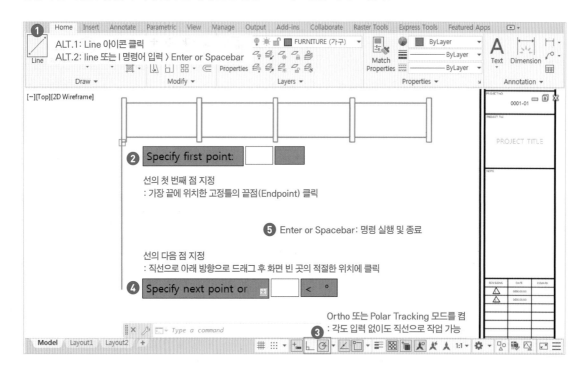

34 FRONT VIEW 장면의 객체를 선택하여 Move 명령으로 세로선의 끝부분에 맞게 이동시킨다(도면들의 끝부분 이 같은 선상에 위치하도록 배치).

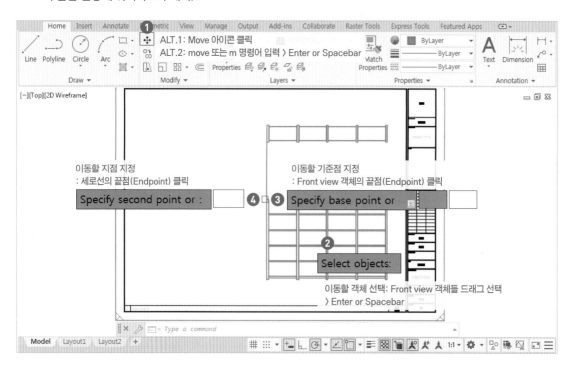

35 FRONT VIEW 장면의 객체 끝부분에서 Line 명령으로 가로선을 하나 그린다.

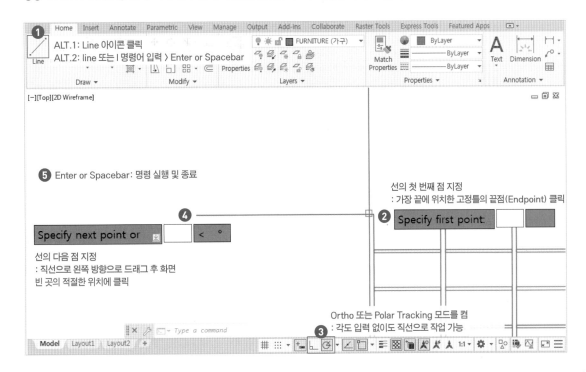

36 SIDE VIEW 장면의 객체를 선택하여 Move 명령으로 가로선의 끝부분에 맞게 이동시킨다(도면들의 끝부분이 같은 선상에 위치하도록 배치).

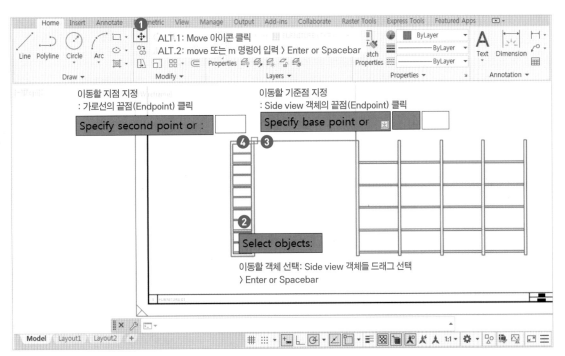

37 임시로 그린 세로선과 가로선을 선택하고 Delete 키를 눌러 삭제한다.

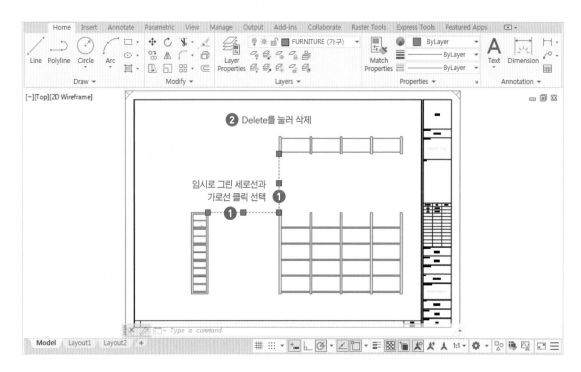

38 TOP VIEW 장면에서 고정 틀에 해당하는 객체들을 선택하여 Cyan 색상으로 변경한다(선반 객체와 고정 틀 객체를 구분하기 위하여 도면층은 그대로 유지하고 색상만 다르게 지정).

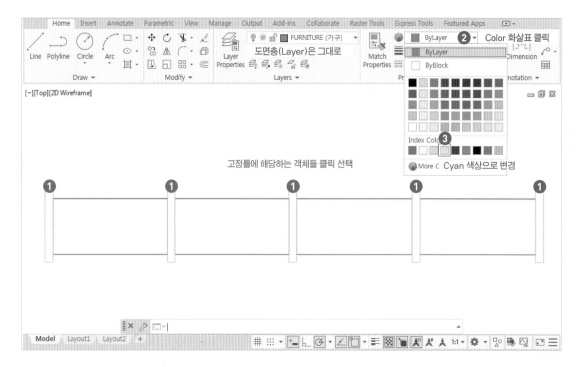

39 고정 틀이 선택되어 있는 상태에서 Modify 패널의 Draw Order에서 Bring to Front를 적용하여 고정 틀 객체를 앞으로 위치시킨다.

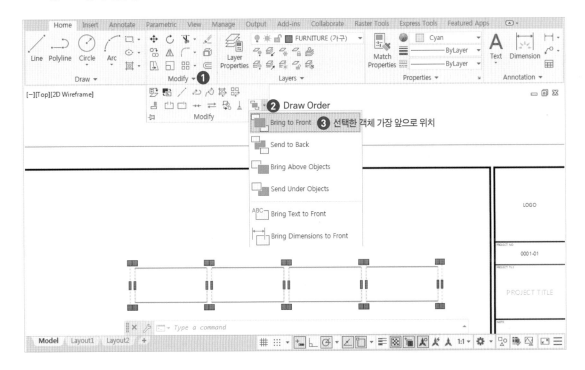

40 FRONT VIEW, SIDE VIEW 장면의 고정 틀 객체도 Cyan 색상으로 변경하고 앞으로 위치시킨다.

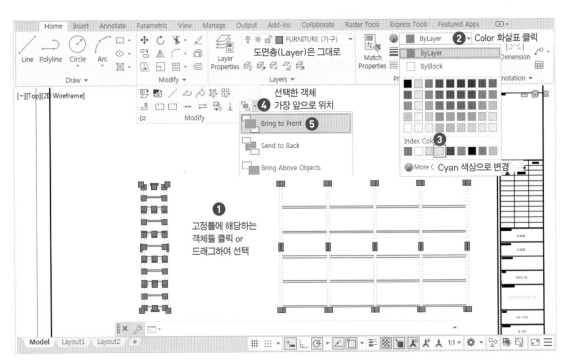

41 SIDE VIEW 장면의 고정 틀 객체에서 안쪽의 고정 틀 선을 선택하여 9번 회색 색상으로 변경한다(출력했을 때 안쪽의 선을 조금 더 얇게 표현 가능).

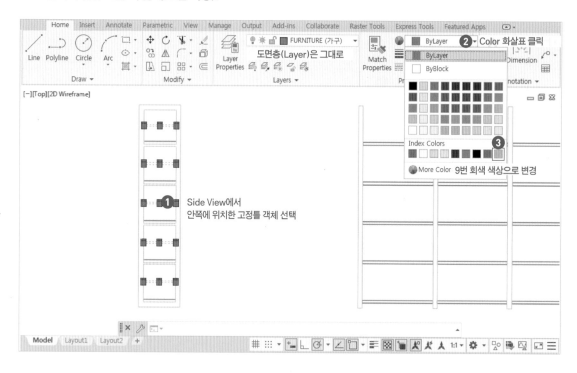

42 가상의 선을 작업하기 위해 현재 도면층(Current Layer)을 'CENTER(가상선)' 도면층으로 설정한다.

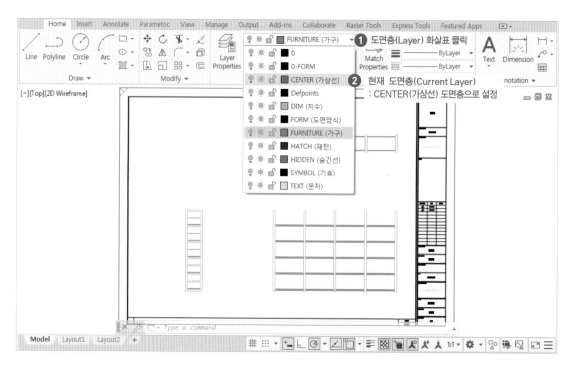

43 FRONT VIEW에서 Open된 부분에 Line 명령을 사용하여 X 형태로 대각선을 그린다(일점쇄선의 얇은 선으로 열린 부분 표시).

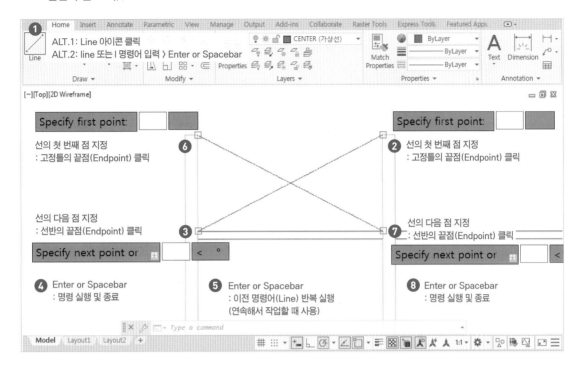

44 옆의 Open된 부분도 앞에서와 같은 치수이다. Copy 명령으로 방금 만든 대각선을 복사하여 배치한다.

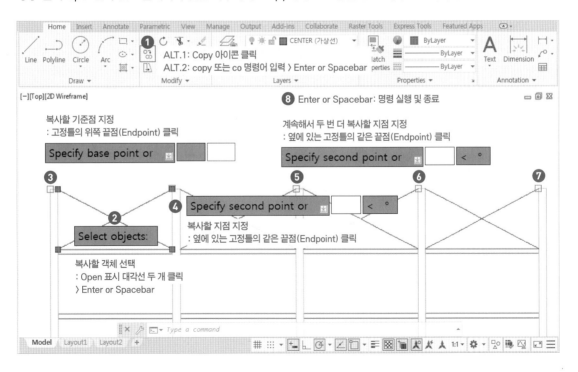

45 아래의 Open된 부분도 같은 치수이므로 앞 단계와 같이 Copy 명령으로 복사하여 배치한다.

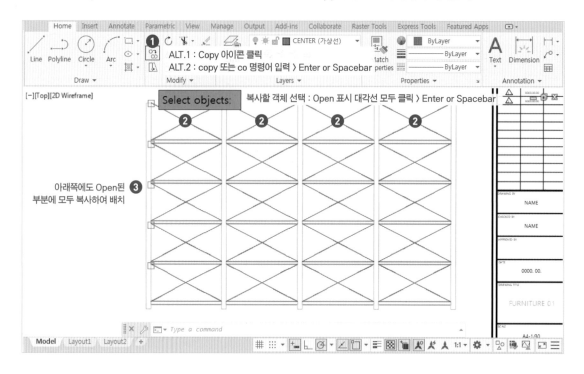

46 SIDE VIEW에서도 같은 방법으로 Open된 부분에 X 형태로 대각선을 작업한다.

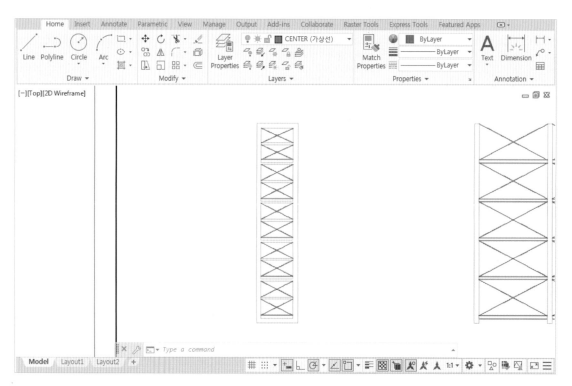

47 일점쇄선의 크기가 작아서 선과 점이 제대로 보이지 않는다. 따라서 LTS(Linetypescale) 명령으로 선 종류 크기를 조정하여 일점쇄선이 적절하게 나타나도록 설정한다.

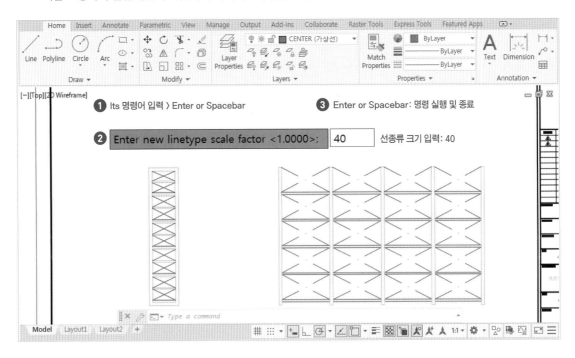

48 선의 길이가 다를 경우 일부분의 일점쇄선이 제대로 표현되지 않을 수 있다. 일점쇄선만 빠르게 선택하기 위하여 Layer 패널의 Isolate 명령을 실행하여 일점쇄선만 화면에 표시한다.

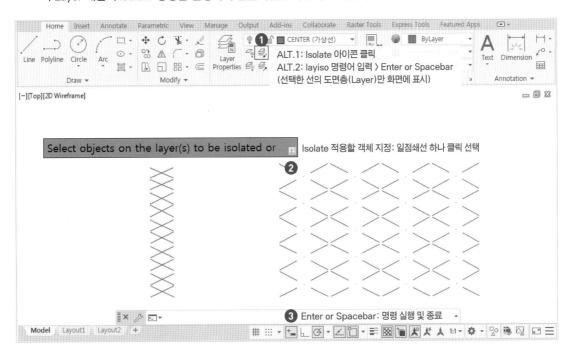

49 SIDE VIEW에 있는 일점쇄선들이 잘 표현되지 않았다. SIDE VIEW에 있는 일점쇄선들을 드래그하여 선택하고 Properties 명령을 실행하여 선택한 선들의 선 종류 크기만 별도로 조정한다.

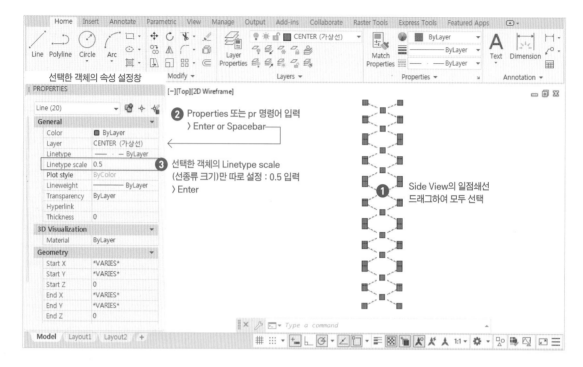

50 Layer 패널의 Unisolate 명령을 실행하여 도면층(Layer) 상태를 이전으로 되돌린다.

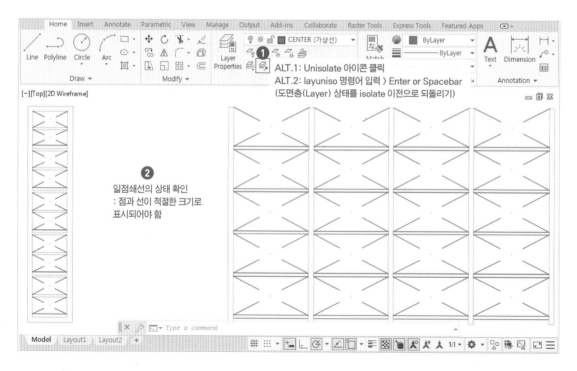

51 숨겨진 선을 작업하기 위해 현재 도면층(Current Layer)을 'HIDDEN(숨긴선)' 도면층으로 설정한다.

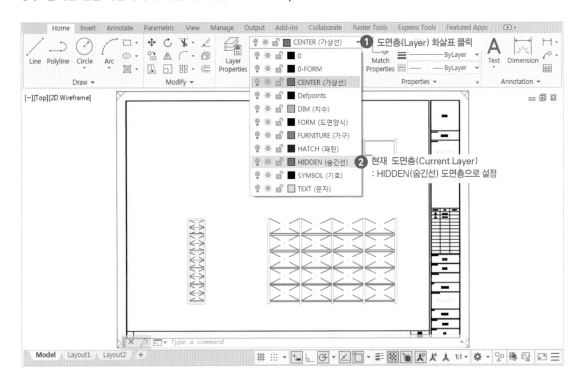

52 TOP VIEW 에서 가려서 숨겨진 선(얇은 점선)을 작업한다. 먼저 선반의 끝점에서부터 가로선을 그린다.

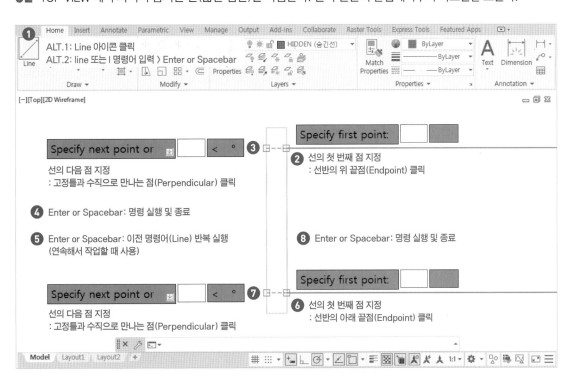

53 두 가로선의 가운데에 세로선을 하나 그린다.

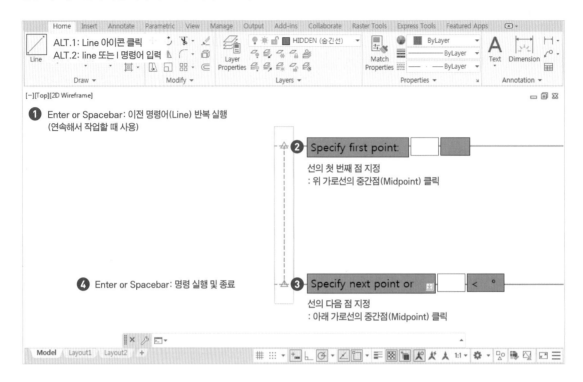

54 Offset 명령으로 양쪽으로 10mm씩 세로선을 두 개 만든다(Copy 명령으로도 가능).

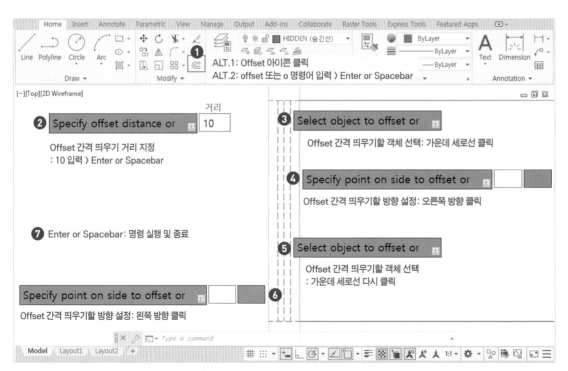

55 가운데 세로선은 선택하여 삭제한다. .

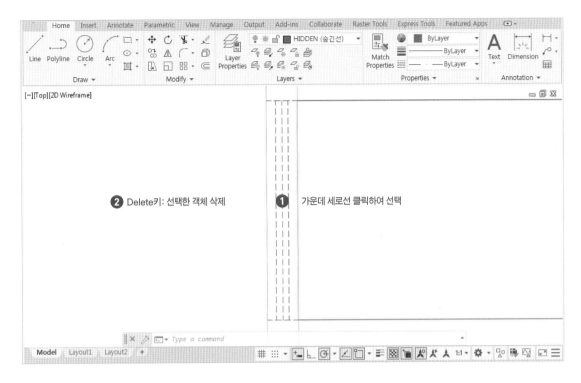

56 숨긴선들을 선택하여 Copy 명령으로 옆의 고정 틀 사각형에도 복사하여 배치한다.

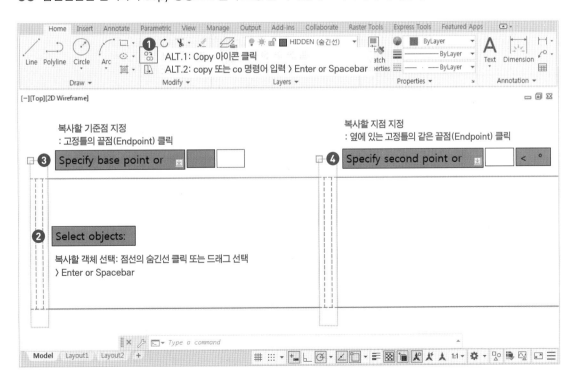

57 연속해서 다른 고정 틀 사각형에도 세 번 더 복사하여 배치한다.

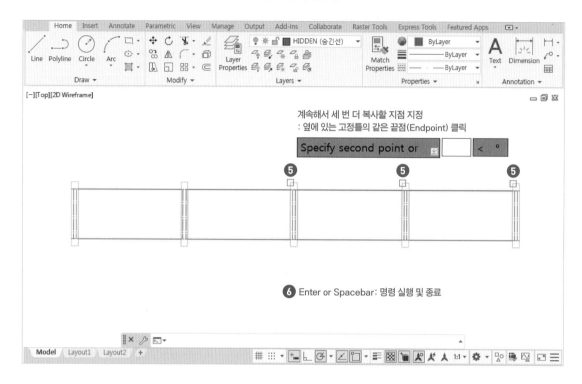

58 가구 마감재 패턴을 작업하기 위해 현재 도면층(Current Layer)을 'HATCH(패턴)' 도면층으로 설정한다.

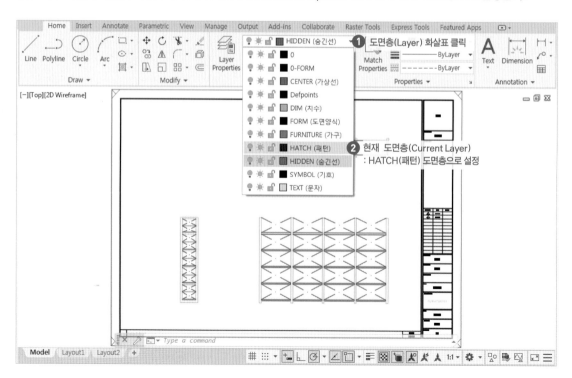

59 Hatch 명령을 실행하고 해치 패턴을 적용할 도면층(Layer)과 색상(Color)을 확인하고 설정한다.

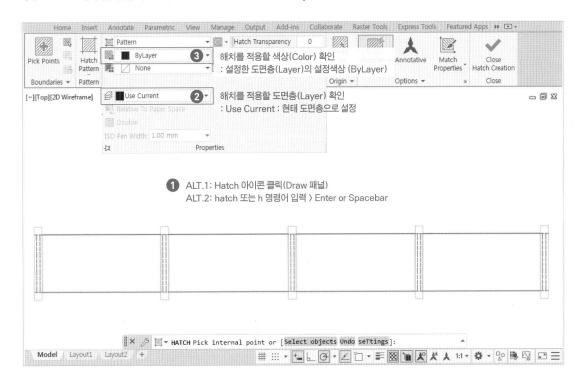

60 TOP VIEW에서 선반 객체 내부에 나무 마감재 패턴을 적용한다.

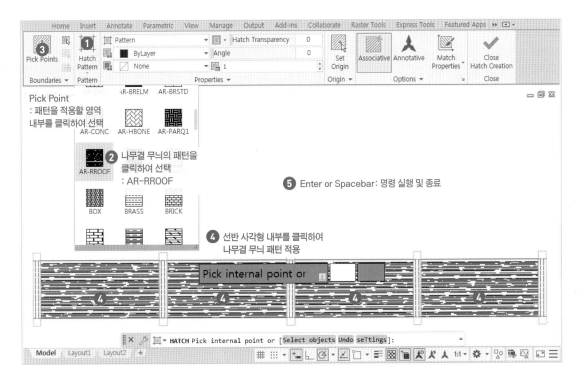

61 적용한 해치 패턴을 클릭하여 선택하면 해치 편집 모드로 설정된다. 상황에 따라 패턴의 크기나 각도, 옵션 항목들을 조정하여 적절한 크기와 위치로 패턴을 수정할 수 있다.

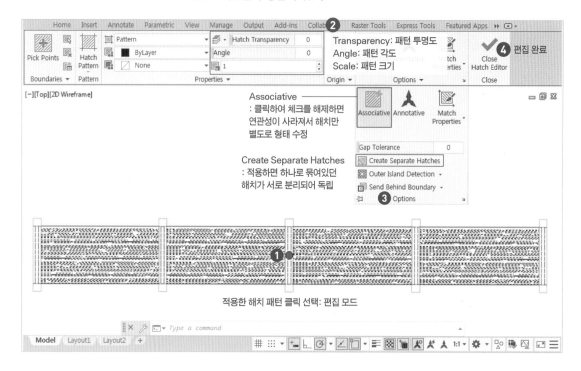

적용한 해치 패턴 클릭 선택: 편집 모드

62 FRONT VIEW에서도 같은 방법으로 선반 객체 내부에 나무 마감재 패턴을 적용한다.

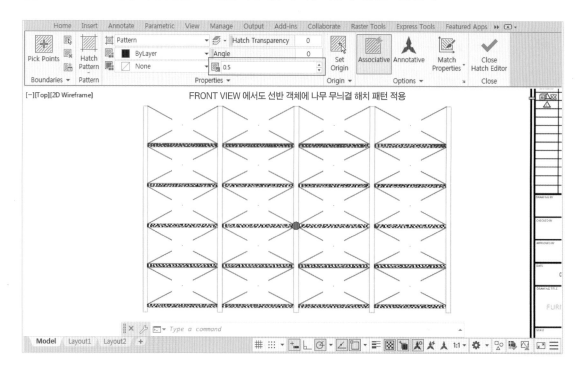

63 SIDE VIEW에서도 같은 방법으로 선반 객체 내부에 나무 마감재 패턴을 적용한다.

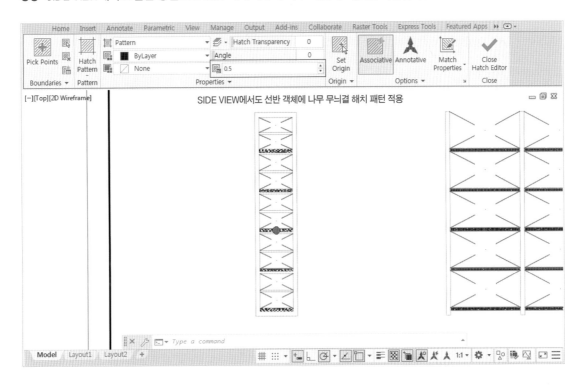

64 도면 제목 문자를 작업하기 위해 현재 도면층(Current Layer)을 'TEXT(문자)' 도면층으로 설정한다.

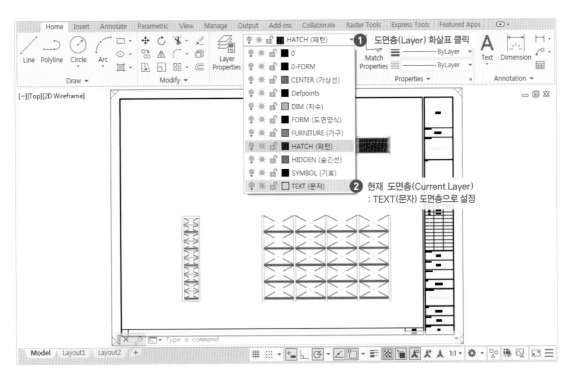

65 Annotation 패널의 확장 메뉴에서 Text Style 명령을 실행하여 자신만의 문자 스타일을 설정한다.

Part 04의 Chapter 06 참고

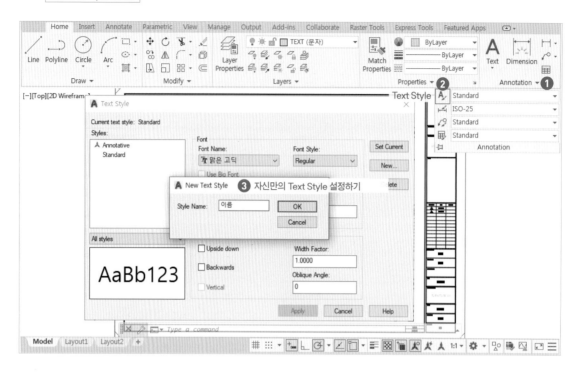

66 화면 빈 곳에 Circle 명령으로 반지름 4mm의 원을 그린다. 자료 파일 참고

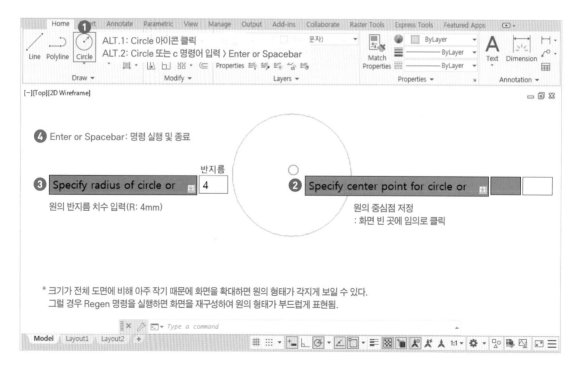

67 원의 가운데 가로선을 그린다.

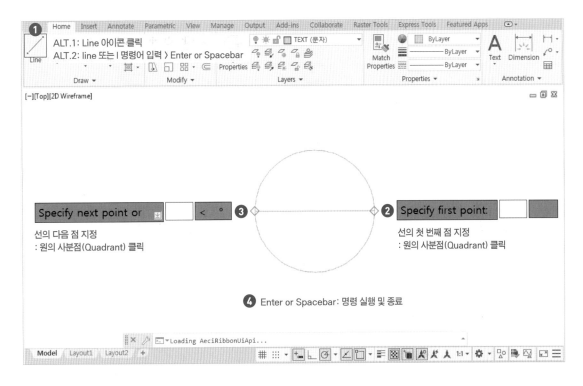

68 선을 선택하고 Grip을 이용하여 왼쪽 방향으로 선의 길이를 2mm만큼 조정한다.

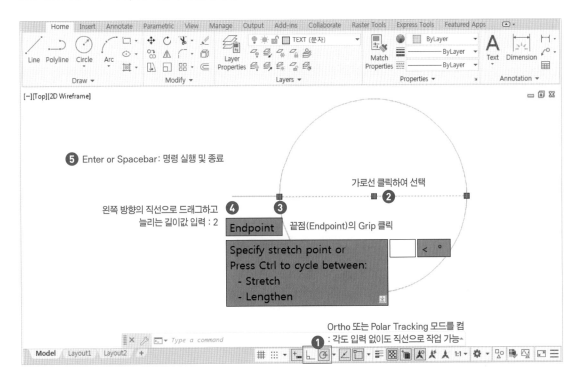

69 이번에는 반대쪽 Grip을 이용하여 오른쪽 방향으로 선의 길이를 적절히 조정한다.

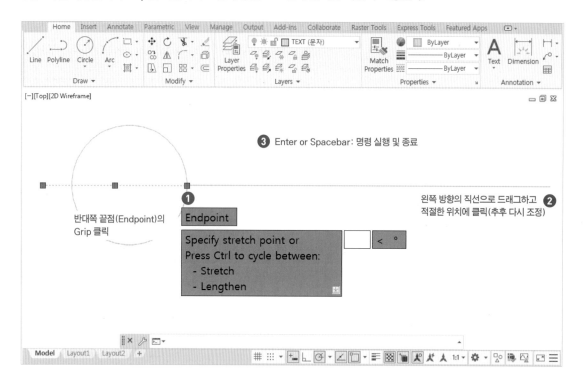

70 Single Text 명령을 사용하여 기호에 들어갈 문자를 작성한다.

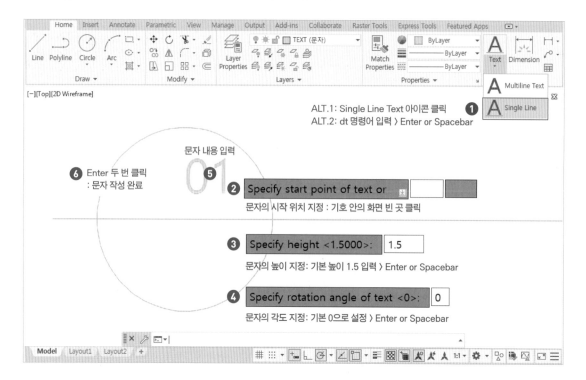

71 기호 아래 칸에도 Single Text 명령을 사용하여 문자를 작성한다.

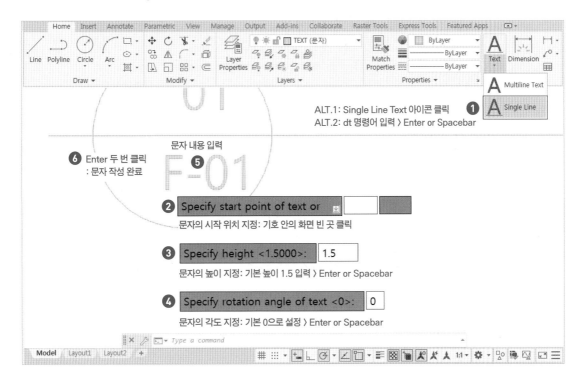

72 문자를 선택하고 Properties 명령을 실행하여 정렬 위치를 조정한다. 그리고 기호 가운데 위치시킨다.

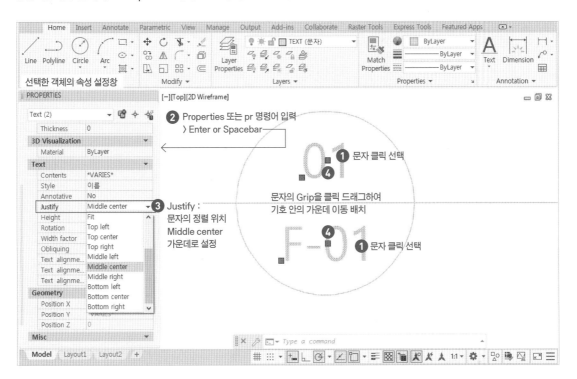

73 문자 및 기호도 모두 선택하고 도면층(Layer)은 그대로 두고 색상(Color)만 흰색(White)으로 변경한다.

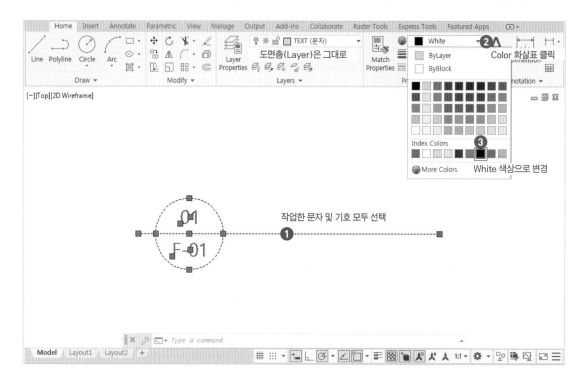

74 Multiline Text 명령을 사용하여 도면명을 작성한다.

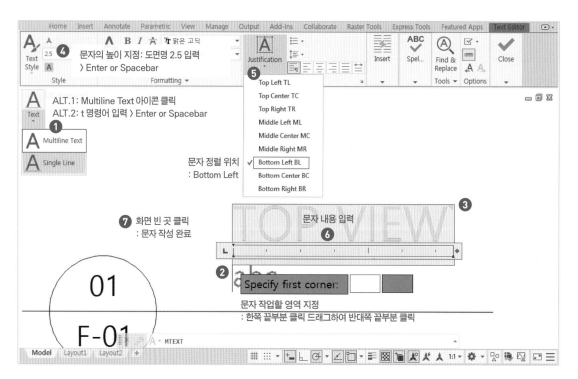

75 도면명이 위치할 곳의 기준을 만들기 위해 원의 끝에서부터 세로선을 하나 그린다.

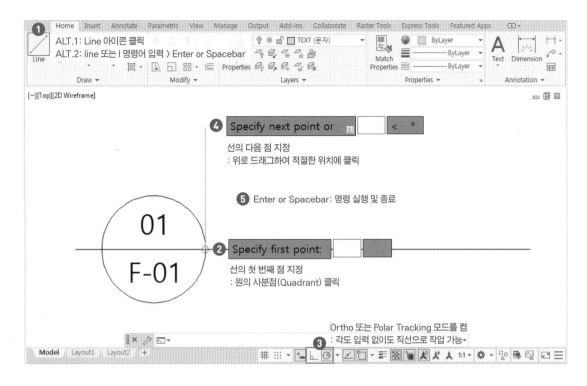

76 Offset 명령으로 옆으로 5mm만큼 간격을 띄운다(Copy 명령으로도 가능).

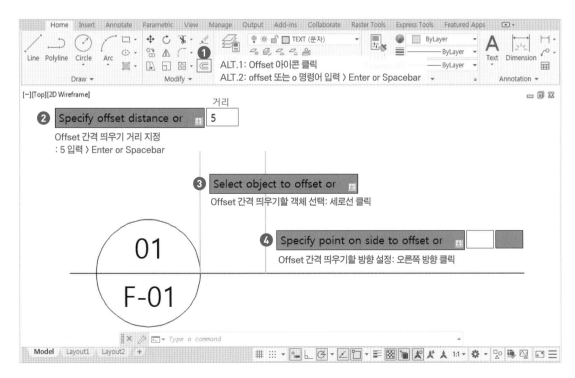

77 Offset 명령으로 기호의 가로선을 위로 1.5mm만큼 간격을 띄운다(Copy 명령으로도 가능).

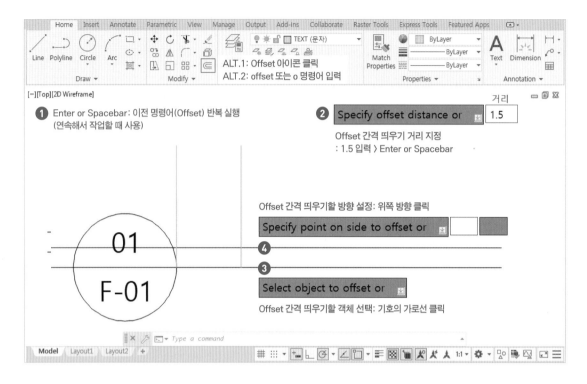

78 가로선과 세로선의 교차점에 도면명 문자의 기준점을 위치시키고 임시로 작업한 선은 삭제한다.

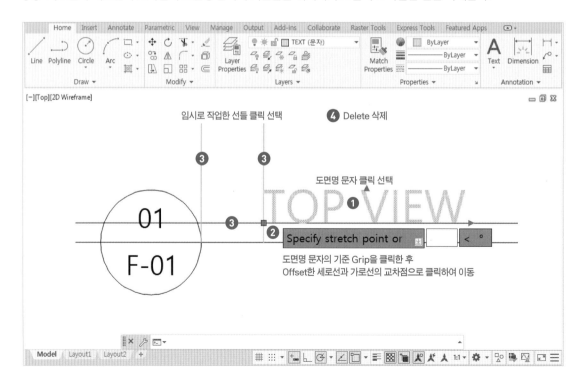

79 문자 및 기호를 1:1 크기로 작업했기 때문에 화면을 확대하여 확인하면 전체 도면에 비해 크기가 아주 작다. 따라서 도면 축척(Scale) 비율로 문자 및 기호의 크기를 키워야 한다.

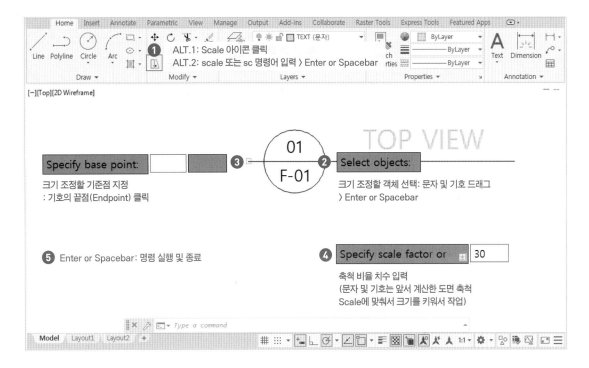

80 문자 및 기호를 TOP VIEW 장면의 도면 아래에 이동하여 위치시킨다.

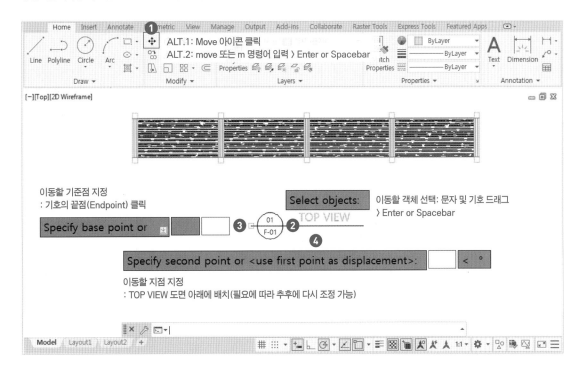

81 FRONT VIEW 도면 아래에도 문자 및 기호를 복사하여 배치한다.

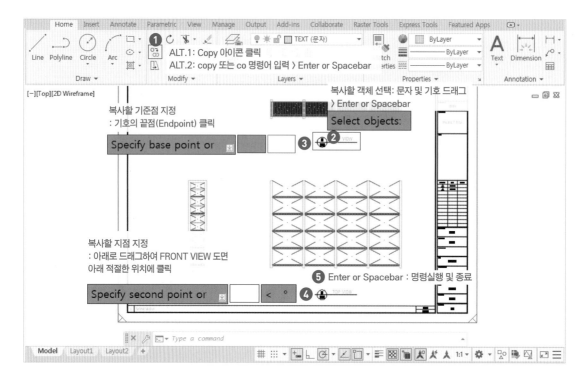

82 SIDE VIEW 도면 아래에도 문자 및 기호를 복사하여 배치한다.

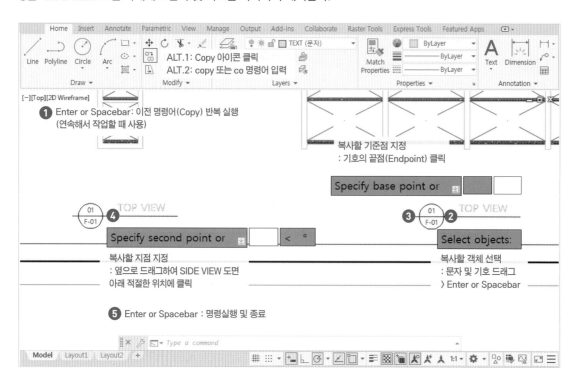

83 복사한 문자를 각각 더블클릭하여 내용을 수정한다.

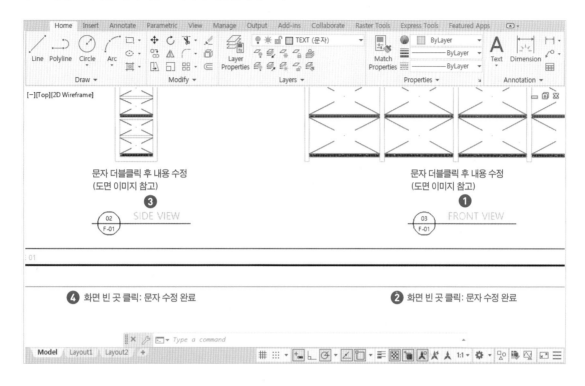

84 지시선 기호를 작업하기 위해 현재 도면층(Current Layer)을 'SYMBOL(기호)' 도면층으로 설정한다.

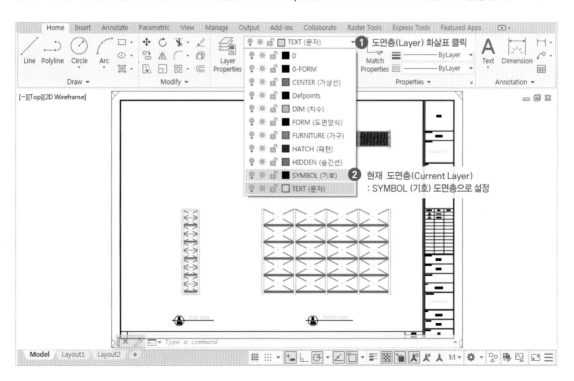

85 Annotation 패널의 확장 메뉴에서 Multileader Style 명령을 실행하여 자신만의 지시선 스타일을 설정한다.

Part 04의 Chapter 08을 참고해 도면 축척 Scale을 정확하게 입력

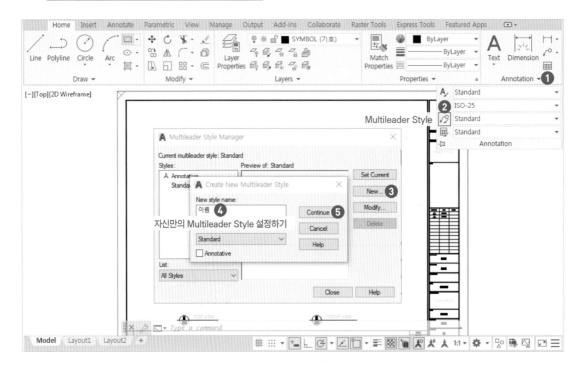

86 Leader 명령으로 도면에서 마감재를 표시하는 지시선을 하나 만든다.

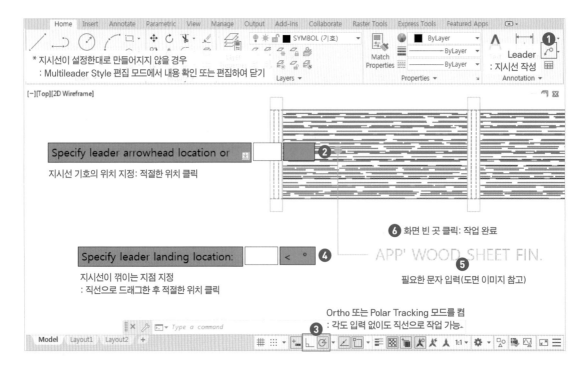

87 작업한 지시선을 다른 마감재를 표시해야 하는 부분에 복사한다(앞과 같은 방법으로 새로 작업 가능).

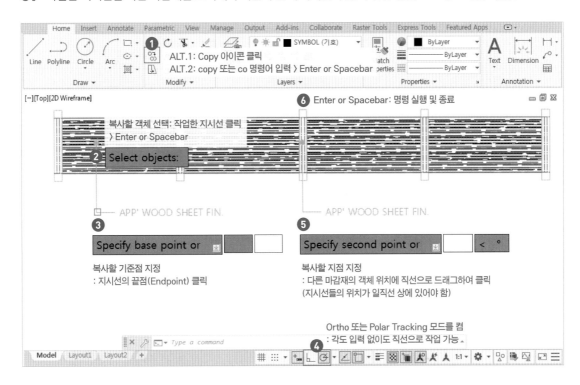

88 문자를 더블클릭하여 수정할 부분을 드래그하여 다른 마감재 내용으로 변경한다.

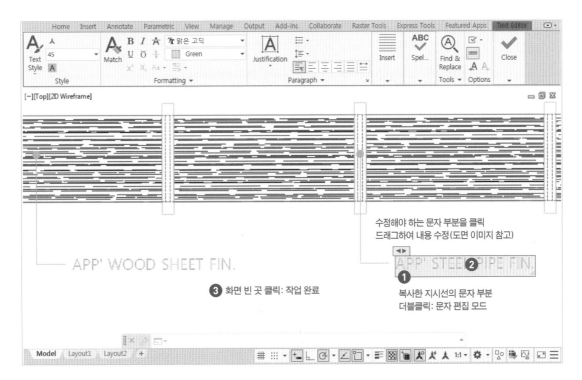

89 FRONT VIEW 객체에도 같은 방법으로 지시선을 만들어 마감재를 표시한다.

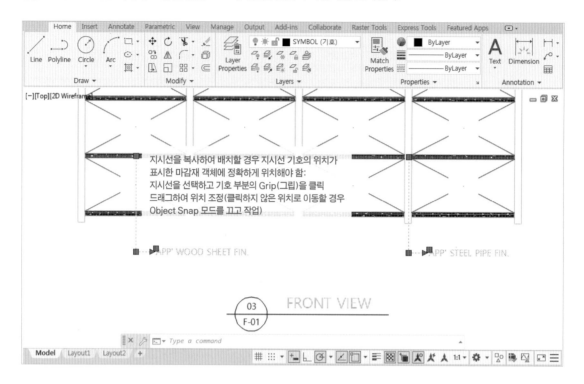

지시선을 복사하여 배치할 경우 지시선 기호의 위치가
표시한 마감재 객체에 정확하게 위치해야 함:
지시선을 선택하고 기호 부분의 Grip(그립)을 클릭
드래그하여 위치 조정(클릭하지 않은 위치로 이동할 경우
Object Snap 모드를 끄고 작업)

APP' WOOD SHEET FIN.   APP' STEEL PIPE FIN.

03 / F-01   FRONT VIEW

90 SIDE VIEW 객체에도 같은 방법으로 지시선을 만들어 마감재를 표시한다(자리가 부족할 경우 Mirror 명령으로
대칭 복사하여 배치).

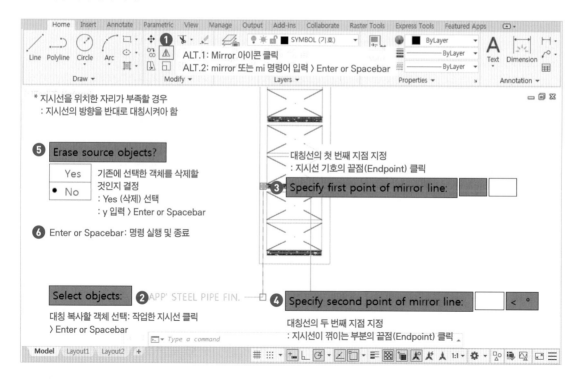

ALT.1: Mirror 아이콘 클릭
ALT.2: mirror 또는 mi 명령어 입력 〉 Enter or Spacebar

* 지시선을 위치한 자리가 부족할 경우
: 지시선의 방향을 반대로 대칭시켜야 함

❺ Erase source objects?

| Yes |
| No ● |

기존에 선택한 객체를 삭제할
것인지 결정
: Yes (삭제) 선택
: y 입력 〉 Enter or Spacebar

❻ Enter or Spacebar: 명령 실행 및 종료

대칭선의 첫 번째 지점 지정
: 지시선 기호의 끝점(Endpoint) 클릭

❸ Specify first point of mirror line:

Select objects: ❷ APP' STEEL PIPE FIN.

대칭 복사할 객체 선택: 작업한 지시선 클릭
〉 Enter or Spacebar

❹ Specify second point of mirror line: | < °

대칭선의 두 번째 지점 지정
: 지시선이 꺾이는 부분의 끝점(Endpoint) 클릭

91 치수를 작업하기 위해 현재 도면층(Current Layer)을 'DIM(치수)' 도면층으로 설정한다.

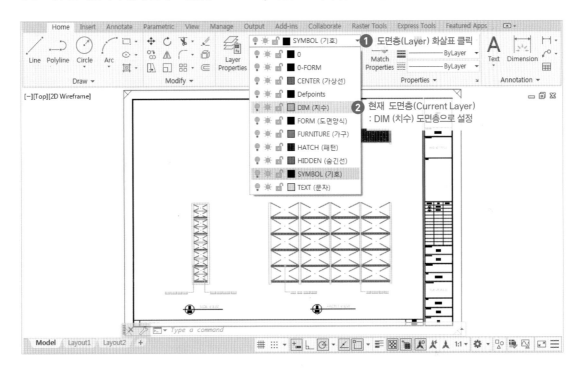

92 Annotation 패널의 확장 메뉴에서 Dimension Style 명령을 실행하여 자신만의 문자 스타일을 설정한다.

Part 04의 Chapter 07을 참고해 Scale 설정 항목에 도면 축척 Scale을 정확하게 입력

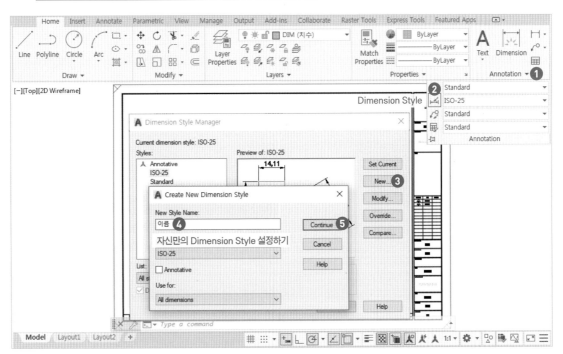

93 Linear 또는 Dimension 명령으로 도면에서 치수를 하나 만든다.

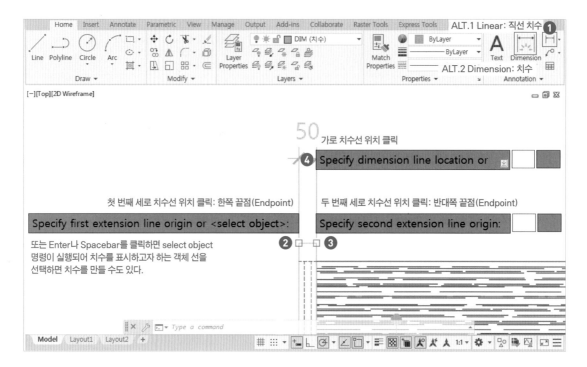

94 기존 치수를 선택하고 Grip(그립)의 Continue 옵션(또는 Dimension 명령 사용)으로 연속된 치수선을 만든다.

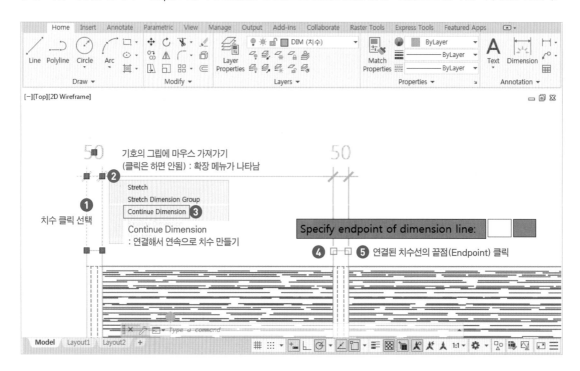

95 연속해서 첫 번째 치수선을 완성한다.

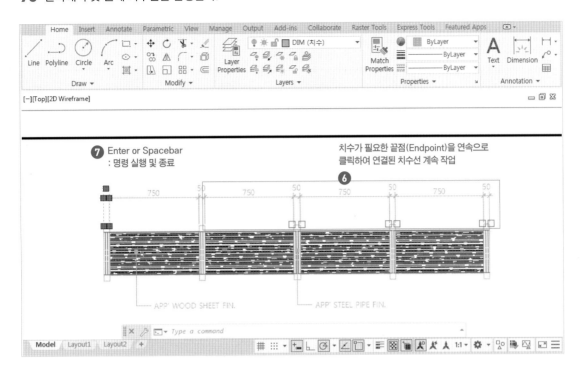

96 기존 치수를 다시 선택하고 Grip(그립)의 Baseline 옵션(또는 Dimension 명령 사용)으로 두 번째 줄의 전체 치수선을 만든다.

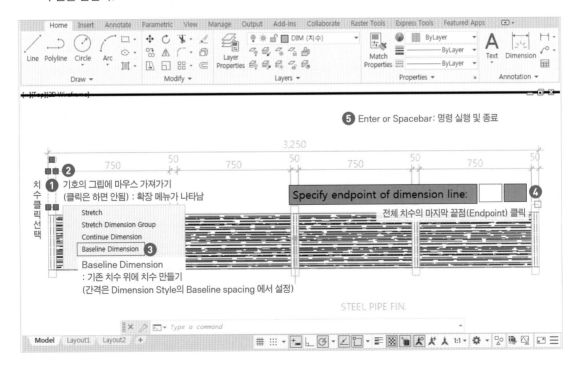

97 측면에도 같은 방법으로 치수를 만든다. 도면 이미지 참고

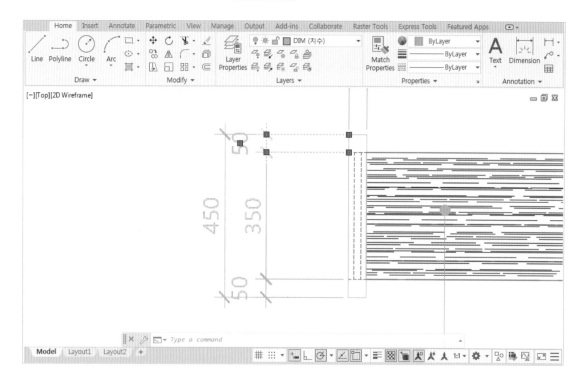

98 FRONT VIEW 및 SIDE VIEW 객체에도 같은 방법으로 치수를 만든다. 제공 파일 참조

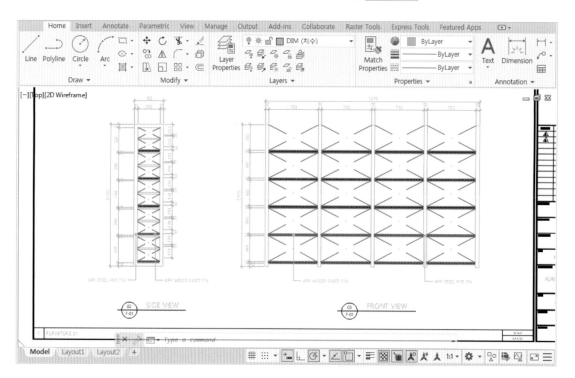

99 3D 가구 이미지 캐드 파일을 열고 모두 선택하여 복사하고 작업 중인 파일로 붙여넣는다.

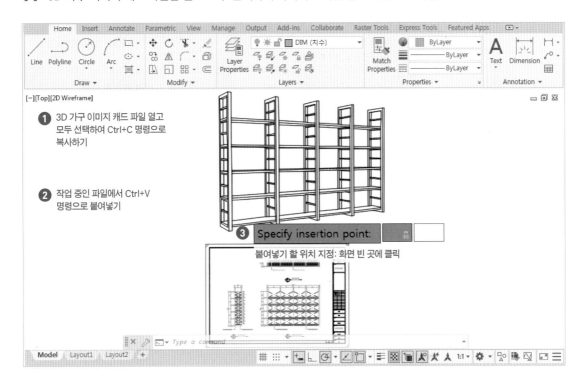

100 Scale 명령으로 크기를 적절하게 조정한다. 한 번에 안되면 여러 번 작업 가능

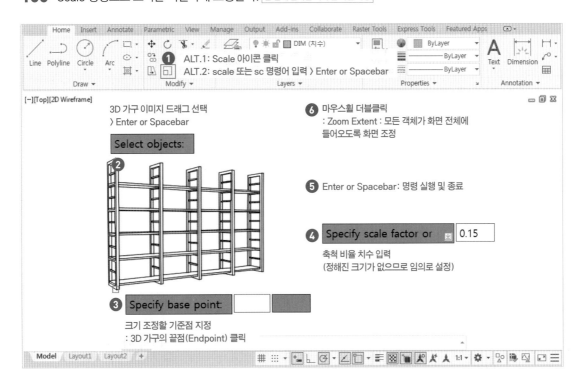

101 도면 양식 내부의 빈 곳에 이동하여 적절한 위치에 배치한다. 그리고 색상을 9번(회색)으로 조정한다.

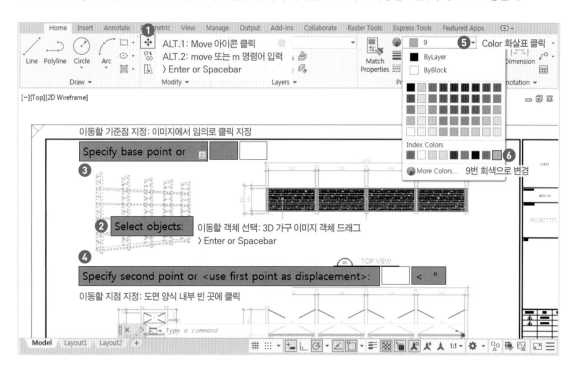

102 가구 제작 도면이 완성되었다. 제공 파일을 참고하여 틀린 부분이 없는지 검토하고 필요에 따라 전체적인 위치를 조정한다.

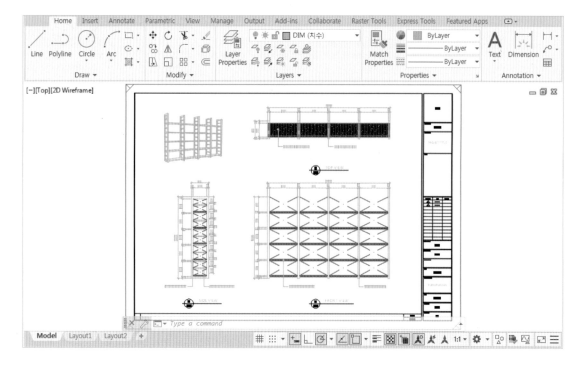

NOTE

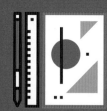

주거 공간
기본도면 실무

CHAPTER 1.

주거 공간 프로젝트

2019. 12

APARTMENT REMODELING

DESIGN & CONSTRUCTION : FISA&Co.

CHAPTER 2.

주거 공간
기본 평면도 작업

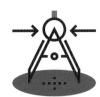

평면도는 벽체 및 문과 창문의 크기와 위치, 가구 배치, 바닥 마감재 등을 나타내는 도면으로 전체 도면의 기준이된다. 가장 중요한 부분은 벽체의 치수로 제공된 도면 이미지를 확인하면서 정확하게 작업해야 한다. 그리고 추후에 천장도와 겹쳐서 그려지기 때문에 도면층(Layer)을 설정한대로 구분해서 적용해야 도면의 분리 및 관리가 명확해진다. 또한 약속된 선 종류와 크기 및 도면 기호를 도면 축척(Scale)에 맞게 조정하여 적합하게 사용할 줄 알아야 한다.

현재 주거 평면도의 경우 4bay[1] 형태로 현관에서 복도를 따라 방의 출입문이 배치되어 있고 빛이 들어오는 방향에거실과 방 3개가 모여있어 채광과 통풍이 잘되는 장점이 있다. 그리고 안방 앞의 드레스룸 출입구에 문을 설치하여 공간을 분리하도록 하였다. 상황에 따라 2번 방과 서재 방 사이가 경량 벽체이므로 철거하여 넓은 방으로 사용할 수 있다. 지금부터 실제적인 기본 평면도 작업을 진행해본다.

---

1 bay는 전면 발코니 또는 창가에 방이 배치되는 정도를 말한다. 기본적으로 3bay는 거실 1개와 양쪽에 방 2개가 배치되는 경우이고, 4bay는 거실 1개와 방 3개가 배치되는 경우를 말한다.

Section 01 | 기본 도면 준비 작업

01 New 명령으로 새로운 파일을 열고 Layers 탭에서 도면층 특성(Layer Properties) 명령을 실행한다.

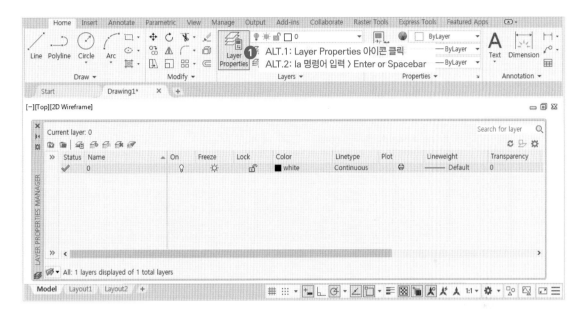

02 설정창이 나타나면 기본 평면도의 도면층(Layer)을 만들어준다. 제공 파일 참조

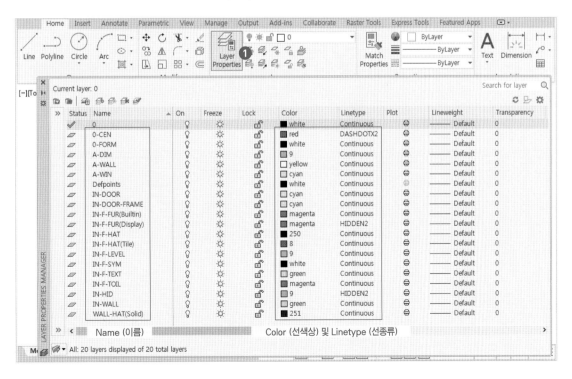

03 평면도의 전체 치수를 기준으로 작업할 도면 축척(Scale)을 계산한다.

도면 작업에 필요한 총 가로 길이: 20,500 × 1.5배 = 30,750

* 작업할 도면이 하나의 경우에는 약 1.5배를 더하고 두개 이상일 경우에는 약 2~2.5배를 더한다.

도면의 총 길이 : 형태크기의 1.5배

도면 작업에 필요한 총 가로 길이:
20,500 × 1.5배 = 30,750

도면 작업에 필요한 총 세로 길이:
12,000 × 1.5배 = 18,000

▶

도면의 총 길이 / 출력할 종이 크기

가로 비율:
30,750 / 297 (A4 용지의 가로 길이) = 103.5

세로 비율:
18,000 / 210 (A4 용지의 세로 길이) = 85.7

▶

도면 Scale 결정

가로나 세로 중 큰 치수의 비율로 스케일을 결정한다. (10 혹은 5의 단위) 따라서 A4 용지에 작업하여 출력할 경우 가구도면 Scale은 103.5에 근접한 10의 단위인 1/100로 작업한다.

04 앞서 가구 제작 도면 실습에서와 같이 A4 1:1 크기의 도면 양식 파일을 열고 복사하여 가져온다. 그리고 Scale 명령으로 앞에서 계산한 도면 축척(Scale)에 맞게 도면 양식 크기를 100배 키운다.

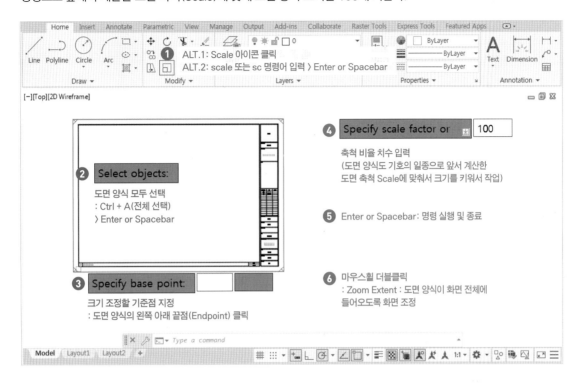

05 도면 양식에서 도면을 설명하는 문자 요소를 각각 더블클릭하여 내용을 수정한다. 제공 파일 참조

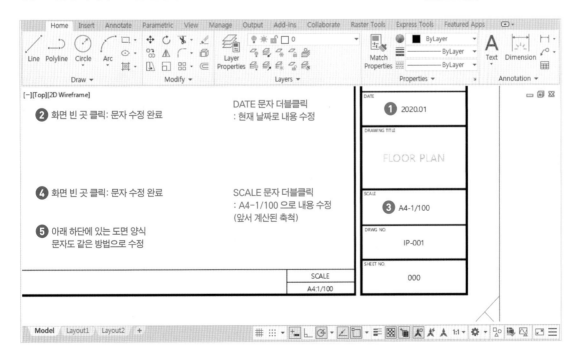

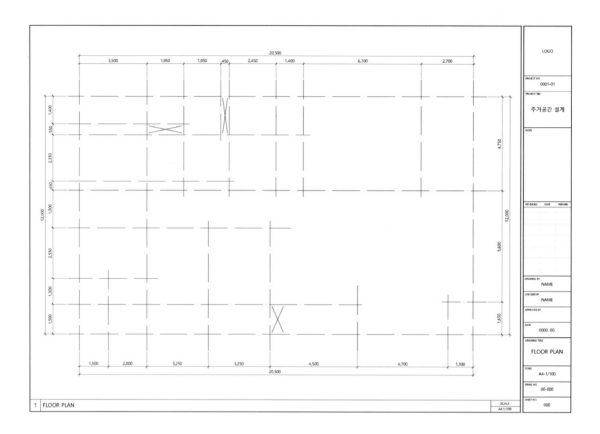

01 벽체의 중심선(Center)을 작업하기 위해 현재 도면층(Current Layer)을 '0-CEN' 도면층으로 설정한다.

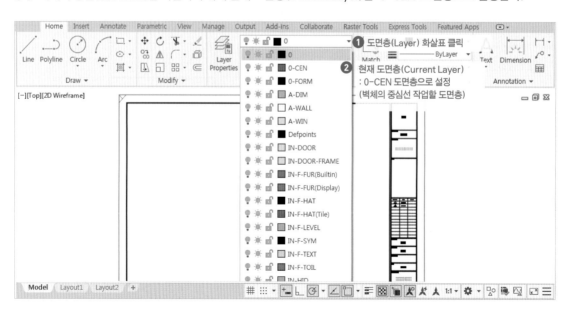

02 도면 이미지에서 치수를 확인하고 도면 양식 위쪽에 전체 치수대로 가로 중심선을 하나 그린다.

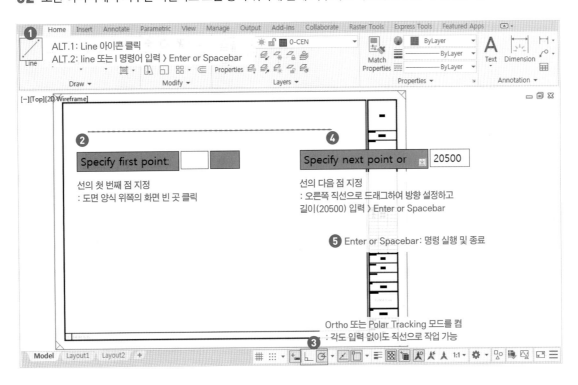

03 세로 전체 치수를 확인하고 가로선의 끝점에서부터 시작하는 세로 중심선을 하나 그린다.

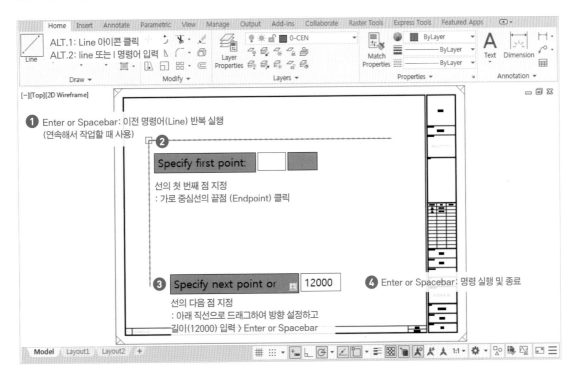

04 중심선 간격 치수를 보고 Offset 명령으로 두 번째 세로 중심선을 만든다(Copy 명령으로도 가능).

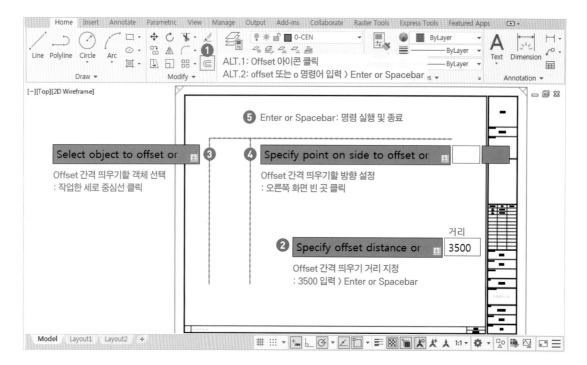

05 같은 방법으로 위쪽과 왼쪽의 중심선 간격 치수를 확인하면서 가로, 세로 중심선을 만든다.

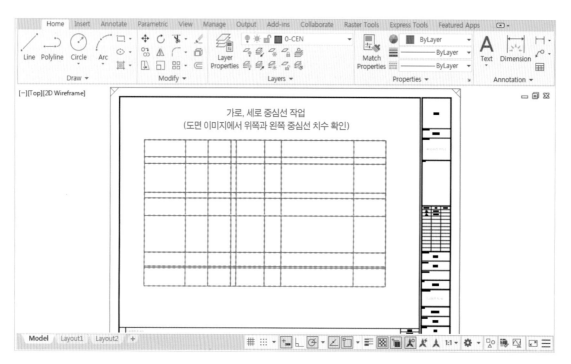

06 중심선이 벽체에서 일정한 길이로 연장되어야 치수의 정확한 위치를 확인할 수 있다. Stretch 명령으로 먼저 조절할 부분을 끝점이 포함되도록 선택한다(가로 중심선은 선택에서 제외).

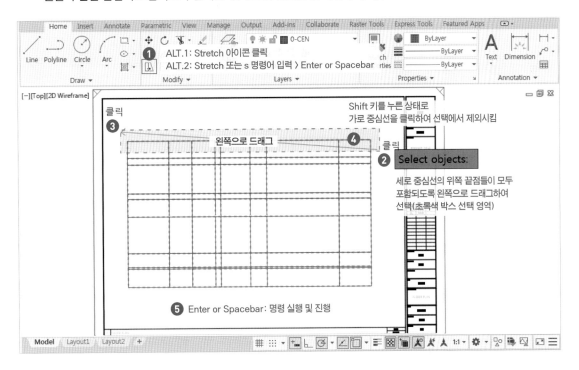

07 적절한 임의의 치수로 중심선의 길이를 늘인다.

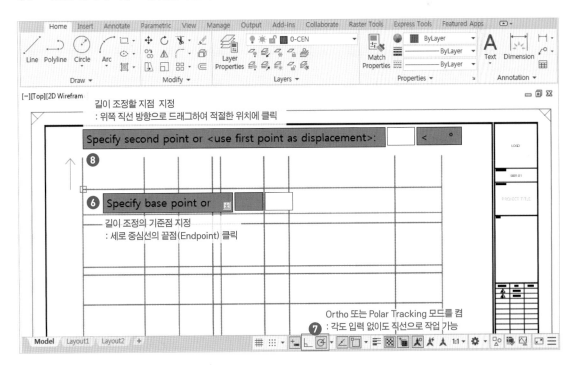

08 같은 방법으로 세로 중심선의 길이를 아래 방향으로 늘인다.

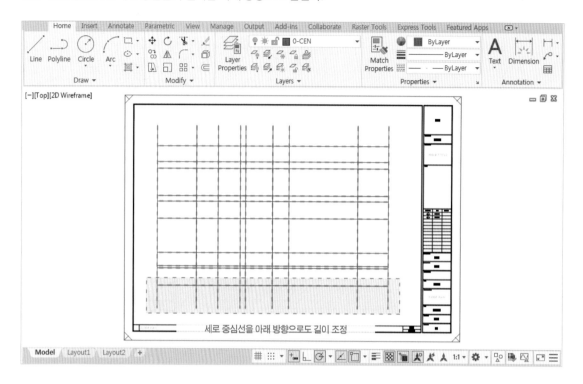

세로 중심선을 아래 방향으로도 길이 조정

09 같은 방법으로 가로 중심선의 길이를 왼쪽 방향으로 늘인다.

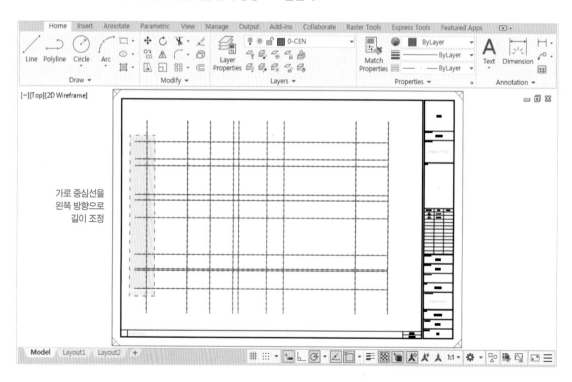

가로 중심선을
왼쪽 방향으로
길이 조정

10 같은 방법으로 가로 중심선의 길이를 오른쪽 방향으로 늘인다.

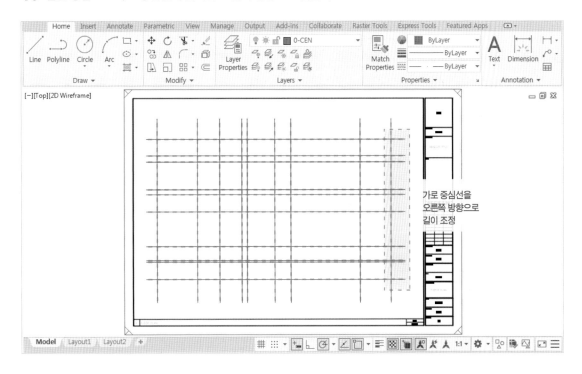

가로 중심선을
오른쪽 방향으로
길이 조정

11 이번에는 중심선의 길이를 벽체의 위치와 크기에 맞춰서 적절하게 조절해야 한다. 세 번째부터 일곱 번째 세로 중심선은 선이 두 개 이상이므로 Stretch 명령으로 길이를 조정한다. 도면 중심선 이미지 참고

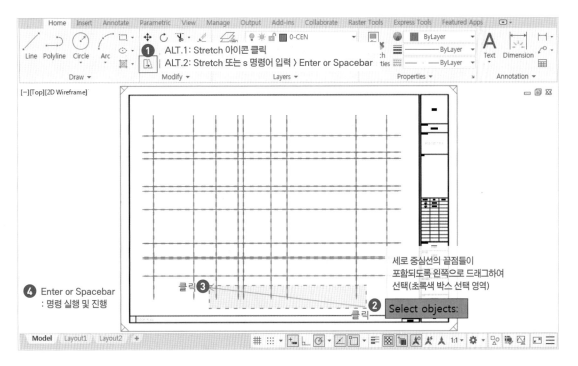

❶ ALT.1: Stretch 아이콘 클릭
ALT.2: Stretch 또는 s 명령어 입력 〉 Enter or Spacebar

세로 중심선의 끝점들이
포함되도록 왼쪽으로 드래그하여
선택(초록색 박스 선택 영역)

클릭 ❸

❹ Enter or Spacebar
: 명령 실행 및 진행

❷ Select objects:

클릭

12 벽체에서 조금 떨어진 곳까지 중심선의 길이를 늘인다.

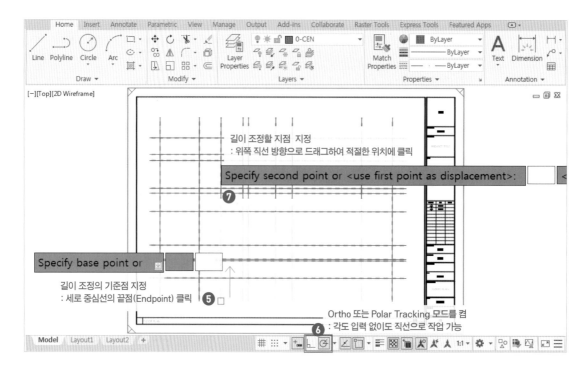

13 네 번째 세로 중심선만 길이가 다르므로 선 하나를 선택하고 Grip을 이용하여 길이를 조정한다.

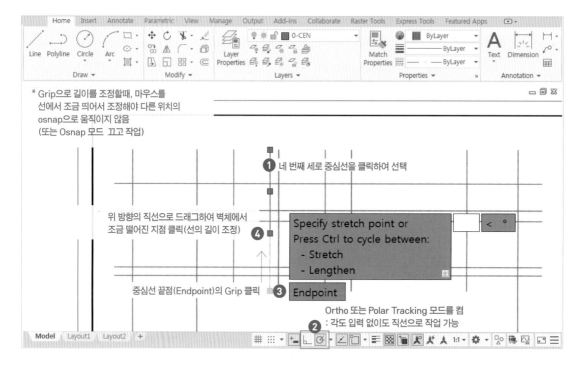

14 다음 그림을 참고하여 위쪽에 있는 가로 중심선도 같은 방법으로 각각의 길이를 조정한다.

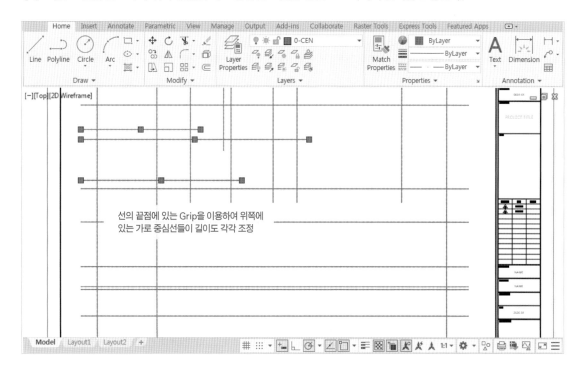

선의 끝점에 있는 Grip을 이용하여 위쪽에
있는 가로 중심선들이 길이도 각각 조정

15 도면 이미지에서 아래에 있는 중심선 간격 치수를 보고 다른 벽체의 세로 중심선도 하나 만든다.

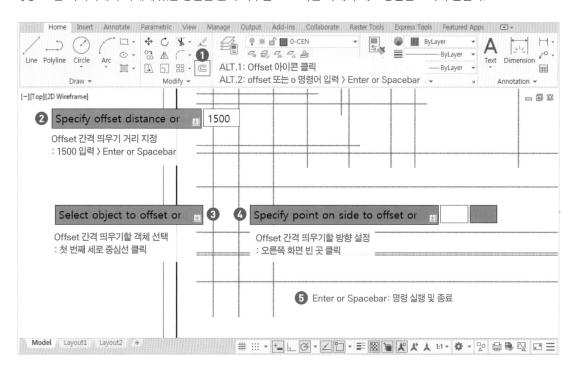

❶ ALT.1: Offset 아이콘 클릭
ALT.2: offset 또는 o 명령어 입력 〉 Enter or Spacebar

❷ Specify offset distance or   1500

Offset 간격 띄우기 거리 지정
: 1500 입력 〉 Enter or Spacebar

❸ Select object to offset or

Offset 간격 띄우기할 객체 선택
: 첫 번째 세로 중심선 클릭

❹ Specify point on side to offset or

Offset 간격 띄우기할 방향 설정
: 오른쪽 화면 빈 곳 클릭

❺ Enter or Spacebar: 명령 실행 및 종료

16 같은 방법으로 다른 벽체의 세로 중심선을 모두 만든다.

> 위쪽 벽체 중심선의 위치와 동일한 경우는 작업하지 않고 상황에 따라 가로 중심선도 같이 작업

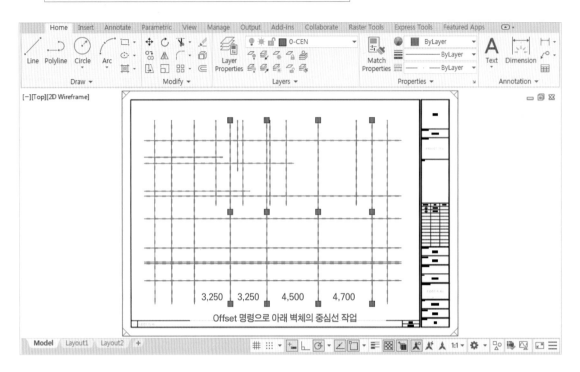

17 앞에서와 같은 방법으로 새로 만든 세로 중심선도 각각 길이를 조정한다.

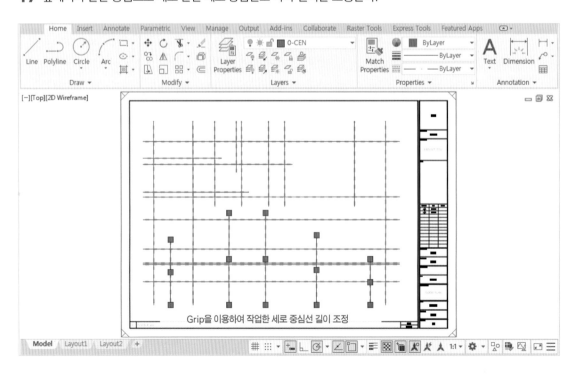

18 아래에 있는 나머지 가로 중심선의 길이도 각각 조정한다.

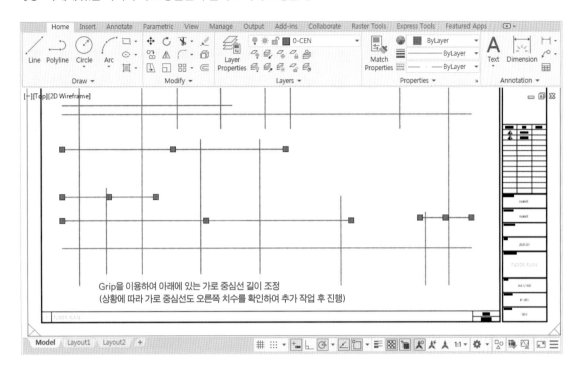

Grip을 이용하여 아래에 있는 가로 중심선 길이 조정
(상황에 따라 가로 중심선도 오른쪽 치수를 확인하여 추가 작업 후 진행)

19 중심선 작업이 완료되었다. 이 작업은 벽체를 만들기 위한 기본 작업이므로 중요하다. 따라서 그림과 비교하여
잘못된 치수가 없는지 반드시 확인한다. Dist : 거리 측정 명령으로 각각의 거리 치수를 확인

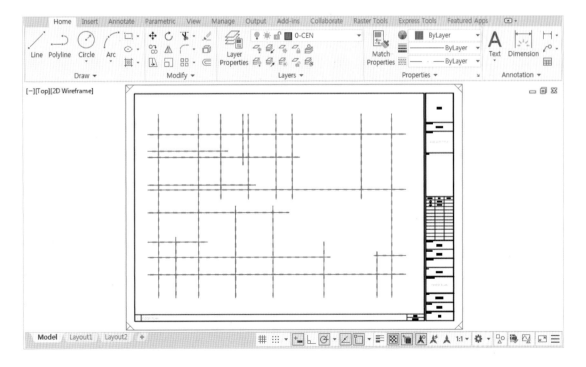

20 중심선이 적절한 크기의 일점쇄선으로 표현되도록 LTS 명령으로 선 종류 크기를 조정한다.

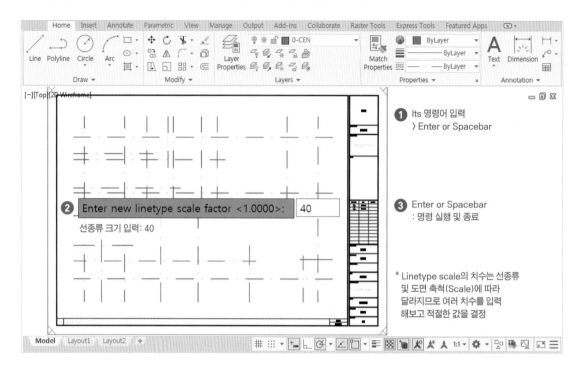

① lts 명령어 입력
〉Enter or Spacebar

② Enter new linetype scale factor <1.0000>: 40
선종류 크기 입력: 40

③ Enter or Spacebar
: 명령 실행 및 종료

* Linetype scale의 치수는 선종류
및 도면 축척(Scale)에 따라
달라지므로 여러 치수를 입력
해보고 적절한 값을 결정

Section 03 | 벽체(WALL) 작업

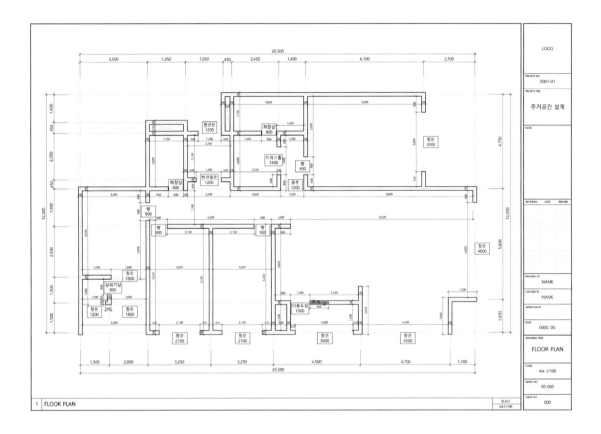

1 | FLOOR PLAN

01 벽체 작업을 하기 위해 현재 도면층(Current Layer)을 'A-WALL' 또는 'IN-WALL' 도면층으로 설정한다.

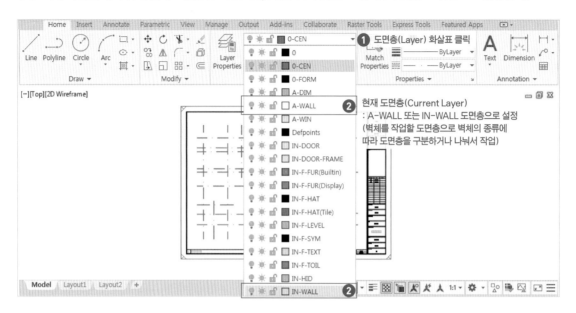

02 도면 이미지에서 벽체의 두께(설정값: 200mm)를 확인한 후 Offset 명령을 실행한다. 중심선을 기준으로 100mm씩 위아래로 간격 띄우기 복사하여 가로 벽체를 하나 만든다.

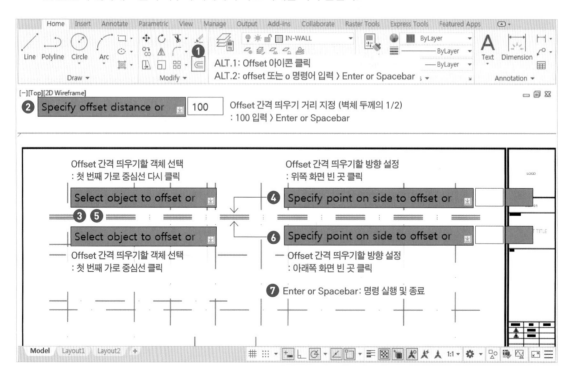

03 다른 가로 중심선을 이용하여 같은 방법으로 벽체를 만든다.

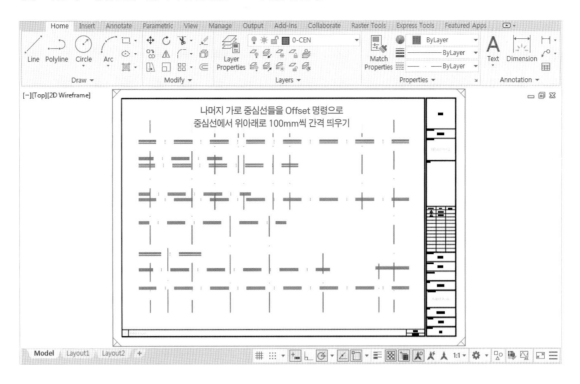

04 Offset 작업한 벽체선 중 하나를 선택하고 도면층(Layer)을 'A-WALL' 또는 'IN-WALL' 의 벽체 도면층(Layer)으로 변경한다.

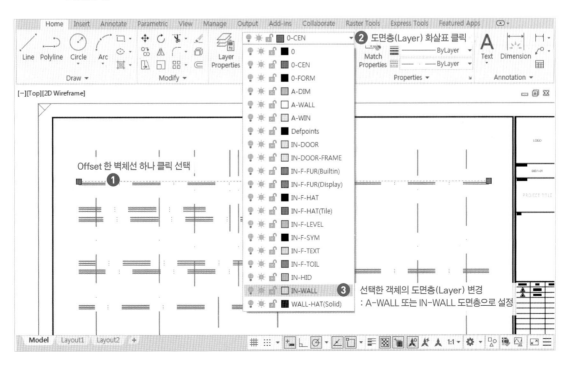

05 Match Properties 명령으로 나머지 벽체를 같은 속성으로 일치시켜 벽체 도면층(Layer)으로 설정한다.

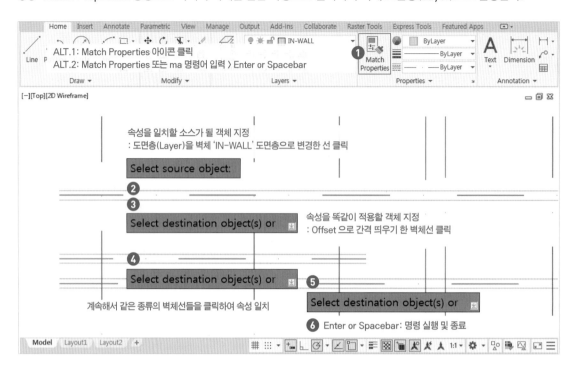

06 이번에는 다른 방법으로 벽체를 만들어본다. Offset 명령을 실행할 때 Layer 옵션을 Current로 설정하면 자동으로 현재 도면층(Layer)의 선으로 벽체가 만들어진다.

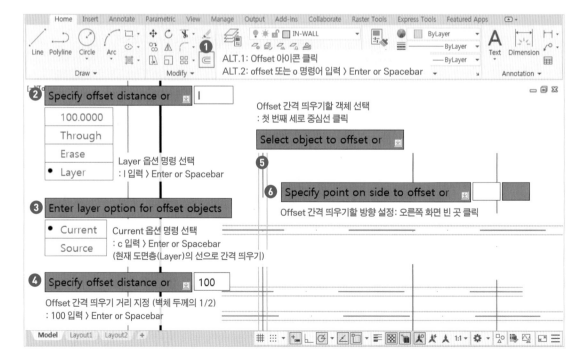

07 계속 같은 방법으로 모든 세로 중심선에서 벽체선을 만든다.

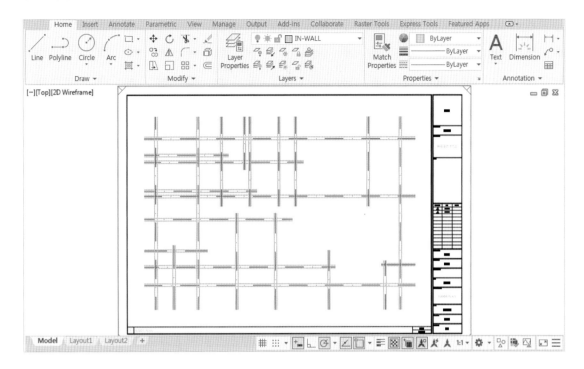

08 벽체선을 정리하기 위해 Off 명령으로 중심선 도면층(Layer)을 화면에서 끈다.

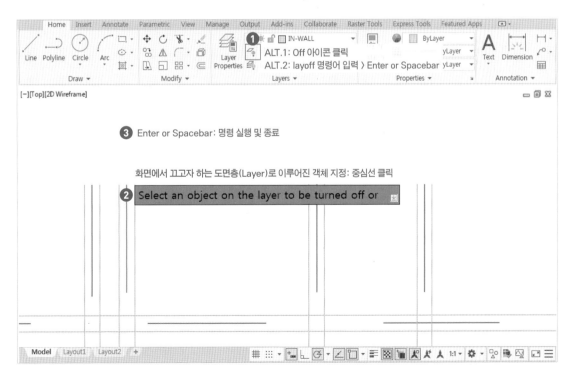

09 Fillet 명령을 사용하여 벽체 모서리를 90도로 각지도록 정리한다(Trim 명령으로도 가능).

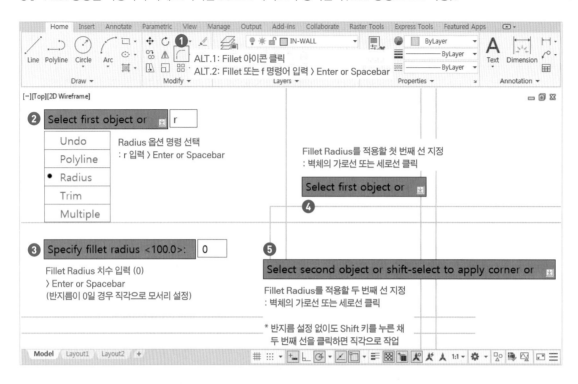

10 다른 모서리 벽체도 Fillet 명령을 사용하여 각지게 선을 정리한다.

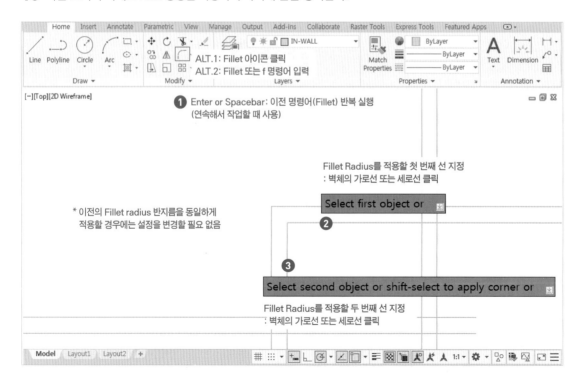

11 나머지 벽체 모서리도 같은 방법으로 정리한다.

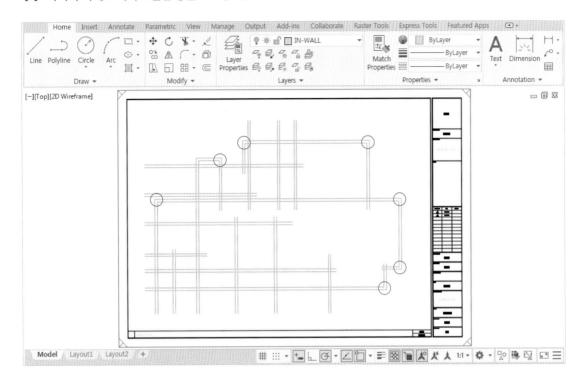

12 벽체 외부로 튀어나온 선은 Trim 명령으로 잘라서 정리한다.

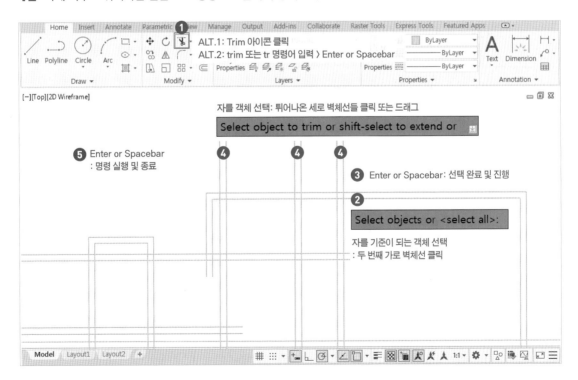

13 다음 그림을 확인하면서 외부로 튀어나온 나머지 벽체 선도 같은 방법으로 정리한다.

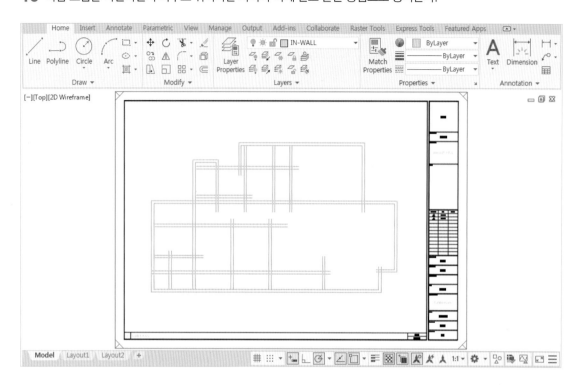

14 현관문 부분에 치수 도면 이미지를 확인하면서 필요한 선을 Offset 명령으로 만든다.

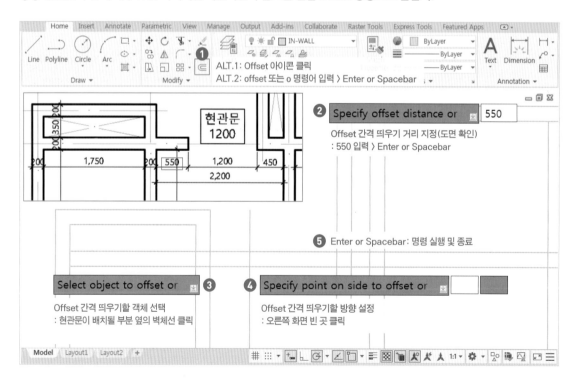

15 현관문이 들어갈 부분과 주변 벽체선을 Trim 명령으로 잘라서 정리한다.

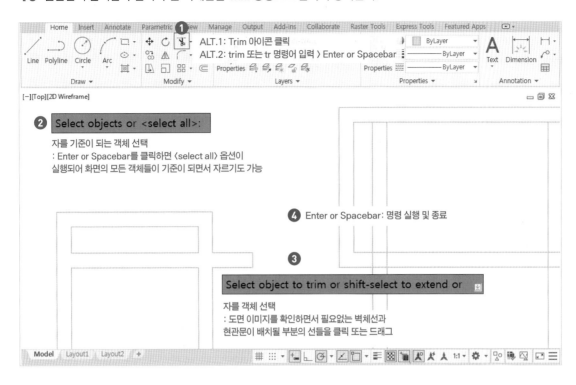

16 현관 중문 부분에도 치수 도면 이미지를 확인하면서 Offset 명령으로 필요한 선을 두 개 만든다.

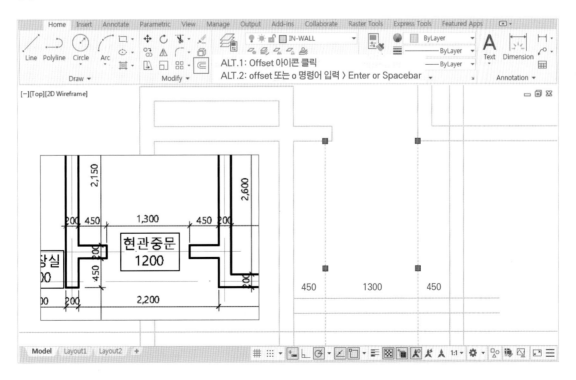

17 현관 중문이 들어갈 부분과 주변 벽체선을 Trim 명령으로 잘라서 정리한다.

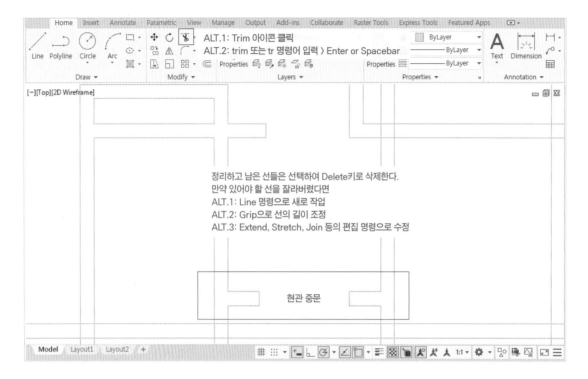

18 공용 화장실 문 부분도 치수 도면 이미지를 확인하면서 Offset 명령으로 필요한 선을 만든다.

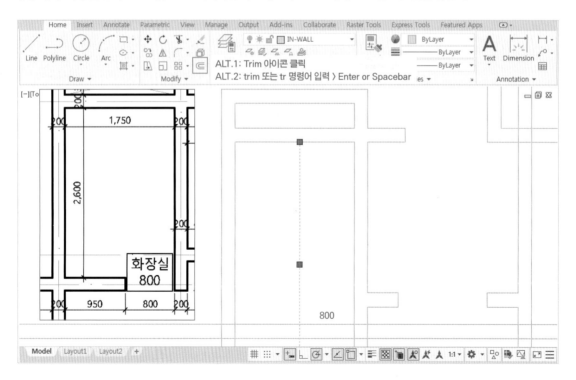

19 공용 화장실 문이 들어갈 부분과 주변 벽체선을 Trim 명령으로 잘라서 정리한다.

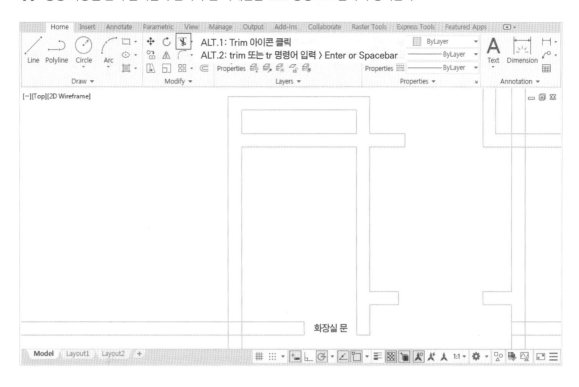

20 치수 도면 이미지를 확인하면서 앞과 같은 방법으로 나머지 공간의 모든 문과 창문 위치 및 벽체 선을 정리한다 (필요에 따라 벽체 두께 및 벽체 도면층(Layer)을 세분화하거나 구분하여 작업).

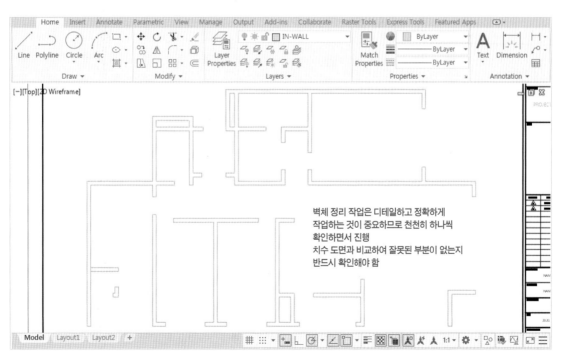

21 주방 공간에서 다용도실 문은 포켓 도어로 벽체 부분을 정확한 치수로 정리한다.

> 📢 포켓 도어는 벽 안으로 밀어 넣어서 열고, 빼서 닫는 문이다. 따라서 이 과정은 문이 들어갈 공간을 벽체 안에 만들어 주는 것이다.

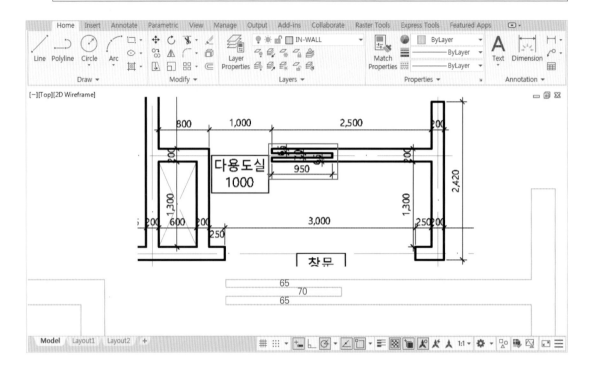

22 꺼져있는 '0-CEN' 중심선 도면층(Layer)을 켜고 현재 도면층(Current Layer)으로 설정한다.

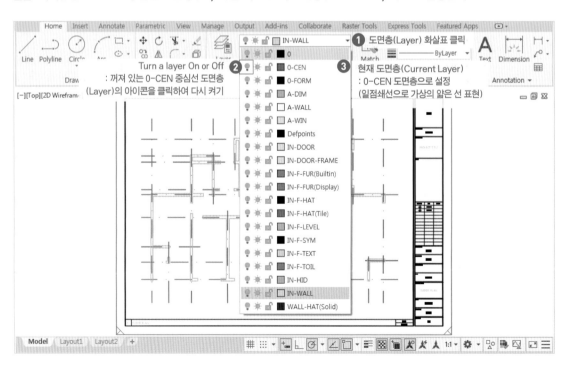

23 P.D/A.D 부분은 설비관이 지나가는 공간으로 바닥 및 천장이 뚫려있는 공간이다(주방 및 욕실 벽체 측면 공간). 먼저 공용 욕실 옆의 P.D/A.D 부분에 Line 명령으로 X 표시로 선을 그린다.

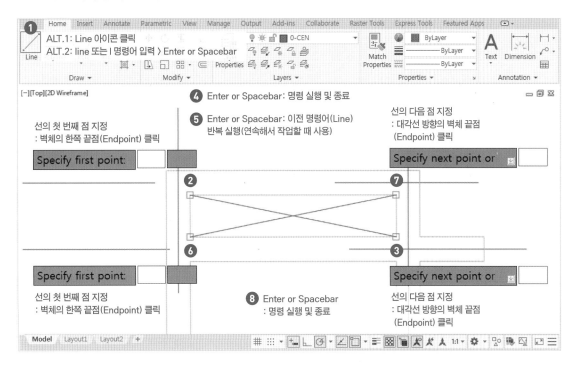

24 안방 욕실 및 주방 옆의 P.D/A.D 부분에도 같은 방법으로 X 표시를 만든다.

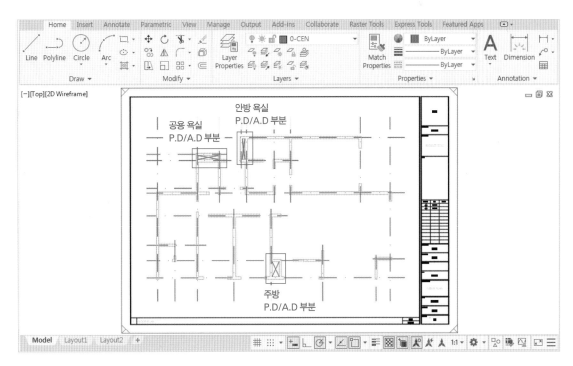

25 X 표시의 일점쇄선이 실선처럼 보인다. 따라서 X 표시 일점쇄선만 선택하고 Properties 설정창에서 Linetype scale 치수를 0.5로 변경하여 선 종류의 크기를 1/2로 줄인다.

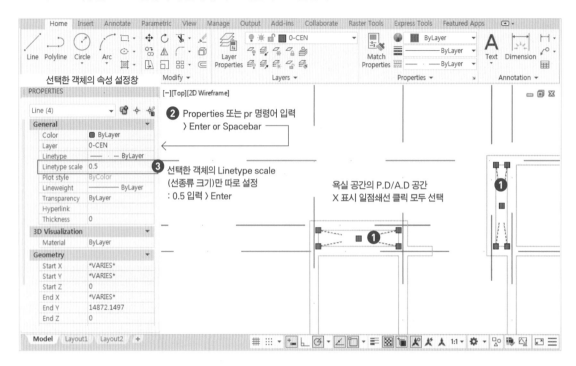

26 주방 옆의 P.D/A.D 공간의 경우에는 선이 더 짧으므로 Linetype scale 치수를 0.3으로 설정한다.

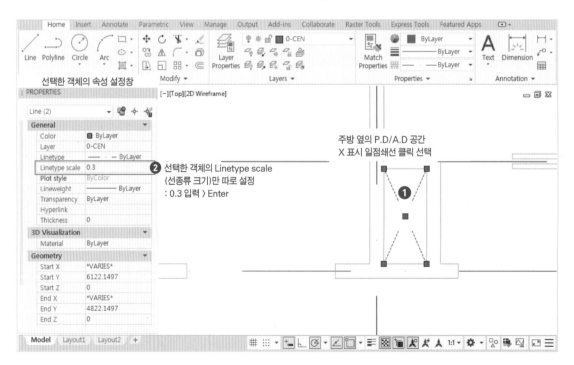

27 벽체선 작업이 완료된 모습이다.

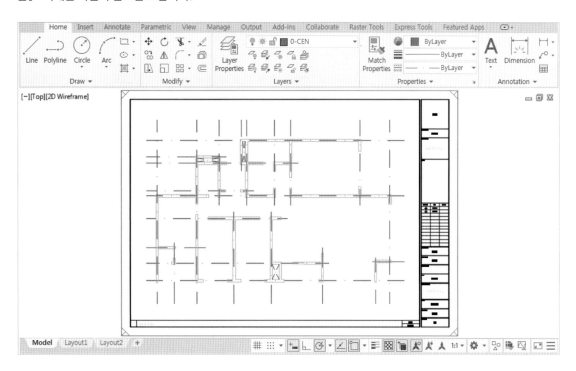

Section 04 | 창문과 문 블록(BLOCK) 및 바닥선 작업

실습 파일: FLOOR PLAN BLOCK (블록 자료) 〉 01 WINDOW, 02 DOOR의 모든 블록 파일

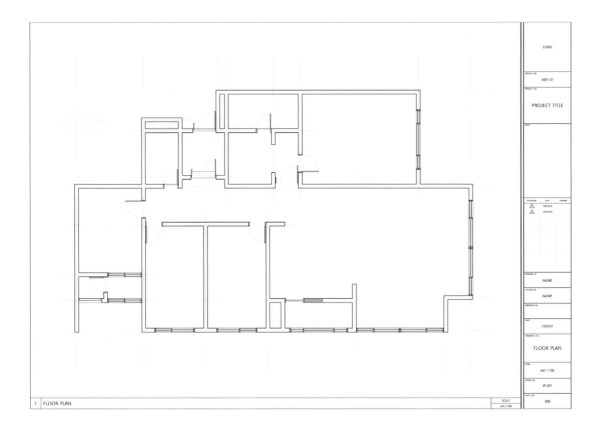

01 창문 작업을 하기 위해 현재 도면층(Current Layer)을 'A-WIN' 도면층으로 설정한다.

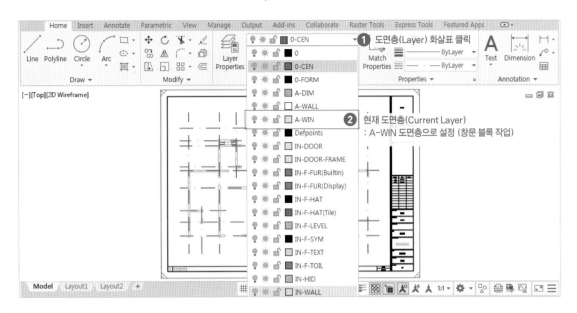

02 창문 블록(Block) 파일을 불러오기 위해 Insert 명령을 실행한다. 설정창이 뜨면 Browse 버튼을 클릭하고 'FLOOR PLAN BLOCK' 자료 폴더에서 원하는 블록(Block) 파일을 선택하여 가져온다.

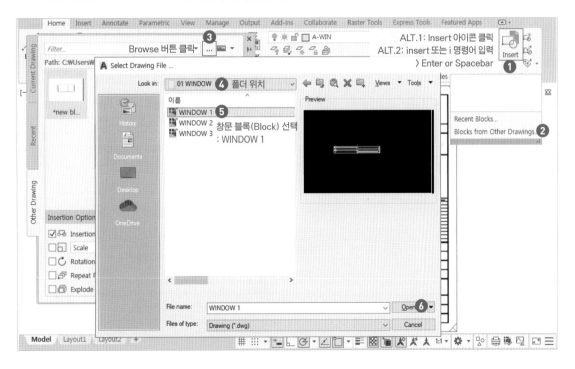

03 임의로 화면 빈 곳을 클릭하여 창문 블록(Block)을 배치한다.

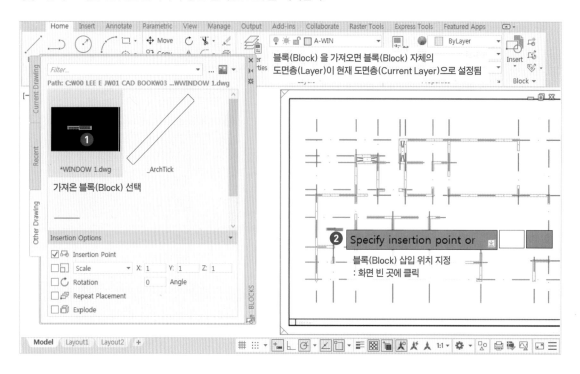

04 도면 이미지에서 창문의 위치를 정확히 확인한 후에 Grip을 이용하여 한쪽 벽체에 맞춰 블록을 이동한다(Move 명령으로도 가능).

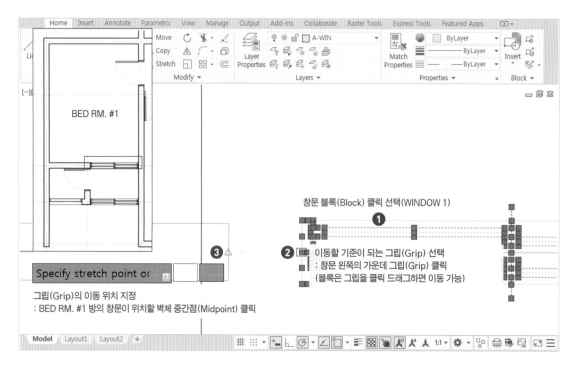

05 만약 창문이 벽체와 같은 위치에 배치된다면 벽체에서 10mm 튀어나오도록 다시 한 번 이동한다.

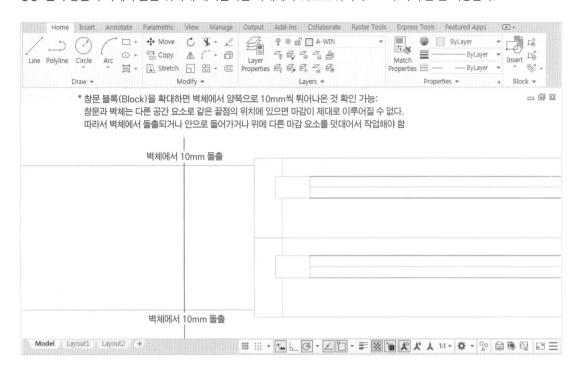

06 창문 블록(Block) 크기를 조정해야 한다. 먼저 Dist 명령으로 창문과 벽체 사이의 거리 치수를 확인한다.

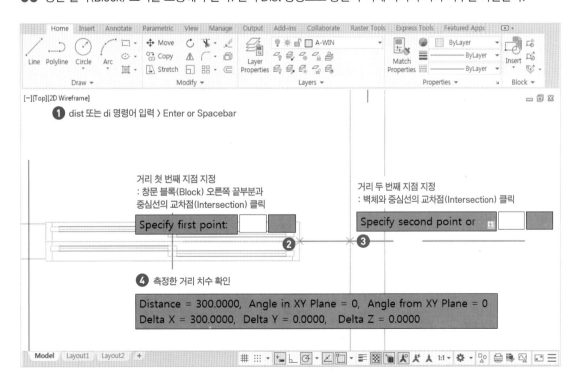

07 창문 블록(Block)을 더블클릭하여 편집 모드로 설정한다. Explode 명령으로 분해하면 블록 편집이 아닌 일반 객체로 수정할 수 있다.

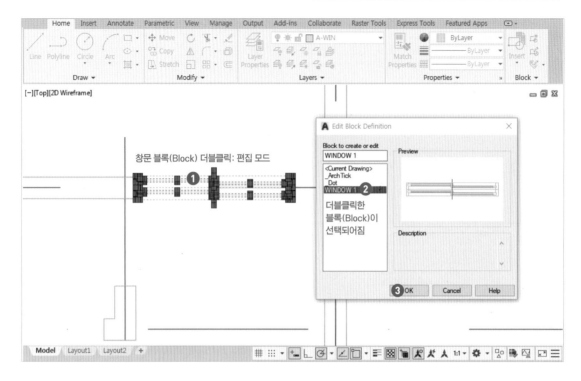

08 편집 모드에서 Stretch 명령으로 창문 길이를 조정한다.

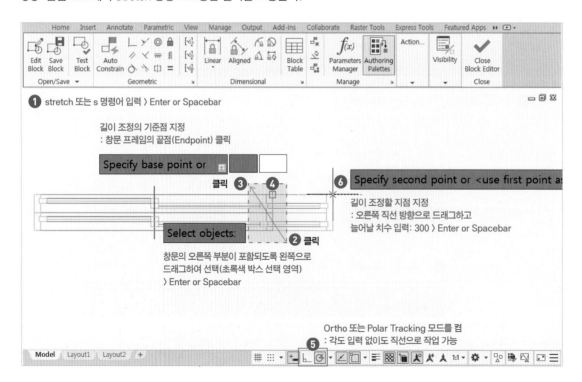

09 다시 Stretch 명령으로 창문 가운데 부분의 위치를 조정한다.

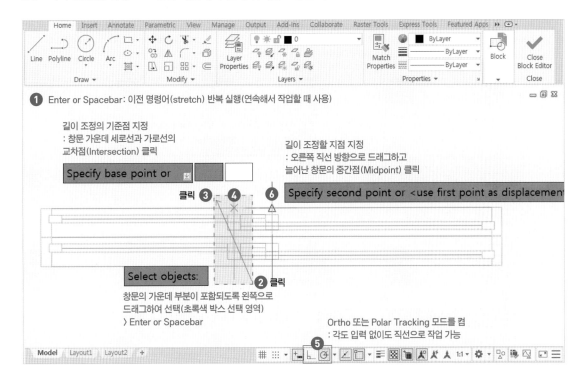

10 블록(Block) 편집 모드를 닫고 저장한다.

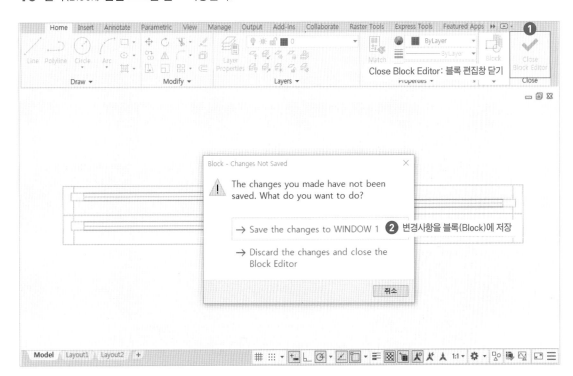

11 아래에 있는 창문은 같은 종류와 같은 크기의 창문이므로 Copy 명령으로 복사하여 배치한다.

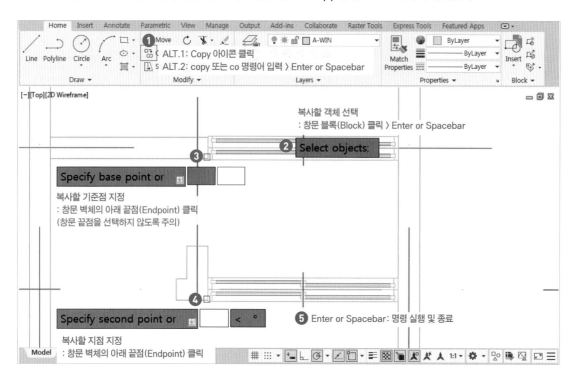

12 실외기실의 창문도 Insert 명령을 실행하고 'FLOOR PLAN BLOCK' 자료 폴더에서 'WINDOW 2' 블록(Block) 파일을 선택하여 가져온다.

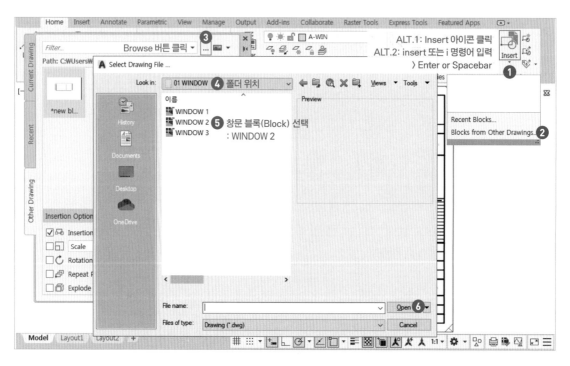

13 임의로 화면 빈 곳을 클릭하여 창문 블록(Block)을 배치한다.

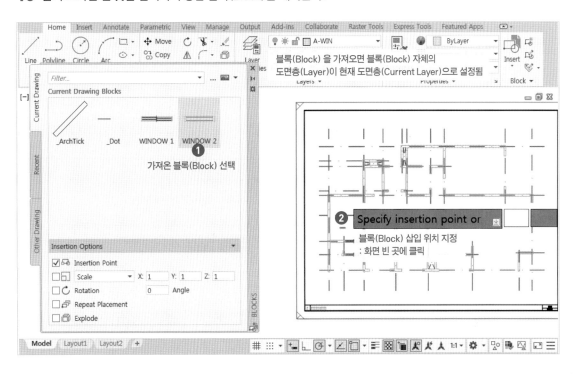

14 도면 이미지에서 창문의 위치를 정확히 확인한 후에 Grip을 이용하여 실외기실 벽체 위쪽으로 창문 블록(Block)을 이동한다(Move 명령으로도 가능).

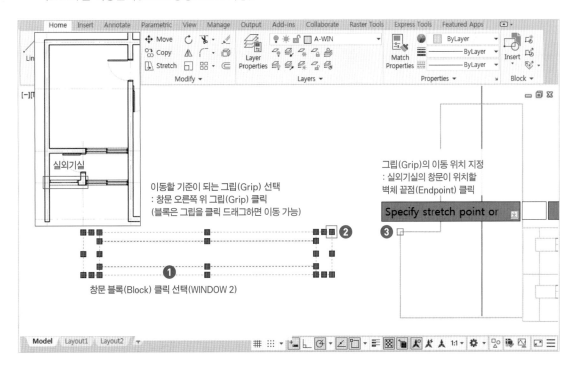

15 벽체에서 10mm만큼 튀어나오도록 다시 한 번 이동한다.

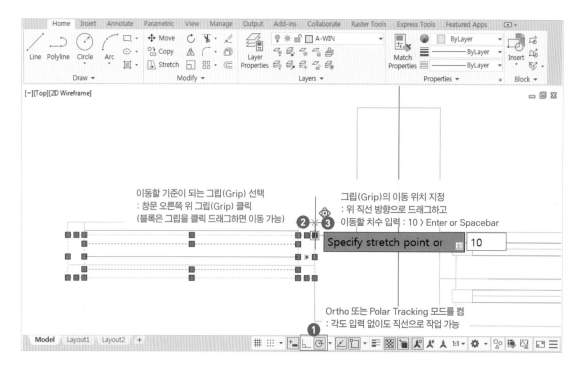

16 창문 블록(Block) 크기를 조정해야 한다. 먼저 Dist 명령으로 차이 나는 거리 치수를 확인한다.

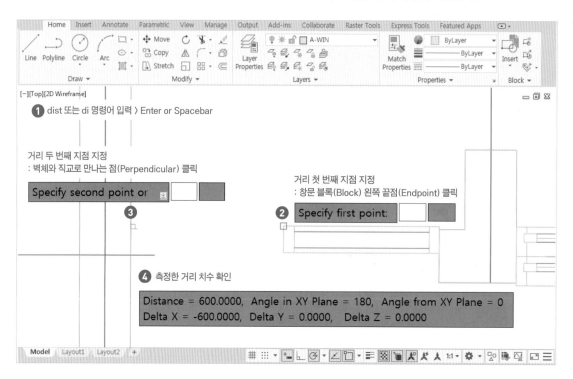

17 창문 블록(Block)을 더블클릭하여 편집 모드로 설정한다(Explode 명령으로 분해 후에 작업 가능).

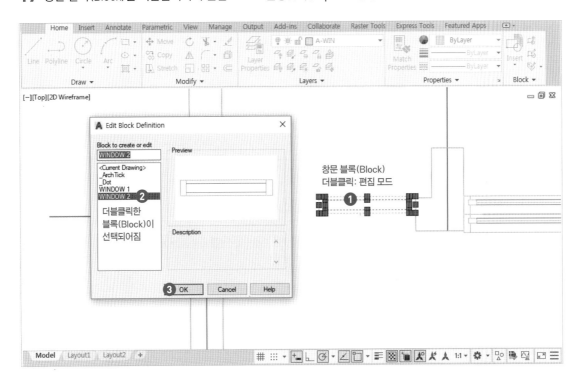

18 편집 모드에서 Stretch 명령으로 창문 길이를 조정한다.

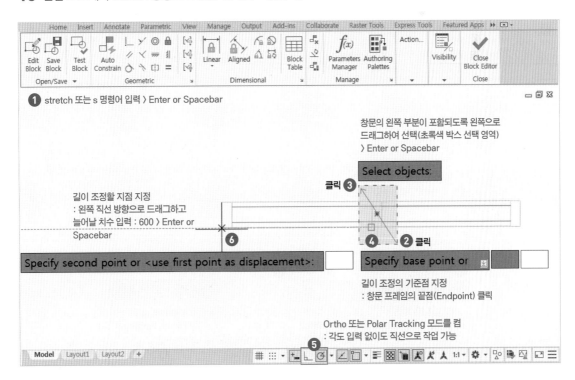

19 블록(Block) 편집 모드를 닫고 저장한다.

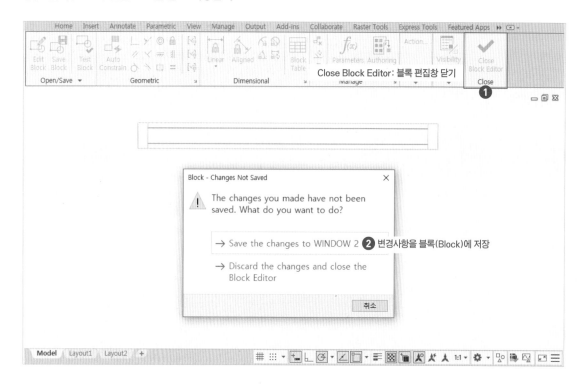

20 벽체 아래 끝점에서부터 벽체 턱 선을 그리고 색상을 변경한다.

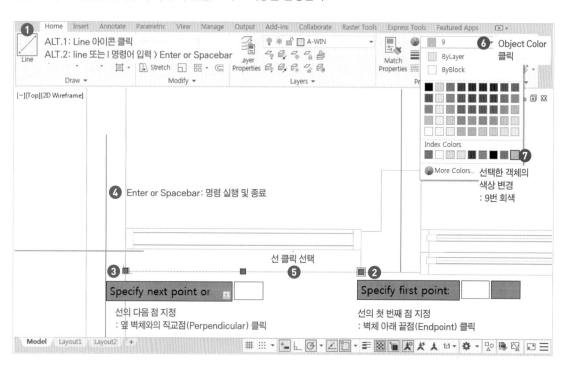

21 BED RM. #2 방과 STUDY RM. 창문은 WINDOW 1 창문이다. 따라서 BED RM. #1 방에 배치한 WINDOW 1 창문 블록(Block)을 Copy 명령으로 복사하여 BED RM. #2 방의 창문 벽체에 배치한다.

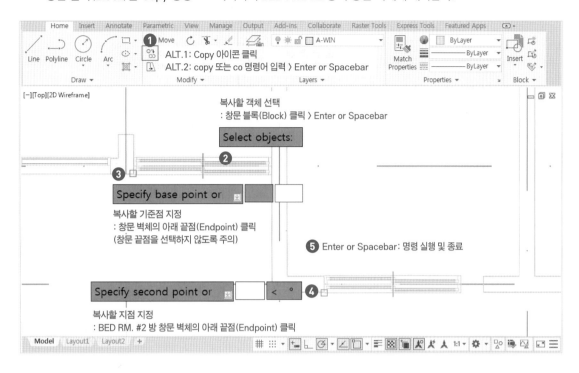

22 같은 이름의 블록(Block)을 편집하면 모든 복사한 블록(Block)도 같은 형태로 변형된다. 따라서 복사한 블록 (Block)을 별도로 수정하기 위해서는 Explode 명령으로 분해한 후에 작업을 진행한다.

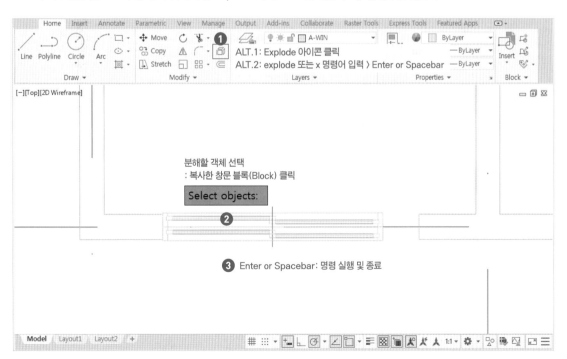

23 Stretch 명령으로 분해한 창문의 길이를 조정한다.

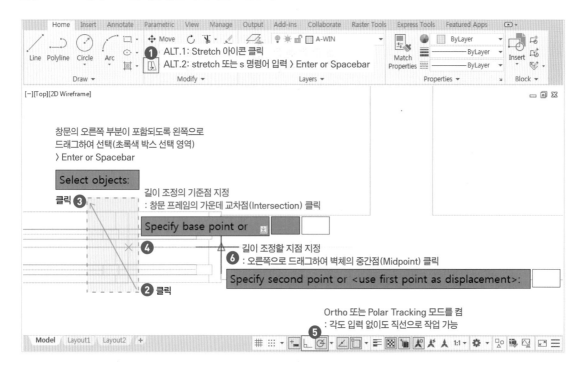

24 STUDY RM. 방에도 같은 종류와 같은 크기의 창문이므로 Mirror 명령으로 대칭 복사하여 배치한다.

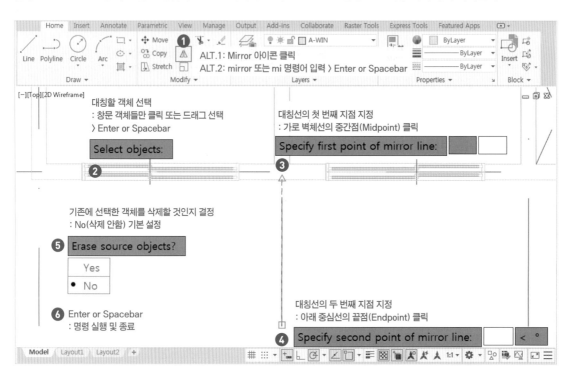

25 UTILITY 다용도실 창문은 WINDOW 3 블록(Block)을 불러와서 같은 방법으로 배치하여 수정한다.

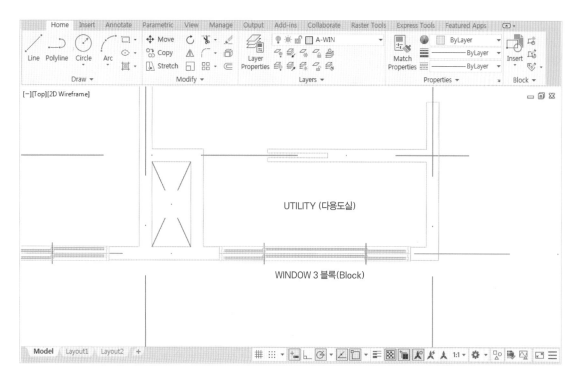

26 M. BED RM. 안방 창문도 WINDOW 3 창문이므로 다용도실 창문을 복사하여 회전하고 배치한다.

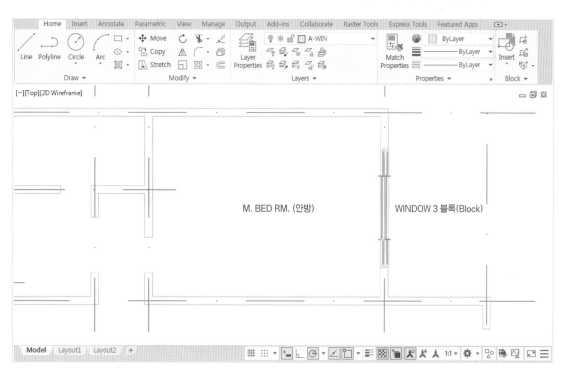

27 LIVING RM. 거실 창문은 WINDOW 2 창문 블록(Block)을 두 개 붙여서 같은 방법으로 작업한다.

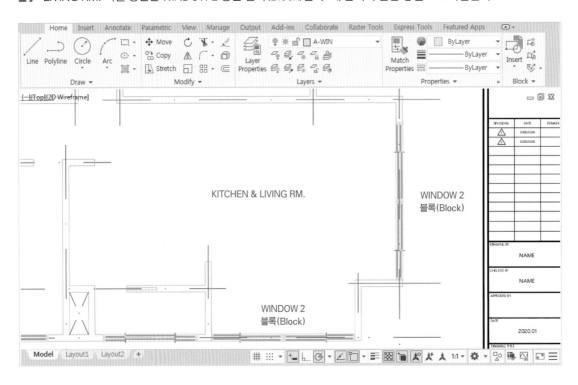

28 지금부터 문 작업을 하기 위해 현재 도면층(Current Layer)을 'IN-DOOR' 도면층으로 설정한다.

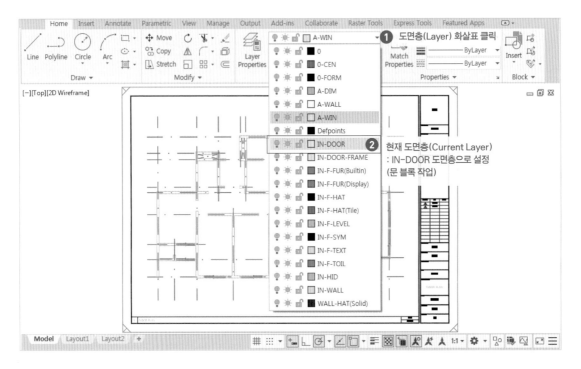

29 Insert 명령을 실행하고 'FLOOR PLAN BLOCK' 자료 폴더에서 DOOR 1 일반문 블록 파일을 선택하여 가져온다.

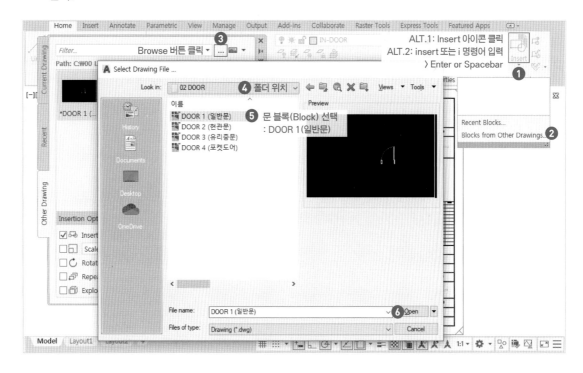

30 임의로 화면 빈 곳을 클릭하여 문 블록(Block)을 배치한다.

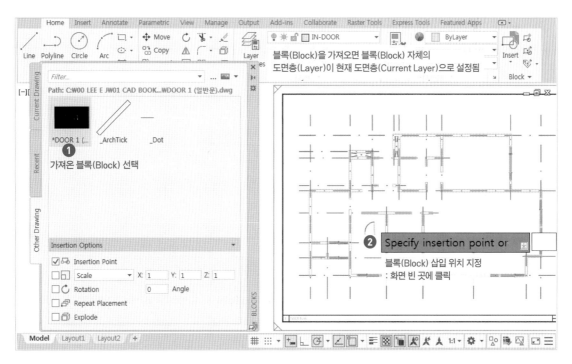

31 도면 이미지에서 문의 위치 및 방향을 확인한다. 우선 BED RM. #1 방문에 맞게 불러온 문 블록(Block)을 90도로 회전한다.

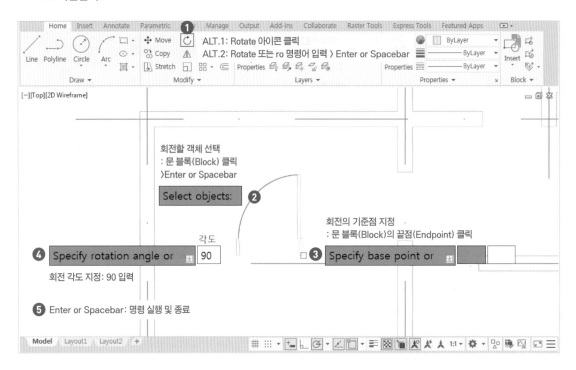

32 Grip을 이용하여 BED RM. #1 방문 한쪽 벽체에 맞춰 블록을 이동한다(Move 명령으로도 가능).

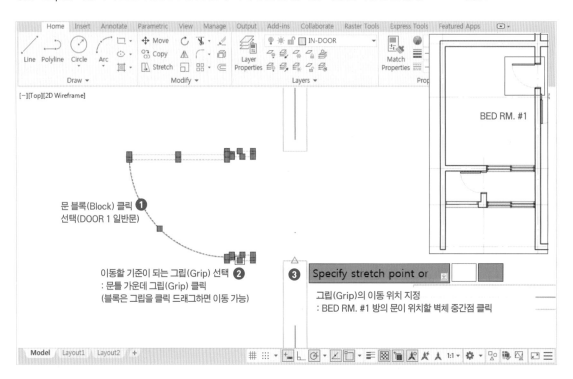

33 만약 문이 벽체와 같은 위치에 배치된다면 벽체에서 10mm만큼 튀어나오도록 다시 한 번 이동한다.

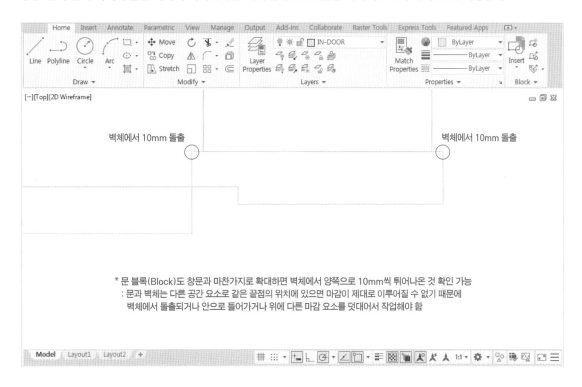

34 BED RM. #2 방문도 같은 종류와 같은 크기의 문이므로 BED RM. #1 방문을 복사한다.

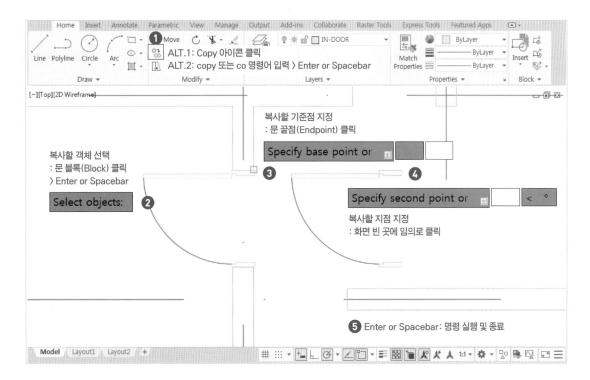

35 도면 이미지에서 문의 위치 및 방향을 확인하고 Rotate 명령으로 회전한다.

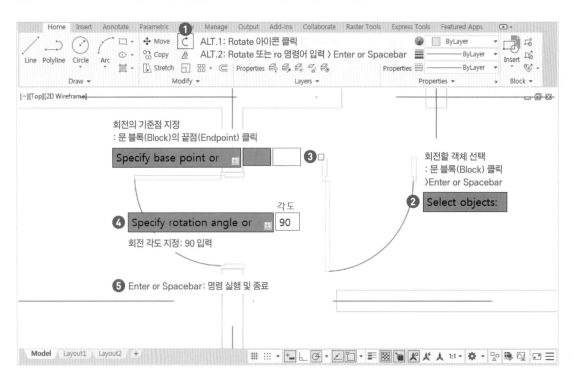

36 Grip을 이용하여 BED RM. #2 방문 한쪽 벽체에 맞춰 블록을 이동한다(Move 명령으로도 가능).

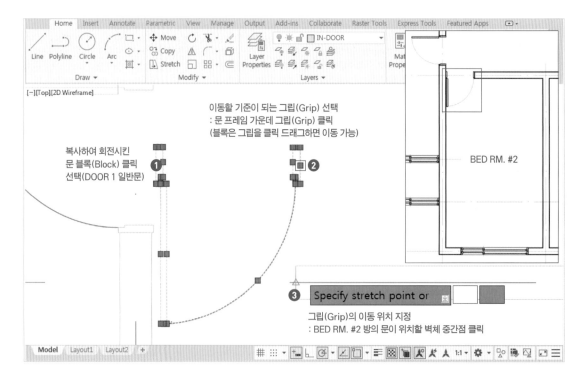

37 STUDY RM. 방문도 종류와 크기가 같은 문이므로 Mirror 명령으로 대칭 복사하여 배치한다.

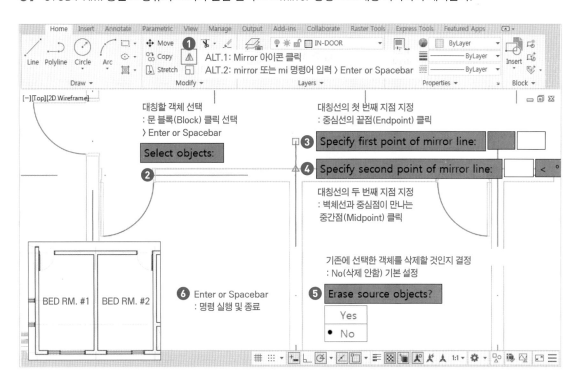

38 M. BED RM. 방문도 같은 종류와 같은 크기의 문이므로 앞에서와 같은 방법으로 작업하여 배치한다.

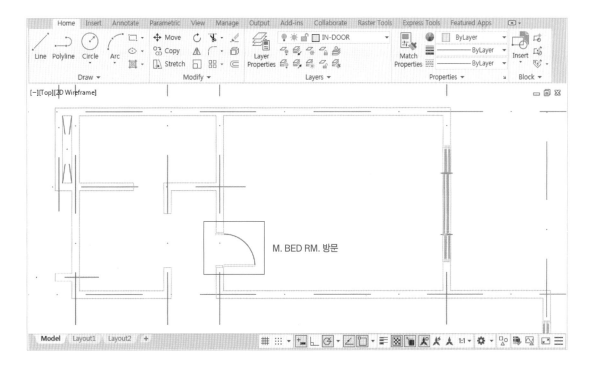

39 이번에는 욕실 문을 작업해본다. 방문과 같은 종류의 문이지만 크기가 다르므로 방문을 복사한 다음에 수정하여 배치한다. 먼저 방문을 하나 복사한다.

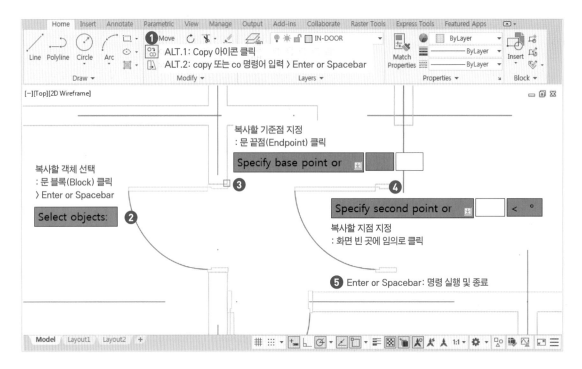

40 도면 이미지에서 BATH RM.(공용 욕실) 문의 위치 및 방향을 확인하고 Rotate 명령으로 회전한다.

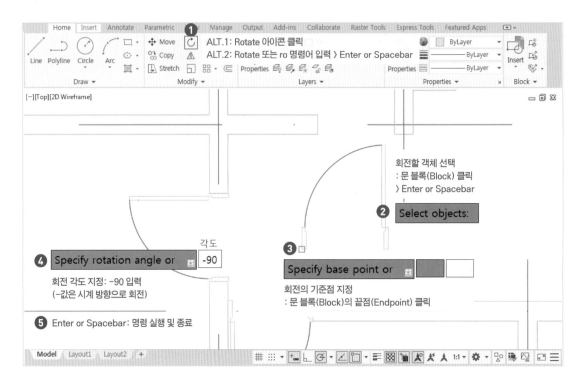

41 Grip을 이용하여 BATH RM.(공용 욕실) 문 한쪽 벽체에 맞춰 블록을 이동한다(Move 명령으로도 가능).

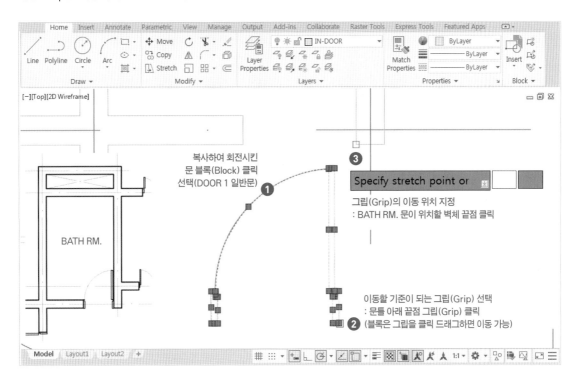

복사하여 회전시킨
문 블록(Block) 클릭
선택(DOOR 1 일반문) **1**

3
Specify stretch point or

그립(Grip)의 이동 위치 지정
: BATH RM. 문이 위치할 벽체 끝점 클릭

BATH RM.

이동할 기준이 되는 그립(Grip) 선택
: 문틀 아래 끝점 그립(Grip) 클릭
2 (블록은 그립을 클릭 드래그하면 이동 가능)

42 창문이 벽체와 같은 위치에 배치되었으므로 벽체에서 10mm만큼 튀어나오도록 다시 한 번 이동한다.

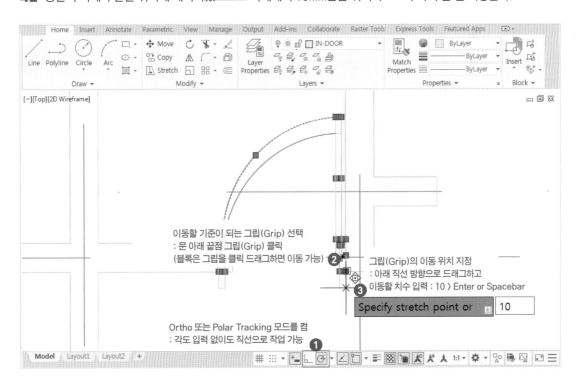

이동할 기준이 되는 그립(Grip) 선택
: 문 아래 끝점 그립(Grip) 클릭
(블록은 그립을 클릭 드래그하면 이동 가능) **2**

그립(Grip)의 이동 위치 지정
: 아래 직선 방향으로 드래그하고
3 이동할 치수 입력 : 10 〉 Enter or Spacebar

Specify stretch point or 10

Ortho 또는 Polar Tracking 모드를 켬
: 각도 입력 없이도 직선으로 작업 가능 **1**

43 복사한 블록(Block)을 별도로 수정하기 위해서 Explode 명령으로 분해한다.

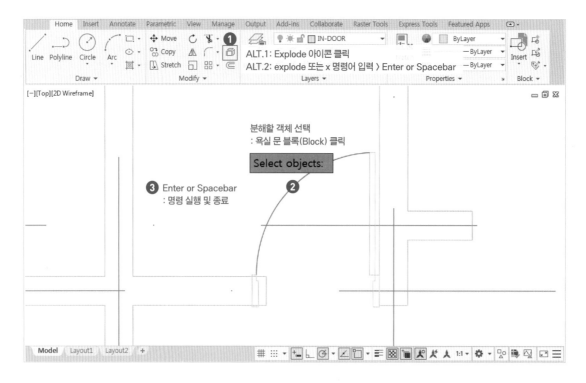

44 문 블록(Block)은 문 넓이와 길이, 호, 상황에 따라서는 문틀의 길이 등을 각각 모두 수정해야 한다.

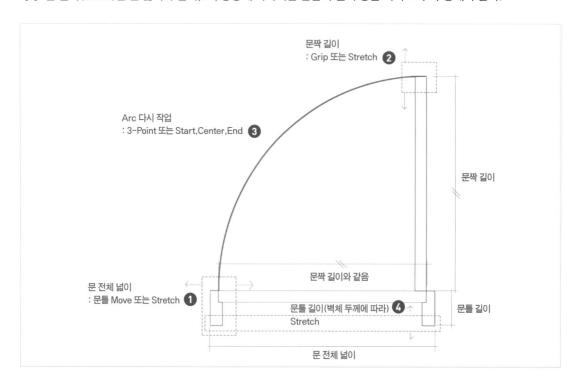

45 Move 명령으로 분해한 문의 프레임을 벽체로 이동하여 문 넓이를 조정한다(Stretch 명령으로도 가능).

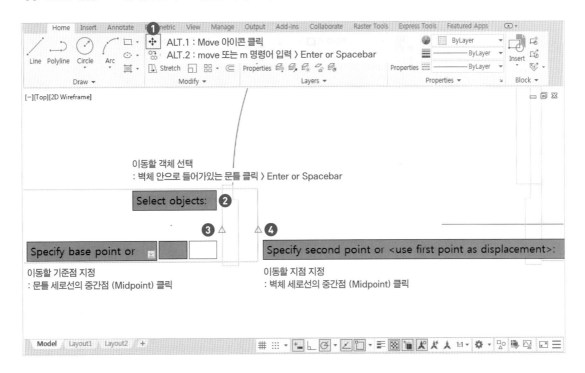

46 Grip으로 분해한 문짝의 길이를 100mm만큼 줄인다(Stretch 명령으로도 가능).

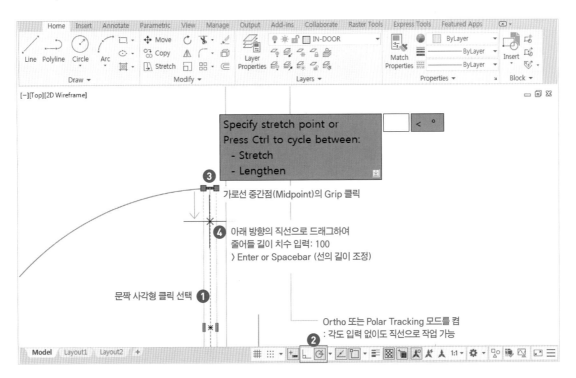

47 Arc 명령으로 문이 열리는 영역인 호를 다시 작업한다.

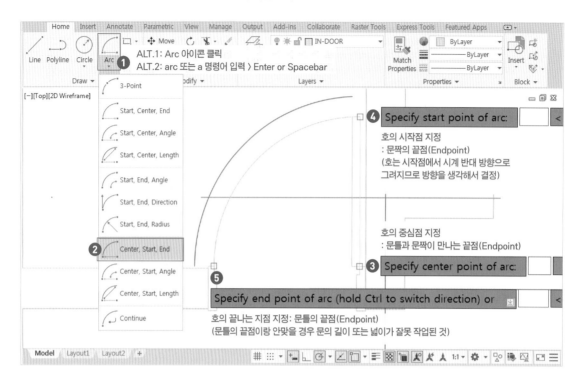

48 호의 색상을 Red로 변경하고 기존의 호는 필요 없으므로 삭제한다.

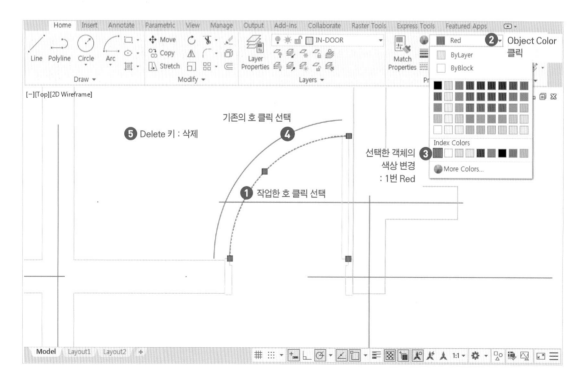

49 안방 욕실 및 발코니 실외기실 문도 같은 종류와 같은 크기의 문이므로 복사하거나 회전시켜서 배치한다.

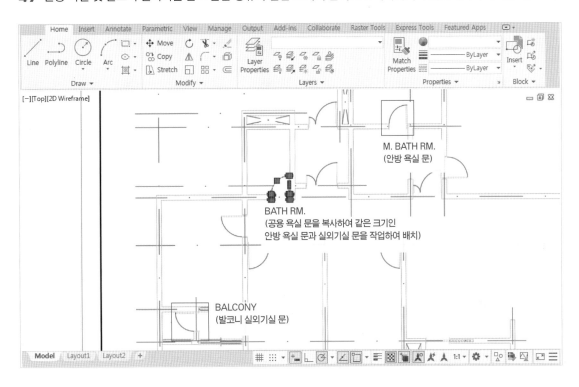

50 현관문은 DOOR 2(현관문) 블록(Block)을 불러와서 앞에서와 같은 방법으로 배치한다.

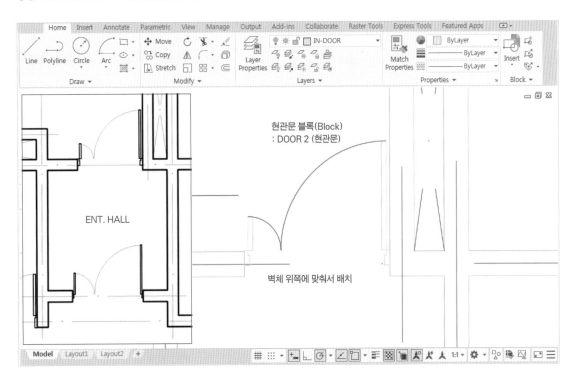

51 현관 중문은 DOOR 3(유리중문) 블록(Block)을 불러와서 앞에서와 같은 방법으로 배치한다.

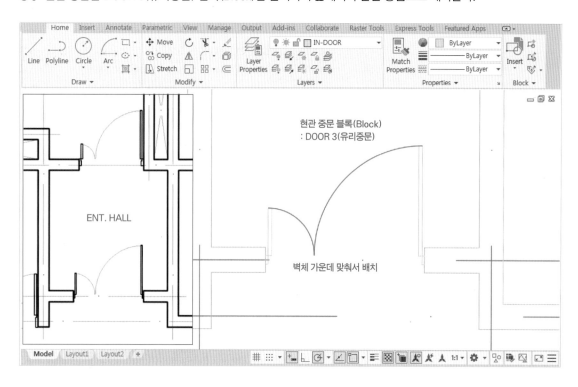

52 안방 공간으로 들어가는 유리 중문의 경우 현관 중문 블록(Block)을 복사하여 앞에서와 같은 방법으로 크기를 수정하여 배치한다(작은 문을 100mm 줄임). 그리고 벽체 끝에서 200mm 위쪽에 위치하도록 한다.

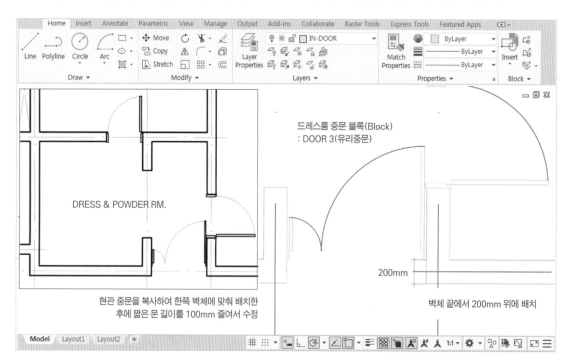

53 다용도실 문은 DOOR 4(포켓도어) 블록(Block)을 불러와서 같은 방법으로 크기를 수정하고 배치한다.

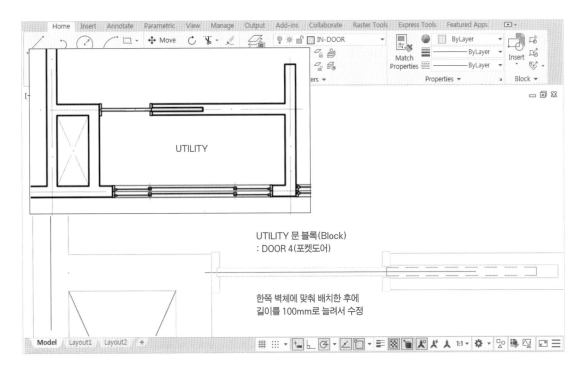

UTILITY 문 블록(Block)
: DOOR 4(포켓도어)

한쪽 벽체에 맞춰 배치한 후에
길이를 100mm로 늘려서 수정

54 창문 및 문을 기준으로 바닥 높이나 마감재가 다른 경우 구분해주는 선이 필요하다. 우선 현재 도면층(Current Layer)을 'IN-F-LEVEL' 도면층으로 설정한다.

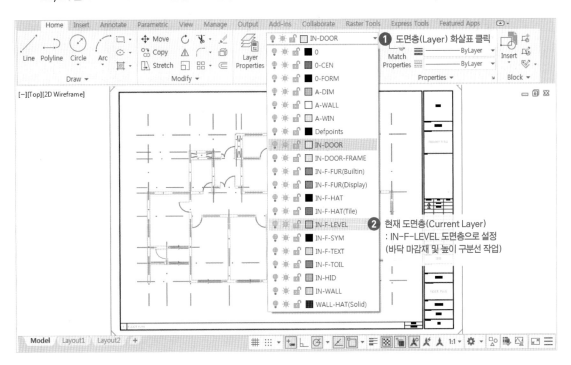

❶ 도면층(Layer) 화살표 클릭

❷ 현재 도면층(Current Layer)
: IN-F-LEVEL 도면층으로 설정
(바닥 마감재 및 높이 구분선 작업)

55 현관문을 기준으로 바깥과 안쪽의 바닥 마감재가 다르므로 Line 명령으로 바닥 구분선을 작업한다.

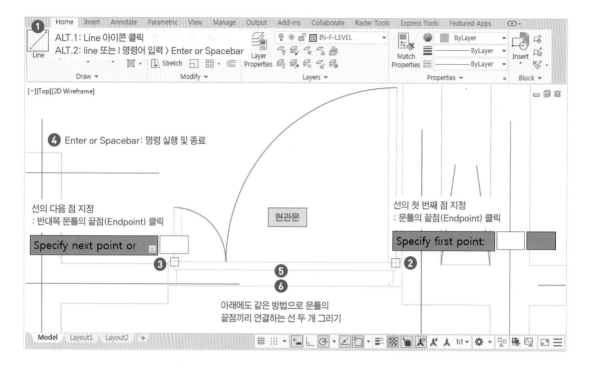

56 현관 중문도 바깥과 안쪽의 바닥 마감재가 다르므로 Line 명령으로 바닥 구분선을 작업한다.

57 현관 바닥과 디딤판은 높이, 마감재가 다르므로 디딤판 바닥선을 Offset 명령으로 335mm만큼 간격을 띄워 작업한다.

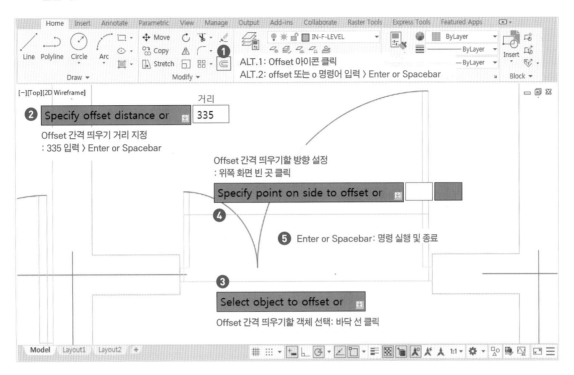

58 BATH RM. 문을 기준으로 욕실과 복도의 높이, 바닥 마감재가 다르다. 따라서 문을 기준으로 바닥선을 작업한다.

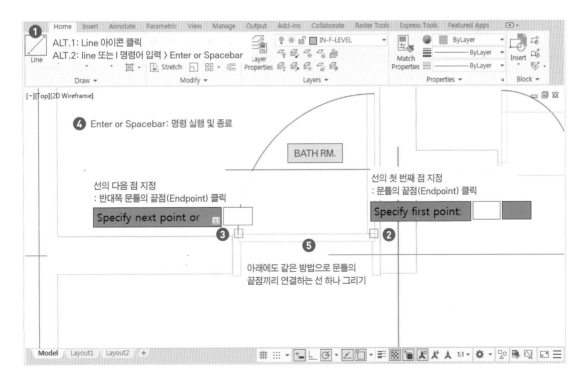

59 M. BATH RM. 문도 높이 및 바닥 마감재가 다르므로 같은 방법으로 바닥선을 작업한다.

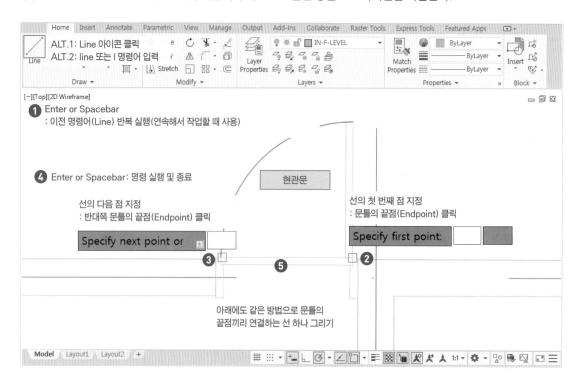

60 다른 문과 창문 부분은 같은 높이와 같은 바닥 마감재로 되어 있어 바닥선 작업이 필요 없다. 이제 작업이 완료되었으므로 도면 이미지를 확인하면서 창문 및 문의 종류와 위치, 방향 등을 다시 확인한다.

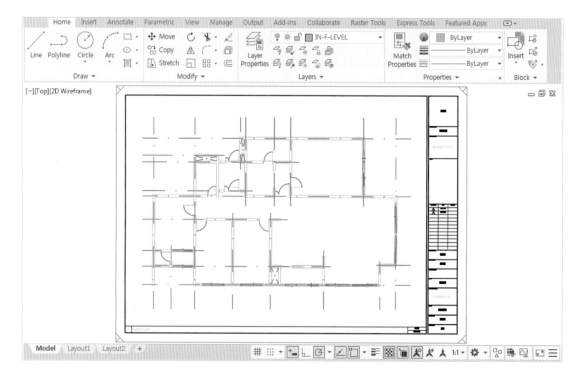

Section 05 | 가구와 화장실 블록(BLOCK) 및 숨겨진 선 작업

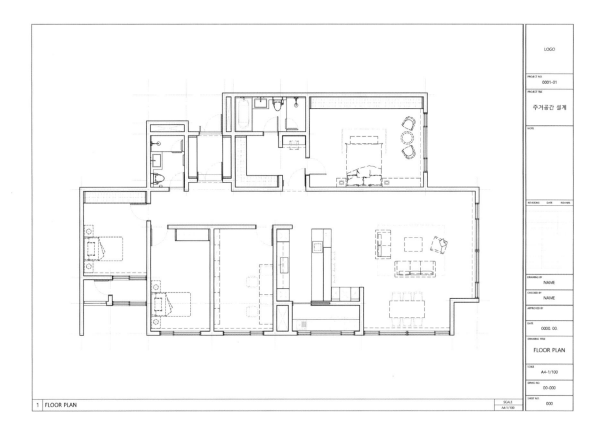

01 고정식 가구를 작업하기 위해 현재 도면층(Current Layer)을 'IN-F-FUR(Builtin)' 도면층으로 설정한다.

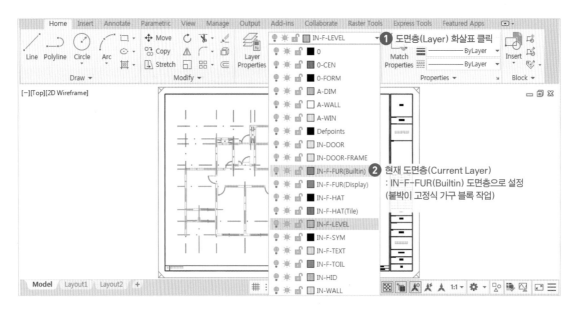

02 고정식 가구 블록(Block) 파일을 불러오기 위해 Insert 명령을 실행한다. 설정창이 뜨면 Browse 버튼을 클릭하고 'FLOOR PLAN BLOCK' 자료 폴더에서 'SHOE CLOSET(신발장)' 블록 파일을 선택하여 가져온다.

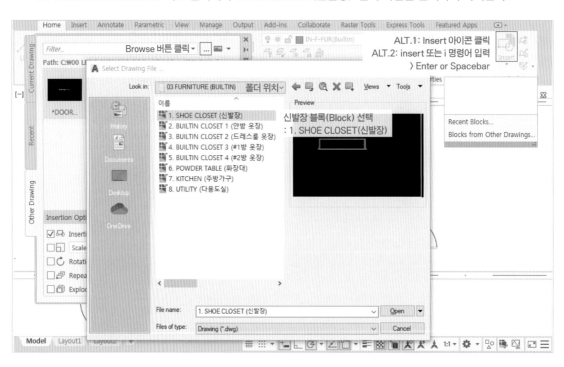

03 임의로 화면 빈 곳을 클릭하여 고정식 가구 블록(Block)을 배치한다.

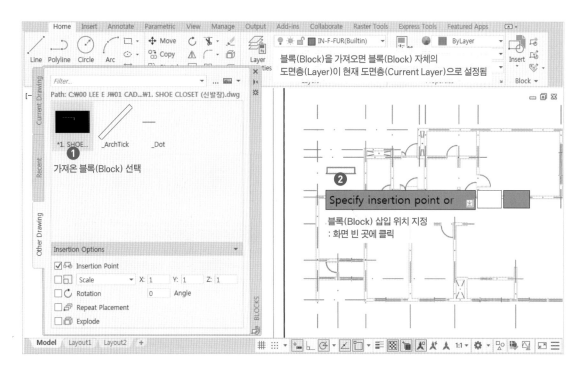

04 도면 이미지에서 가구의 위치 및 방향을 정확히 확인한다. 신발장이 세로로 되어 있으므로 불러온 블록(Block)을 Rotate 명령으로 90도 회전시킨다.

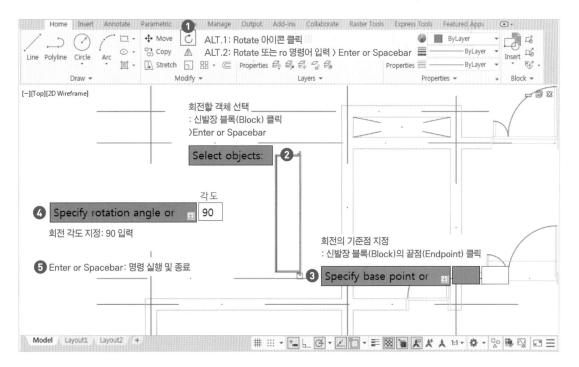

05 신발장 가구 블록(Block)의 Grip을 이용하여 한쪽 벽체에 맞춰 이동한다(Move 명령으로도 가능).

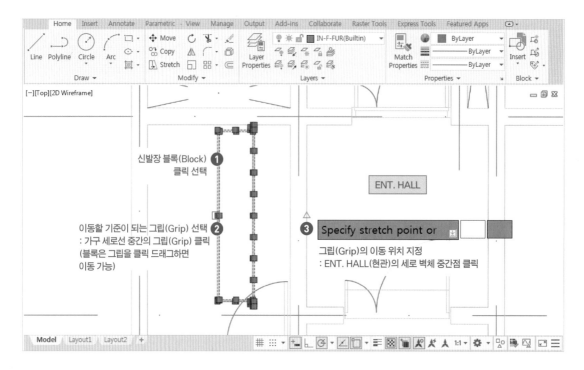

06 반대쪽 벽체에도 같은 신발장 가구 블록(Block)이 있으므로 Mirror 명령으로 대칭 복사하여 배치한다.

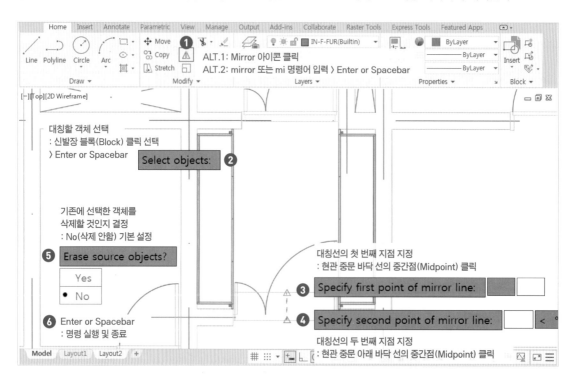

07 가구의 위치 및 방향을 확인하면서 다른 고정식 가구도 불러와 같은 방법으로 배치한다.

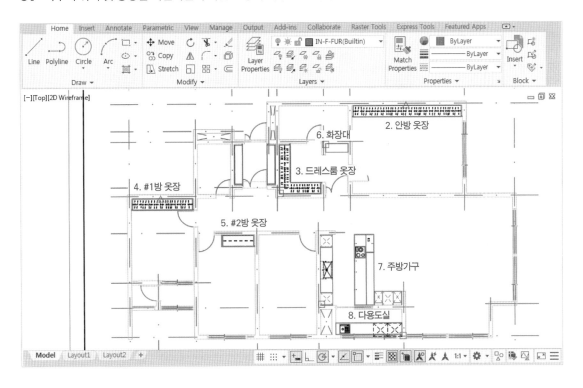

08 이동식 가구를 작업하기 위해 현재 도면층(Current Layer)을 'IN-F-FUR(Display)' 도면층으로 설정한다.

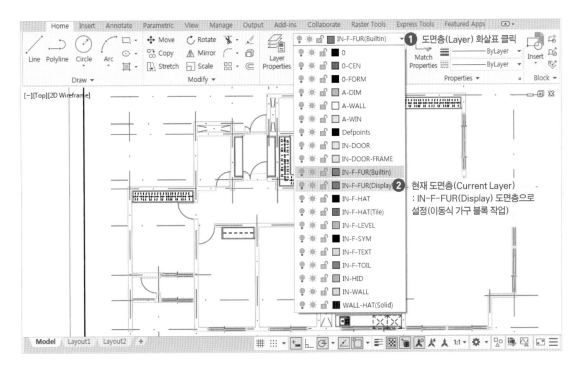

09 이동식 가구 블록(Block) 파일을 불러오기 위해 Insert 명령을 실행한다. 설정창이 뜨면 Browse 버튼을 클릭하고 'FLOOR PLAN BLOCK' 자료 폴더에서 원하는 블록(Block) 파일을 선택하여 가져온다.

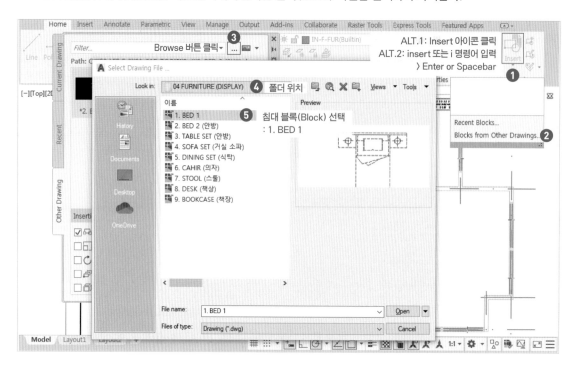

10 임의로 화면 빈 곳을 클릭하여 이동식 가구 블록(Block)을 배치한다.

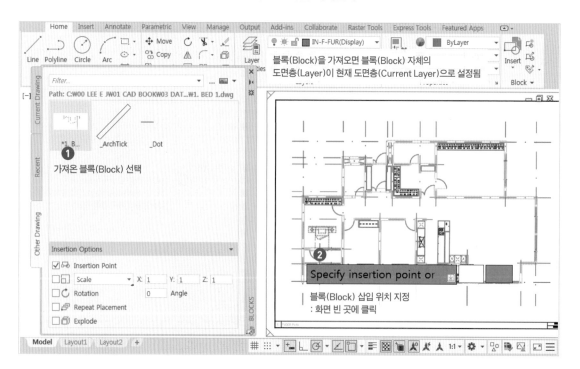

11 도면 이미지에서 가구의 위치 및 방향을 정확히 확인한다. 침대가 가로로 되어 있으므로 불러온 블록(Block)을 Rotate 명령으로 90도 회전시킨다.

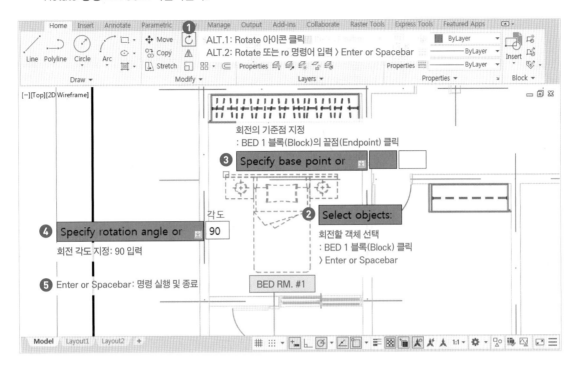

12 침대 가구 블록(Block)의 Grip을 이용하여 BED RM. #1 방의 벽체에 맞춰 이동한다(Move 명령으로도 가능).

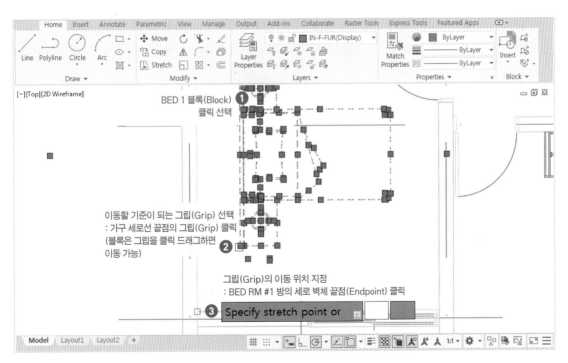

13 커튼 박스에 걸리지 않게 Grip을 이용하여 위로 150mm만큼 이동한다(Move 명령으로도 가능).

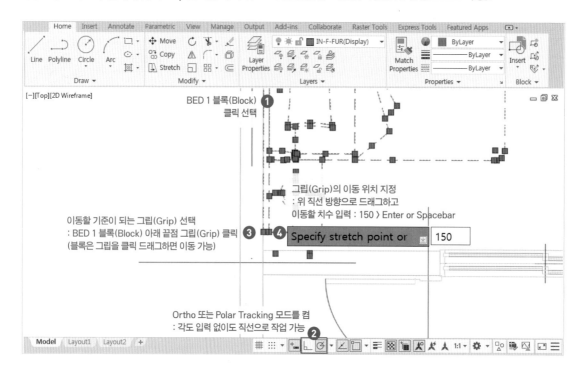

14 BED RM. #2 방에도 같은 종류의 침대가 있으므로 침대 가구 블록(Block)을 복사하여 배치한다.

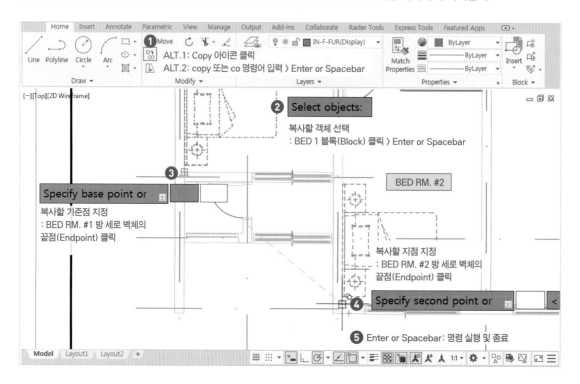

15 가구의 위치 및 방향을 확인하면서 다른 이동식 가구도 불러와 같은 방법으로 배치한다.

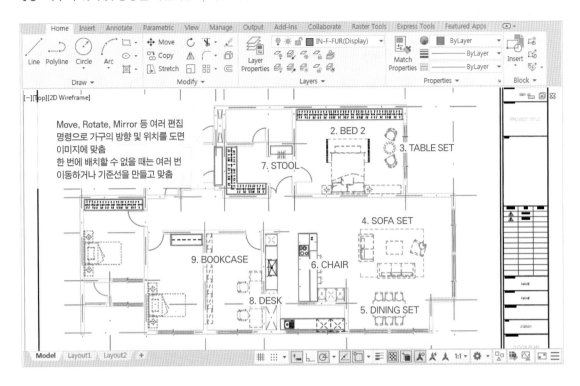

16 화장실 가구를 작업하기 위해 현재 도면층(Current Layer)을 'IN-F-TOIL' 도면층으로 설정한다.

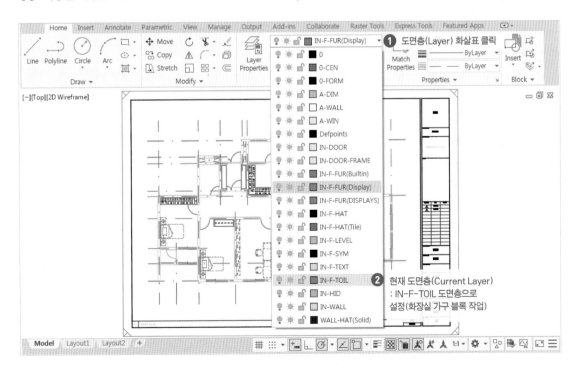

17 화장실 가구 블록(Block) 파일을 불러오기 위해 Insert 명령을 실행한다. 설정창이 뜨면 Browse 버튼을 클릭하고 'FLOOR PLAN BLOCK' 자료 폴더에서 원하는 블록(Block) 파일을 선택하여 가져온다.

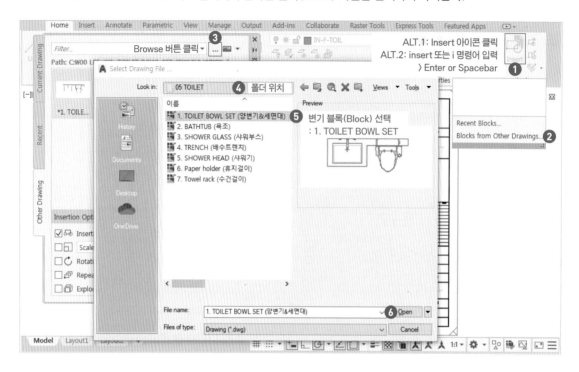

18 임의로 화면 빈 곳을 클릭하여 화장실 가구 블록(Block)을 배치한다.

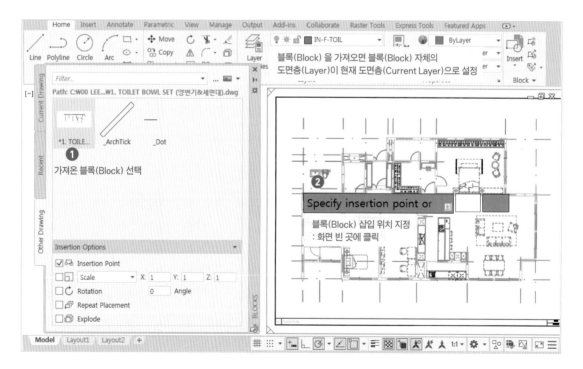

19 도면 이미지에서 가구의 위치 및 방향을 확인한다. 변기 및 세면대가 세로로 되어 있으므로 불러온 블록(Block)을 Rotate 명령으로 90도 회전시킨다.

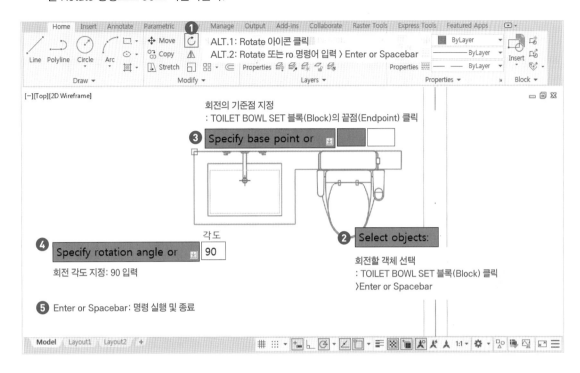

20 위치를 정확하게 맞추기 위해 변기 및 세면대 블록(Block)을 Mirror 명령으로 대칭시킨다.

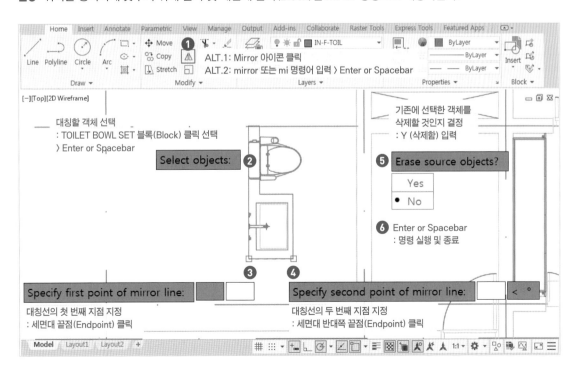

21 변기 및 세면대 블록(Block)의 Grip을 이용하여 BATH RM.(공용 욕실)의 벽체에 맞춰 이동한다(Move 명령으로도 가능).

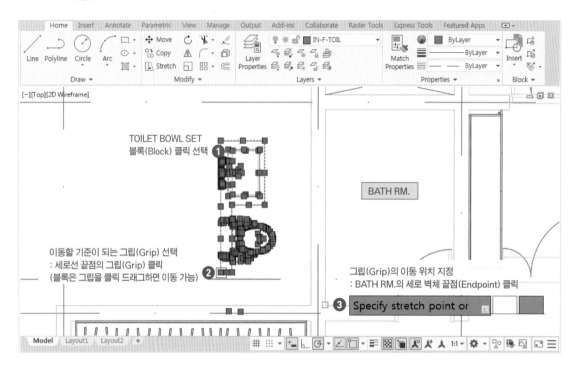

22 화장실의 위치 및 방향을 확인하면서 다른 화장실 블록(Block)을 불러와 같은 방법으로 배치한다.

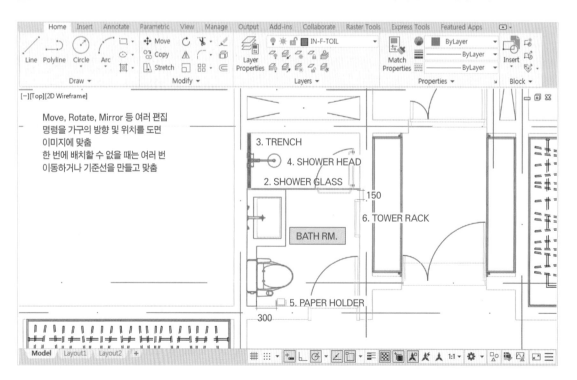

23 안방 화장실도 동일한 화장실 블록(Block)을 복사하거나 새로 불러와서 도면 이미지를 보고 배치한다.

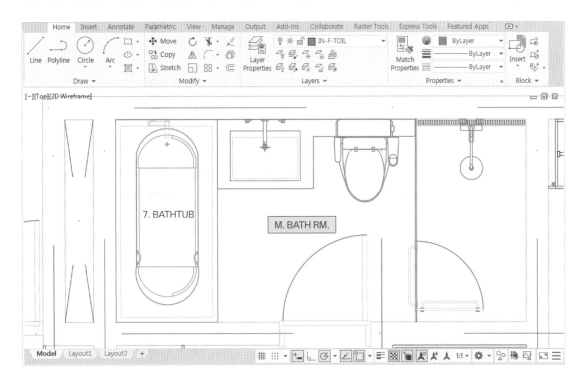

24 이번에는 천장과 관련되거나 숨겨져 있는 선들을 작업하기 위해 현재 도면층(Current Layer)을 'IN-HID' 도면층으로 설정한다(반드시 얇은 점선으로 표시).

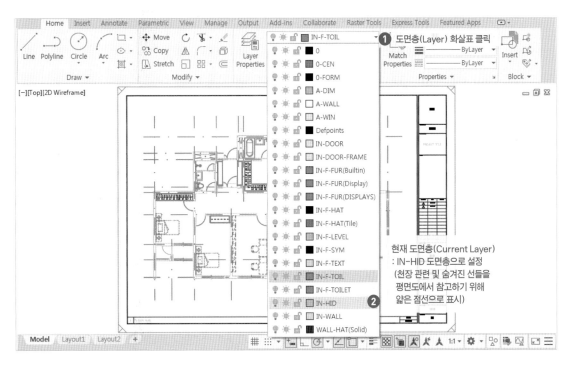

25 현관문이 있는 벽체의 상부에 인방이 있으므로 인방 벽체 선을 Line 명령으로 작업한다.

> 🗨 안방은 문이나 창문의 높이가 천장까지 올라가지 않은 경우 그 위에 있는 가로 벽체를 말한다.

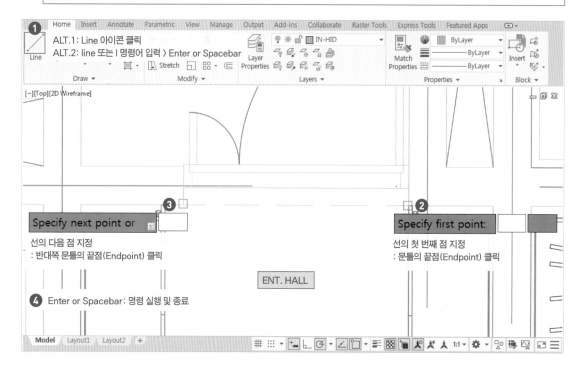

26 현관 중문과 드레스룸 중문, 화장대 위에도 같은 방법으로 인방의 상부 벽체선을 작업한다.

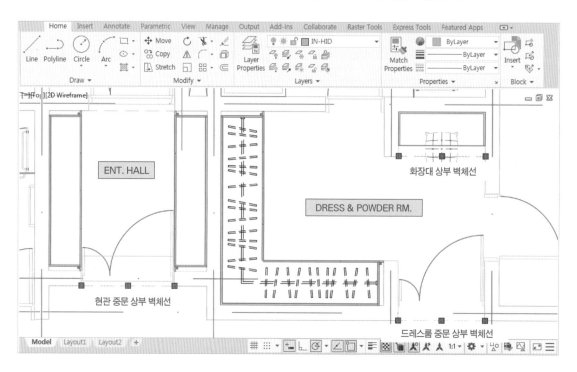

27 M. BED RM(안방)의 창문 쪽에 커튼 박스 위치를 표시하기 위해 Offset 명령을 사용하여 150mm 간격으로 선을 만든다.

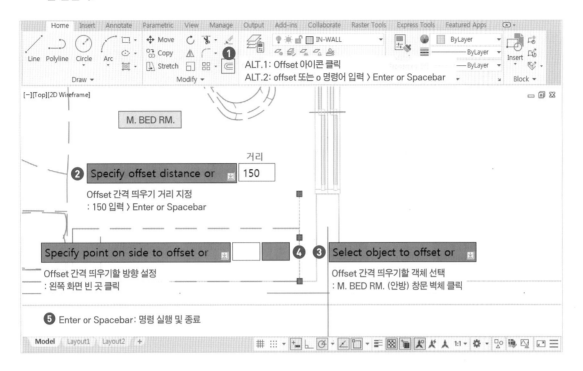

28 Offset 명령으로 만든 선을 Extend 명령으로 붙박이 옷장까지 연장한다(Grip으로도 길이 조정 가능).

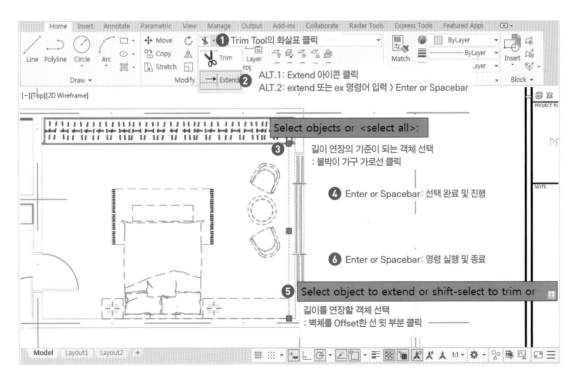

29 커튼 박스의 위치를 표시하는 선의 속성을 IN-HID 도면층(Layer)으로 변경한다.

방법 1 Match Properties 명령으로 선의 속성을 IN-HID 도면층(Layer)로 변경한다.

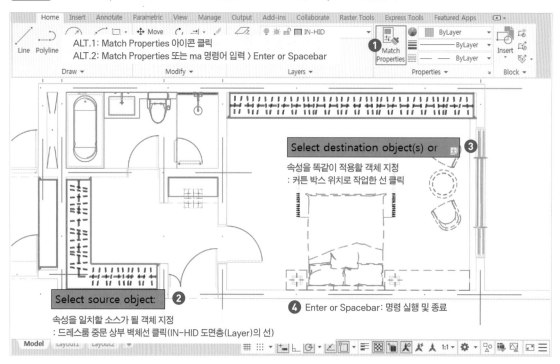

방법 2 Layer Tool을 이용하여 선의 속성을 IN-HID 도면층(Layer)로 변경한다.

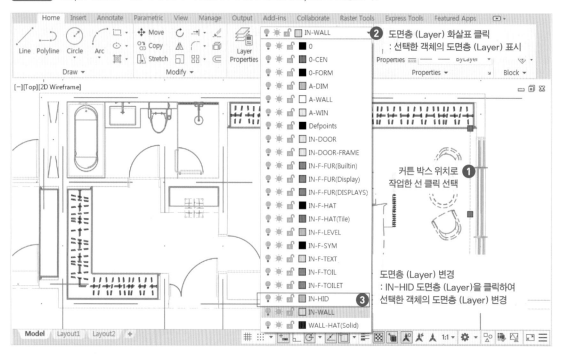

30 앞과 같은 방법으로 BED RM. #1과 #2 방, STUDY RM. 방, 거실 창문의 커튼 박스 위치선을 작업한다.

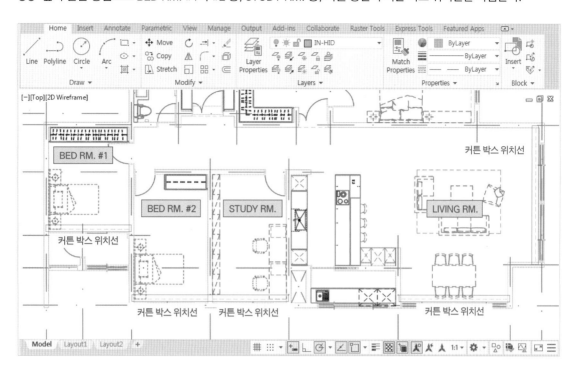

31 주방 가구의 상부장도 천장에 위치하므로 같은 방법을 이용해서 숨겨진 선으로 작업한다. (320mm)

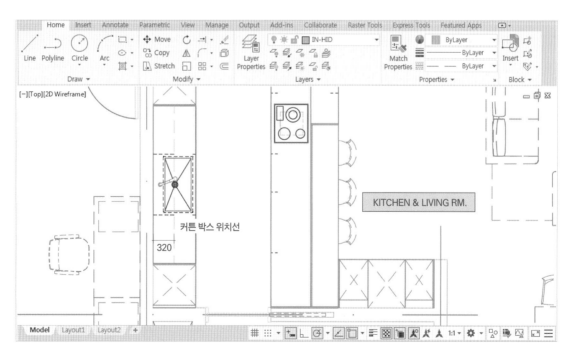

32 겹쳐진 선의 순서를 조정하기 위해 Off 명령으로 중심선과 벽체선을 화면에서 끈다.

📢 도면에서 중심선과 벽체선처럼 중요한 요소의 선이 가장 위에 있어야 한다. 그러나 캐드에서는 선을 겹쳐서 작업할 경우 나중에 작업한 선이 위로 올라오기 때문에 블록(Block) 선이 벽체 위에 있다.

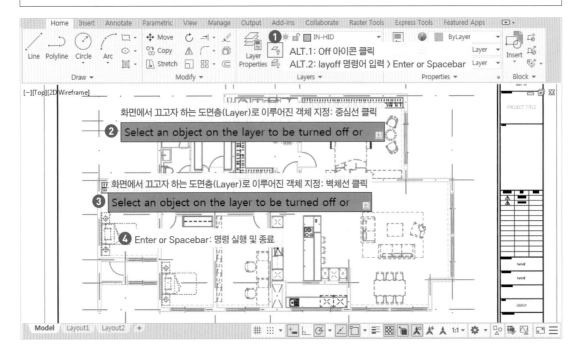

33 도면 양식 안에 있는 모든 객체를 선택하고 Draw Order 명령을 이용해서 순서를 가장 뒤로 보낸다.

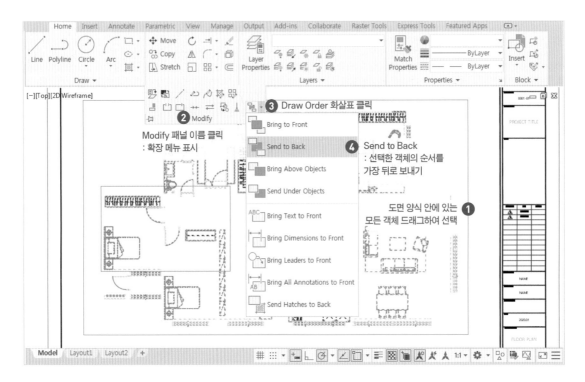

34 Layer 패널의 Turn All Layers On 명령으로 꺼져있는 중심선과 벽체선을 다시 켠다.

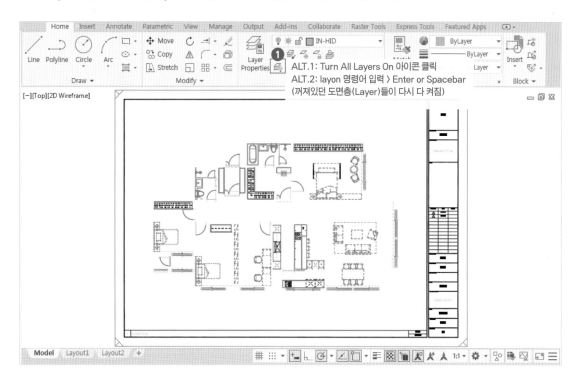

35 문, 창문, 가구 등의 블록(Block) 선이 중심선과 벽체선보다 아래로 내려갔는지 확인한다.

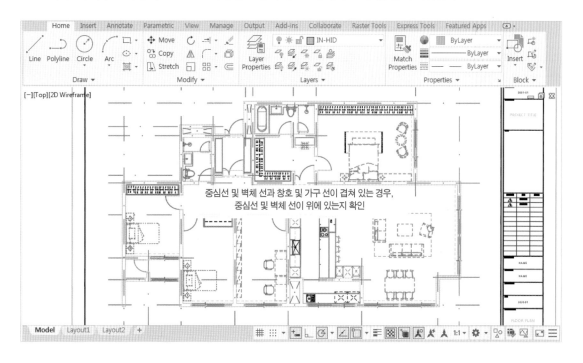

36 이동식 가구와 숨겨진 선은 반드시 점선으로 표시되어야 한다. 현재 Linetype Scale(선 종류 크기)에 비해 점선의 크기가 적당한지 화면에서 확인해본다. 점선의 크기가 너무 크거나 작은 경우 LTS 명령으로 선 종류의 크기를 조정한다(공간의 크기, 선의 길이, 선의 종류에 따라 다르게 설정해야 함).

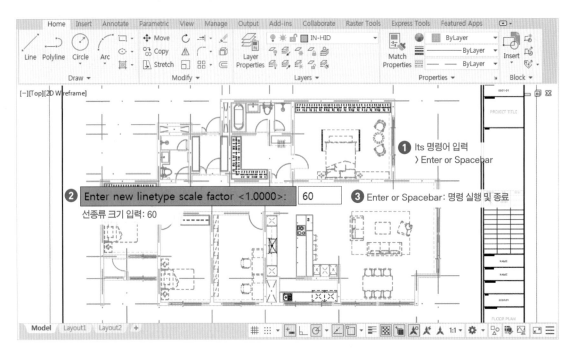

37 Linetype Scale(선 종류 크기)를 점선에 맞추면 일점쇄선의 크기가 너무 작거나 커질 수 있다(여러 종류의 선 종류가 있을 경우 전체 LTS로 모든 크기를 맞추기 어려움). 이때 일점쇄선의 종류를 바꾼다.

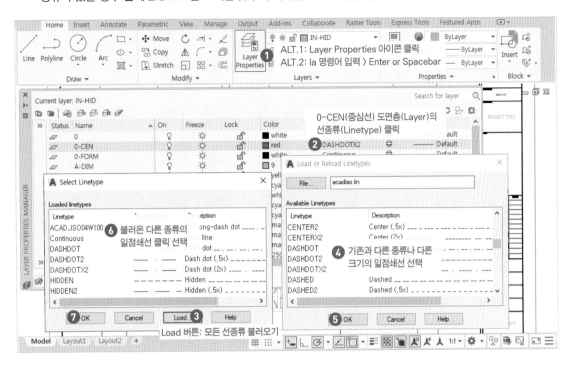

38 또는 선의 종류를 바꾸는 대신 Isolate 명령으로 일점쇄선만 화면에 보이도록 설정하여도 된다(현재 중심선만 일점쇄선으로 표시).

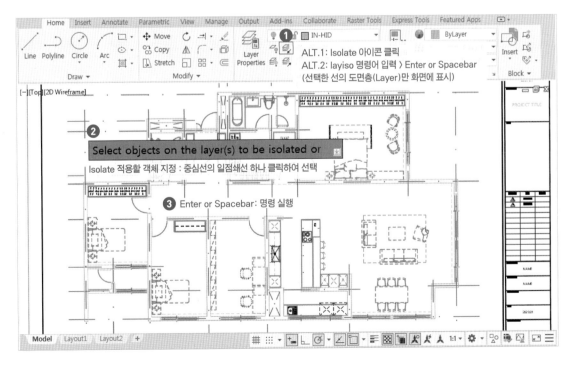

39 화면에 있는 일점쇄선들을 모두 선택하고 Properties 설정창에서 Linetype Scale 비율값을 조정한다.

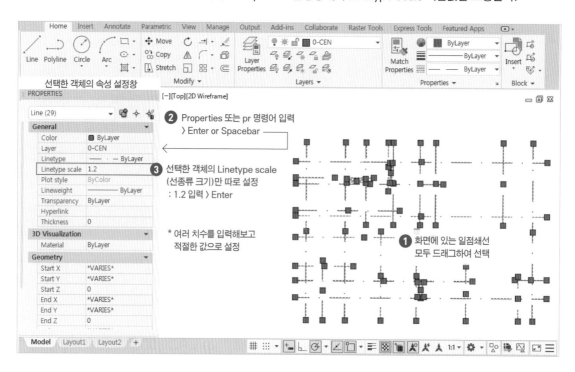

40 일점쇄선의 크기를 다 같이 조정하면 P.D/A.D 영역에 있는 일점쇄선은 길이가 짧아서 실선처럼 보일 수 있다. 따라서 짧은 일점쇄선만 따로 선택하여 Properties 설정창에서 Linetype scale을 다시 조정한다.

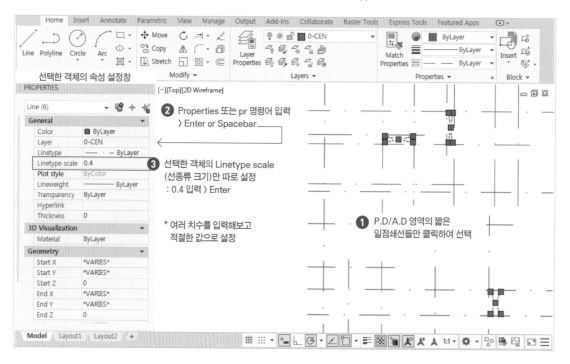

41 Unisolate 명령으로 도면층(Layer)을 isolate 이전으로 되돌린다. 그리고 각각의 선 종류 크기가 적절한지 확인한다.

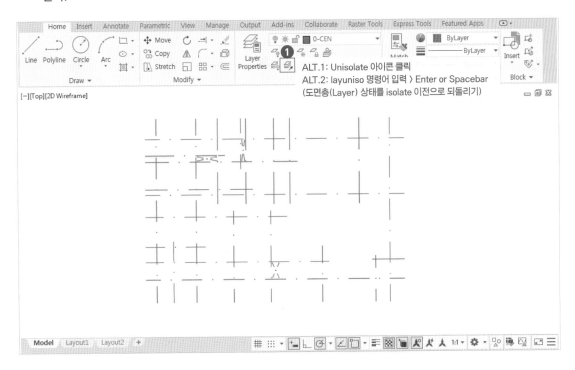

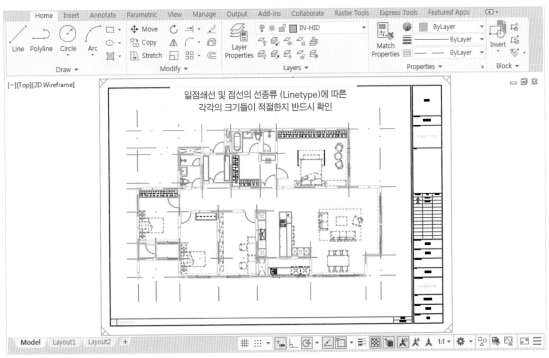

Section 06 | 마감재 패턴(HATCH) 작업

1	FLOOR PLAN		SCALE
			A4-1/100

01 Isolate 명령으로 벽체선만 화면에 나오도록 한다.

> 💬 패턴(Hatch)을 작업할 영역의 선들이 복잡하면 계산이 오래 걸리거나 프로그램이 멈출 수 있으므로 필요한 선만 켜놓고 작업한다.

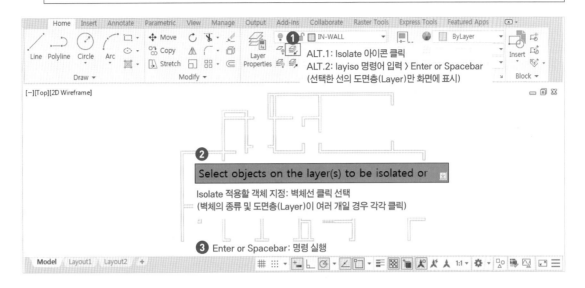

02 벽체 패턴(Hatch)을 작업하기 위해 Layer Tool에서 꺼져있는 'WALL HAT(Solid)' 도면층(Layer)을 켜고 'WALL HAT (Solid)' 도면층(Layer)을 현재 도면층(Current Layer)으로 설정한다.

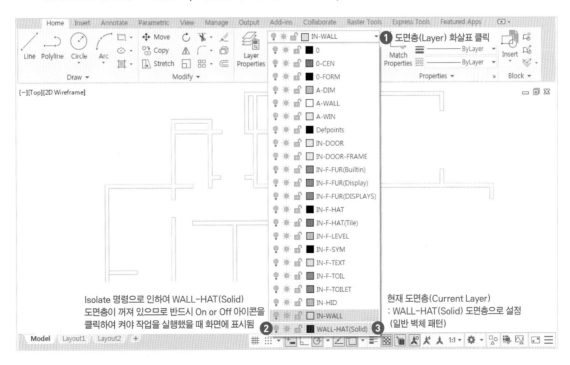

03 현재 도면층(Current Layer) 상태를 확인하고 Hatch 명령을 적용한다.

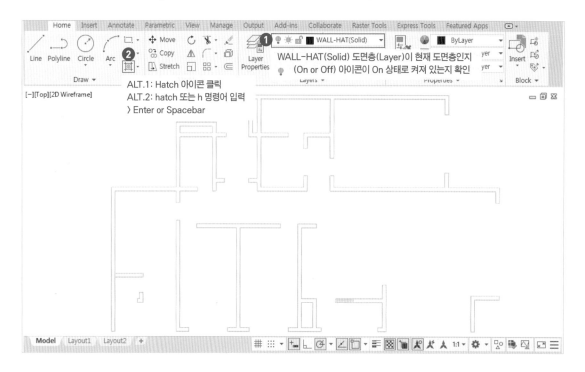

04 해치 패턴을 적용할 도면층(Layer)과 색상(Color)을 확인한다(만약 잘못된 경우 다시 설정한다).

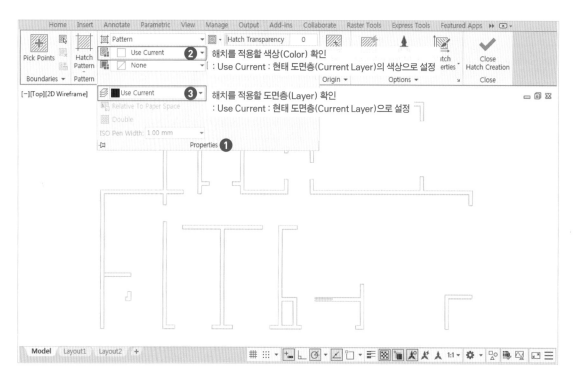

05 Hatch 패턴을 Solid로 선택하고 Pick Point로 벽체 내부를 클릭하여 해치를 적용시킨다.

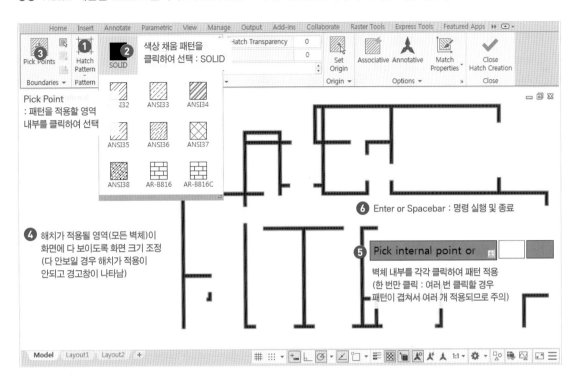

06 적용한 Solid 해치(Hatch)를 클릭하여 선택하면 해치 편집 모드로 설정된다. 상황에 따라 패턴의 크기나 각도, 옵션 항목을 조정하여 적절한 크기와 위치로 패턴을 수정할 수 있다.

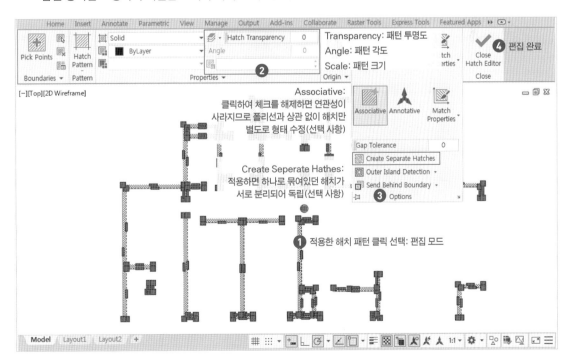

07 벽체의 해치(Hatch) 작업이 끝났으므로 Unisolate 명령으로 도면층(Layer)을 isolate 이전으로 되돌린다.

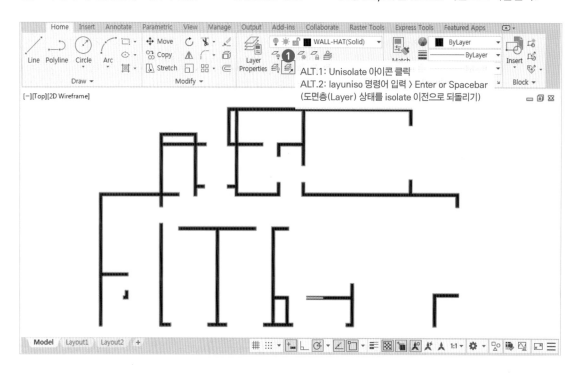

08 이번에는 바닥에 타일 패턴을 작업하기 위해 현재 도면층(Current Layer)을 'IN-F-HAT(Tile)' 도면층으로 설정한다.

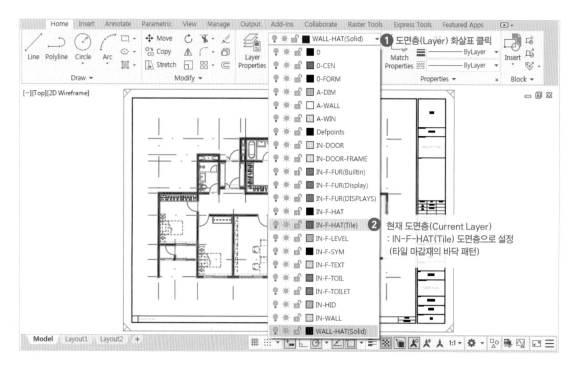

09 현관 디딤판의 선이 신발장 가구까지 연장되도록 선의 길이를 조정한다(Extend 또는 Grip 이용).

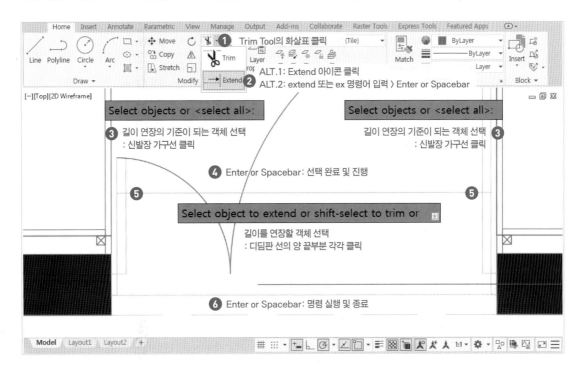

10 Offset 명령으로 디딤판의 선을 450mm 간격으로 띄우고 현관 바닥에 타일 선을 만든다.

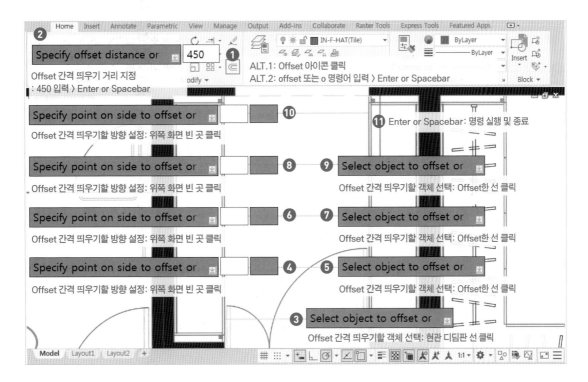

11 만든 타일 선을 선택하고 도면층(Layer)을 IN-F-HAT(Tile) 도면층(Layer)으로 변경한다.

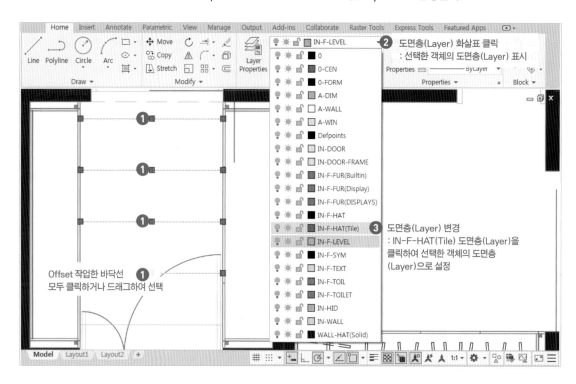

12 Line 명령으로 가로선 가운데에 세로 타일 선도 그린다(타일 패턴을 크기에 맞춰 직접 그린다).

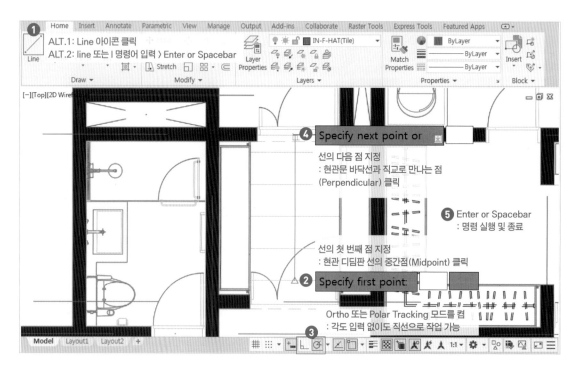

13 BATH RM. 샤워실 바닥에 300mm × 300mm 정사각형 크기의 타일로 바닥을 마감하기 위해 해치 명령을 이용한다. 먼저 Polyline 명령을 이용하여 패턴이 적용될 부분에 닫힌 영역의 선을 만든다.

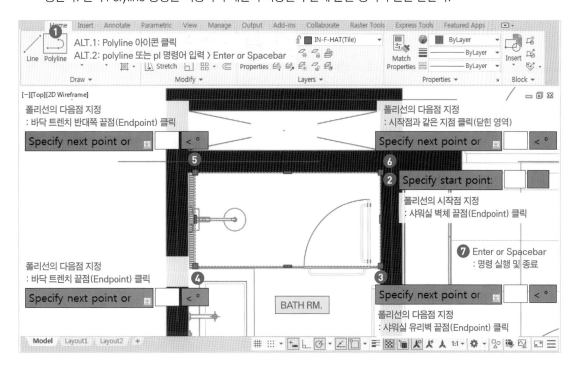

14 Hatch 명령을 실행하고 해치 패턴을 적용할 도면층(Layer)과 색상(Color)을 확인하고 설정한다.

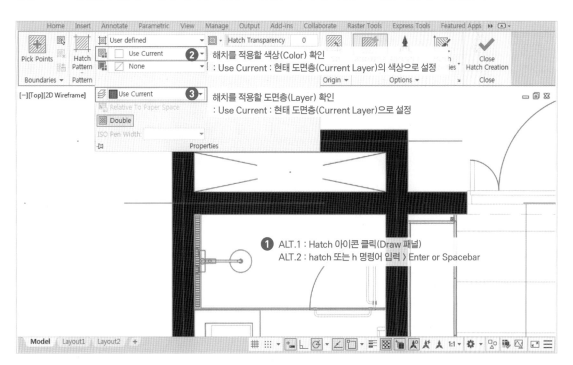

15 Hatch 패턴을 정사각형(300mm × 300mm)으로 설정하고 Select Boundary Objects로 현관 바닥에 작업한
폴리선을 클릭하여 해치를 적용시킨다.

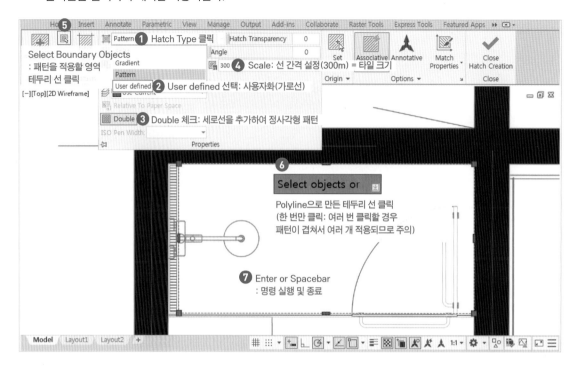

16 적용한 Solid 해치(Hatch)를 클릭하여 선택하면 해치 편집 모드로 설정된다. 상황에 따라 패턴의 시작점을 조
정할 수 있다(속성 및 옵션 항목도 상황에 따라 수정 가능).

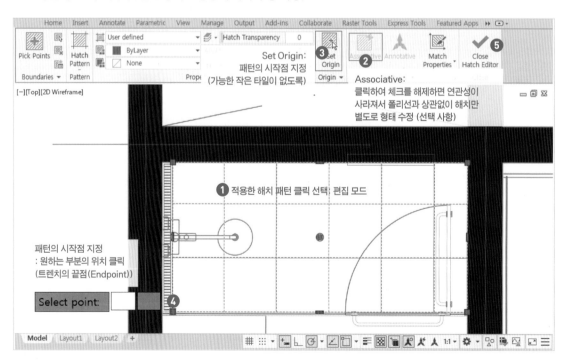

17 BATH RM. 바닥에도 같은 방법으로 폴리선을 만들고 같은 타일 패턴을 적용한다.

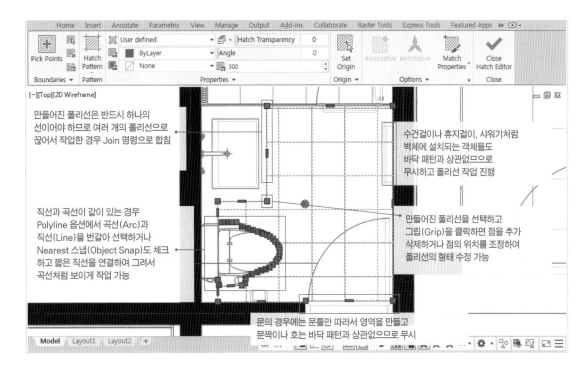

18 BATH RM. 바닥에 만들어진 해치를 선택하고 편집 모드에서 Match Properties 명령을 적용하여 샤워실과 같은 위치에 패턴이 배치되도록 조정한다(속성 및 옵션 항목도 상황에 따라 수정 가능).

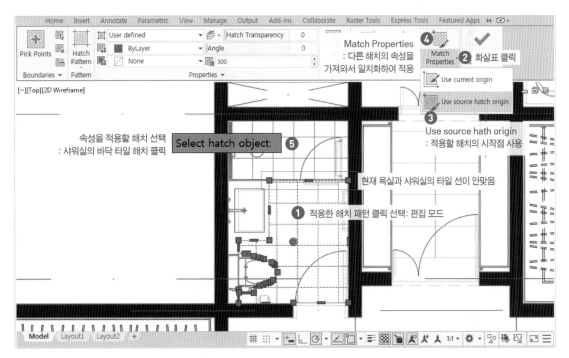

19 안방 욕실(M. BATH RM.)의 바닥에도 같은 방법으로 폴리선을 만들고 같은 타일 패턴을 적용한다.

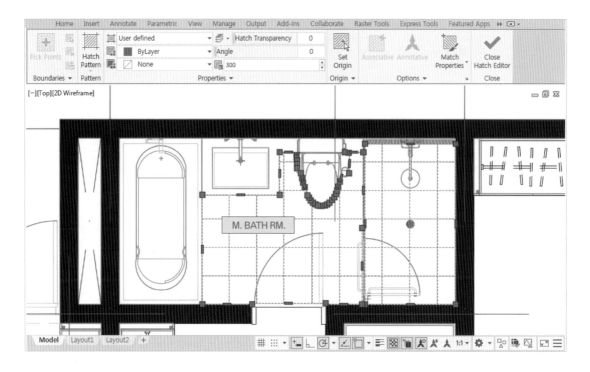

20 발코니(BALCONY)와 실외기실의 바닥에도 같은 방법으로 폴리선을 만들고 같은 타일 패턴을 적용한다.

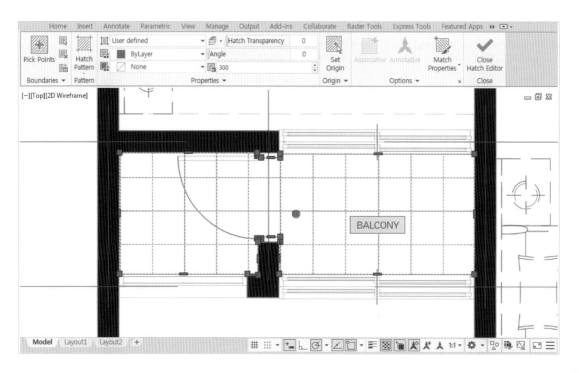

21 다용도실(UTILITY)의 바닥에도 같은 방법으로 폴리선을 만들고 같은 타일 패턴을 적용한다.

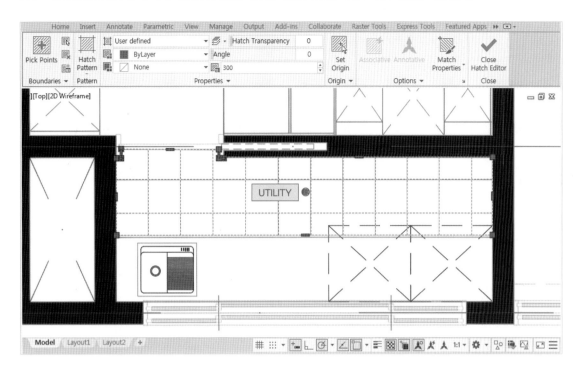

22 복도(CORRIDOR), 주방 및 거실(KITCHEN & LIVING RM.), 방(RM.)에는 나무 바닥 마감재가 적용된다. 먼저 앞과 같은 방법으로 폴리선을 만든다. 벽체와 떨어져 있는 가구도 모두 별도의 폴리선 작업을 한다.

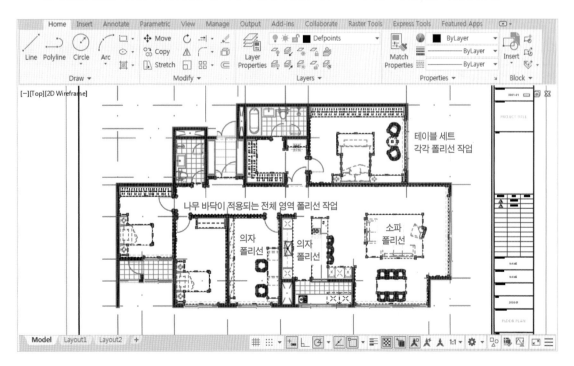

23 바닥에 다른 패턴을 작업하기 위해 현재 도면층(Current Layer)을 'IN-F-HAT' 도면층으로 설정한다.

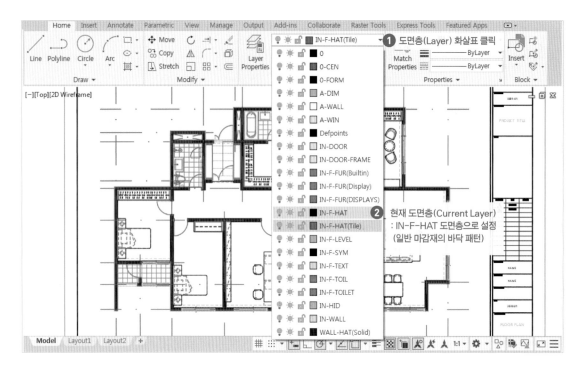

24 Hatch 명령을 실행하고 해치 패턴을 적용할 도면층(Layer)와 색상(Color)을 확인하고 설정한다.

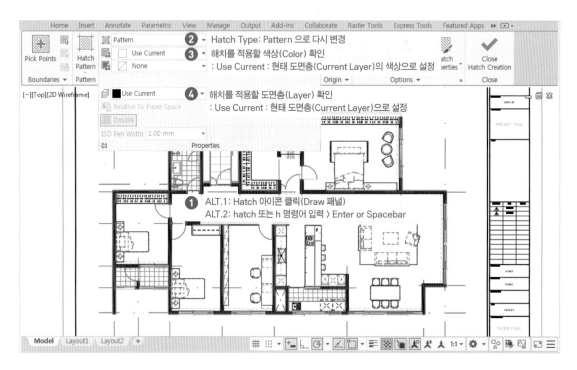

25 Hatch 패턴을 AR-HBONE 나무 바닥으로 설정하여 바닥 전체에 작업한 폴리선을 클릭하여 해치를 적용시키고 바로 벽체에서 떨어진 가구들에 작업한 폴리선을 각각 클릭하여 해체 영역에서 제외한다.

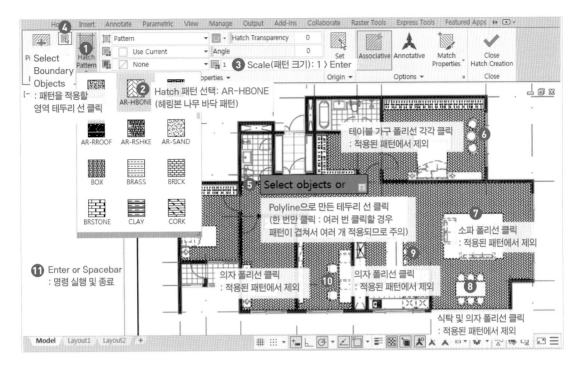

26 적용한 바닥 해치를 클릭하여 선택하여 해치 편집 모드에서 상황에 따라 항목을 조정한다.

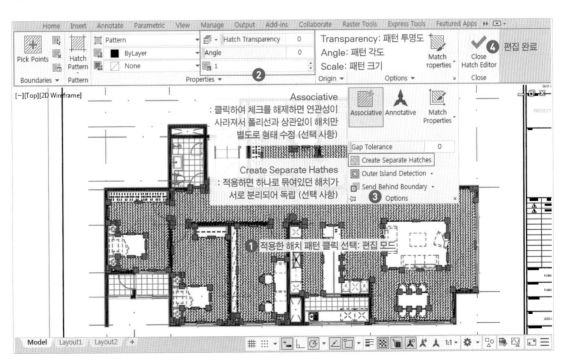

27 현관 디딤판의 경우 앞에서와 같은 방법으로 대리석 돌 패턴 (AR-CONC)을 적용한다. 이 패턴의 경우 패턴 간격이 넓으므로 패턴의 크기를 줄이고 색상도 8번(회색)으로 한 단계 두껍게 표현한다.

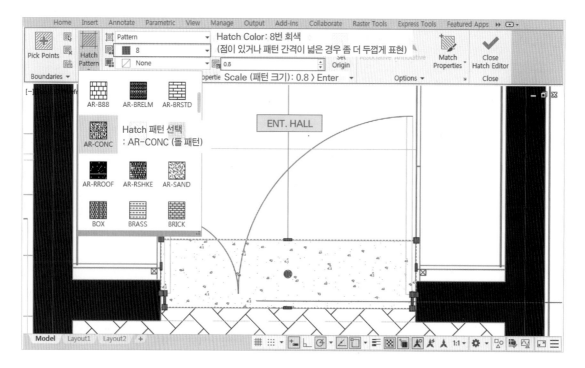

28 해치를 적용하기 위해 영역을 만든 폴리선은 임의로 만든 보조선이다. 따라서 폴리선을 선택하여 삭제하거나 Defpoints 도면층(Layer)으로 변경하고 Draw Order 명령을 사용해 폴리선을 뒤로 보낸다.

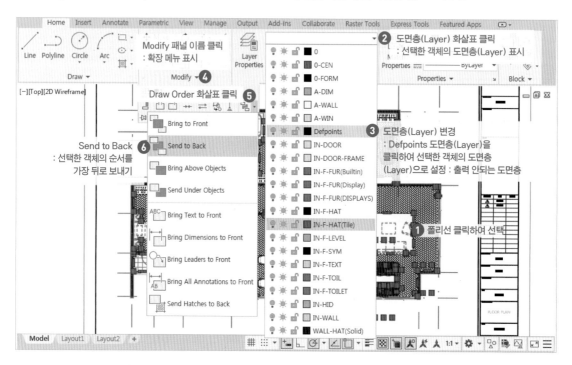

29 Draw Order의 Send Hatches to Back 명령을 실행하여 모든 해치 패턴이 가장 뒤로 배치되도록 한다.

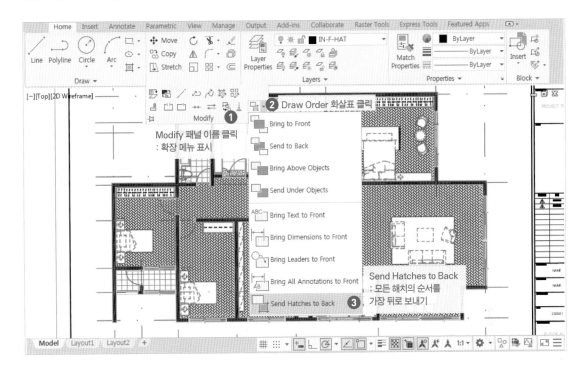

Section 07 | 문자(TEXT) 작업

1 | FLOOR PLAN

SCALE
A4-1/100

01 문자 작업을 하기 위해 현재 도면층(Current Layer)을 'IN-F-TEXT' 도면층으로 설정한다.

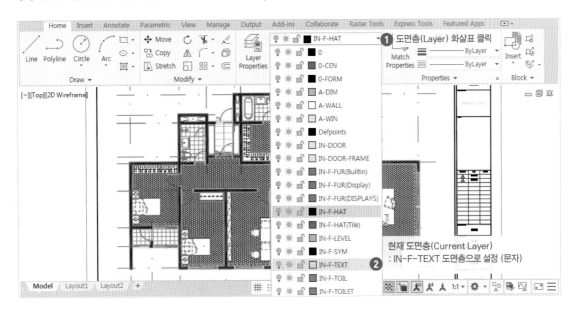

02 Annotation 패널의 확장 메뉴에서 Text Style 명령을 실행하여 자신만의 문자 스타일을 설정한다.

Part 04의 Chapter 06 참고

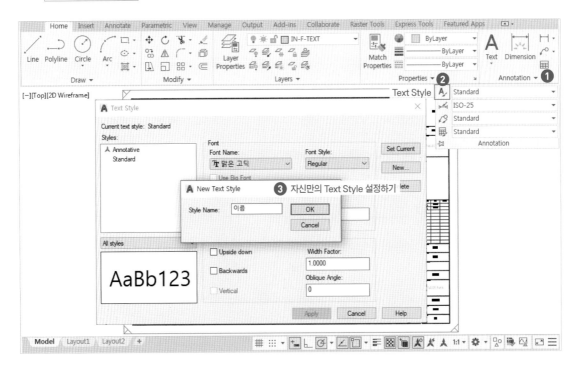

03 Single Text 명령을 사용하여 일반 문자를 작성한다. 1:1 크기 = 1.5mm × 도면 축척(Scale)

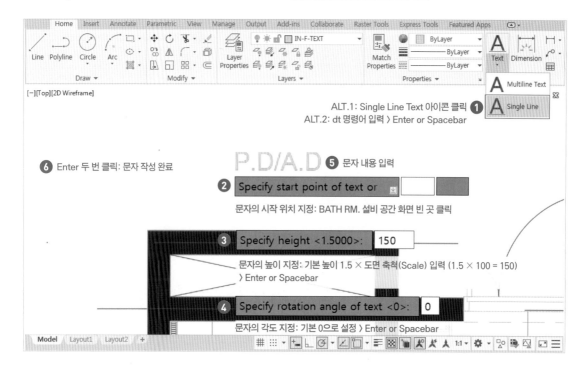

04 문자를 선택하고 Properties 명령을 실행하여 정렬 위치를 조정한다.

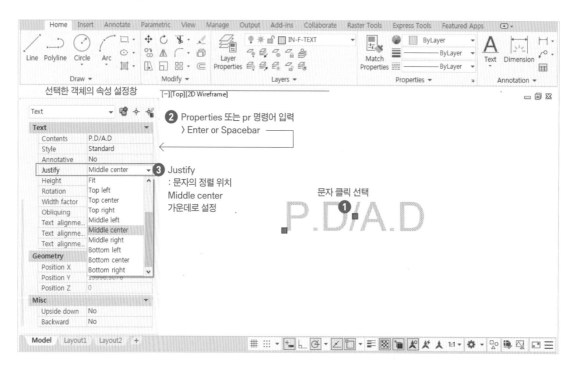

05 문자를 선택한 상태로 공용 욕실(BATH RM.) 설비 공간 중심에 위치시킨다.

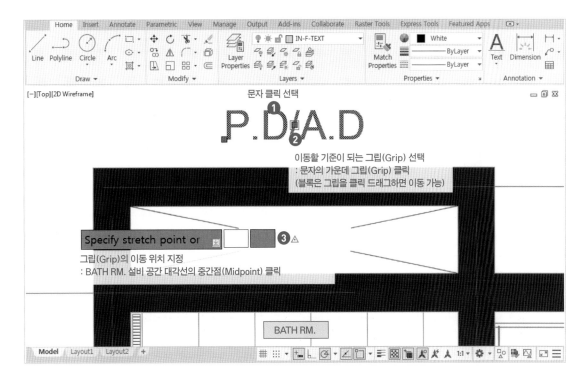

06 문자를 선택한 상태로 도면층(Layer)은 그대로 두고 색상(Color)만 흰색(White)으로 변경한다.

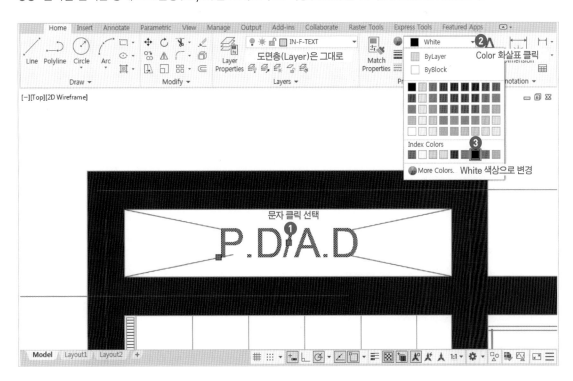

07 안방 욕실(M. BATH RM.) 설비 공간에도 같은 방법으로 문자를 만들어 배치한다(Copy 복사 가능).

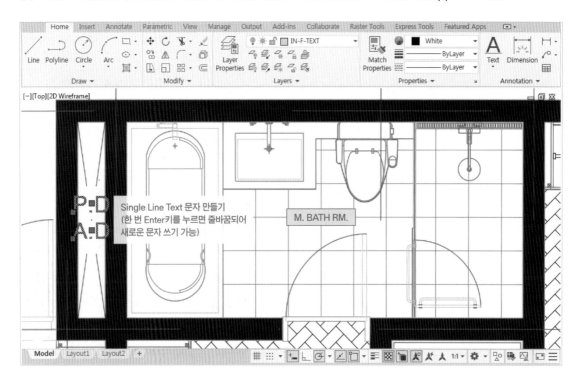

08 주방 및 다용도실의 설비 공간에도 같은 방법으로 문자를 만들어 배치한다(Copy 복사 가능).

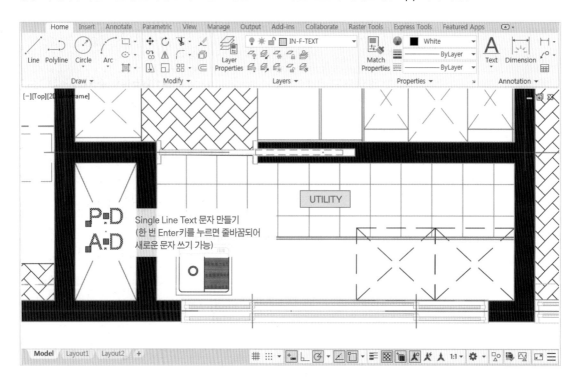

09 현관 실명은 Multiline Text 명령을 사용하여 문자를 작성한다. | 1:1 크기 = 2.0mm x 도면 축척(Scale) |

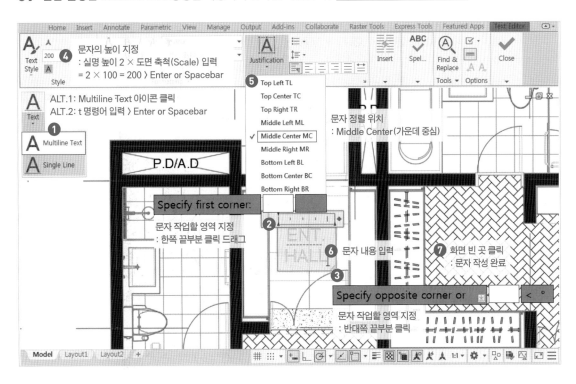

10 문자의 가운데 그립을 클릭 드래그하여 적절한 위치에 문자를 이동한다.

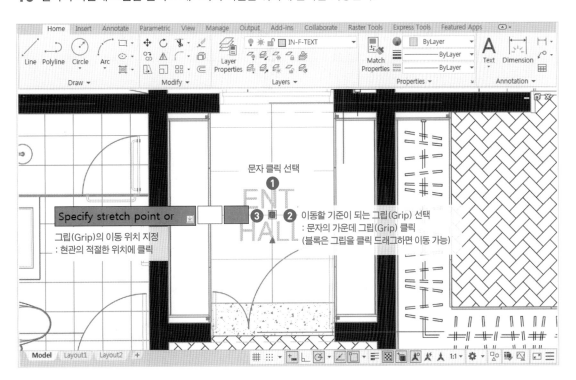

11 옆의 공용 욕실에 문자를 복사하여 배치한다. Multiline 명령으로 문자를 새로 만들어 배치해도 된다.

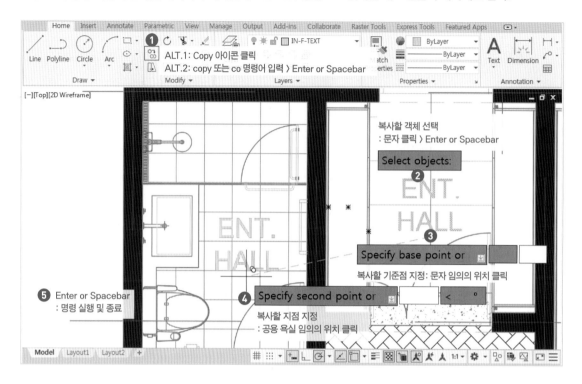

12 복사한 문자를 더블클릭하여 내용을 수정한다. 상황에 따라 그립(Grip)으로 문자 위치도 조정한다.

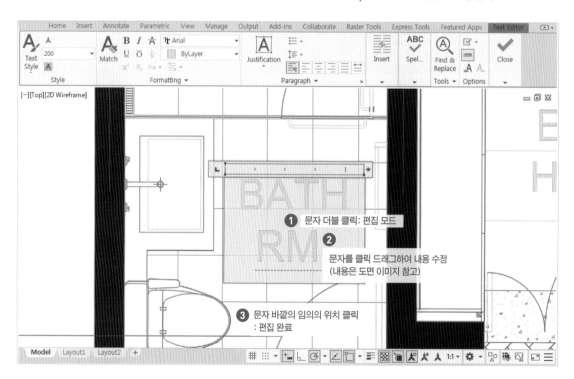

13 다른 실명도 도면 이미지를 참고해 앞과 같은 방법으로 복사하여 배치한다. 그 후 내용을 수정하여 정리한다.

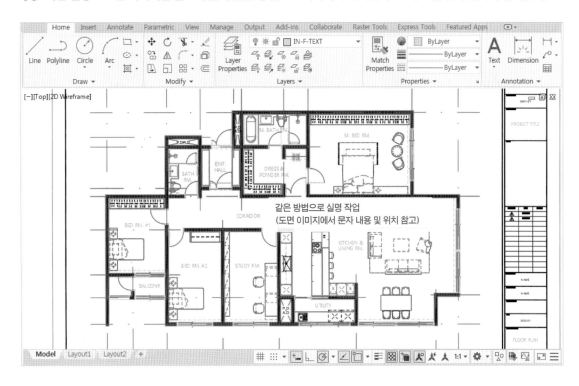

14 문자를 도면을 설명하는 중요한 요소이므로 가장 위에 위치해야 한다. 따라서 Draw Order의 Bring Text to Front 명령을 실행하여 모든 문자가 자동으로 가장 앞에 배치되도록 한다.

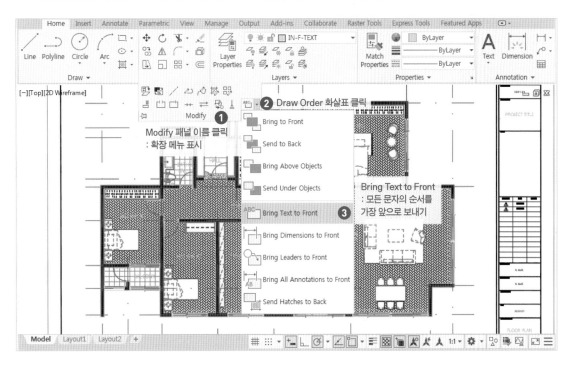

01 기호를 작업하기 위해 현재 도면층(Current Layer)을 'IN-F-SYM' 도면층으로 설정한다.

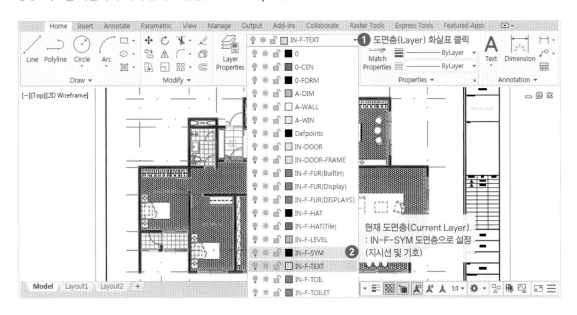

02 Annotation 패널의 확장 메뉴에서 Multileader Style 명령을 실행하여 자신만의 지시선 스타일을 설정한다.

Scale 입력에 도면 축척 Scale을 정확하게 입력해야 함. Part 04의 Chapter 08 참고

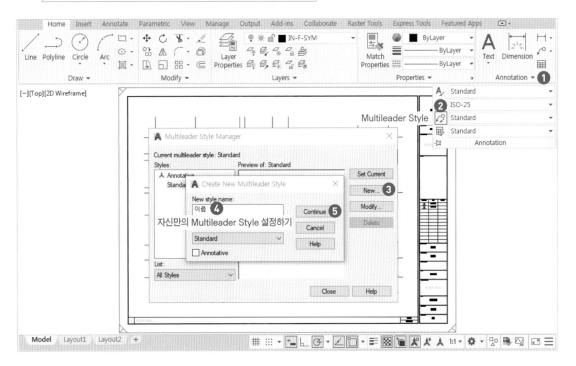

03 Leader 명령으로 주방의 상부장 선 위에 지시선을 하나 만든다(상황에 따라 바닥 패턴을 끄고 작업).

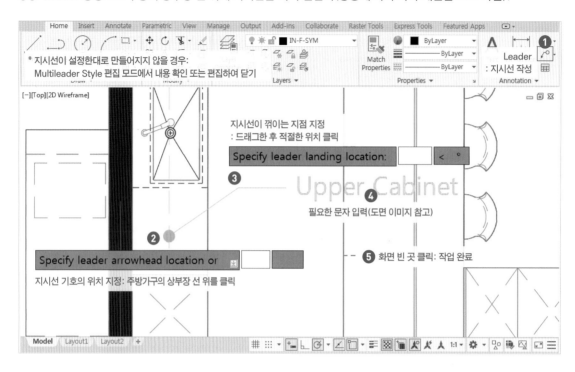

04 작업한 지시선을 커튼 박스 선 위에 복사한다(같은 방법으로 새로 작업 가능).

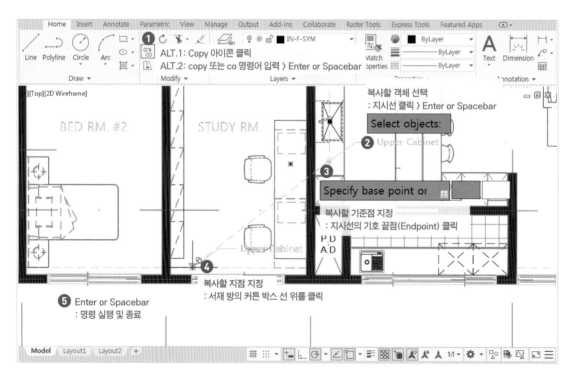

05 지시선의 문자를 더블클릭하여 수정해야 하는 문자 부분을 드래그하고 다른 내용으로 변경한다.

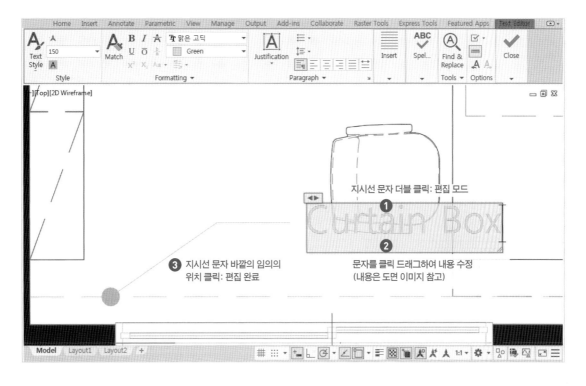

06 지시선을 선택하고 그립(Grip)을 이용하여 다른 객체랑 겹치지 않도록 지시선의 위치를 조정한다.

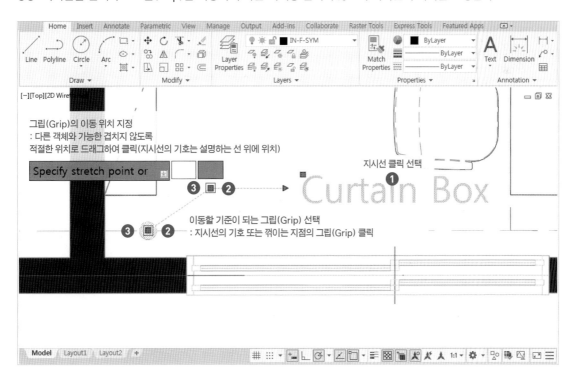

07 도면 이미지를 참고하여 다른 공간의 커튼 박스 선 위에 복사하여 배치한다. 주거공간 FLOOR PLAN (기본 평면도).jpg를 참고

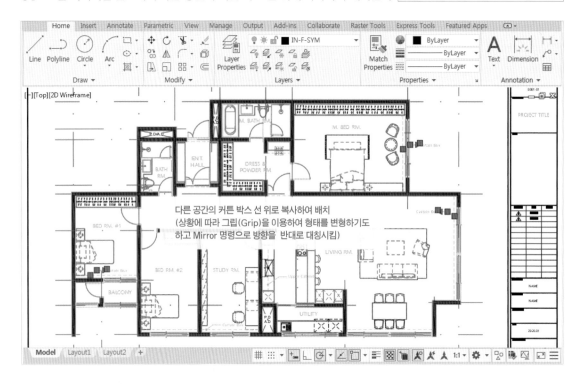

08 이번에는 바닥 높이 차이가 나는 위치에 기호를 만들어 표시해준다. 먼저 현관 디딤판 선에 Polyline 명령으로 계단 모양의 기호를 만든다.

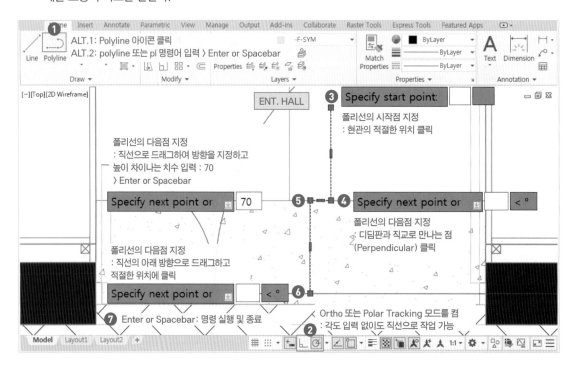

09 해치(Hatch) 영역을 만들기 위해 Polyline 명령으로 앞서 그린 기호에 겹쳐지게 닫힌 영역을 만든다.

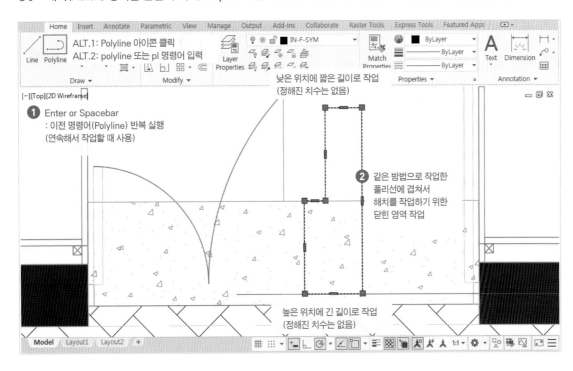

10 높은 곳과 낮은 곳을 구분하기 위해 사선 패턴으로 표시해야 한다. 따라서 해치(Hatch) 명령으로 패턴(ANSI31)을 작업한다.

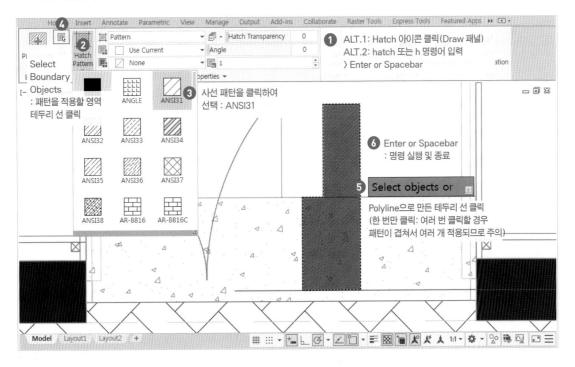

11 작업한 해치(Hatch)를 선택하여 패턴의 크기 및 색상을 조정하고 해치 영역의 폴리선은 삭제한다.

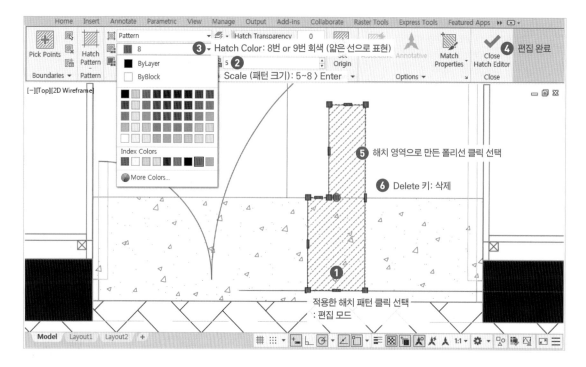

12 Multiline Text 명령을 사용하여 높이 문자를 작성한다. 1:1 크기 = 1.2mm × 도면 축척(Scale)

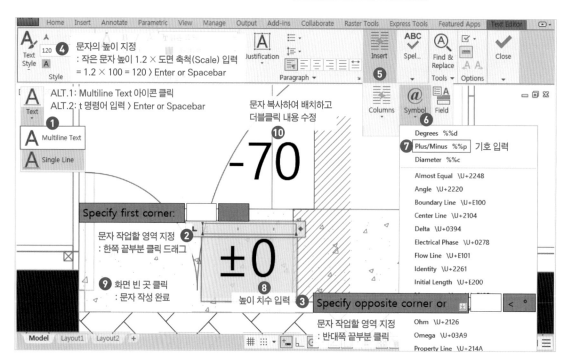

13 도면 이미지를 참고하여 바닥 높이가 차이나는 다른 곳에도 같은 방법으로 작업한다(기존의 기호들을 복사하여 배치하고 편집 가능).

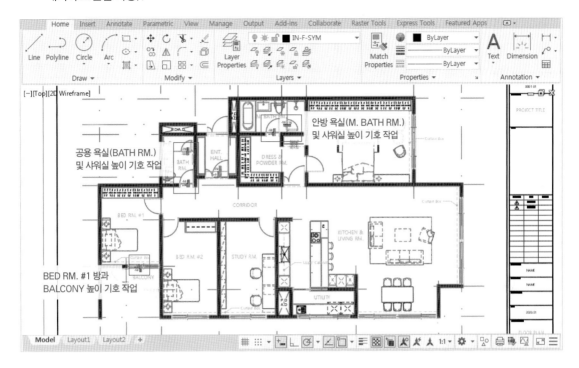

14 지시선 및 기호도 도면을 설명하는 중요한 요소이므로 가장 위에 위치해야 한다. 따라서 Draw Order의 Bring Leaders to Front 명령을 실행하여 모든 지시선이 자동으로 가장 앞에 배치되도록 한다.

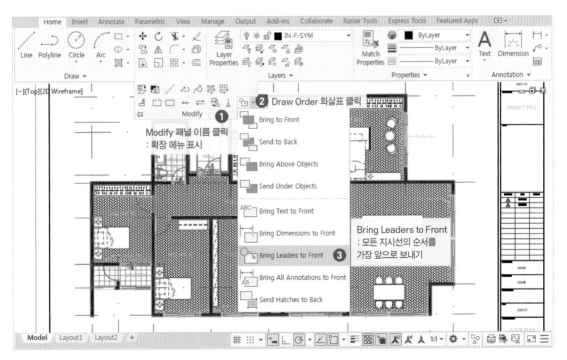

01 치수의 위치를 먼저 설정하기 위해 현재 도면층(Current Layer)을 'Defpoints' 도면층으로 설정한다.

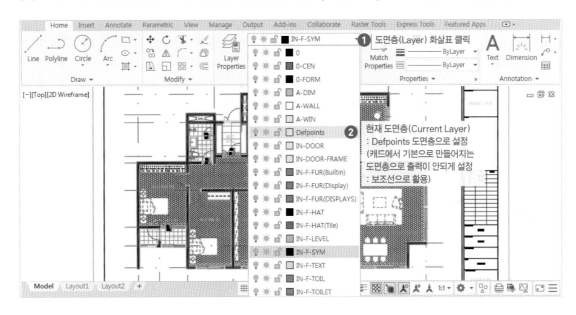

02 도면 전체의 크기에 맞춰 Rectangle 명령으로 사각형을 만든다.

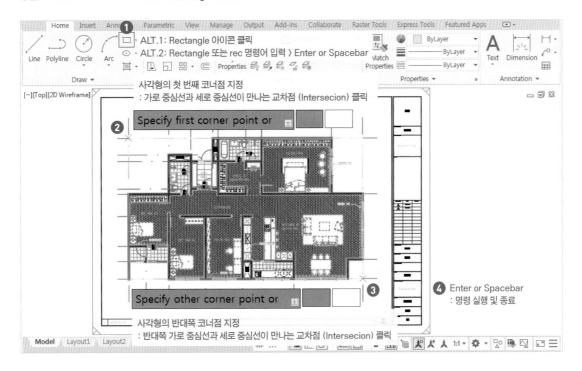

03 치수의 시작점 위치를 지정하기 위해 Offset 명령으로 중심선의 끝점 위치로 사각형을 간격 띄우기 복사한다.

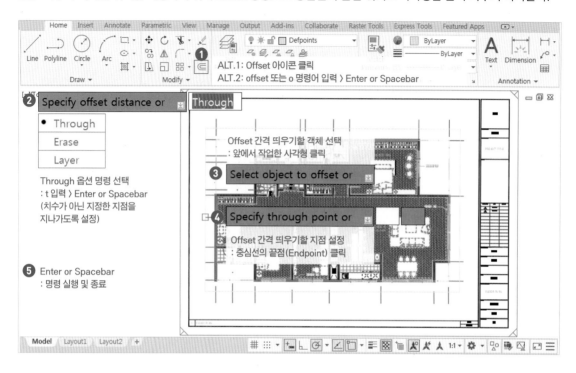

04 처음에 중심선 위치에 작업한 사각형은 필요 없으므로 삭제한다.

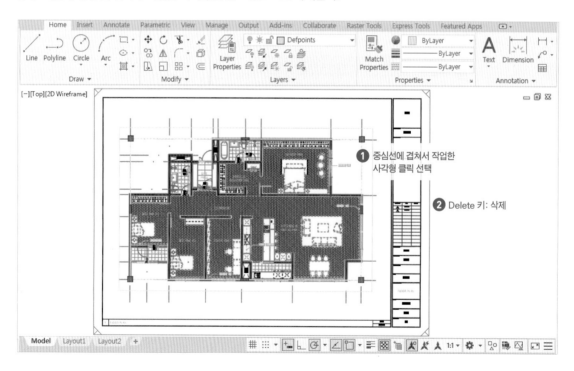

05 Trim 또는 Extend 명령으로 중심선의 길이를 두 번째 사각형의 위치에 맞게 정리한다.

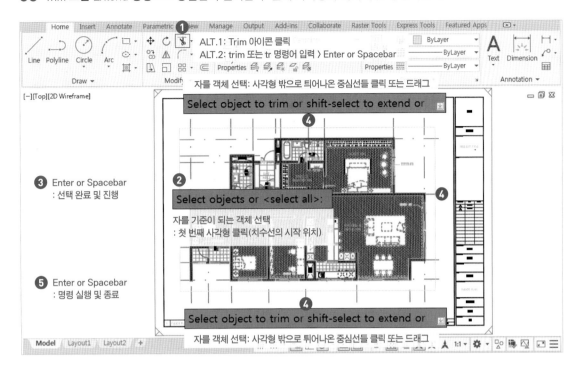

06 첫 번째 치수선의 위치를 지정하기 위해 다시 Offset 명령으로 사각형을 간격을 띄워 복사한다.

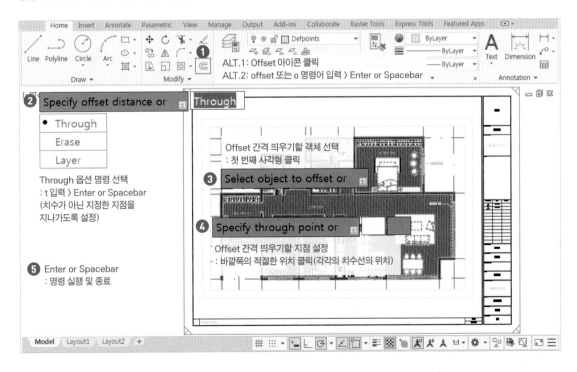

07 두 번째 치수선의 위치도 지정하기 위해 다시 Offset 명령으로 사각형을 간격 띄우기 복사 한다.

첫 번째 치수선과 두 번째 치수선의 간격 : 1:1 크기 4mm × 도면 축척(Scale)

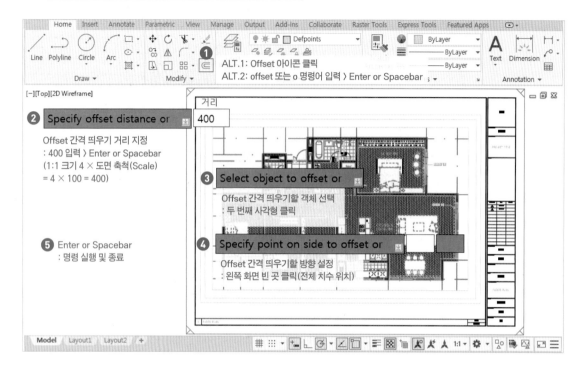

08 치수선을 작업하기 위해 현재 도면층(Current Layer)을 'A-DIM' 도면층으로 설정한다.

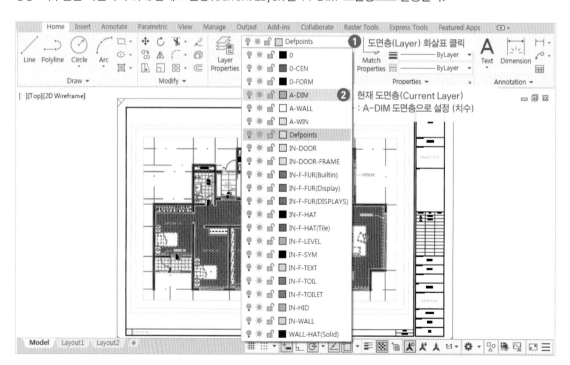

09 Annotation 패널의 확장 메뉴에서 Dimension Style 명령을 실행하여 자신만의 치수 스타일을 설정한다.

Scale 입력에 도면 축척 Scale을 정확하게 입력해야 함. Part 04의 Chapter 07 참고

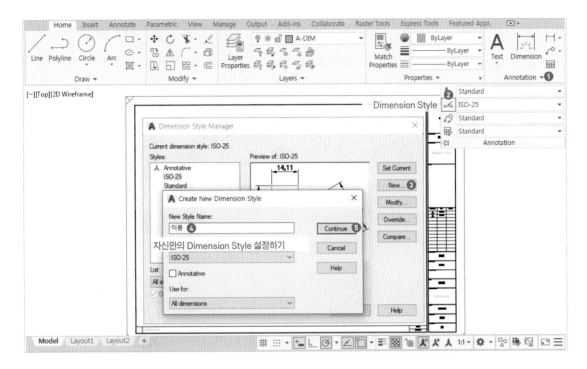

10 Linear 또는 Dimension 명령으로 도면에서 치수를 하나 만든다.

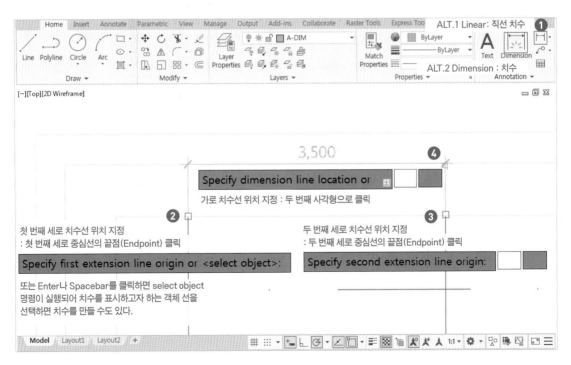

11 기존 치수를 선택하고 Grip(그립)의 Continue 옵션(또는 Dimension 명령 사용)으로 연속된 치수선을 만든다.

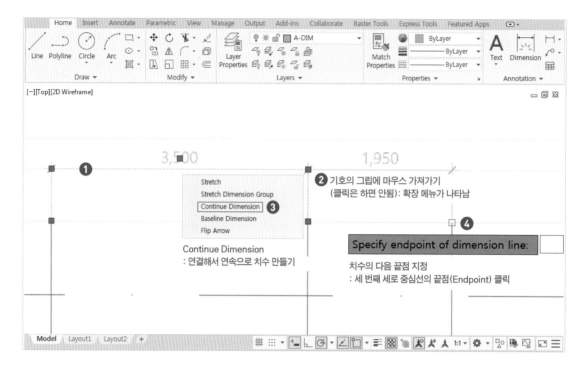

12 연속해서 첫 번째 치수선을 완성한다.

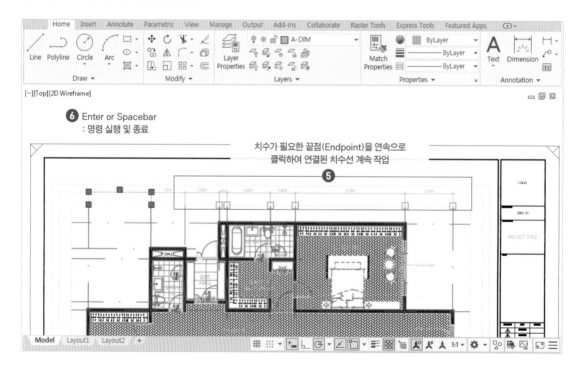

13 기존 치수를 다시 선택하고 Grip(그립)의 Baseline 옵션(또는 Dimension 명령 사용)으로 두 번째 줄의 전체 치수선을 만든다.

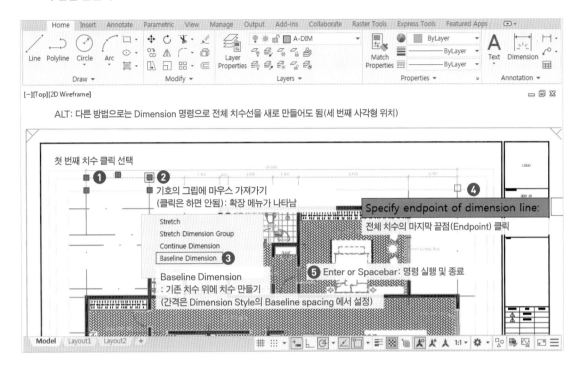

14 도면 이미지 참고하여 왼쪽, 오른쪽, 아래쪽에도 같은 방법으로 치수를 만든다.

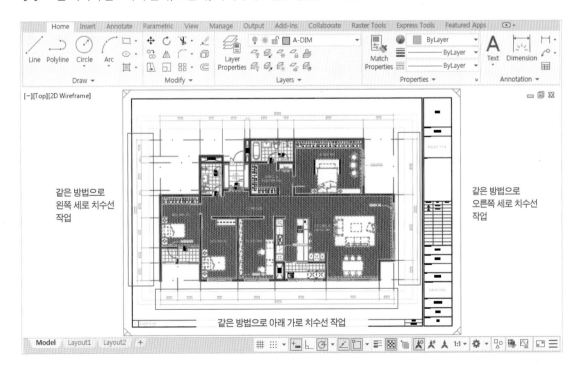

15 치수도 도면을 설명하는 중요한 요소이므로 가장 위에 위치해야 한다. 따라서 Draw Order의 Bring Dimensions to Front 명령을 실행하여 모든 치수가 자동으로 가장 앞에 배치되도록 한다.

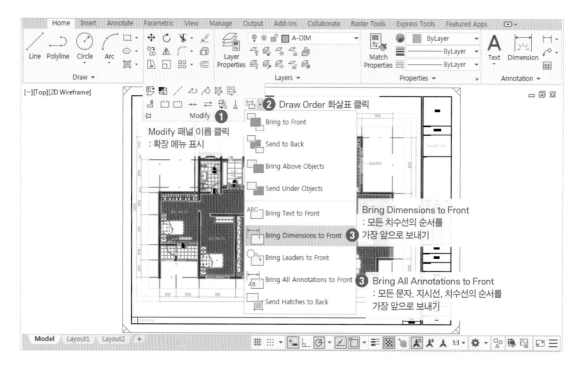

16 치수 작업이 완료되었다(필요에 따라 도면 내부에 작은 축척(Scale)의 치수를 작업할 수 있다).

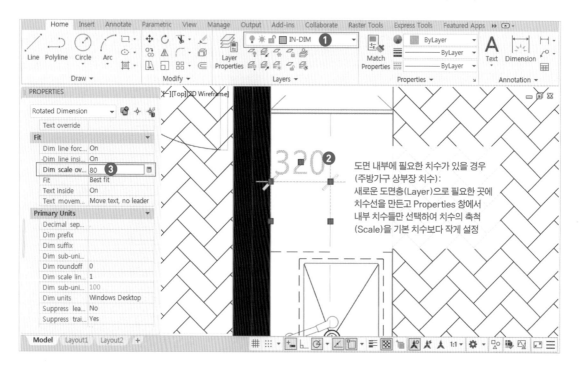

17 작업이 완료되었으면 전체 도면층(Layer)을 확인하고 정리해야 추후 도면을 수정하고 관리하는 데 용이하다. 먼저 Layer Walk 명령으로 도면층(Layer)에 따라 객체들이 잘 구분되었는지 확인한다.

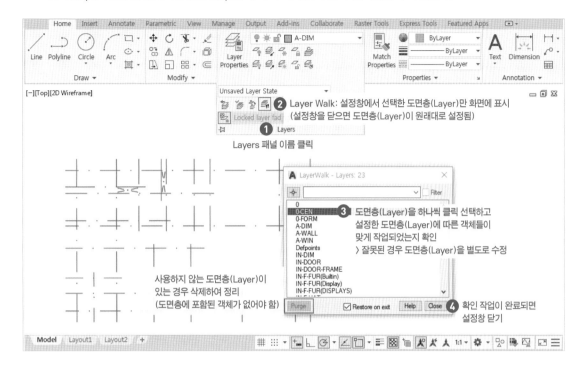

18 불필요한 도면층(Layer)이 생기거나 중복되는 경우 가능한 도면층(Layer)을 정리하는 것이 좋다. 먼저 도면층 특성창(Layer Properties)을 열고 모든 도면층(Layer)을 선택한다.

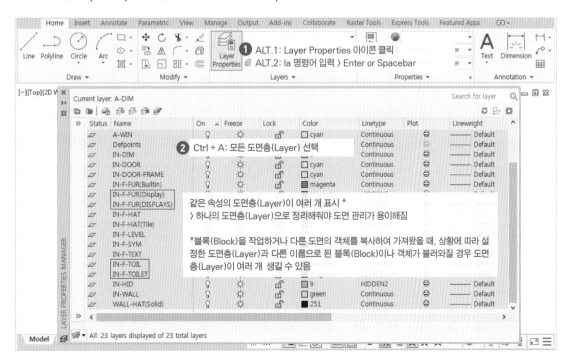

19 On 탭의 도면층(Layer) 켜기/끄기 아이콘을 클릭하여 모두 껐다가 정리할 도면층(Layer)만 다시 켠다.

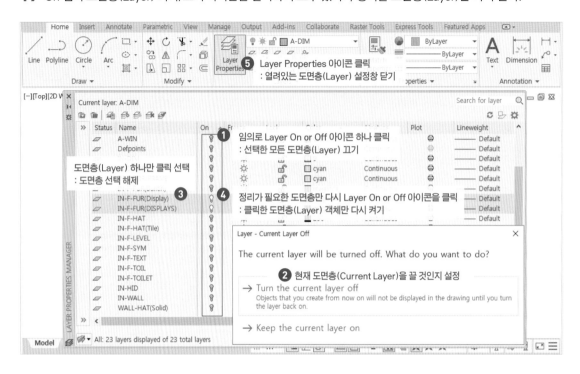

20 블록(Block)이 있을 경우 켜져 있는 도면층(Layer)의 객체를 모두 선택하여 Explode 명령으로 블록(Block)을 분해한다.

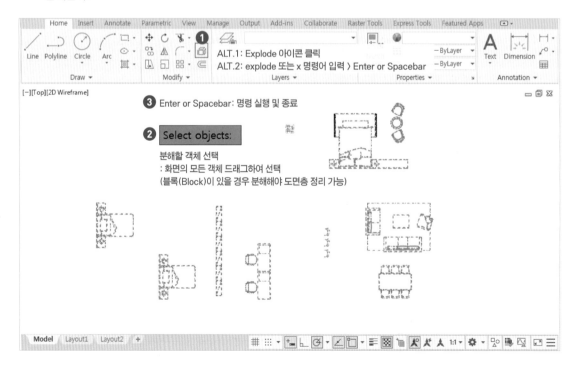

21 다시 객체를 모두 선택하여 하나의 도면층(Layer)으로 설정을 수정한다.

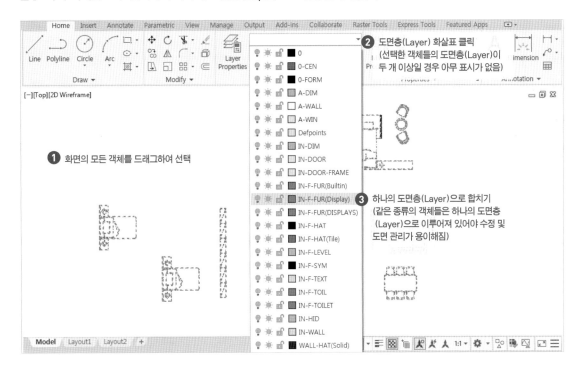

22 Purge 명령으로 사용하지 않는 도면층(Layer) 및 요소를 삭제한다.

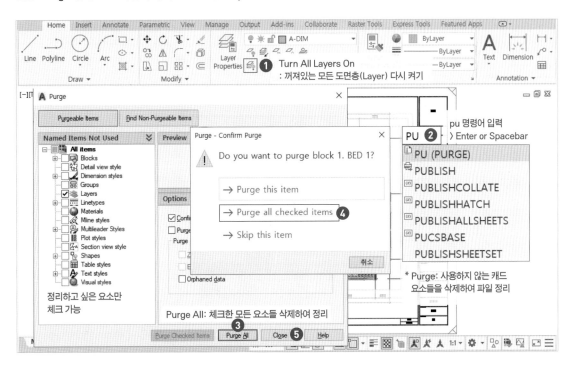

23 같은 방법으로 다른 도면층(Layer) 및 요소도 정리한다. 그리고 도면층(Layer) 창에서 모든 도면층(Layer)이 적절한지 확인해본다.

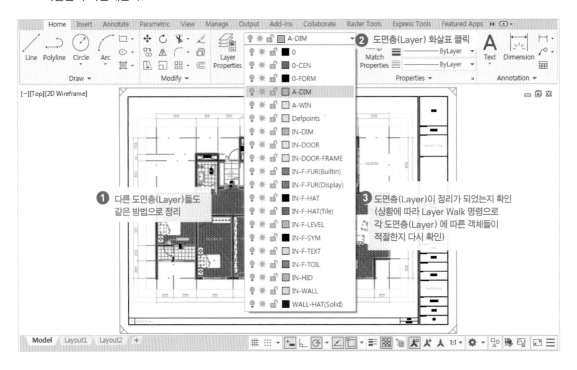

24 모든 기본 평면도 작업이 완료되었다. 도면 이미지와 비교하여 살펴보면서 잘못된 부분이 있으면 수정한다.

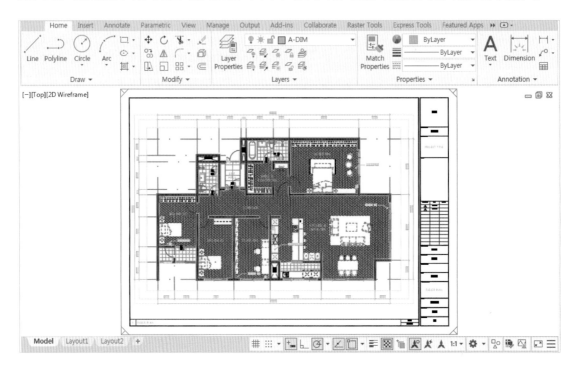

CHAPTER 3.

주거 공간
기본 천장도 작업

 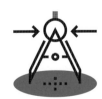

평면도가 공간의 바닥 부분을 표현한 도면이라면 천장도는 반대로 천장 부분을 표현한 도면이다. 이때 천장을 올려다보고 그리는 것이 아닌 평면도와 마찬가지로 천장 면을 내려다 본 형태로 작업해야 한다. 따라서 천장도는 작업한 평면도 위에 겹쳐서 도면층(Layer)을 구분하여 그린다. 천장도에서는 천장의 형태, 마감재뿐 아니라 조명 및 전기와 설비 시설과 같은 요소를 기술적으로 문제가 없도록 관리하고, 디자인 요소와 잘 어우러지도록 설계하는 것이 중요하다. 이에 기본 설계 단계에서부터 전기 및 설비 기술자들과 협의하면서 진행하도록 하고 천장 도면에서 필요한 조명 및 설비 기호도 반드시 숙지하여야 한다.

Section 01 | 평면도 도면층(LAYER) 정리

01 Open 명령으로 작업한 기본 평면도 파일을 연다.

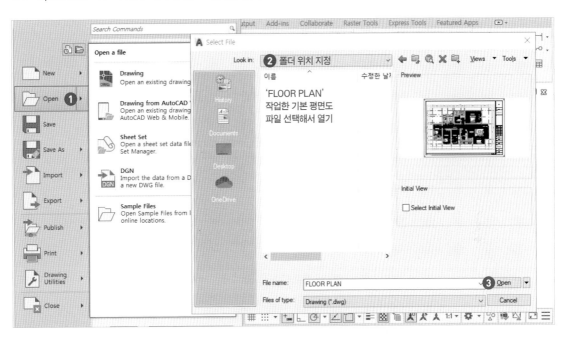

02 천장도에서의 문은 문틀(Door Frame 도면층)만 켜되 나머지 문 요소(Door 도면층)는 끄고 사용해야 한다. 먼저 Isolate 명령으로 문 블록(Block)만 화면에 나타낸다.

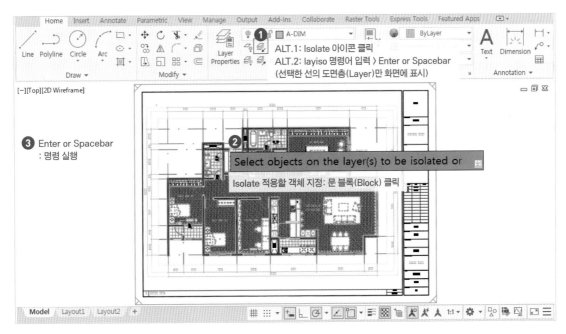

03 블록(Block)에서 부분적으로 Freeze 명령을 적용하기 위해서는 객체들이 묶여 있으면 안된다. 따라서 모든 문 블록(Block)을 선택하고 Explode 명령으로 분해한다.

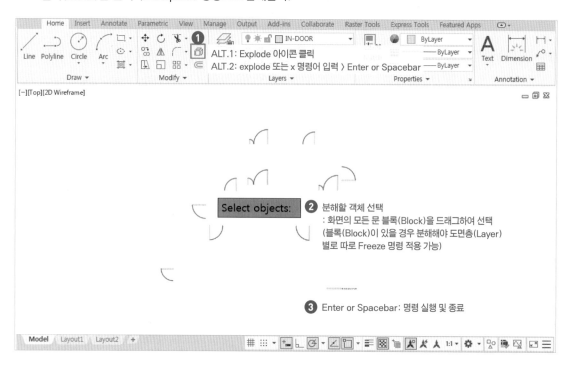

04 Unisolate 명령으로 도면층(Layer) 상태를 이전으로 되돌린다.

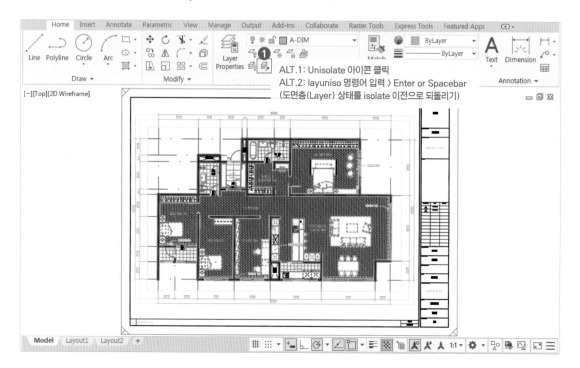

05 Freeze 명령으로 천장도에서 불필요한 요소의 객체를 클릭하여 화면에서 끈다. 또는 도면층 특성창(Layer Properties)에서 Freeze 아이콘을 클릭하여 꺼도 된다.

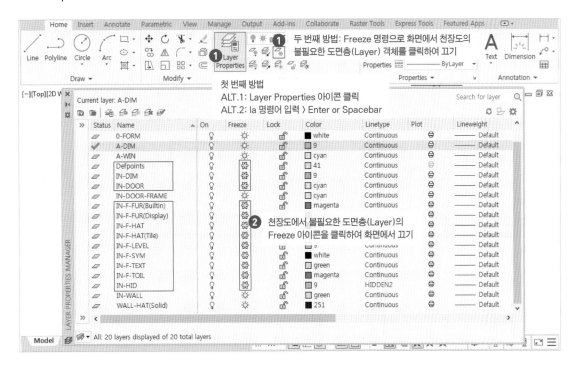

06 도면층 특성창(Layer Properties)에서 기본 천장도의 도면층(Layer)을 만들어준다. 제공 파일 참조

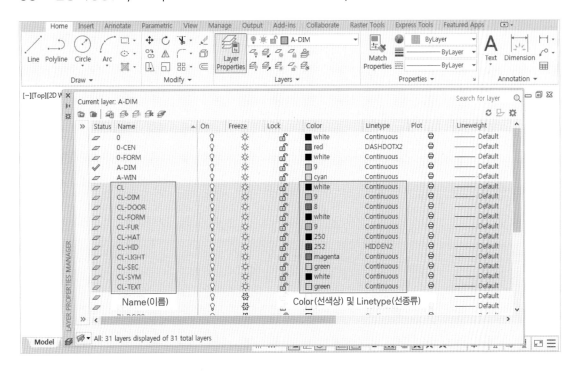

Section 02 | 천장 형태 및 가구선 작업

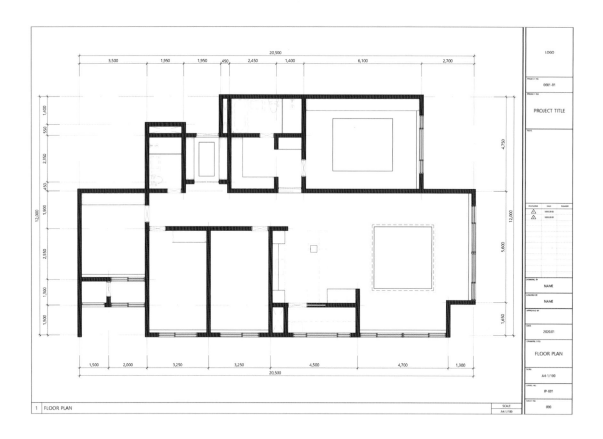

01 문 상부 벽체 표시를 작업하기 위해 현재 도면층(Current Layer)을 'CL-DOOR' 도면층으로 설정한다.

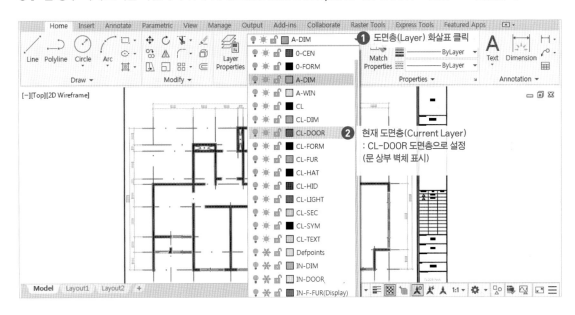

02 먼저 현관문에서 Polyline 명령으로 문틀 끝점에 맞춰 문 상부 벽체 표시를 만든다.

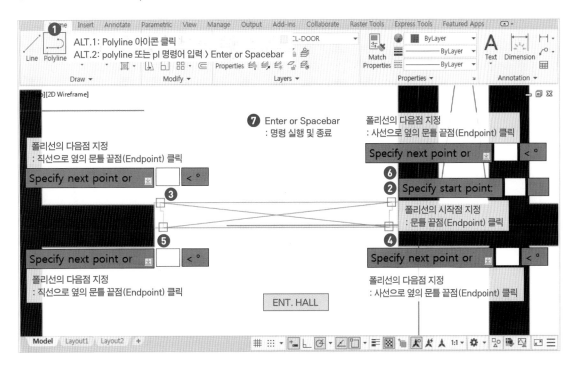

03 현관 중문이 들어갈 위치에 복사하여 배치한다. 그리고 각각의 그립(Grip)을 이용하여 현관 중문 문틀의 끝점에 맞게 형태를 조정한다.

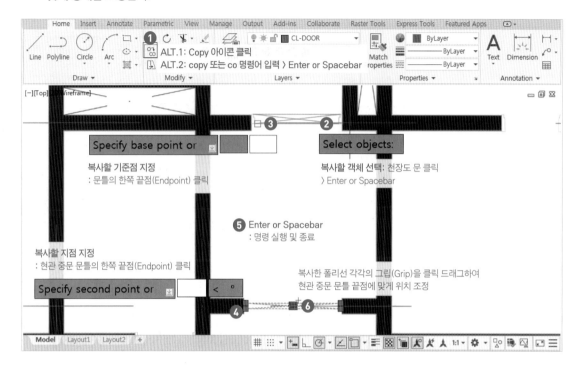

04 다른 문에도 같은 방법으로 모두 작업한다(Polyline 명령으로 새로 작업하거나 복사하여 수정).

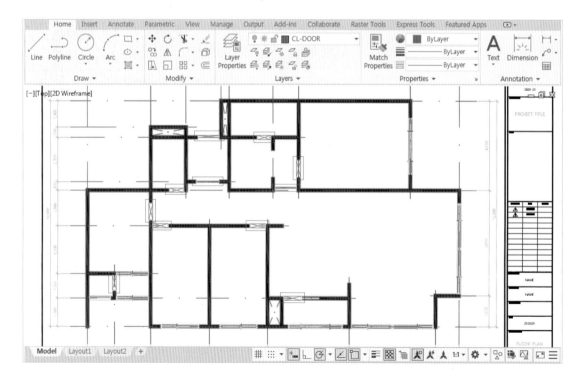

05 이번에는 천장 형태를 작업하기 위해 현재 도면층(Current Layer)을 'CL' 도면층으로 설정한다.

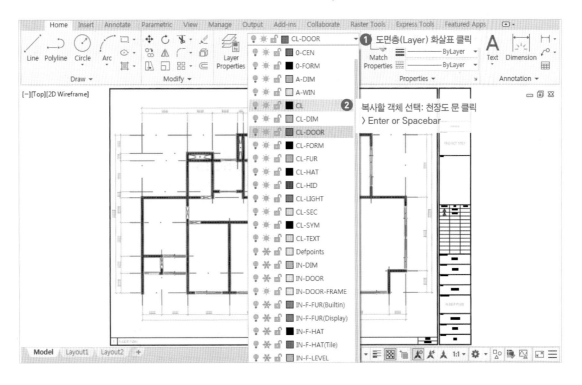

06 현관문이 있는 벽체에 상부 벽체 선을 Line 명령으로 작업한다.

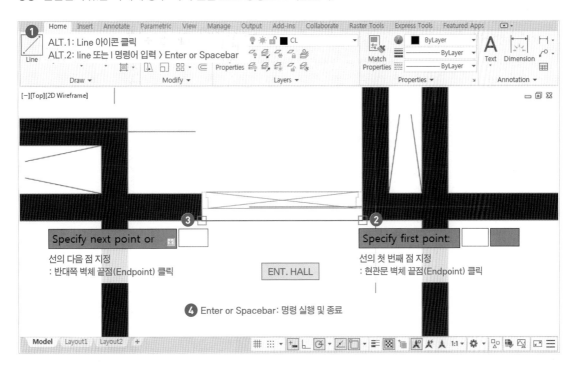

07 천장도면 이미지 파일에서 치수를 확인하면서 현관 천장의 우물천장 선을 작업한다. 먼저 Offset 명령으로 필요한 선을 만든다.

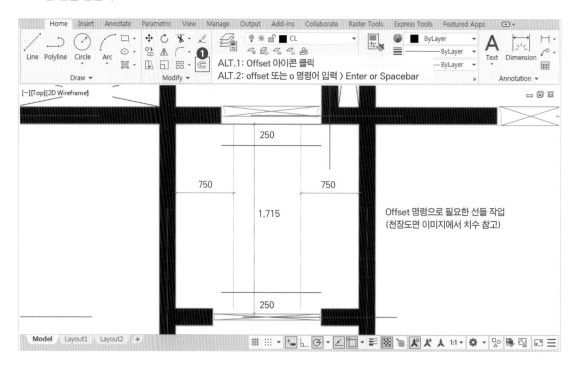

08 Rectangle 명령을 사용하여 Offset 명령으로 만든 선에 겹치게 사각형을 그린다.

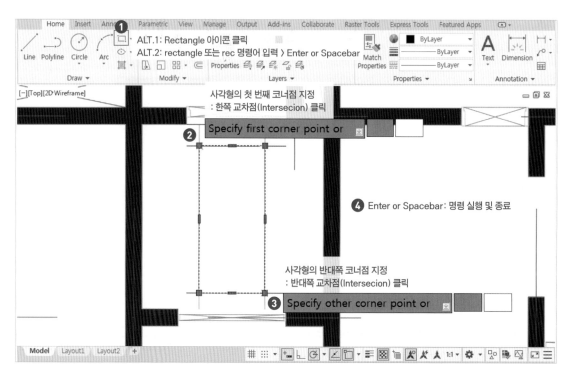

09 Offset 명령으로 만든 선은 이제 필요 없으므로 선택하여 삭제한다.

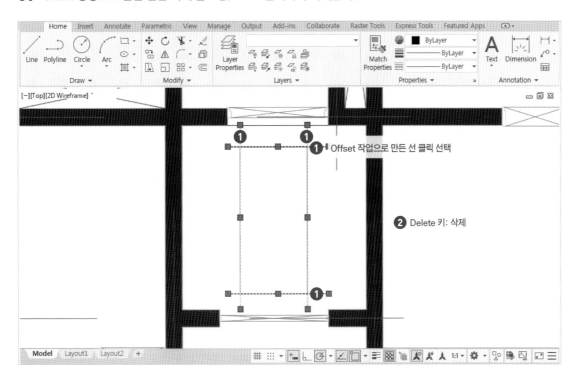

10 안방(M. BED RM.)에도 같은 방법으로 우물천장 형태를 만든다.

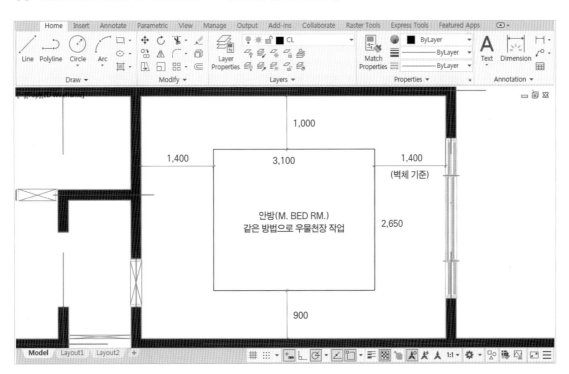

11 거실(KITCHEN & LIVING RM.)에도 같은 방법으로 우물천장 형태를 만든다.

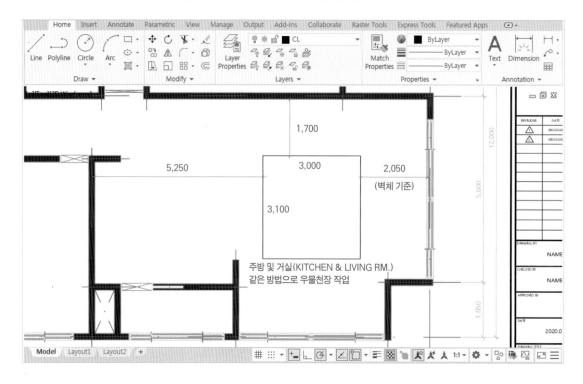

12 거실의 우물천장 사각형에서 Offset 명령을 이용하여 100mm 간격으로 두 개의 사각형을 만든다.

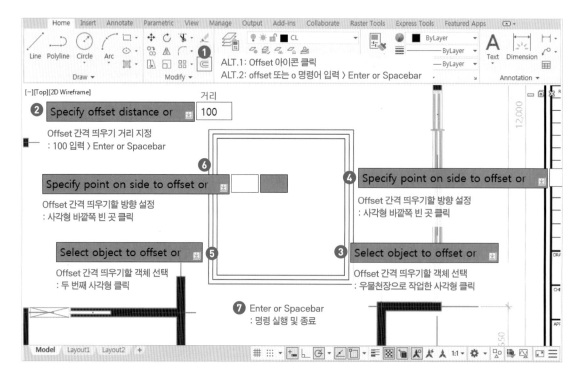

13 가장 바깥쪽 사각형을 선택하고 Properties 패널에서 색상(Color)을 250번(회색)으로 변경한다.

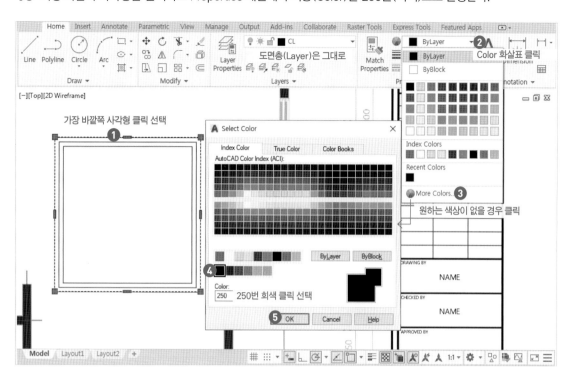

14 선 종류(Linetype)는 점선으로 바꾼다(천장 안쪽에 숨겨진 선이기 때문에 얇은 점선으로 표현).

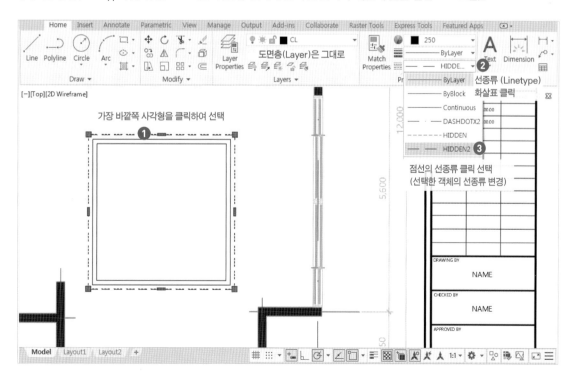

15 중간의 사각형을 선택하고 Properties 패널에서 색상(Color)을 1번(빨간색(Red))으로 변경한다.

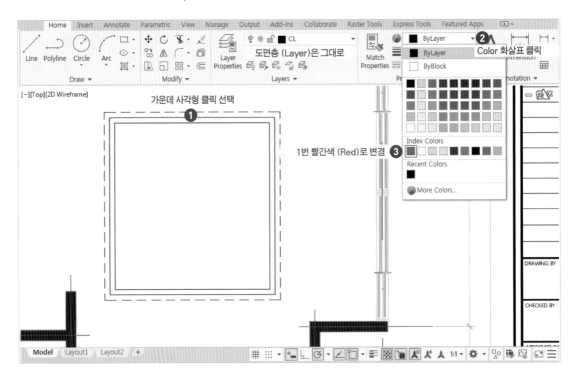

16 선 종류(Linetype)는 점선으로 바꾸고 도면층(Layer)은 CL-LIGHT로 수정한다(천장 안쪽에 숨겨진 간접 조명 위치 표현).

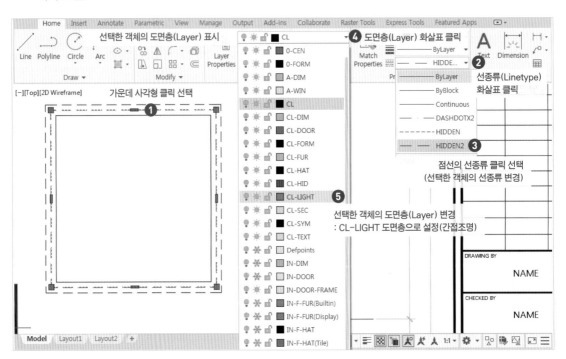

17 간접 조명의 위치가 잘 보이도록 간접 조명 사각형을 더블클릭하여 두께를 10mm로 설정한다.

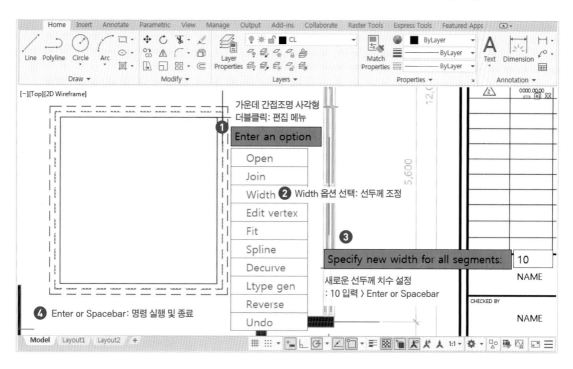

18 이번에는 평면도에서 표시한 천정과 관련된 선을 참고하여 천장도에 작업한다. 먼저 도면층(Layer) 창에서 IN-HID 도면층(Layer)의 Freeze 아이콘을 클릭하여 꺼져있던 선을 화면에서 보이도록 켜준다.

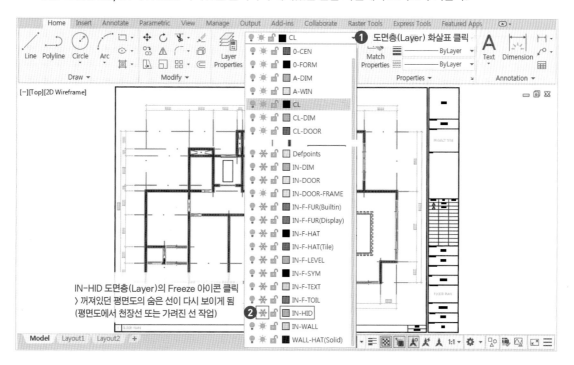

19 드레스룸 (DRESS & POWDER RM.)에서 Line 명령으로 천장선을 평면도의 HID 선에 겹쳐서 그린다.

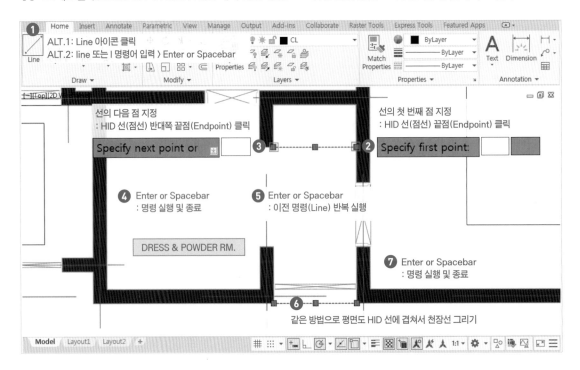

20 각 공간의 창문 앞에 있는 커튼 박스 선에도 Line 명령으로 천장선을 겹쳐서 그린다.

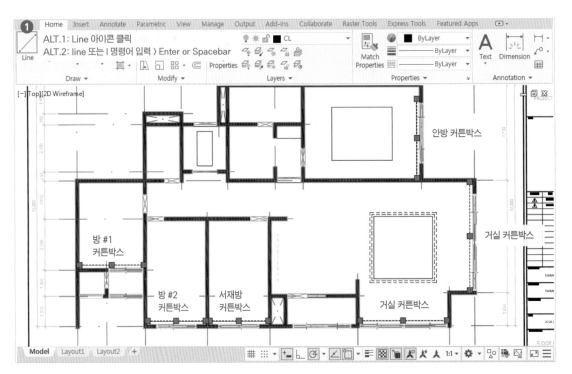

21 주방 가구의 상부장도 Line 명령으로 천장선을 평면도의 HID 선에 겹쳐서 그린다.

22 주방 가구의 상부장은 가구이므로 선을 선택하고 CL-FUR 도면층(Layer)으로 변경한다.

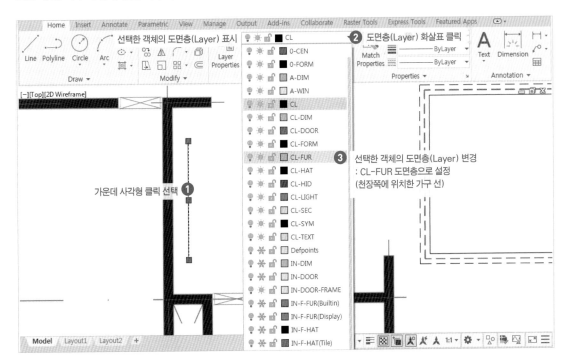

23 이제 평면도의 HID 선은 필요 없으므로 도면층(Layer) 창에서 IN-HID 도면층(Layer)의 Freeze 아이콘을 다시 클릭하여 화면에서 끈다(Freeze 명령으로도 가능).

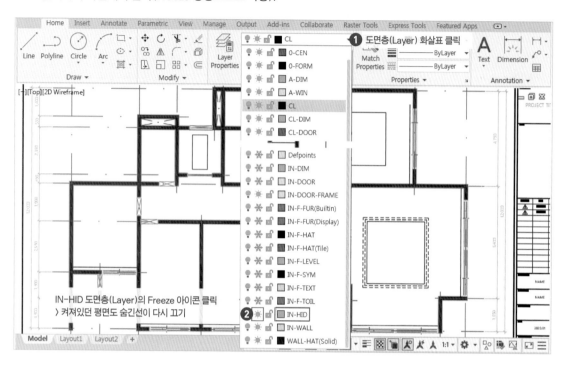

24 이번에는 평면도의 가구 및 욕실 도기의 위치를 천장도에서 참고하기 위한 선을 만든다. 먼저 도면층(Layer) 창에서 IN-F-FUR(Builtin) 도면층(Layer)과 IN-F-TOIL 도면층(Layer)을 화면에 보이게 켜준다.

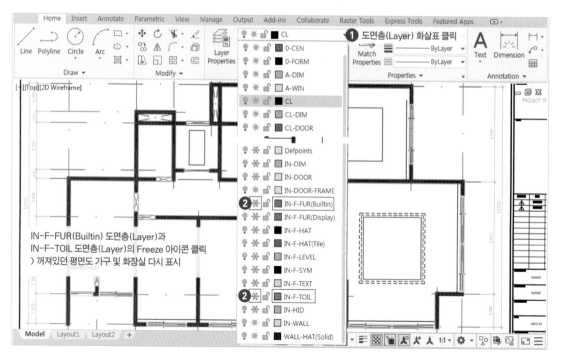

25 Isolate 명령으로 붙박이 가구와 욕실 도기만 화면에 보이도록 설정한다.

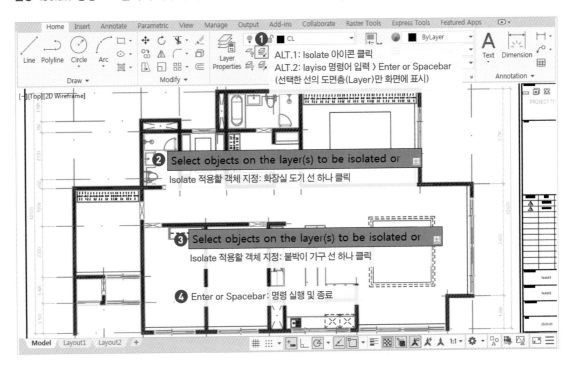

26 Copy 명령으로 모두 선택하여 옆으로 복사한다. 그리고 다시 Unisolate 명령으로 화면을 이전 상태로 되돌린다.

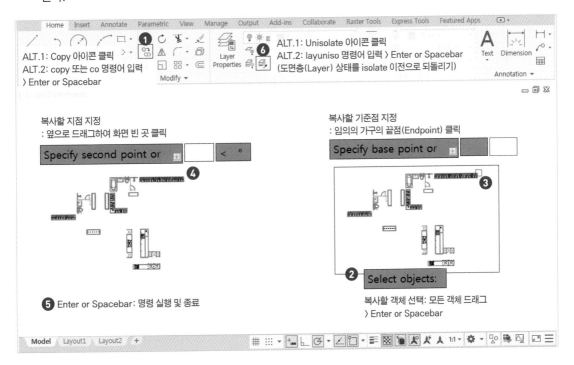

27 Explode 명령으로 복사한 가구 블록(Block)을 모두 분해한다.

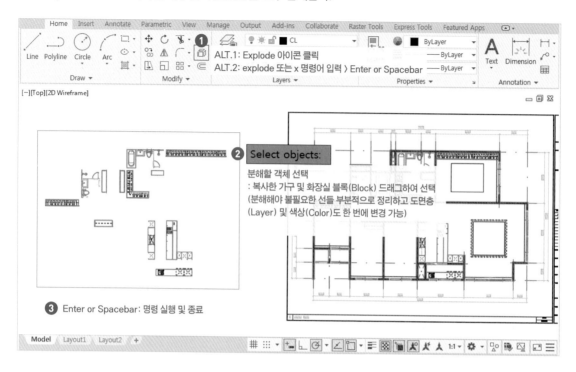

28 선이 너무 복잡하지 않도록 불필요한 선은 선택하여 삭제한다.

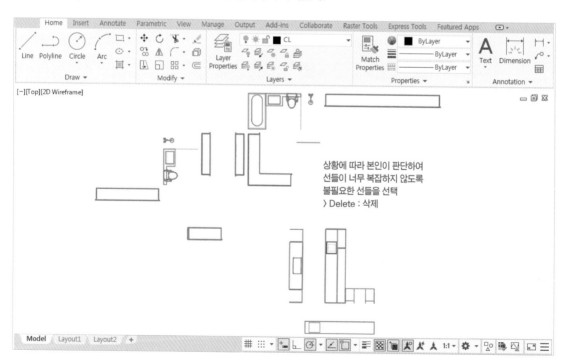

29 복사하여 정리한 가구 선을 모두 선택하고 CL-HID 도면층(Layer)으로 변경한다. 그리고 Properties 패널에서 색상(Color)도 ByLayer*로 변경한다. *Layer Properties에서 설정한 도면층(Layer)의 색상

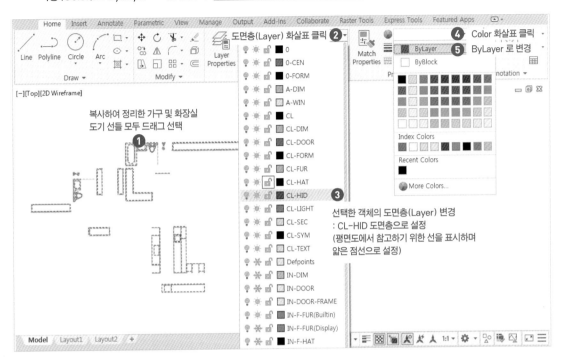

30 선 종류(Linetype)도 ByLayer*로 변경한다. *Layer Properties 패널에서 설정한 도면층(Layer)의 선 종류

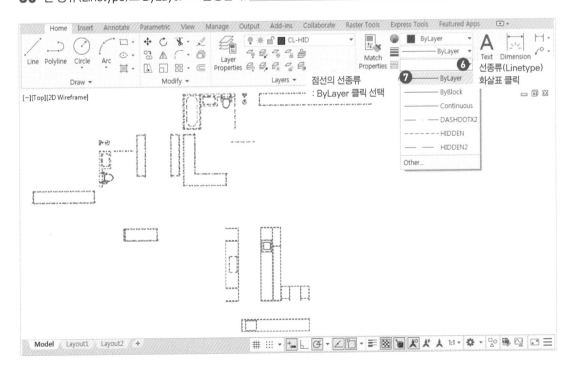

31 천장까지 위치하는 붙박이 가구 및 욕실 유리문 선을 표시하기 위해 현재 도면층(Current Layer)을 'CL-FUR' 도면층으로 설정한다.

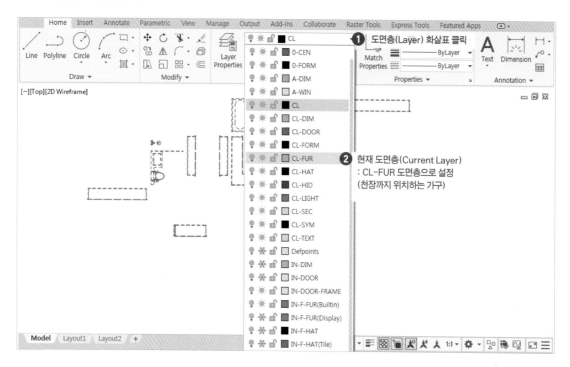

32 Line 명령으로 천장까지 위치하는 가구의 외곽선과 욕실의 샤워실 유리문 선을 겹쳐 그린다(기본 실선으로 표시).

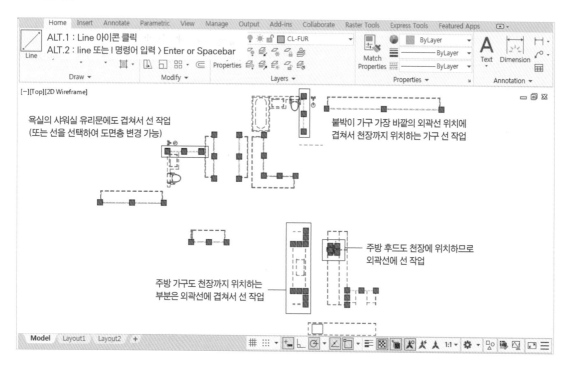

33 Move 명령으로 복사한 가구를 모두 선택하고 평면도 가구 위치에 겹치도록 이동한다.

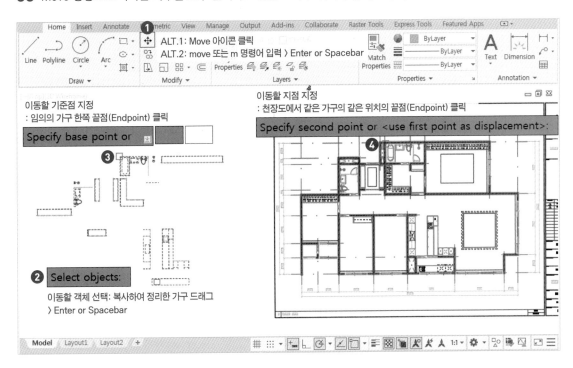

34 이제 평면도의 가구 및 욕실 도기 선은 필요 없으므로 도면층(Layer) 창에서 IN-F-FUR(Builtin) 도면층 (Layer)과 IN-F-TOIL 도면층(Layer)의 Freeze 아이콘을 다시 클릭하여 화면에서 끈다.

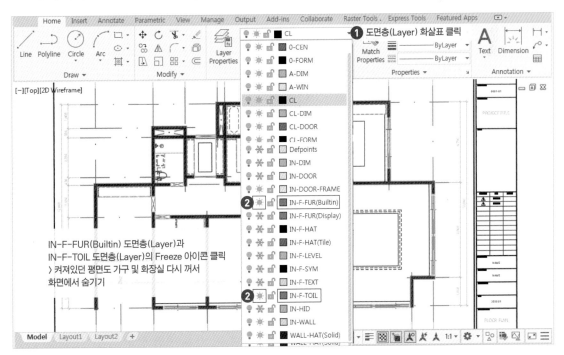

35 숨긴선을 뒤로 보내기 위해 Isolate 명령으로 점선의 가구선만 화면에 보이도록 설정한다.

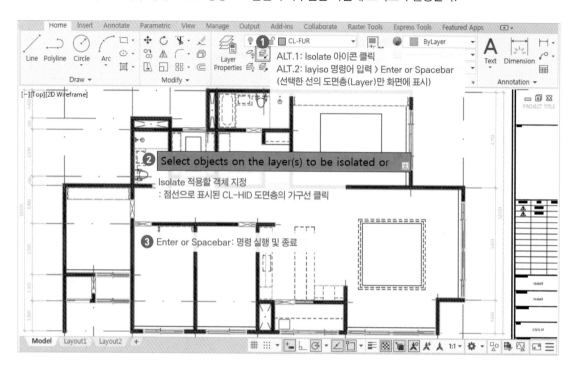

36 모든 객체를 선택하고 Draw Order 명령을 이용해서 순서를 가장 뒤로 보낸다. 그리고 다시 Unisolate 명령으로 화면을 이전 상태로 되돌린다.

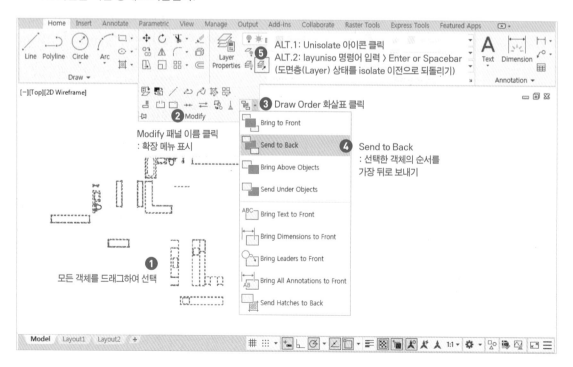

Section 03 | 천장 몰딩(MOULDING) 및 조명(LIGHTING) 작업

실습 파일: CEILING PLAN BLOCK (블록 자료) 〉 AIR CONDITIONER ~ SPOT LIGHT.dwg

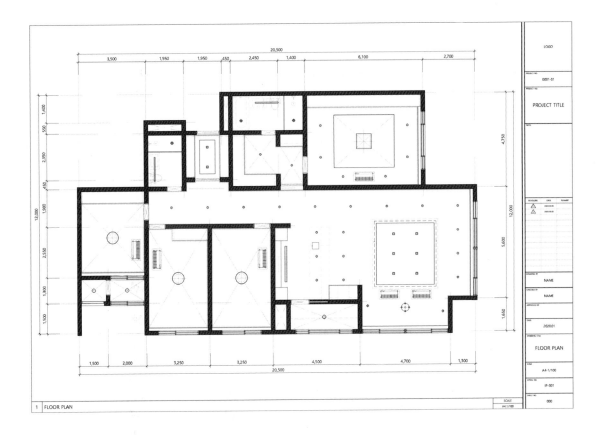

01 천장 몰딩을 작업하기 위해 현재 도면층(Current Layer)을 'CL' 도면층으로 설정한다.

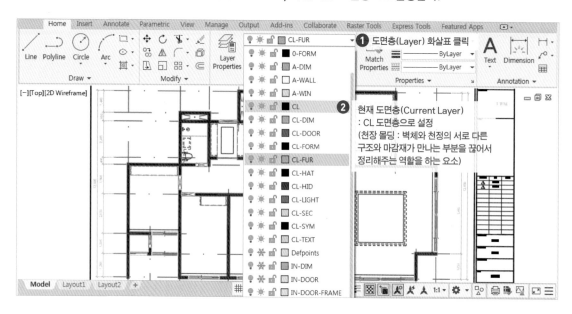

02 현관 벽체 및 문, 가구 선을 따라 Polyline 명령으로 연결선을 하나 그린다(Rectangle 명령으로도 가능).

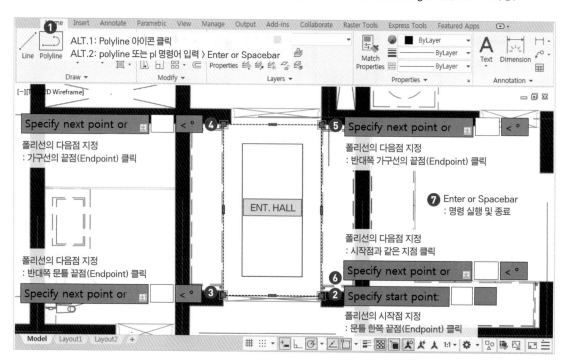

03 현관에 겹쳐서 작업한 폴리선을 Offset 명령을 이용하여 안쪽으로 25mm만큼 간격을 띄워 복사한다.

이 선은 몰딩의 첫 번째 표시선으로, 몰딩의 형태에 따라 선의 표시와 위치가 다르다.

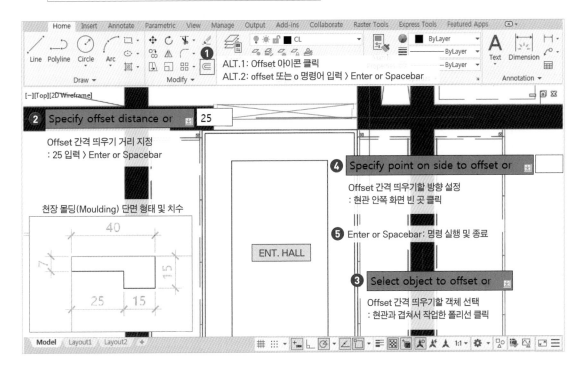

04 다시 Offset 명령을 이용하여 안쪽으로 15mm만큼 간격을 띄워 복사한다. 이 선이 몰딩의 두 번째 표시선에 해당

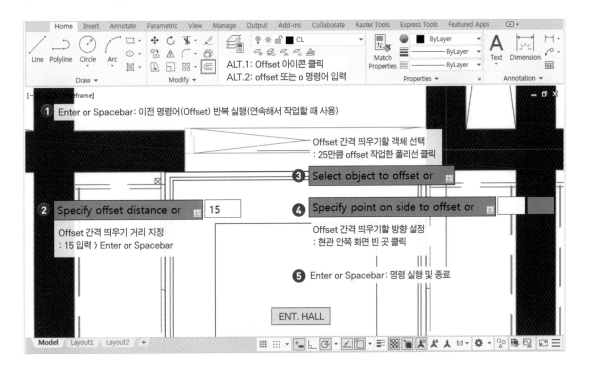

05 Offset 작업을 한 몰딩선 두 개를 선택한다. 그리고 Properties 패널에서 색상(Color)을 5번(파란색)으로 변경하여 아주 얇은 선으로 표시한다.

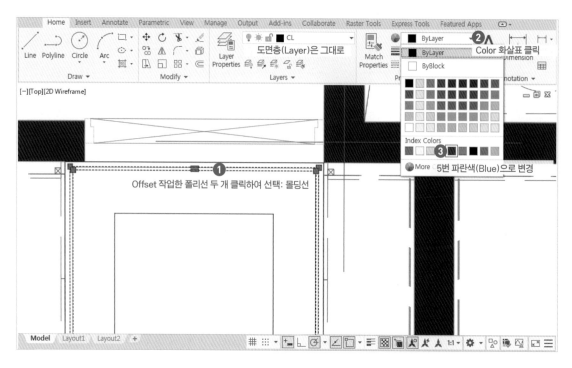

06 현관에 겹쳐서 작업한 폴리선은 이제 필요 없으므로 선택하여 삭제한다.

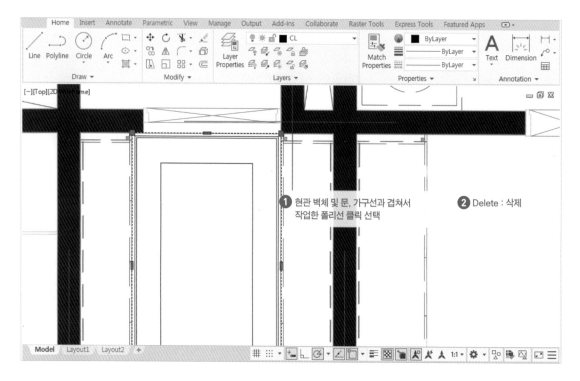

07 방(BED RM. #1, BED RM. #2)과 서재(STUDY RM.)에도 같은 방법으로 천장 몰딩을 작업한다.

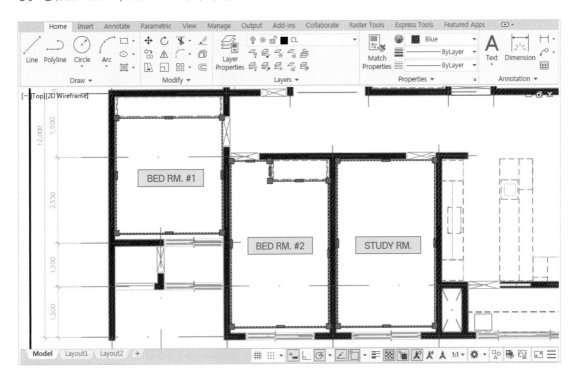

08 안방(M. BED RM.)과 드레스룸(DRESS & POWDER RM.)에도 같은 방법으로 천장 몰딩을 작업한다.

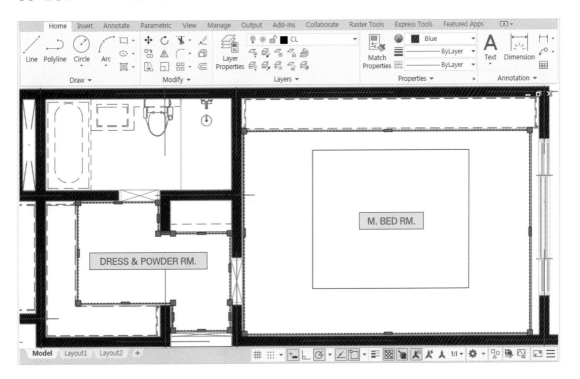

09 복도(CORRIDOR)와 주방 및 거실(KITCHEN & LIVING RM.)에도 같은 방법으로 천장 몰딩을 작업한다.

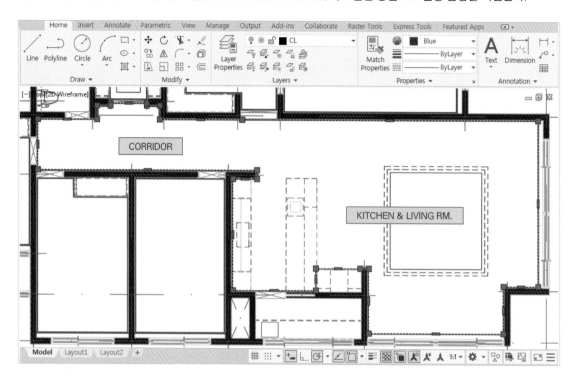

10 이번에는 조명을 공간의 중심에 배치하는 곳에 기준선을 작업한다. 먼저 방(BED RM. #1)에 Line 명령으로 대각선을 두 개 그린다(벽체 및 가구, 커튼 박스가 작업의 기준으로 몰딩선은 무시하고 작업).

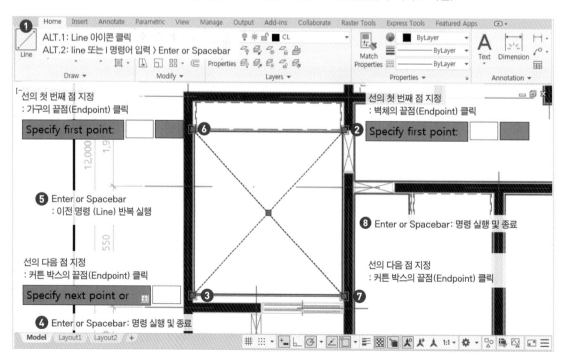

11 대각선을 두 개 선택하고 Properties 패널에서 색상(Color)을 250번(회색)으로 변경한다.

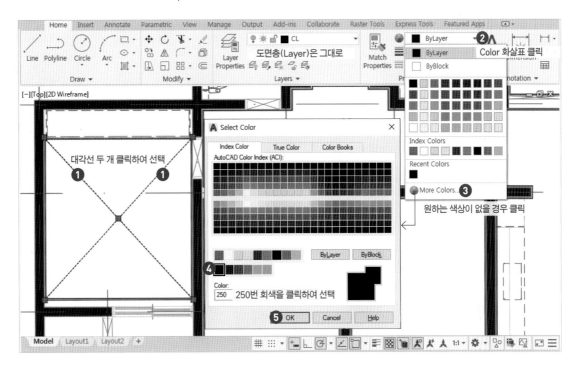

12 선 종류(Linetype)도 일점쇄선으로 변경한다(작업한 대각선들은 가상의 보조선이기 때문에 아주 얇은 일점쇄선으로 표시).

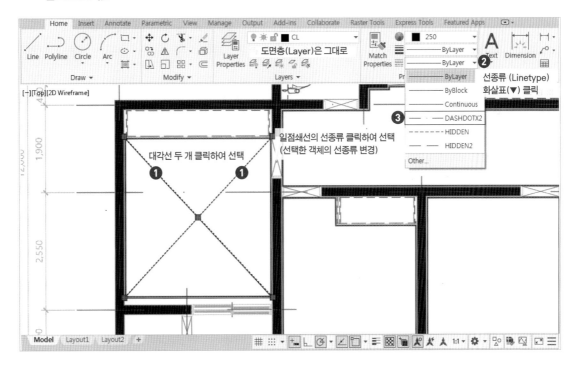

13 발코니(BALCONY)에도 같은 방법으로 작업하고 선 종류 크기(Linetype Scale)를 별도로 조정한다.

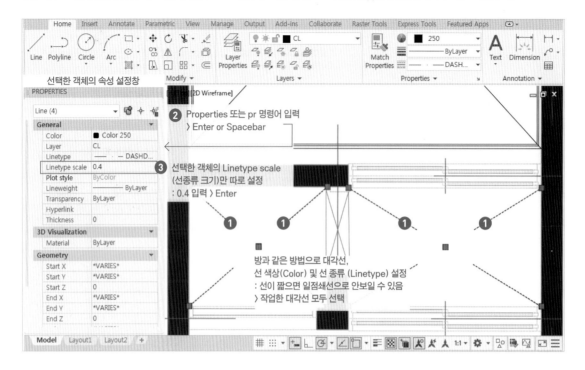

14 방(BED RM. #2)과 서재(STUDY RM.), 다용도실(UTILITY)에도 앞과 같은 방법으로 작업한다.

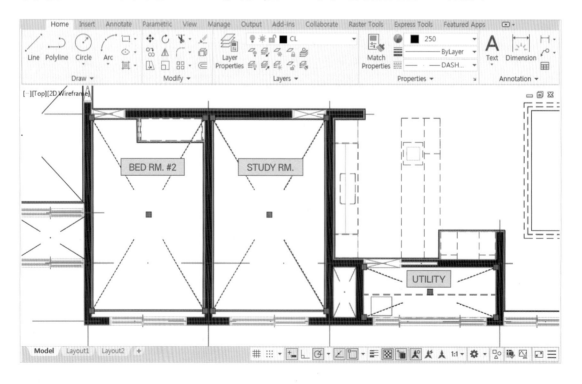

15 안방(M. BED RM.)의 우물천장과 드레스룸(DRESS & POWDER RM.)에도 같은 방법으로 작업한다.

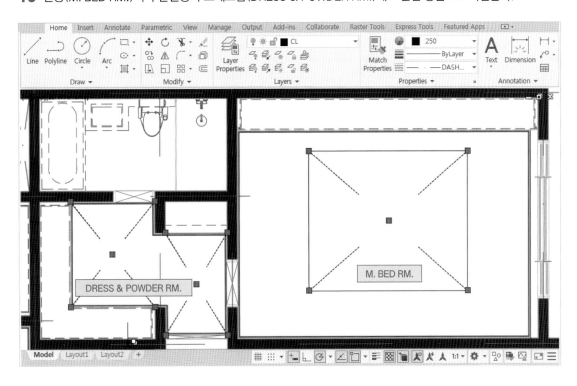

16 조명 기구를 작업하기 위해 현재 도면층(Current Layer)을 'CL-LIGHT' 도면층으로 설정한다.

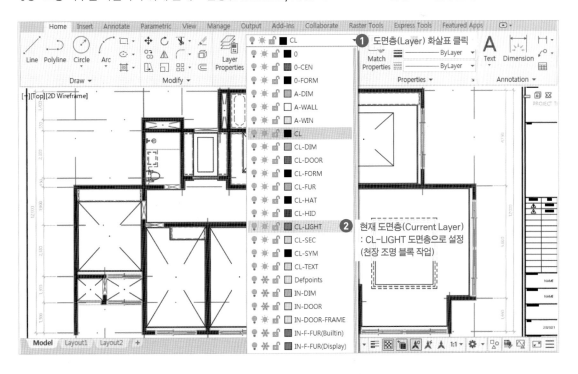

17 블록(Block) 파일을 불러오기 위해 Insert 명령을 실행한다. 설정창이 뜨면 Browse 버튼을 클릭하고 'CEILING PLAN BLOCK' 자료 폴더에서 원하는 조명 블록(Block) 파일을 선택하여 가져온다.

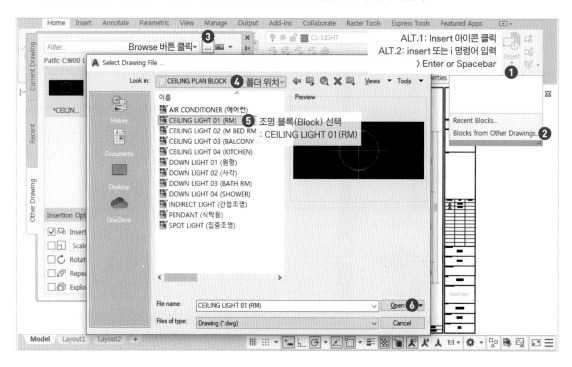

18 임의로 화면의 빈 곳을 클릭하여 조명 블록(Block)을 배치한다.

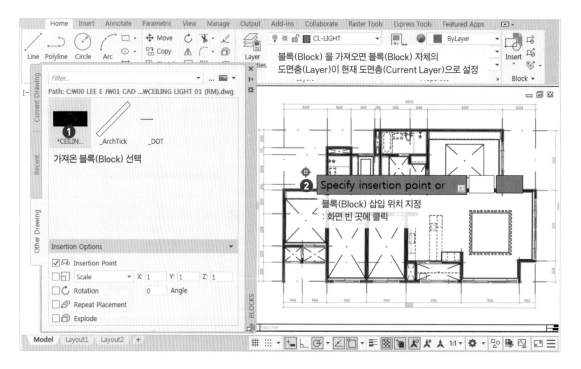

19 도면 이미지에서 조명의 위치를 정확히 확인한 후 Grip을 이용하여 블록을 이동해 배치한다(Move 명령으로도 가능).

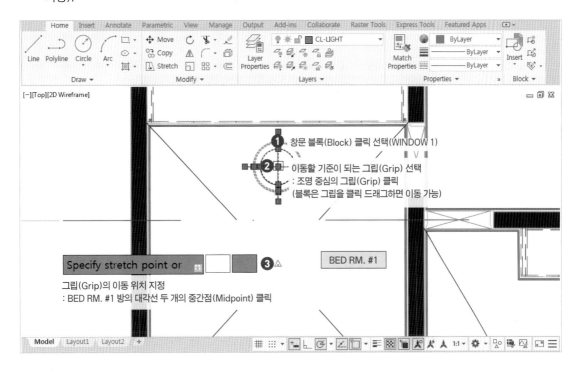

20 방(BED RM. #2)과 서재(STUDY RM.)에도 같은 조명 기구이므로 Copy 명령으로 복사하여 배치한다.

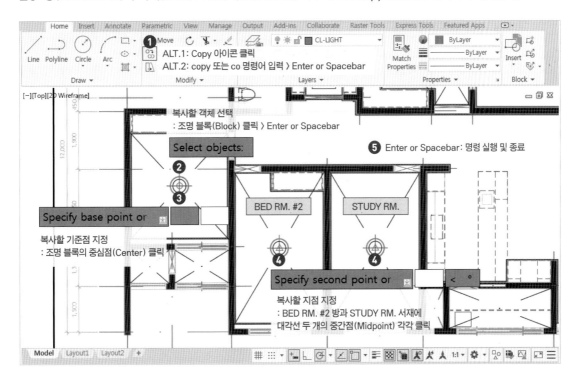

21 안방(M. BED RM.)에는 'CEILING LIGHT 02' 조명 블록(Block)을 불러와서 같은 방법으로 배치한다.

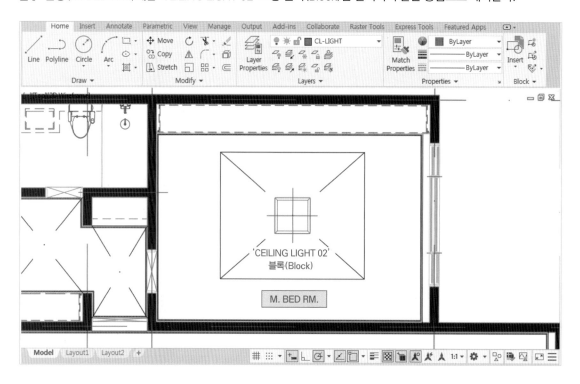

22 .실외기실 및 발코니(BALCONY)와 다용도실(UTILITY)에는 'CEILING LIGHT 03' 조명 블록(Block)을 불러와 서 같은 방법으로 배치하고 복사한다.

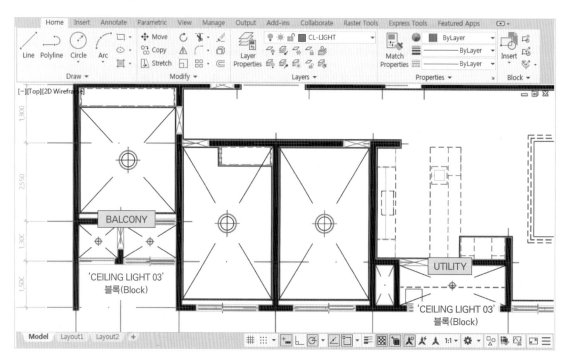

23 주방 가구 앞에는 'CEILING LIGHT 04' 조명 블록(Block)을 불러온다.

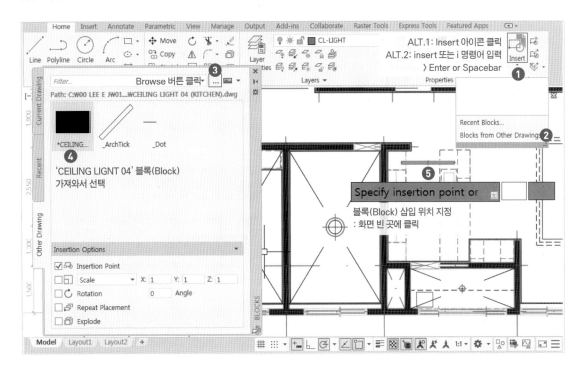

24 조명의 위치를 표시하기 위해 Offset 명령을 이용하여 벽체에서 간격을 띄운다. 천장 도면 이미지에서 치수 참고

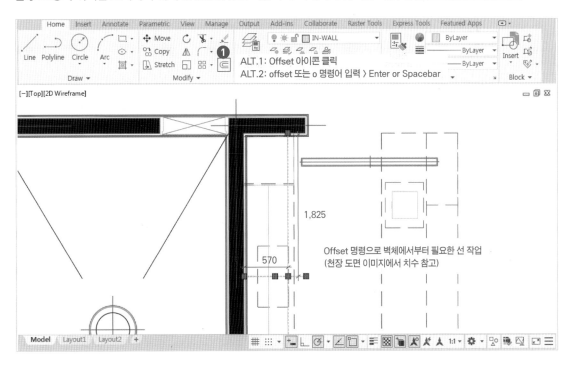

25 조명의 방향을 90도 회전시켜서 세로로 만든다.

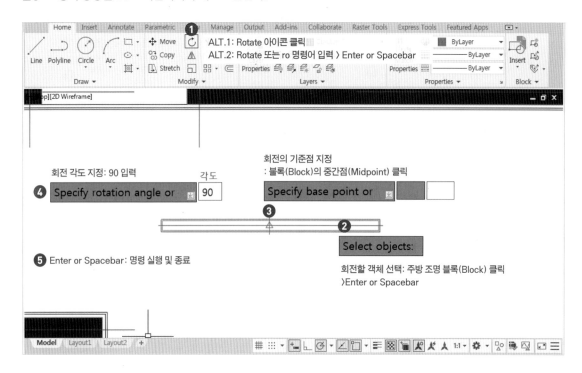

26 Offset 명령으로 작업한 가로선과 세로선이 만나는 지점에 조명 블록(Block)의 중심이 위치하도록 이동하여 배치한다.

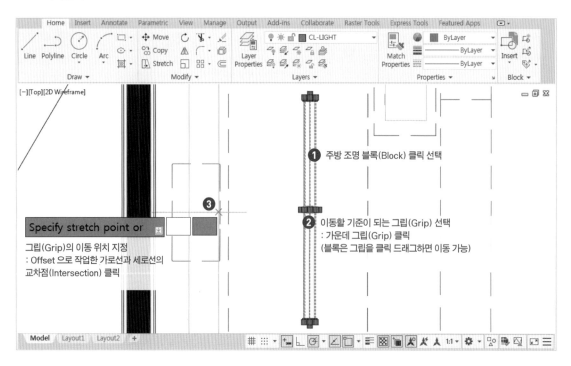

27 Offset으로 간격을 띄운 선은 필요 없으므로 선택하여 삭제한다.

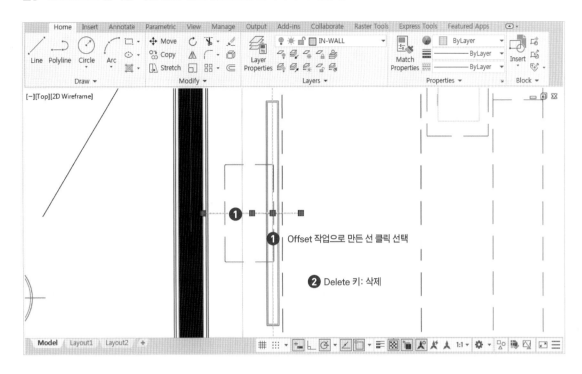

① Offset 작업으로 만든 선 클릭 선택

② Delete 키: 삭제

28 드레스룸(DRESS & POWDER RM.)에는 'DOWNLIGHT 01 (원형)' 조명 블록(Block)을 불러와서 앞에서와 같은 방법으로 배치하고 복사한다.

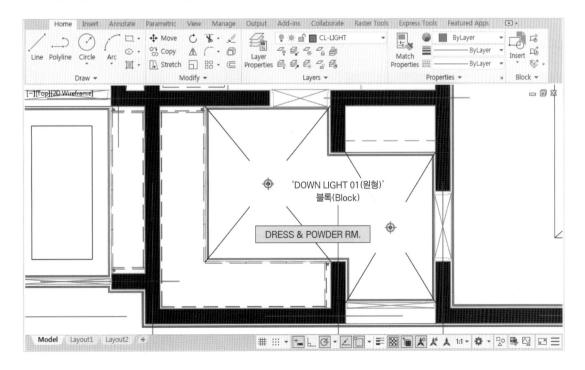

'DOWN LIGHT 01 (원형)'
블록(Block)

DRESS & POWDER RM.

29 이번에는 복도에 조명의 위치를 표시하기 위해 Offset 명령으로 벽체에서 간격을 띄운다.

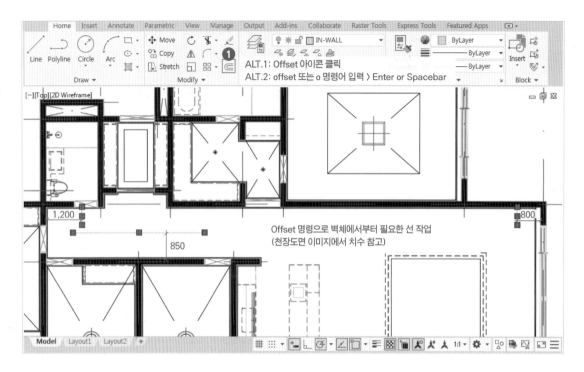

30 복도에서 1200mm 간격으로 Offset 작업한 세로선의 길이를 벽체까지 그립(Grip)을 이용하여 조정한다.

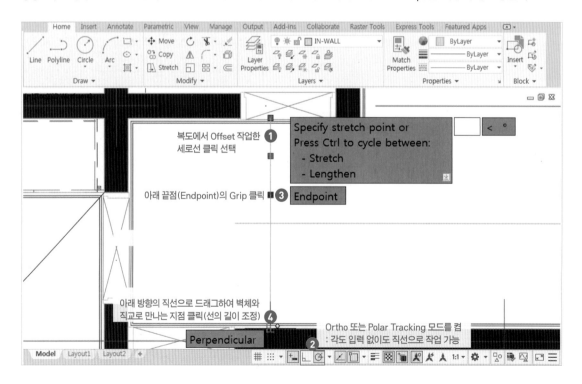

31 반대쪽 거실 창문 벽체에서 800mm 간격으로 Offset 작업한 세로선의 길이도 같은 방법으로 조정한다.

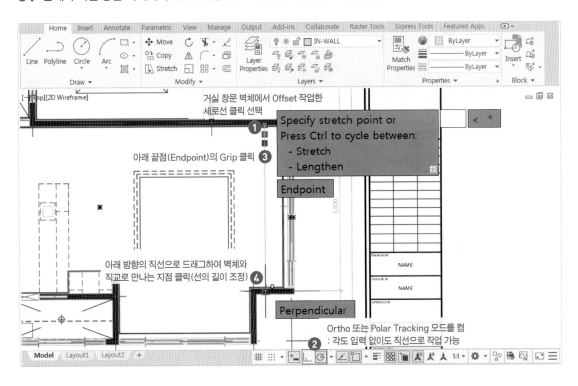

32 복도에서 850mm 간격으로 Offset 작업한 가로선의 길이도 그립(Grip)을 이용하여 양쪽 세로선까지 조정한다 (Trim 및 Extend 명령으로 작업 가능).

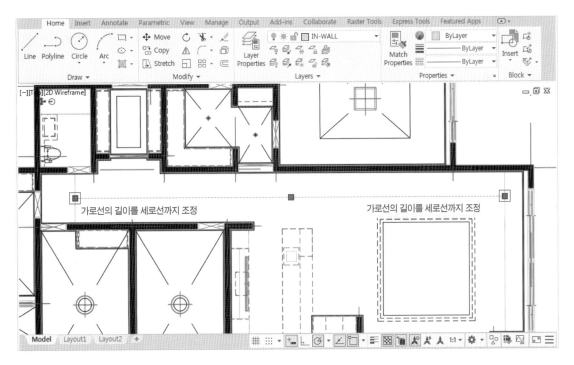

33 Divide 명령으로 가로선을 8등분하여 조명 기구의 위치를 표시한다.

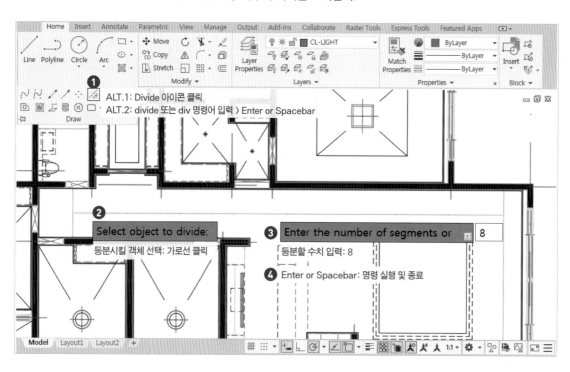

34 만약 등분한 위치의 점 표시가 보이지 않을 경우, Point Style(단축키: ddptype) 명령으로 점의 모양을 화면에 표시되는 것으로 변경하여 설정한다.

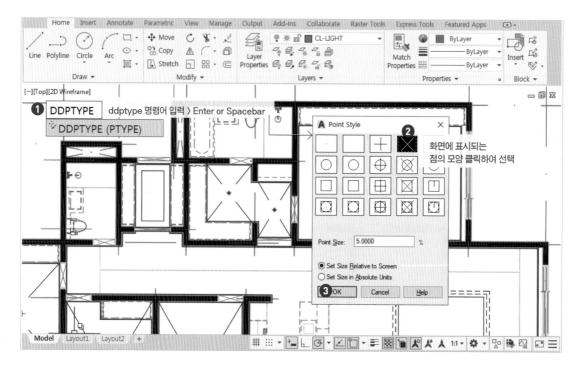

35 'DOWNLIGHT 01 (원형)' 조명 블록(Block)을 복사하여 각각의 점 위치에 배치한다.

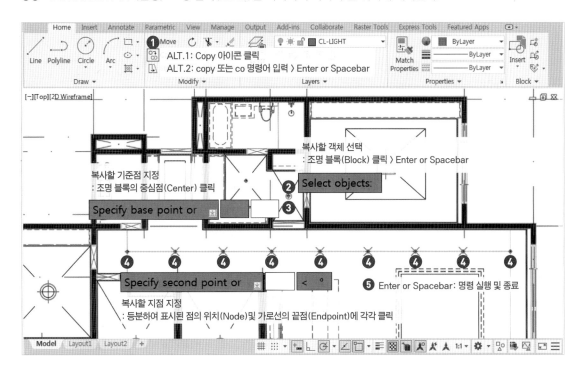

36 이제 필요 없는 보조선과 점을 선택하여 삭제한다.

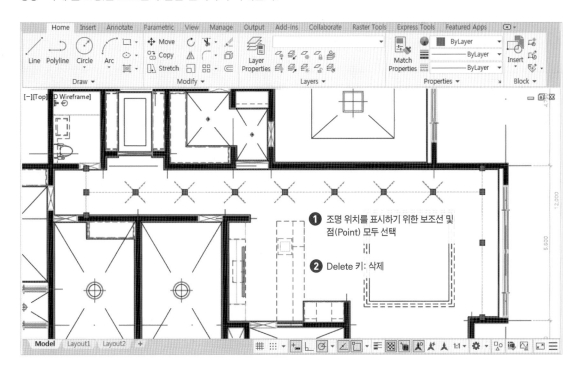

37 같은 방법으로 주방 및 거실(KITCHEN & LIVING RM.)에 'DOWNLIGHT 01 (원형)' 조명 블록(Block)을 배치한다. 천장 도면 이미지 참고

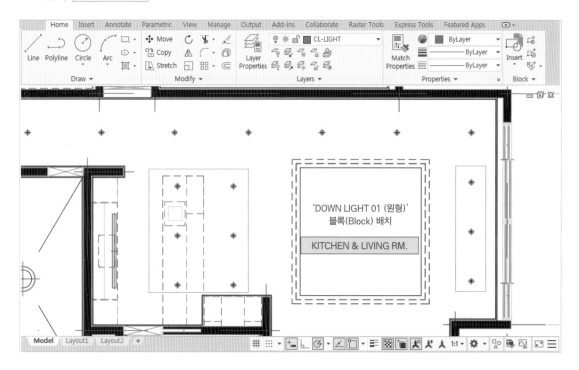

38 같은 방법으로 안방(M. BED RM.)에도 'DOWNLIGHT 01 (원형)' 조명 블록(Block)을 배치한다.

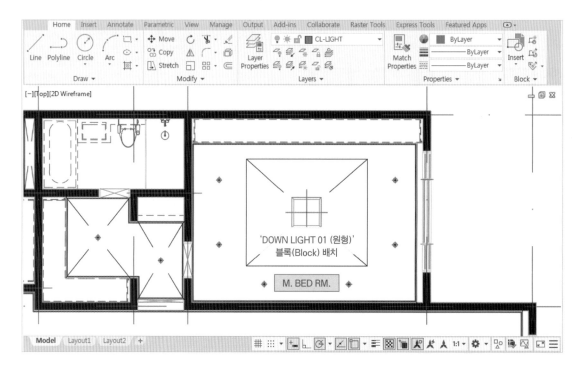

39 현관(ENT. HALL)과 거실(KITCHEN & LIVING RM.) 우물천장에는 'DOWNLIGHT 02 (사각)' 조명 블록 (Block)을 불러와서 앞에서와 같은 방법으로 작업한다. 천장 도면 이미지 참고

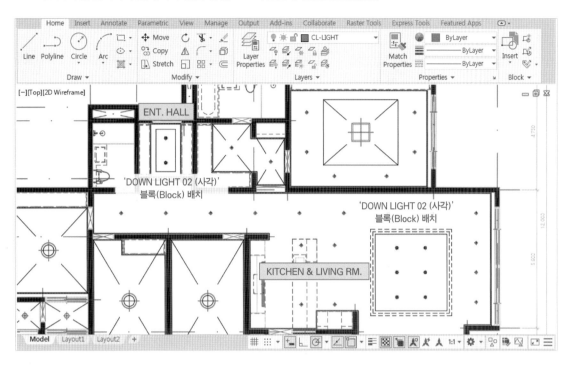

40 욕실(BATH RM.)과 안방 욕실(M. BATH RM.)에는 'DOWNLIGHT 03' 및 'DOWNLIGHT 04' 조명 블록 (Block)을 불러와서 앞에서와 같은 방법으로 작업한다. 천장 도면 이미지 참고

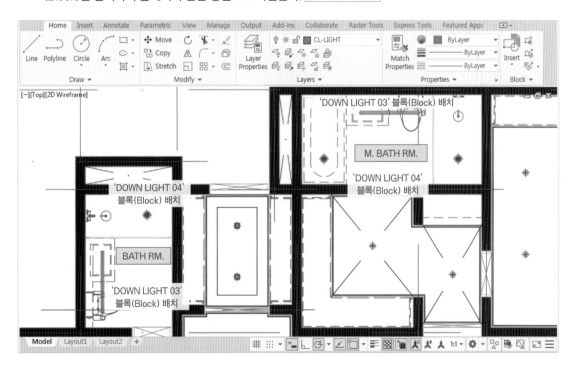

41 PENDANT 및 SPOT LIGHT 조명 블록(Block)도 같은 방법으로 작업한다. 천장 도면 이미지 참고

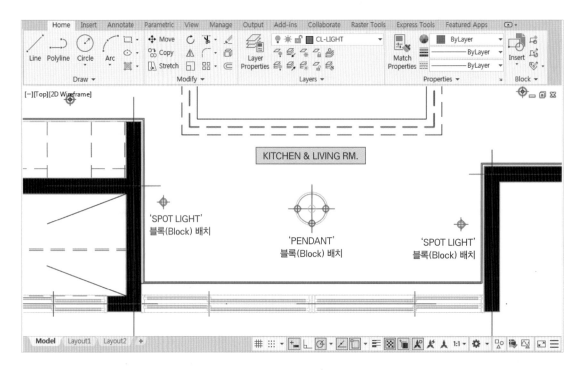

42 마지막으로 AIR CONDITIONER(에어컨)도 같은 방법으로 작업한다. 천장 도면 이미지 참고

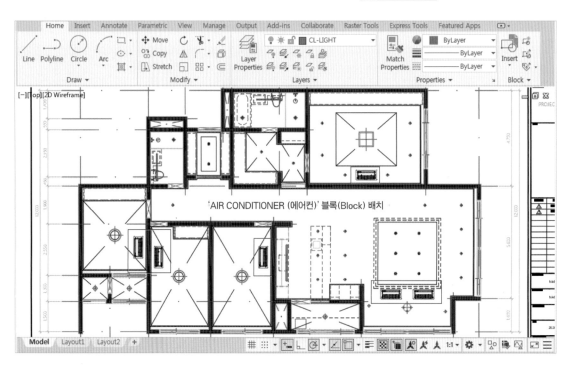

Section 04 | 천장 문자(TEXT) 작업

01 천장 도면에 문자를 작업하기 위해 현재 도면층(Current Layer)을 'CL-TEXT' 도면층으로 설정한다.

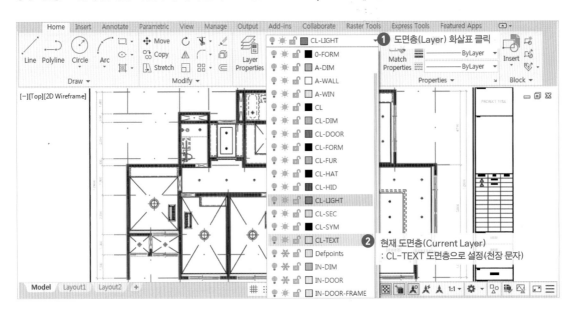

02 Annotation 패널의 확장 메뉴에서 Text Style을 평면도와 동일한 스타일로 설정한다.

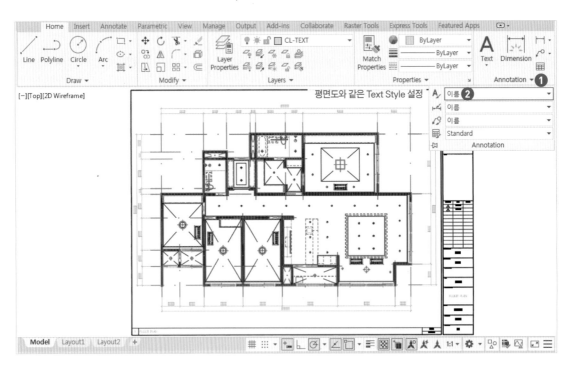

03 평면도에서 작업한 문자를 참고하기 위하여 먼저 도면층(Layer) 창에서 IN-F-TEXT 도면층(Layer)의 Freeze 아이콘을 클릭하여 꺼져있던 평면도 문자를 화면에 보이도록 켠다.

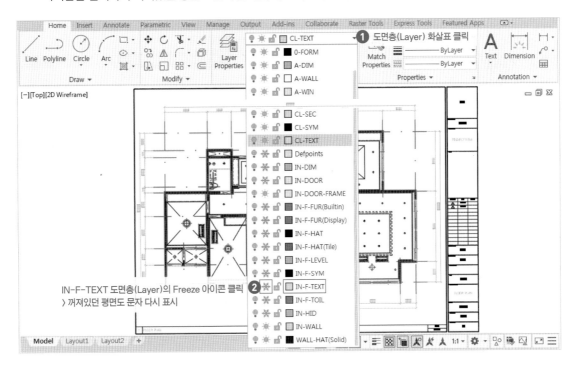

04 Isolate 명령으로 평면도 문자만 화면에 보이도록 설정한다.

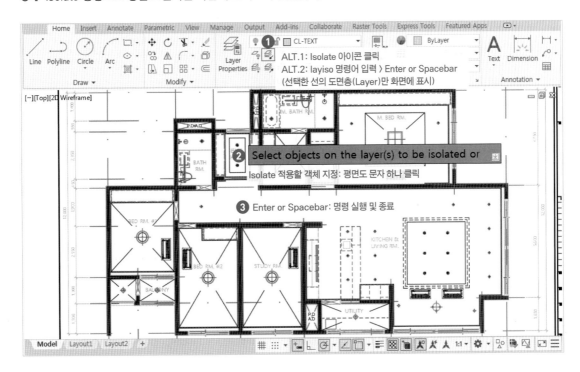

05 Copy 명령으로 모두 선택하여 옆으로 복사한다. 그리고 다시 Unisolate 명령으로 화면을 이전 상태로 되돌린다.

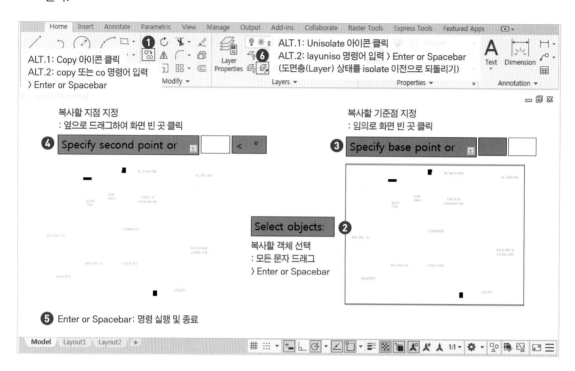

06 복사한 문자를 선택하고 CL-TEXT 도면층(Layer)으로 변경한다(평면도 문자를 천장도 문자로 변경).

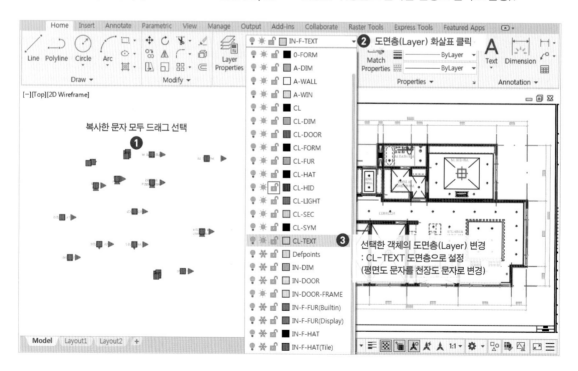

07 이제 평면도 문자는 필요 없으므로 도면층(Layer) 창에서 IN-F-TEXT 도면층(Layer)의 Freeze 아이콘을 다시 클릭하여 화면에서 끈다.

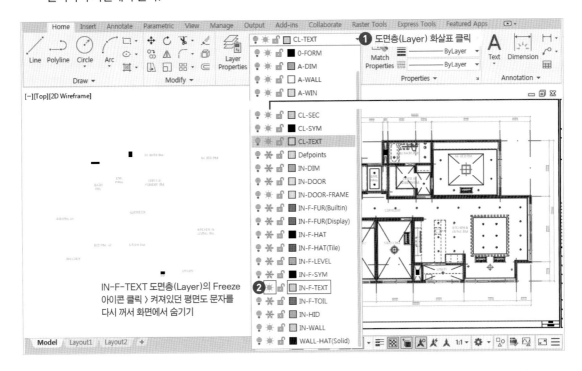

08 Move 명령으로 복사한 문자를 모두 선택하고 천장 도면 위로 이동시킨다.

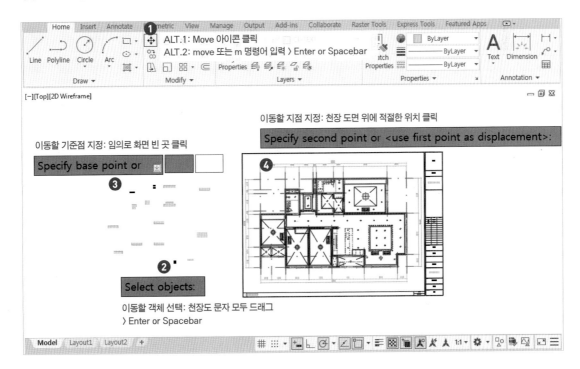

09 문자의 그립(Grip)을 클릭 드래그하여 각각의 문자를 하나씩 적절한 위치에 배치한다. 천장 도면 이미지 참고

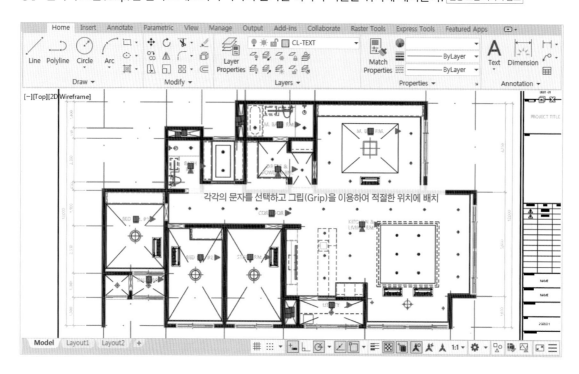

10 일반 높이의 문자(Single Line 문자로 작업한 문자) 하나를 Copy 명령으로 복사해서 안방 욕실(M. BATH RM.)에 배치한다.

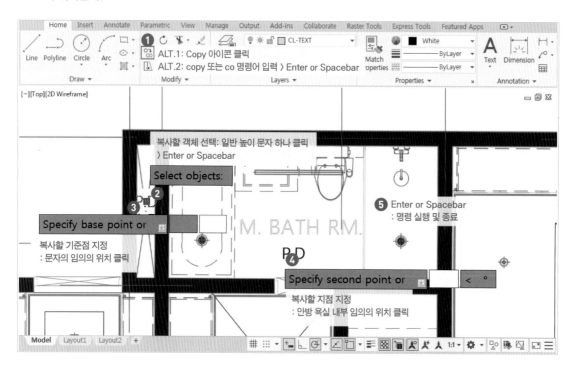

11 복사한 문자를 더블클릭하여 내용을 천장고 치수로 수정한다. (CH: Ceiling Height 약자)

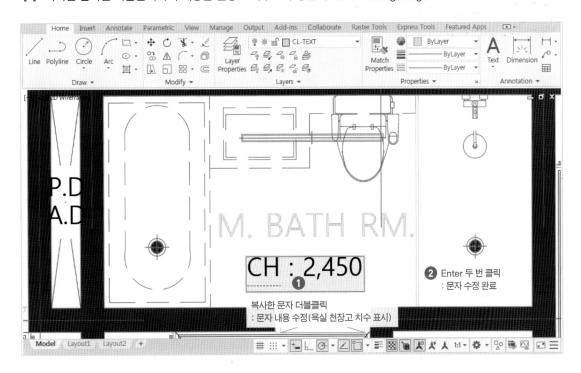

12 천장고 치수 문자를 다른 공간에도 복사하여 배치하고 각각의 문자를 더블클릭하여 내용을 수정한다(상황에 따라 치수 및 기호 작업이 끝나고 위치 다시 조정). 천장 도면 이미지 참고

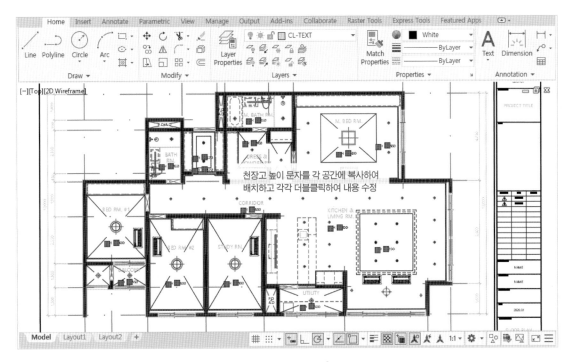

Section 05 | 천장 지시선(MULTILEADER) 및 기호(SYMBOL) 작업

01 천장 도면에 지시선을 작업하기 위해 현재 도면층(Current Layer)을 'CL-SYM' 도면층으로 설정한다.

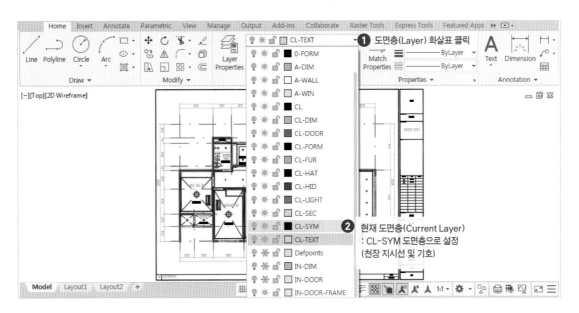

02 Annotation 패널의 확장 메뉴에서 Multileader Style을 평면도와 동일한 스타일로 설정한다.

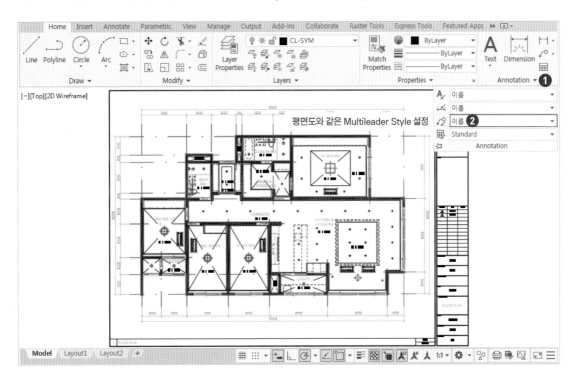

03 Leader 명령으로 안방(M. BED RM.)의 천장 몰딩선 위에 지시선을 하나 만든다.

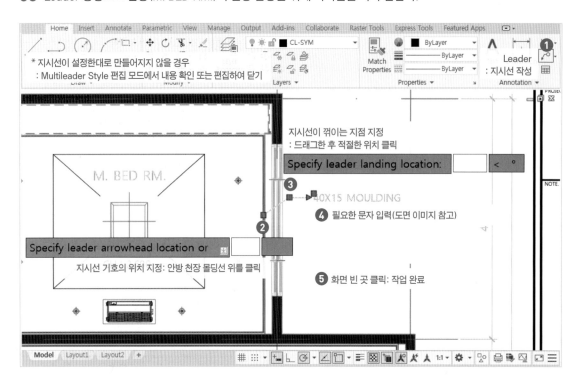

04 작업한 지시선을 다른 공간의 천장 몰딩선 위에 복사하여 배치한다(앞과 같이 지시선을 새로 만들어 배치해도 된다).

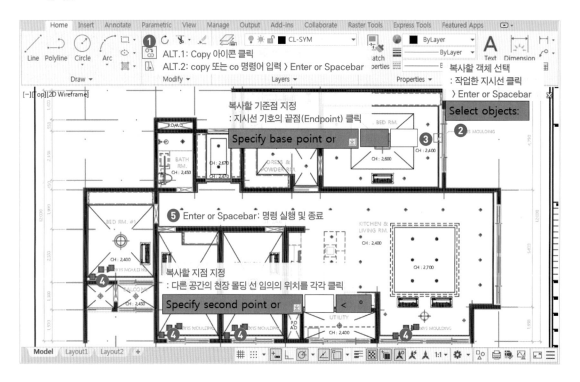

05 상황에 따라 지시선을 선택하고 그립(Grip)을 이용하여 지시선의 위치를 조정한다.

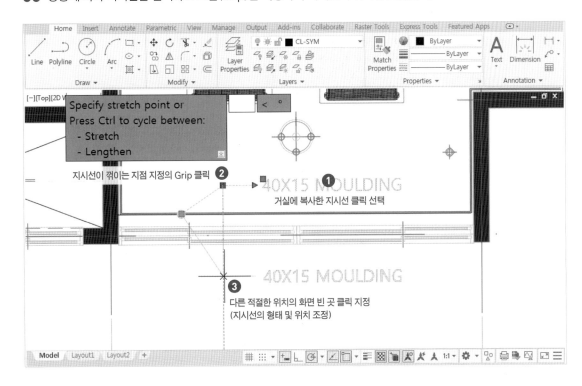

06 거실(LIVING RM.) 우물천장에 단면 기호를 작업하기 위해 현재 도면층(Current Layer)을 'CL-SEC' 도면층으로 설정한다.

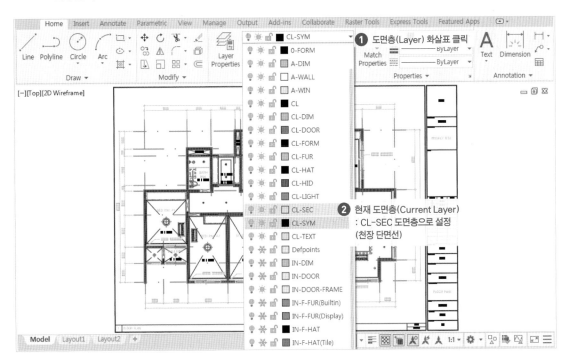

07 단면 치수를 보면서 Polyline 명령으로 거실(LIVING RM.) 우물천장 위치에 단면선을 작업한다.

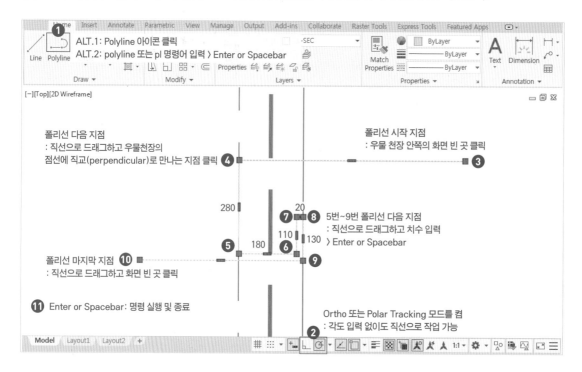

08 Mirror 명령으로 작업한 단면선을 반대쪽에 대칭 복사하여 배치한다.

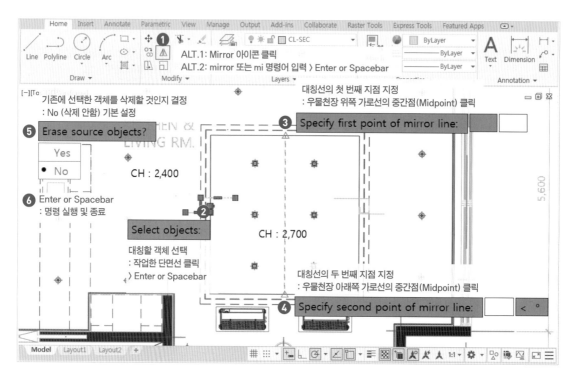

09 그립(Grip)을 이용하여 두 개의 단면선이 한 점에서 만나도록 길이를 조정한다.

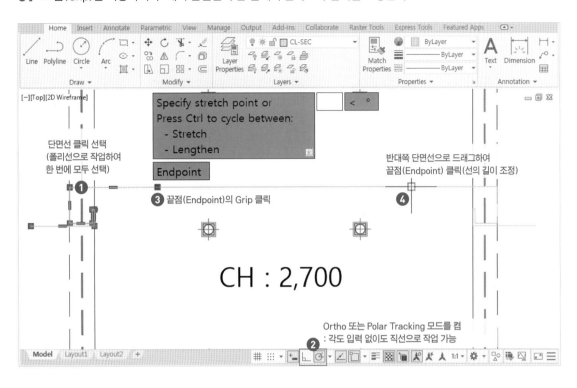

10 Join 명령으로 두 개의 단면선을 하나의 폴리선으로 합친다.

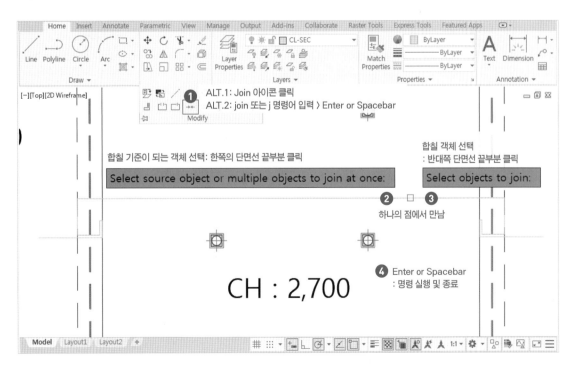

11 단면선만 표시한 상태로 해치(Hatch)를 작업하기 위해 Isolate 명령으로 단면선만 화면에 보이도록 설정한다.

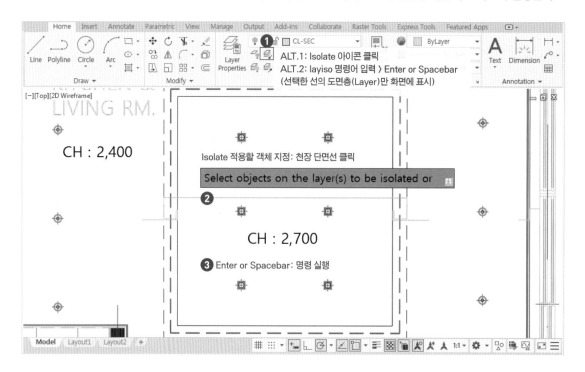

12 Line 명령으로 가로선 한 개와 세로선 두 개를 그려서 해치(Hatch)를 작업할 닫힌 영역을 만든다.

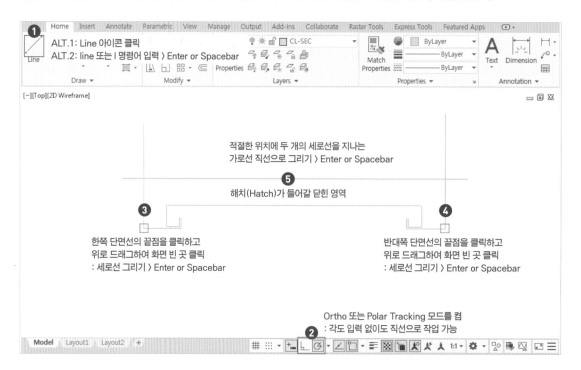

13 천장의 위아래를 구분하기 위해 사선 패턴으로 천장 위쪽을 표시해야 한다. 따라서 해치(Hatch) 명령으로 패턴 (ANSI31)을 작업한다.

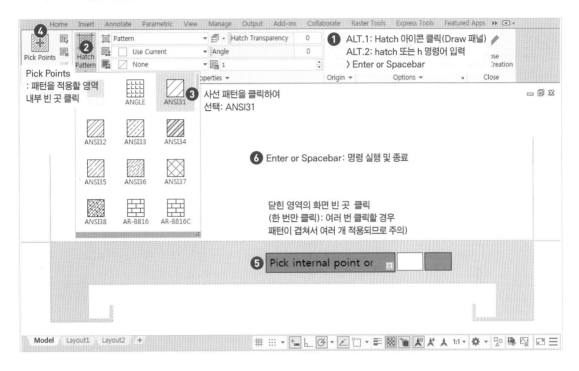

14 Unisolate 명령으로 화면을 이전 상태로 되돌린다.

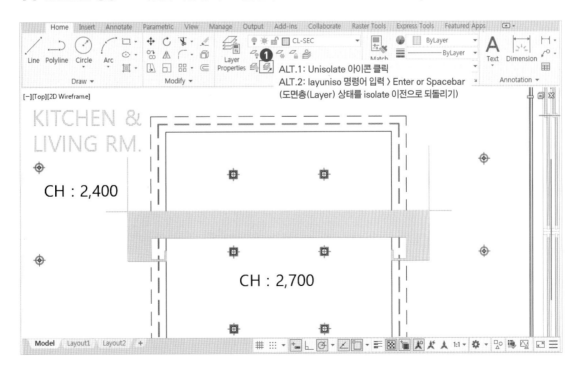

15 작업한 해치(Hatch)를 선택하여 편집 모드에서 패턴의 크기를 15로 조정하고 도면층(Layer)을 'CL-HAT' 도면층(Layer)으로 변경한다.

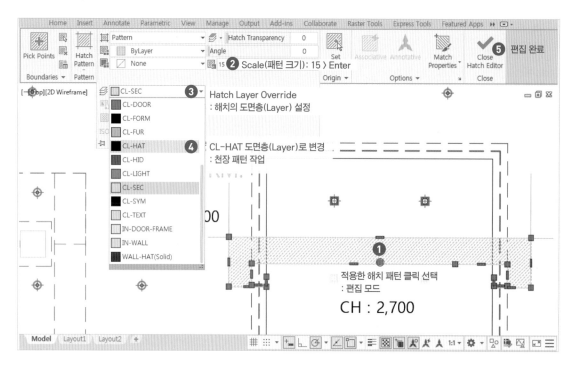

16 임의로 해치 영역으로 만든 선은 선택하여 삭제한다.

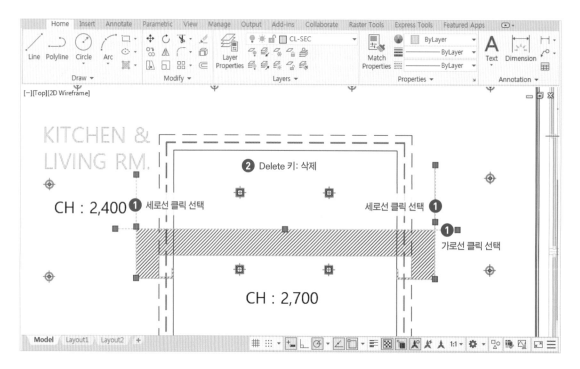

17 'INDIRECT LIGHT (간접조명)' 조명 블록(Block)을 불러온다.

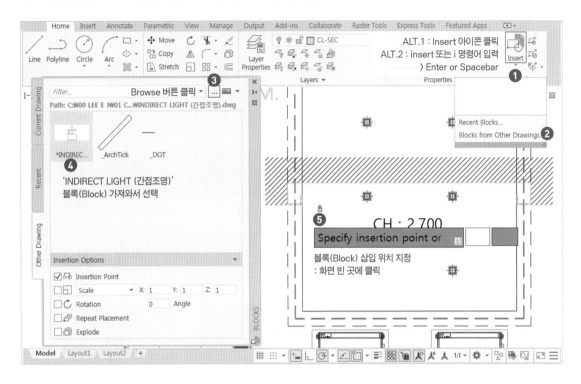

18 천장 단면선에서 간접조명 위치로 이동하여 배치하고 반대쪽에는 복사하여 배치한다.

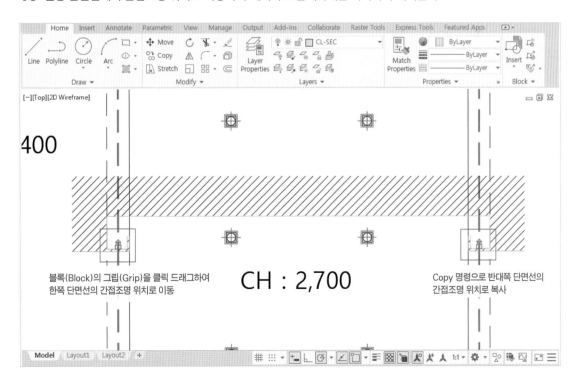

19 다른 공간에도 같은 방법으로 천장 단면을 작업한다.

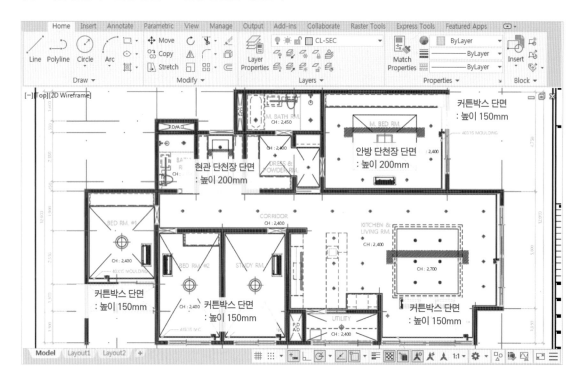

Section 06 | 천장 치수(DIMENSION) 및 도면 양식(FORM) 작업

01 천장 도면에 내부 치수선을 작업하기 위해 현재 도면층(Current Layer)을 'CL-DIM' 도면층으로 설정한다.

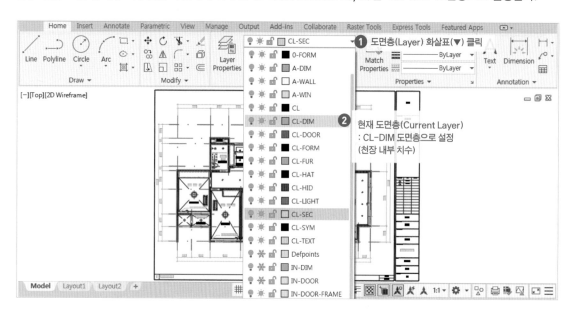

02 Annotation 패널의 확장 메뉴에서 Dimension Style을 평면도와 동일한 스타일로 설정한다.

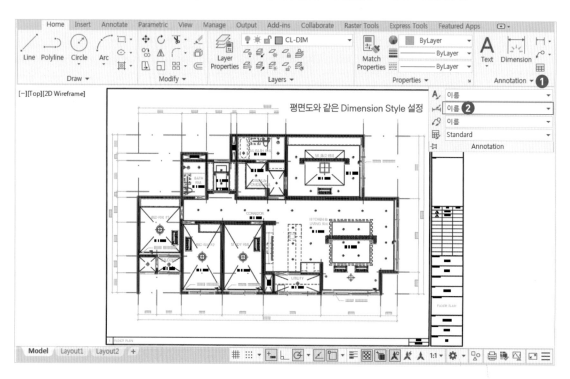

03 안방(M. BED RM.)에서 Linear 또는 Dimension 명령으로 치수를 하나 만든다.

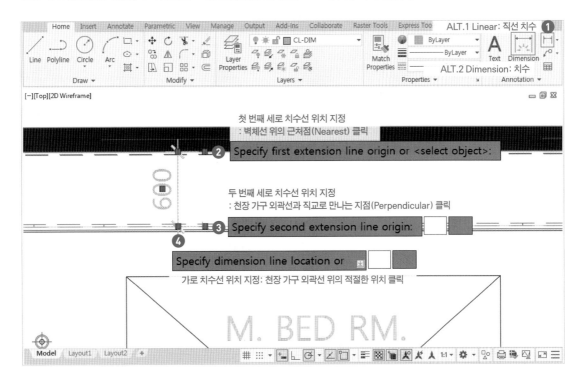

04 다음의 두 가지 방법 중 하나를 택해 치수선을 만든다.

방법1 기존 치수를 선택하고 Grip(그립)의 Continue 옵션(또는 Dimension 명령 사용)으로 연속된 치수선을 만든다.

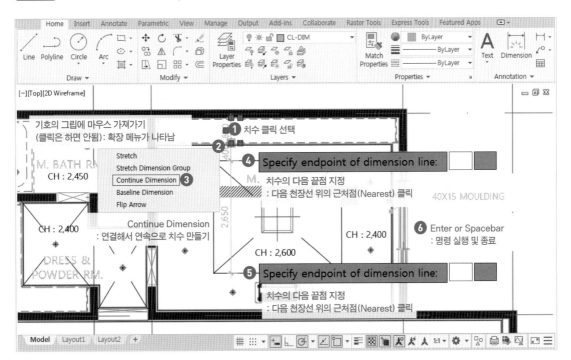

방법 2-1 기존 치수를 선택하고 Copy 명령으로 치수를 복사한다.

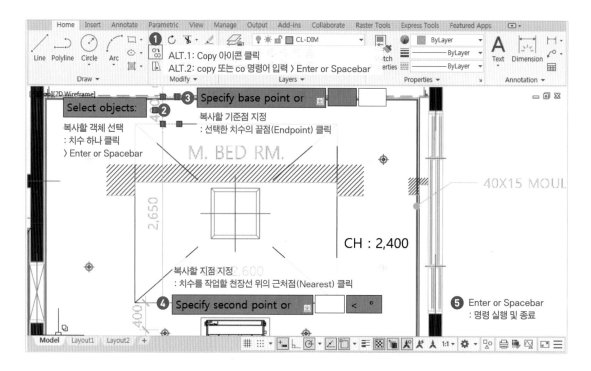

방법 2-2 Extend 명령으로 복사한 치수선의 길이를 연장한다(치수선이 길 경우에는 Trim 명령으로 자른다. 혹은 그립(Grip)으로도 작업 가능).

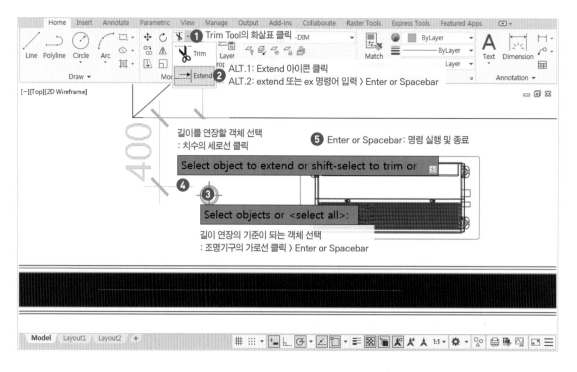

05 앞과 같이 Copy 명령 또는 Grip의 Continue 옵션을 사용하여 아래에 치수를 하나 더 만든다.

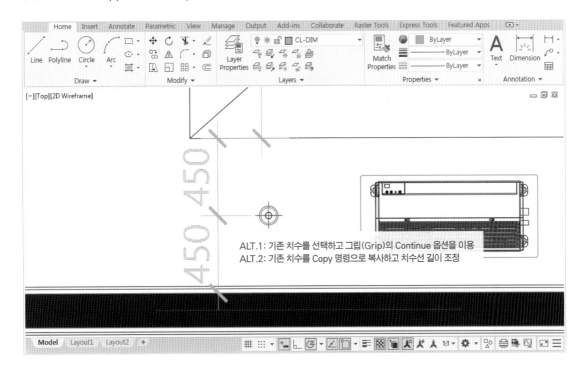

06 같은 크기의 치수일 경우 상황에 따라 약어로 표시하기도 한다. 같은 크기의 치수를 선택하고 Properties 창을 연다. Text 탭의 Text Override 항목에 치수 문자를 대신할 기호를 작업한다.

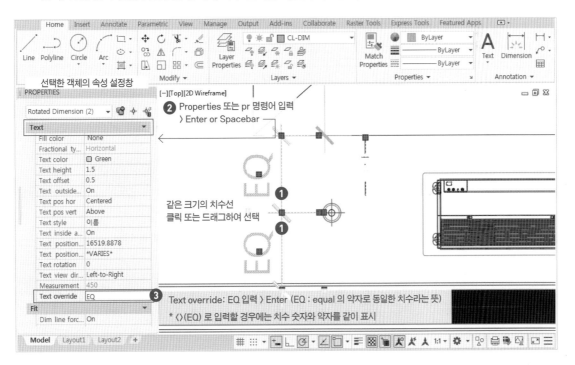

07 앞에서와 같은 방법으로 다른 공간에도 천장선 및 조명 간격의 치수를 만든다. 천장 도면 이미지 참고

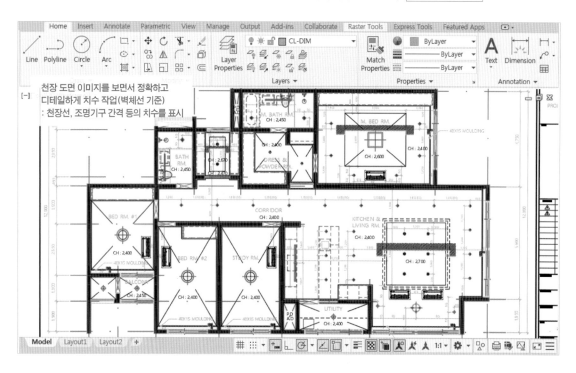

08 천장 치수는 작은 치수까지 세밀하게 표현해야 하므로 기본 치수 크기로 작업하면 치수가 다른 객체와 겹칠 수 있다. 먼저 Isolate 명령으로 천장 치수만 화면에 보이도록 설정한다.

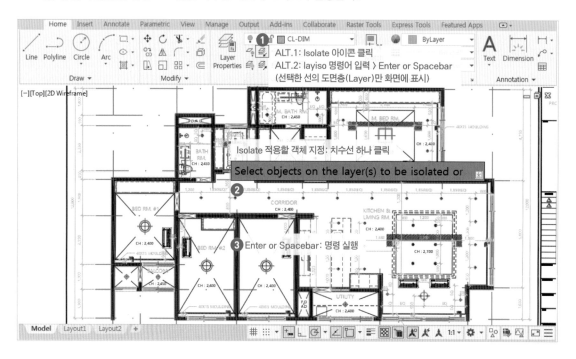

09 모든 천장 치수를 선택하고 Properties 창을 연다. Fit 탭의 Dim scale overall 항목(치수 스케일)을 기본 치수 스케일보다 작게 설정한다.

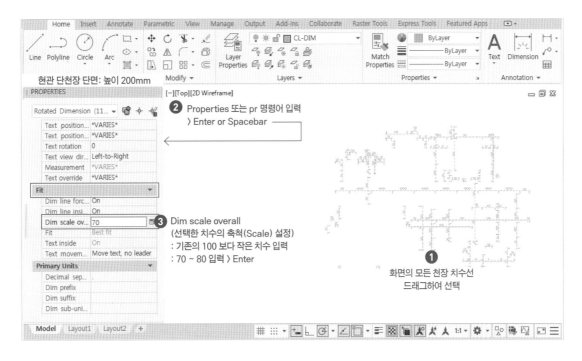

10 Unisolate 명령으로 화면을 이전 상태로 되돌린다. 치수선의 위치 및 크기 등을 전체적으로 확인한다.

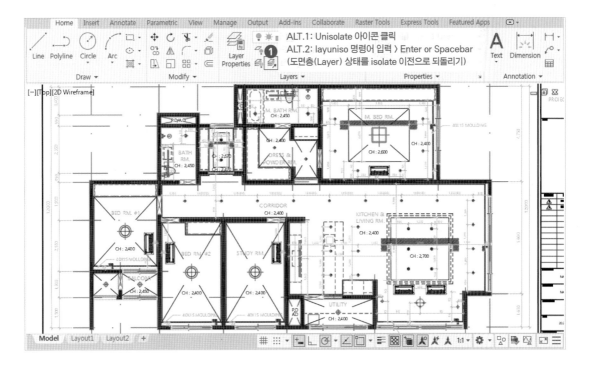

11 문자, 지시선, 기호, 패턴, 치수 등 도면을 설명하는 작업들이 완료되었다. 먼저 해치(Hatch) 패턴은 보조적인 부분으로 뒤에 배치되어야 하므로 Draw Order의 Send Hatch to Back 명령을 실행한다.

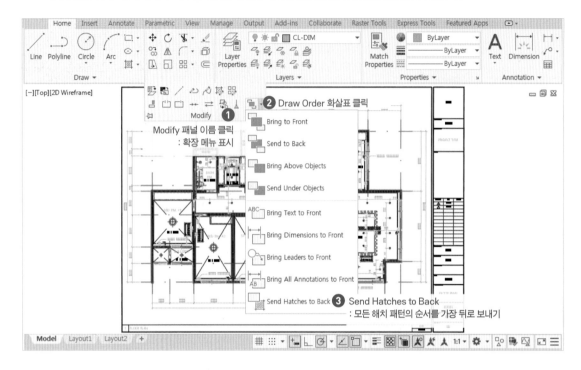

12 이번에는 중요한 요소를 앞으로 위치시키기 위해 Draw Order의 Bring All Annotations to Front 명령을 실행하여 모든 문자, 지시선, 치수가 자동으로 가장 앞에 배치되도록 한다.

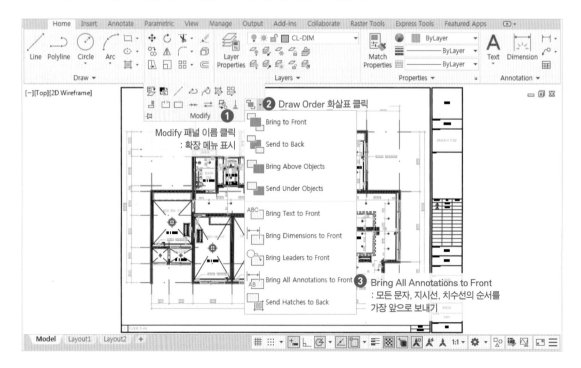

13 Copy 명령으로 평면도 도면 양식 부분을 선택하고 옆으로 하나 복사한다.

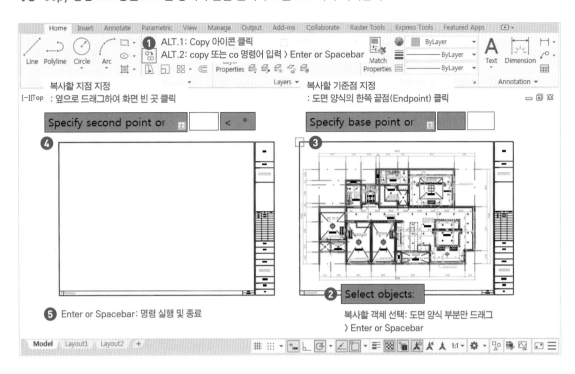

14 천장도 도면 양식을 별도로 작업하기 위해 도면층 특성창(Layer Properties)을 열고 새로운 도면층(Layer)인 CL-FORM을 하나 만든다.

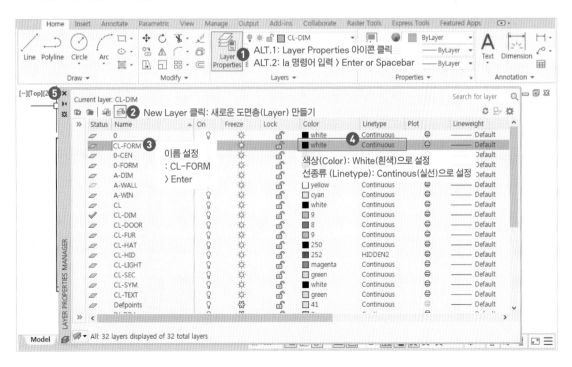

15 복사한 도면 양식을 선택하고 새로 만든 CL-FORM 도면층(Layer)으로 변경한다.

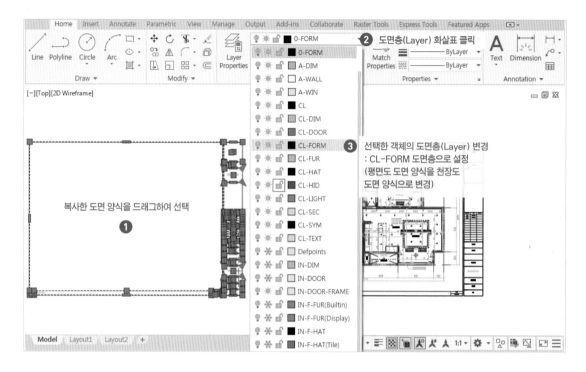

16 도면 양식의 TEXT 문자를 각각 더블클릭하여 문자 정보를 수정한다. 천장 도면 이미지 참고

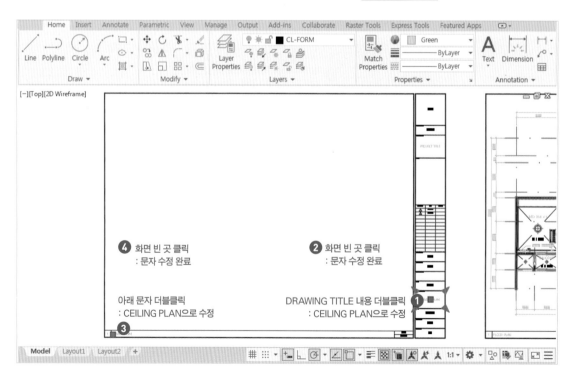

17 Move 명령으로 복사한 도면 양식을 평면도 도면 양식에 겹치게 이동시킨다.

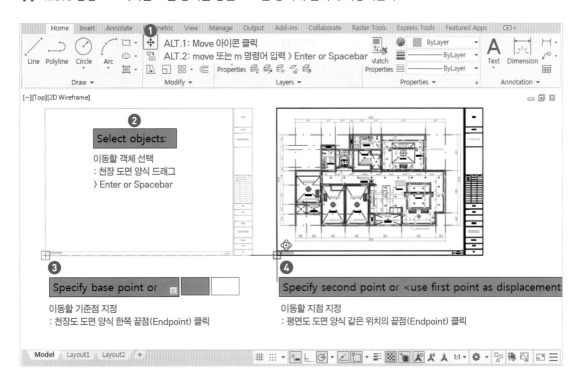

18 이제 평면도 도면 양식은 필요 없으므로 도면층(Layer) 창에서 0-FORM 도면층(Layer)의 Freeze 아이콘을 다시 클릭하여 화면에서 끈다.

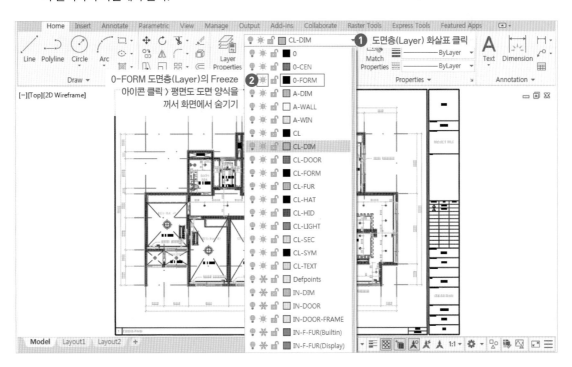

Section 07 | 천장도 도면 정리 및 관리

01 작업이 완료되었으면 평면도에서와 같이 Layer Walk 명령으로 천장 도면 도면층(Layer)을 확인한다.

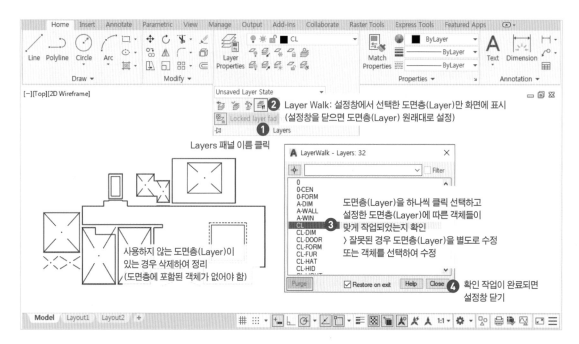

02 도면층 특성창(Layer Properties)을 열고 평면도에서와 같은 방법으로 불필요한 도면층(Layer)이나 중복되는 도면층(Layer)을 정리한다.

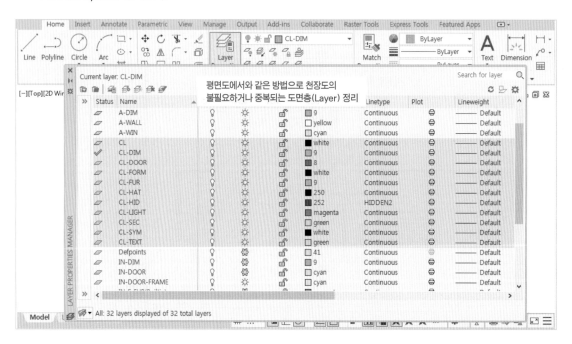

03 평면도에서와 같이 Purge 명령으로 사용하지 않는 요소를 삭제하여 전체 도면 상태를 정리한다.

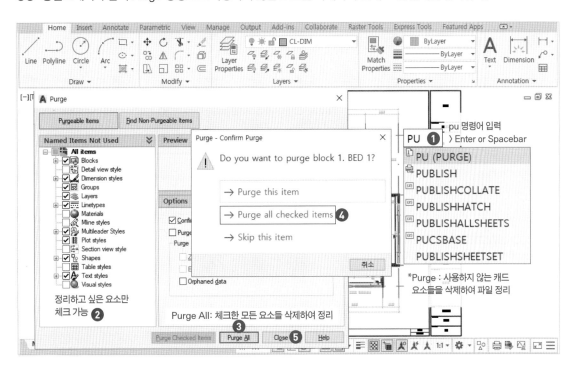

04 이번에는 평면도와 천정도의 도면층(Layer) 상태를 구분하여 관리하는 방법을 적용한다. 먼저 현재 천정도 도면층(Layer) 상태를 저장하기 위해 도면층 상태 관리자(Manage Layer States) 명령을 실행한다.

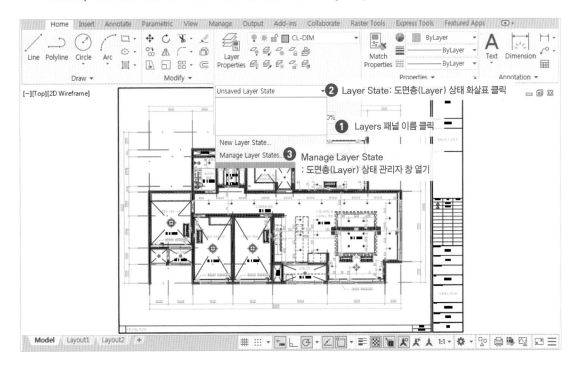

05 도면층 상태 관리자(Manage Layer States) 창이 나타나면 New 버튼을 클릭하고 New Layer State 창에서 이름을 설정하여 저장한다(천장도로 구분할 수 있는 이름으로 설정).

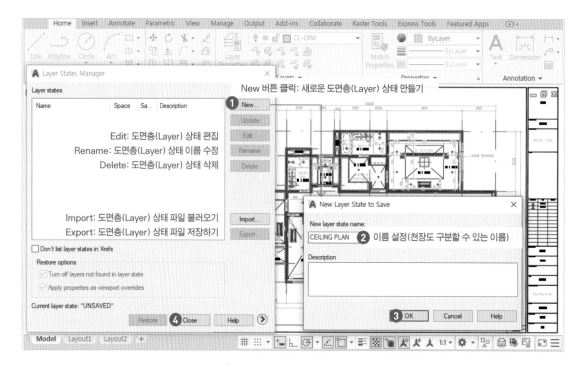

06 Thaw All Layers 명령을 실행하여 Freeze 명령으로 꺼져있던 평면도 도면층(Layer)을 모두 다시 켠다.

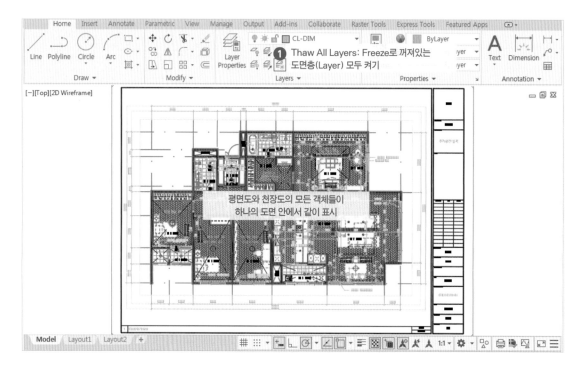

07 도면층 특성창(Layer Properties)을 열고 천장도 도면층(Layer)을 모두 선택하고 Freeze 아이콘을 클릭하여
화면에서 천장도 객체를 모두 끈다.

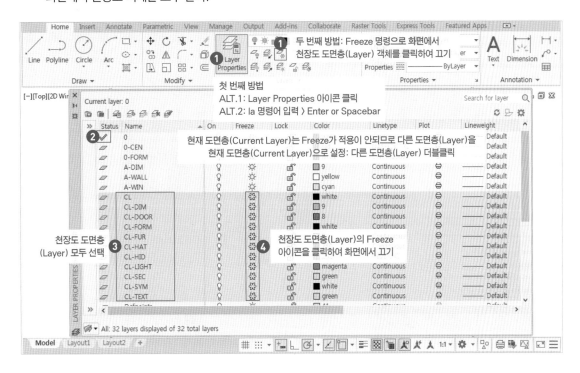

08 평면도 도면층(Layer) 상태를 저장하기 위해 도면층 상태 관리자(Manage Layer States) 창을 연다.

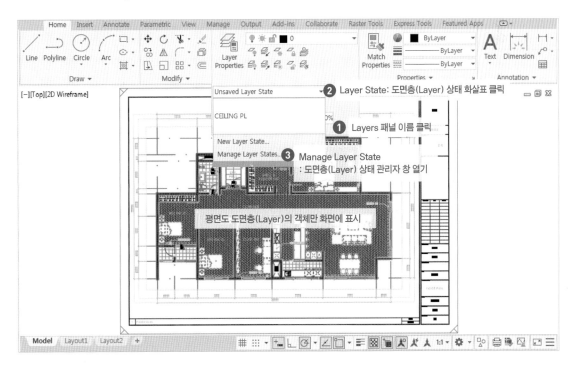

09 도면층 상태 관리자(Manage Layer States) 창이 나타나면 New 버튼을 클릭하고 New Layer State 창에서 이름을 설정하여 저장한다(평면도로 구분할 수 있는 이름으로 설정).

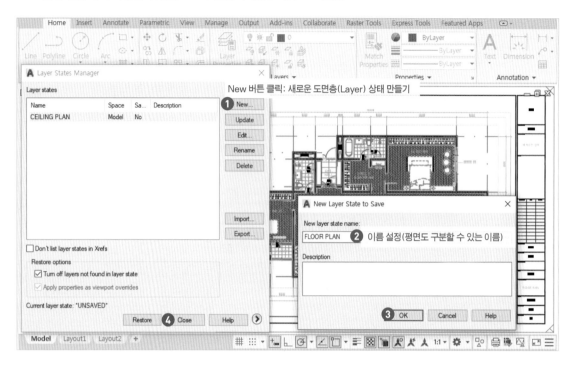

10 필요에 따라 도면층 상태(Layer States) 명령으로 평면도 또는 천장도로 도면층(Layer)을 표시한다.

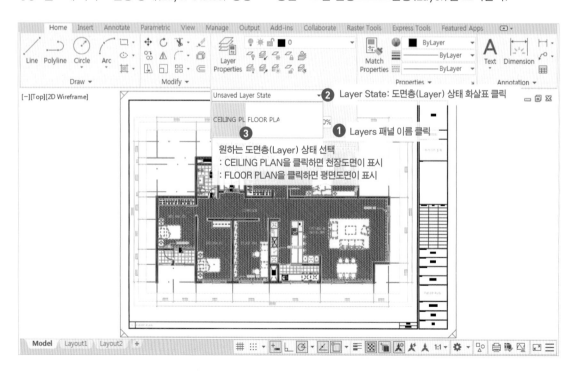

CHAPTER 4.

주거 공간
기본 입면도 작업

입면도는 공간의 가운데에 서서 정면으로 보이는 각각의 면을 나타내는 도면이다. 벽체에 설치되는 문과 창문, 가구의 정면도와 측면도, 벽체 마감재를 기본적으로 표현하고 천장의 단면 형태와 바닥의 높낮이도 연결하여 작업한다. 또한 바닥과 연결되는 부분, 천장과 연결되는 부분의 걸레받이 및 천장 몰딩의 형태와 마감도 같이 표시해야 한다.

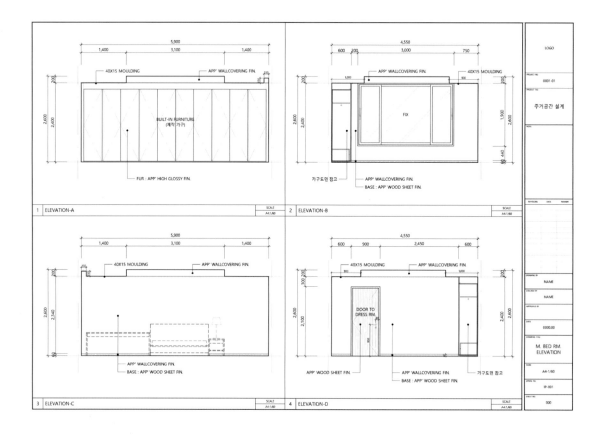

이 책의 입면도 예제에서는 안방(M. BED RM.) 공간의 ELEVATION-D 입면도를 기준으로 실습해본다. 다음 그림은 안방(M. BED RM.) 평면도에서 각 입면도의 방향과 위치를 설명한다.

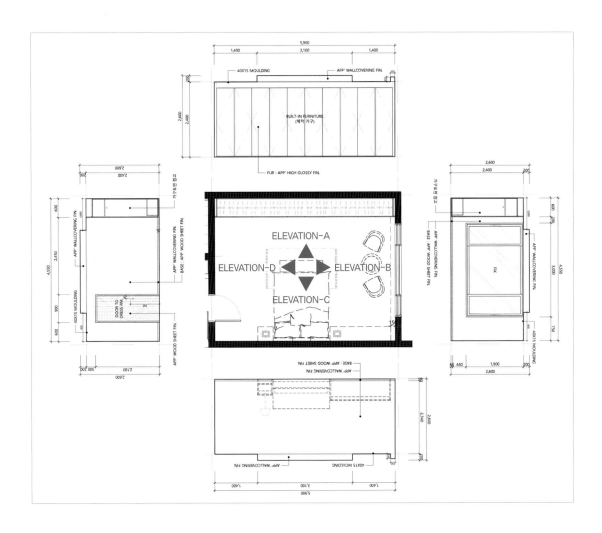

Section 01 | 평면도와 천장도 도면층(LAYER) 정리 및 도면 양식 설정

01 Open 명령으로 작업한 기본 천장도(평면도 포함) 파일을 연다.

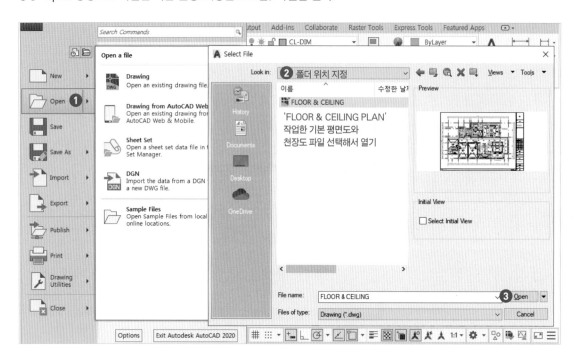

02 평면도로 도면층(Layer) 상태를 설정한다.

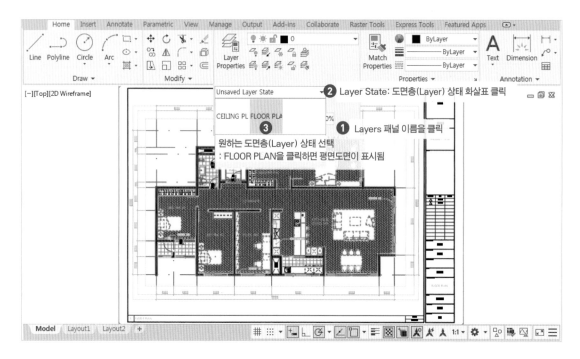

03 필요에 따라 Off 또는 Freeze 명령으로 복잡한 선은 숨기거나 삭제하여 정리한다.

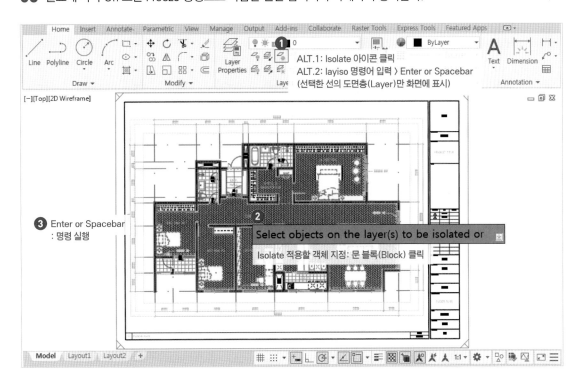

04 입면도를 작업할 때 천장선 위치도 참고해야 하기 때문에 CL 도면층(Layer)을 화면에 켠다.

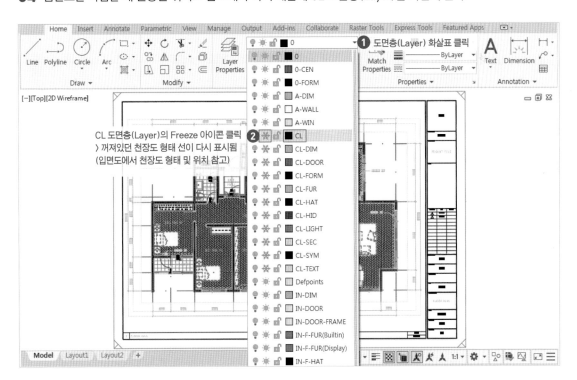

05 도면층 특성창(Layer Properties)에서 입면도의 도면층(Layer)을 만들어준다. 제공 파일 참조

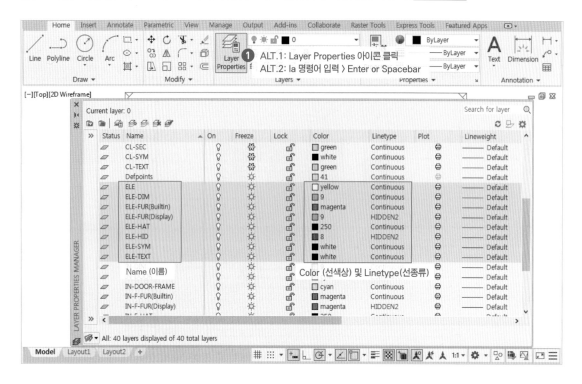

06 Copy 명령으로 도면 양식 부분을 선택하고 아래에 하나 복사한다.

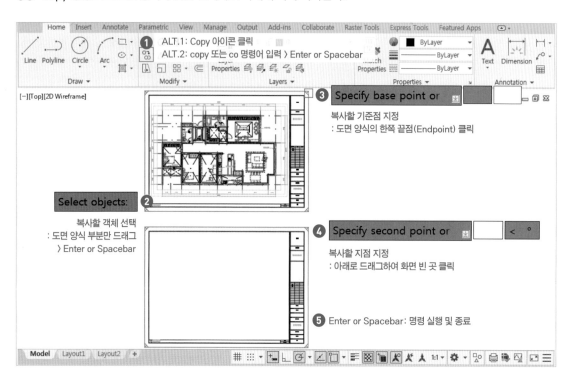

07 안방(M. BED RM.) 입면도의 전체 치수를 기준으로 작업할 도면 축척(Scale)을 계산한다.

도면 작업에 필요한 총 가로 길이: (5,900+4,550) × 1.5~2.0 = 10,450 × 1.8 = 18,810

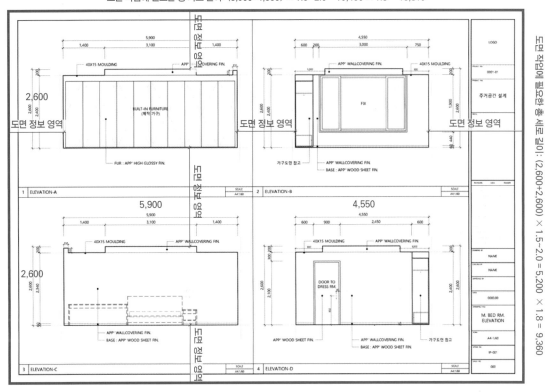

도면 작업에 필요한 총 세로 길이: (2,600+2,600) × 1.5~2.0 = 5,200 × 1.8 = 9,360

도면의 총 길이 : 형태크기의 1.5배	도면의 총 길이 / 출력할 종이 크기	도면 Scale 결정
도면 작업에 필요한 총 가로 길이: 10,450 × 1.8배 = 18,810 **도면 작업에 필요한 총 세로 길이:** 5,200 × 1.8배 = 9,360	**가로 비율:** 18,810 / 297 (A4 용지의 가로 길이) = 63.3 **세로 비율:** 9,360 / 210 (A4 용지의 세로 길이) = 44.6	가로나 세로 중 큰 치수의 비율로 스케일을 결정한다(10 혹은 5의 단위). 따라서 A4 용지에 작업하여 출력할 경우 가구도면 Scale은 63.3에 근접한 10의 단위인 1/60로 작업한다.

08 복사한 도면 양식을 선택하고 계산한 도면 축척(Scale)에 맞게 Scale 명령으로 크기를 조정한다.

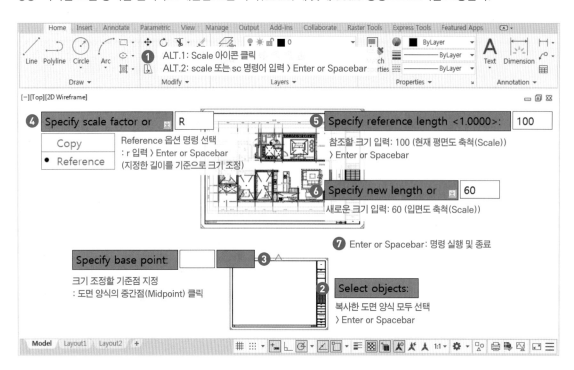

09 한 장에 네 개의 입면도가 배치되기 때문에 입면도가 들어갈 영역을 나눠야 한다. 먼저 도면 양식을 추가적으로
　　작업하기 위해 현재 도면층(Current Layer)을 '0-FORM' 도면층으로 설정한다.

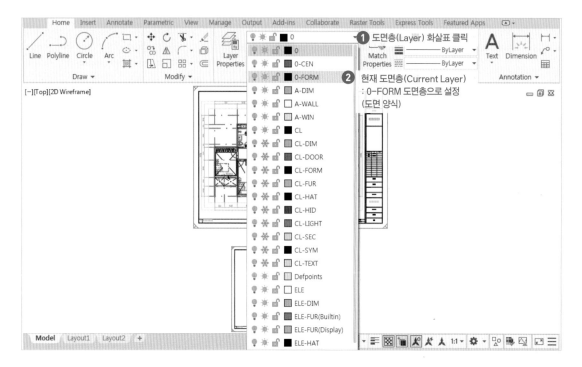

10 Line 명령으로 도면 양식 양쪽 세로선의 중간점을 연결하는 가로선을 하나 그려서 입면도가 위치할 영역을 두 개로 나눈다.

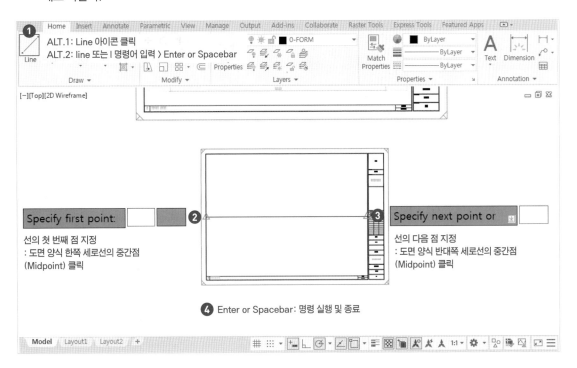

11 다시 Line 명령으로 세로선도 하나 그린다(추후에 도면 크기에 따라 위치 조정).

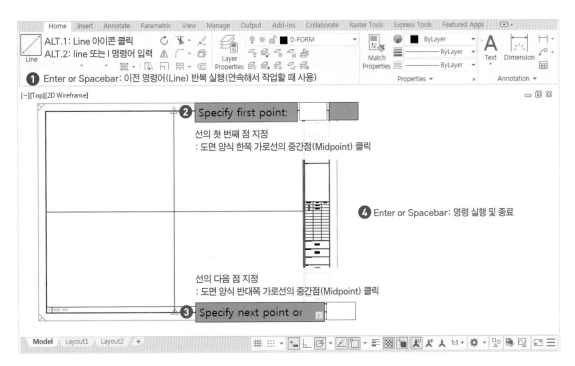

12 도면 양식 하단에 있는 도면 번호, 이름, 축척(Scale)의 도면 정보와 선을 Copy 명령으로 복사하여 도면 양식 중간에 작업한 가로선 끝점에 맞춰 복사한다.

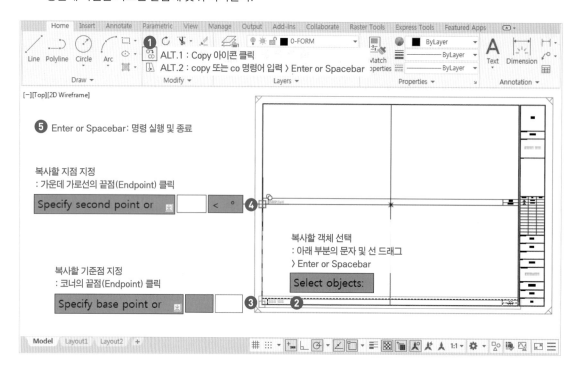

13 다시 Copy 명령으로 도면 양식 중간의 세로선에 맞춰서 도면 정보를 복사하여 배치한다.

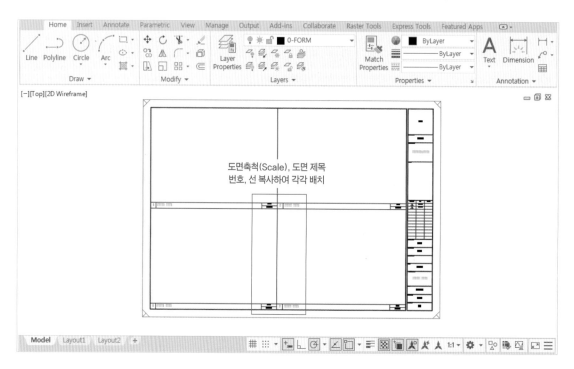

14 도면 양식 문자를 각각 더블클릭하고 내용을 수정한다. 입면도 도면 이미지 참고

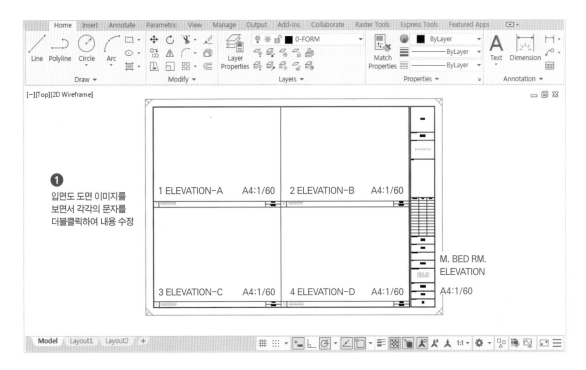

15 안방(M. BED RM.)의 입면도 ELEVATION-D 벽체 위치가 위를 향하도록, Rotate 명령으로 평천정 도면을 −90 도 회전시킨다. 벽체의 오른쪽과 왼쪽 위치가 바뀌지 않도록 주의

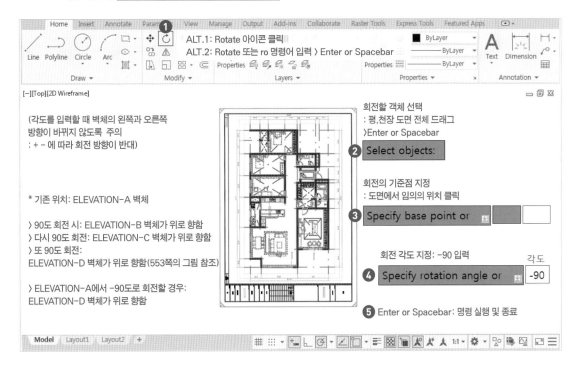

16 도면 양식의 위치가 안방(M. BED RM.)의 입면도 ELEVATION-D 벽체 아래에 위치하도록 이동시킨다.

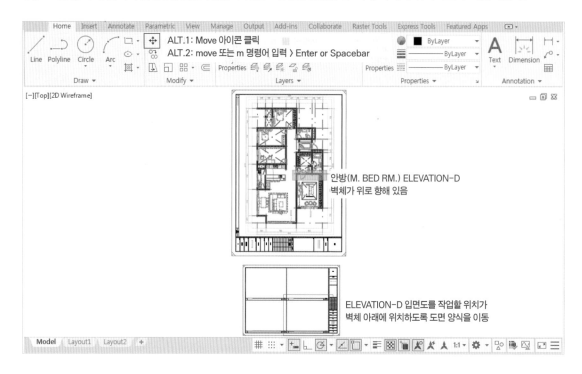

안방(M. BED RM.) ELEVATION-D
벽체가 위로 향해 있음

ELEVATION-D 입면도를 작업할 위치가
벽체 아래에 위치하도록 도면 양식을 이동

17 필요에 따라 안방(M BED RM.)을 제외한 나머지 부분은 삭제하고 작업을 진행해도 된다.

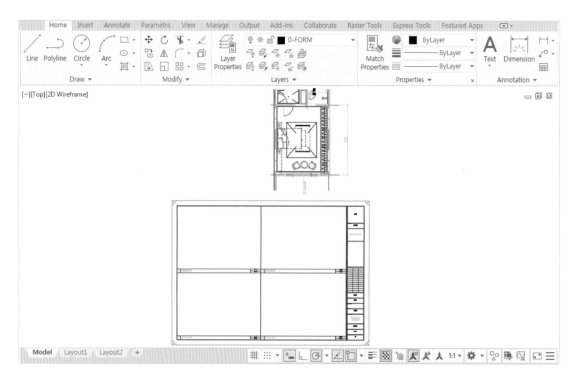

Section 02 | 입면도 형태 및 블록(BLOCK) 작업

실습 파일: ELEVATION BLOCK (블록 자료) 〉 BED&TABLE SET ~ WINDOW.dwg

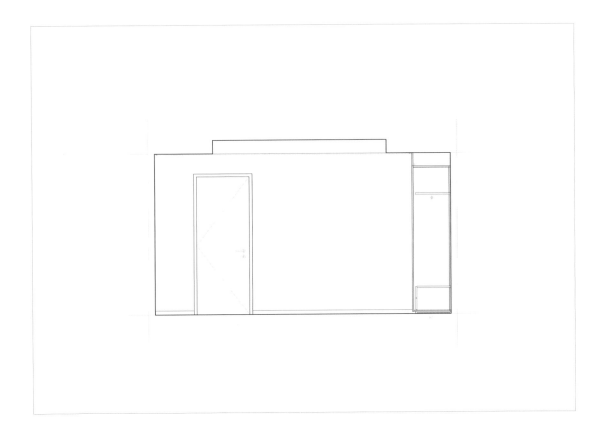

01 벽체의 중심선(Center) 작업을 하기 위해 현재 도면층(Current Layer)을 '0-CEN' 도면층으로 설정한다.

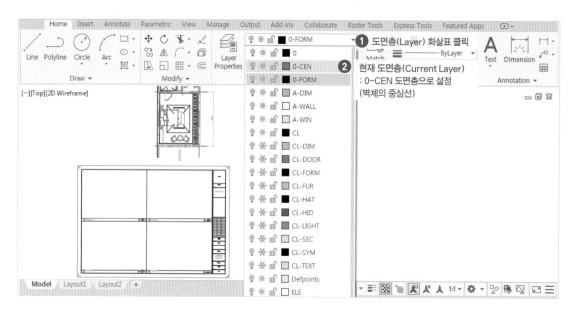

02 Line 명령을 이용해 안방(M. BED RM.) 입면도 ELEVATION-D 벽체의 양끝 중심선의 끝점부터 입면도 도면 양식까지 입면도 세로 중심선을 각각 그린다.

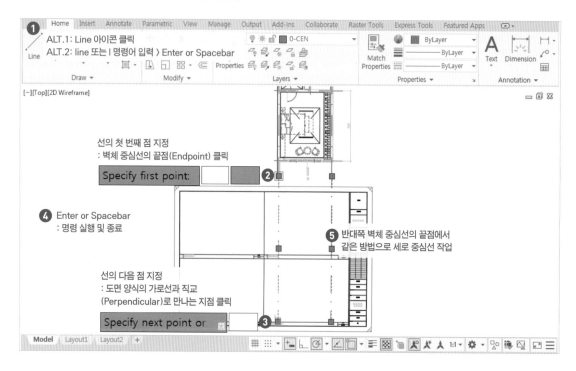

03 Trim 명령으로 도면 양식까지 세로 중심선의 길이를 자른다(추후 치수 작업할 때 다시 조정).

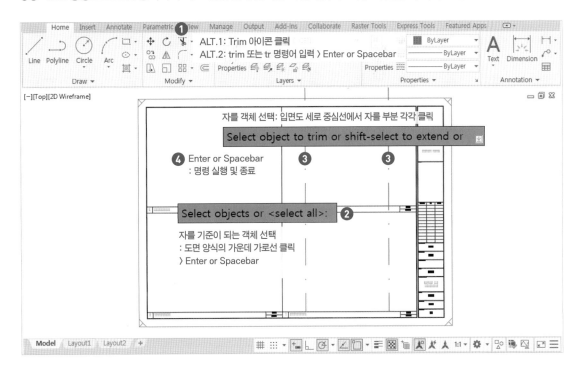

04 Line 명령으로 아래 부분에 바닥의 위치가 될 가로 중심선을 그린다.

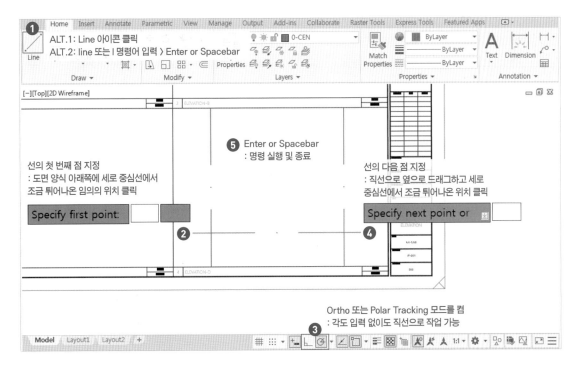

05 입면도 도면 이미지에서 천장까지의 높이를 확인하고 Offset 명령으로 천장의 기본 위치가 될 가로 중심선을 만든다(Copy 명령으로도 작업 가능).

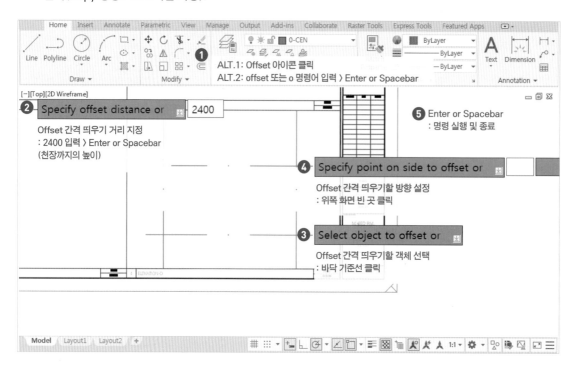

06 LTS(Linetype scale) 명령으로 중심선의 일점쇄선 크기를 적절한 크기로 조절한다.

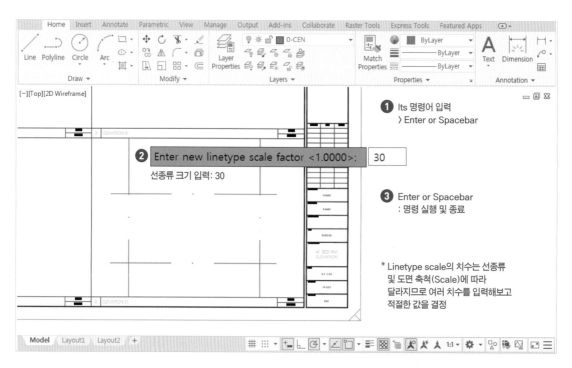

07 입면도 벽체와 천장, 문, 창문 등을 작업하기 위해 현재 도면층(Current Layer)을 'ELE' 도면층으로 설정한다.

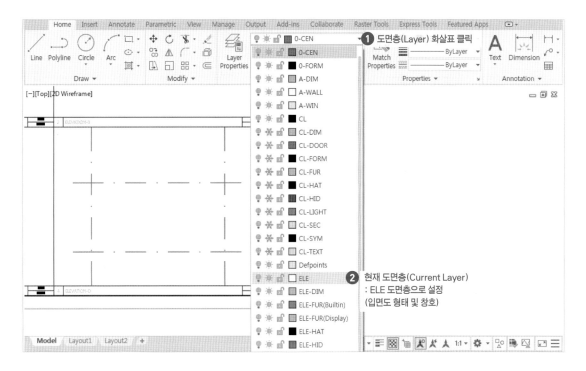

08 Xline 명령으로 평면도에서 ELEVATION-D 벽체의 끝점 부분을 클릭하여 무한대의 세로선을 만든다.

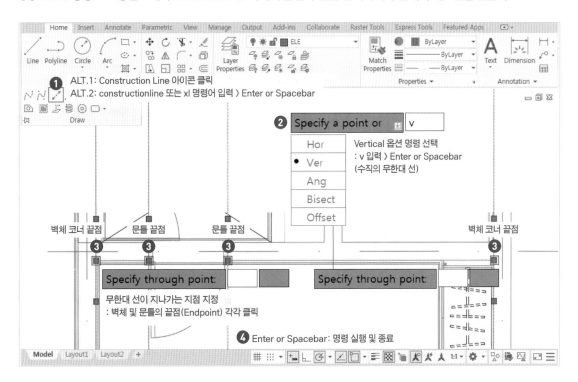

09 무한대 선의 위치가 입면도에 정확하게 위치하였는지 확인한다.

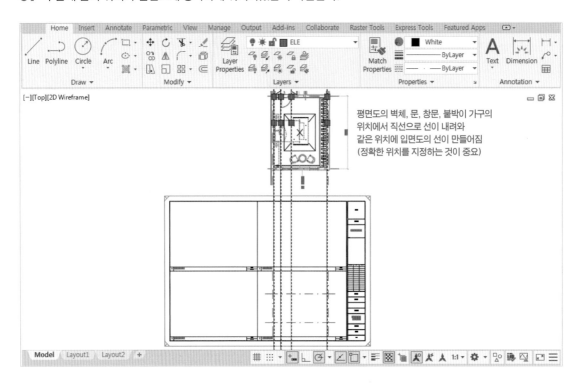

평면도의 벽체, 문, 창문, 붙박이 가구의 위치에서 직선으로 선이 내려와 같은 위치에 입면도의 선이 만들어짐 (정확한 위치를 지정하는 것이 중요)

10 입면도에서는 외곽선을 가장 두껍게 표현하고 나머지 내부선은 평면도의 선 색상에 맞춰 바꿔야 한다. 첫 번째 선과 마지막 선은 외곽선이므로 그대로 두고 문틀 위치를 지정한 선의 색상을 변경한다.

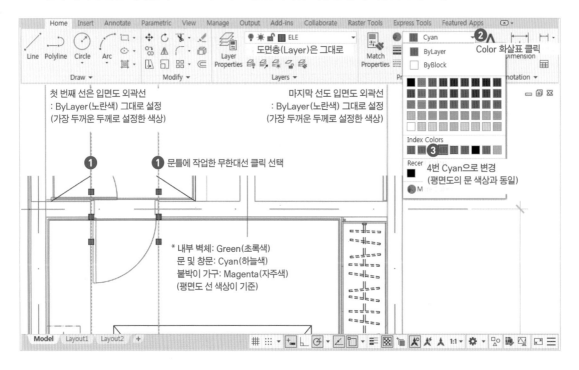

도면층(Layer)은 그대로

Color 화살표 클릭

첫 번째 선은 입면도 외곽선
: ByLayer(노란색) 그대로 설정
(가장 두꺼운 두께로 설정한 색상)

마지막 선도 입면도 외곽선
: ByLayer(노란색) 그대로 설정
(가장 두꺼운 두께로 설정한 색상)

① 문틀에 작업한 무한대선 클릭 선택

4번 Cyan으로 변경
(평면도의 문 색상과 동일)

* 내부 벽체: Green(초록색)
  문 및 창문: Cyan(하늘색)
  붙박이 가구: Magenta(자주색)
  (평면도 선 색상이 기준)

11 Line 명령으로 가로 중심선과 겹치면서 세로 벽체선을 연결하는 바닥선과 천장선을 만든다.

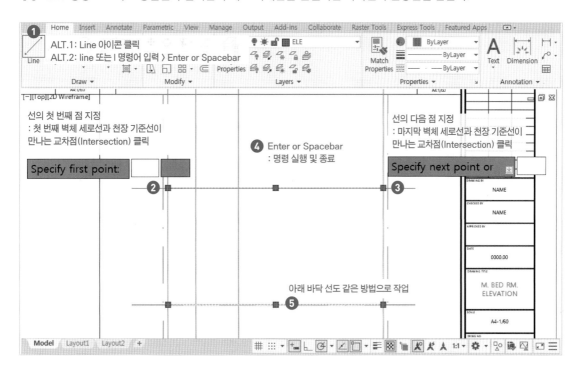

12 Trim 명령으로 천장과 바닥선 바깥의 세로선을 잘라서 정리한다.

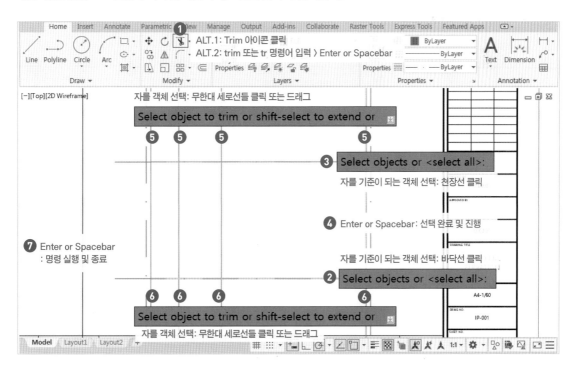

13 이번에는 우물천장 입면을 작업한다. 먼저 Xline 명령으로 평면도에서 천장선의 끝점을 각각 클릭하여 무한대의 세로선을 만든다.

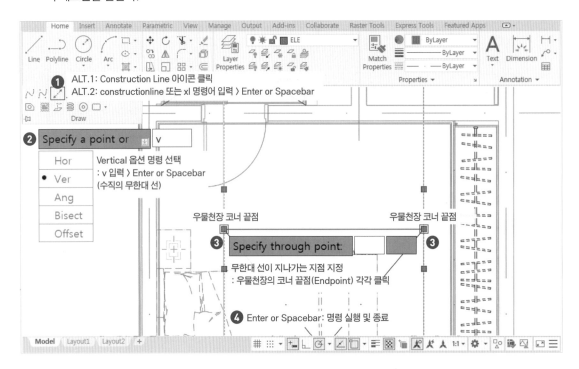

14 입면도에서 Offset 명령으로 우물천장의 높이만큼 필요한 선을 하나 더 만든다.

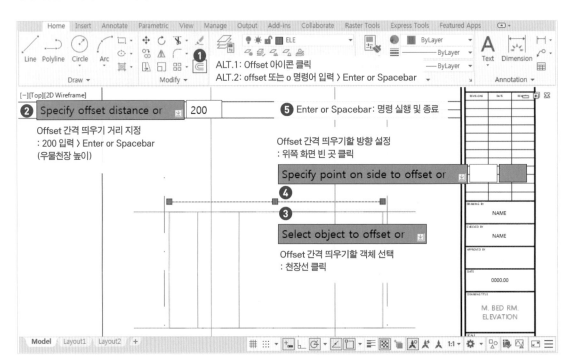

15 Trim 명령으로 불필요한 부분을 자르거나 Delete 키를 눌러 삭제하여 우물천장 선을 정리한다.

입면도 도면 이미지 참고

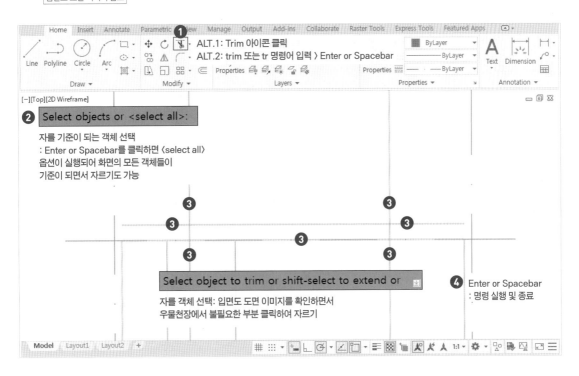

16 자르고 남은 부분은 선택하여 Delete 키를 눌러 삭제한다.

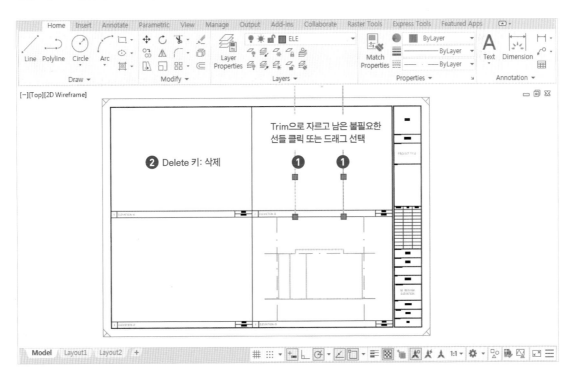

17 Line 명령으로 우물천장의 측면에 부분선을 그린다.

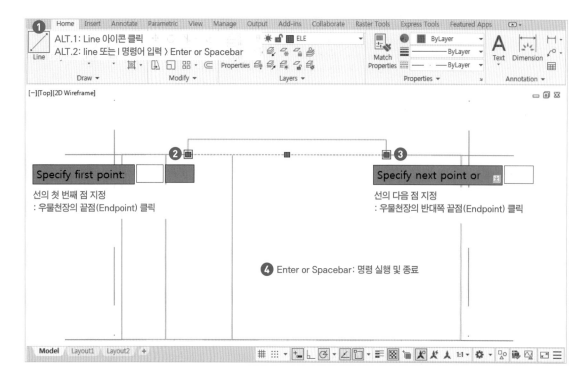

18 측면선은 얇은 선으로 표현되어야 하므로 Properties 패널에서 색상(Color)을 9번(회색)으로 변경한다.

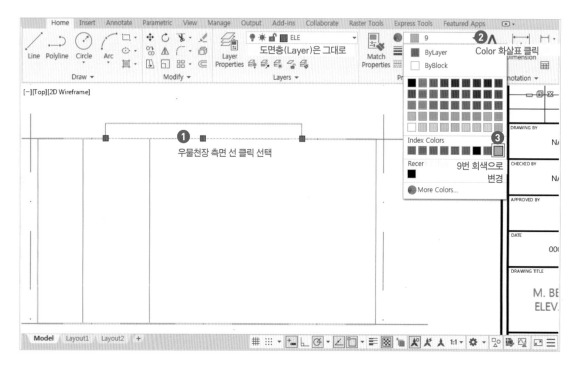

19 이번에는 문을 작업한다. 먼저 Offset 이나 Copy 명령으로 설정한 문틀 두께(45mm)만큼 문틀 안쪽 선을 만든다(또는 Xline 명령으로 평면도에서 문틀의 안쪽 끝점을 클릭하여 무한대의 세로선으로 작업).

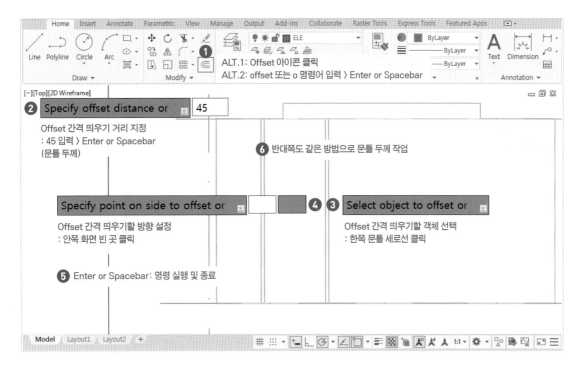

20 Offset 명령으로 바닥선을 문의 높이(2100mm)만큼 위로 간격을 띄운다(Copy 명령으로도 작업 가능).

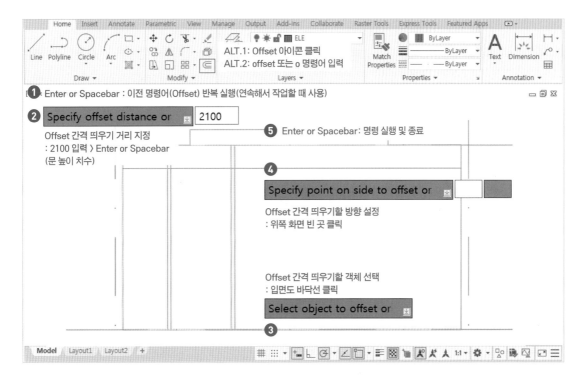

21 다시 Offset 명령으로 문틀 두께만큼 간격을 띄운다(Copy 명령으로도 작업 가능).

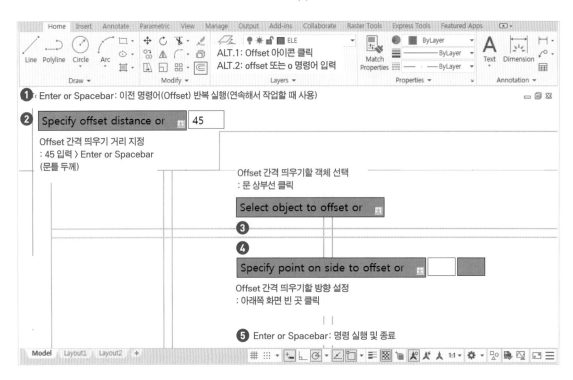

22 Match Properties 명령으로 Offset 작업한 문틀 가로선도 같은 속성으로 일치시킨다(또는 가로선을 선택하고 Properties 패널에서 색상(Color)을 변경하는 방법도 가능).

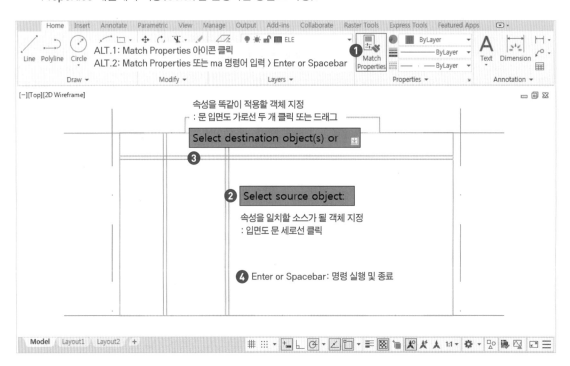

23 Trim 명령으로 문틀의 불필요한 부분을 잘라서 정리한다(Fillet 명령으로도 작업 가능).

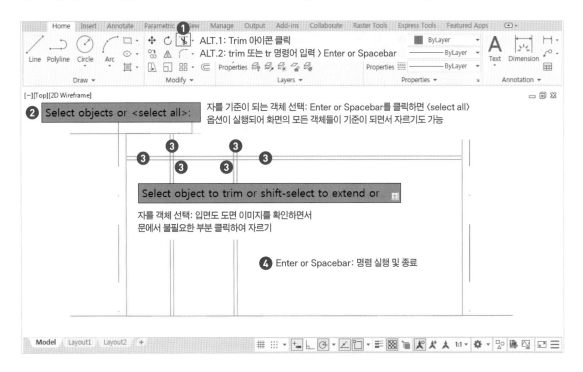

24 Polyline 명령으로 입면도 문이 열리는 방향 표시선을 만든다. 평면도에서 문이 열리는 방향 확인

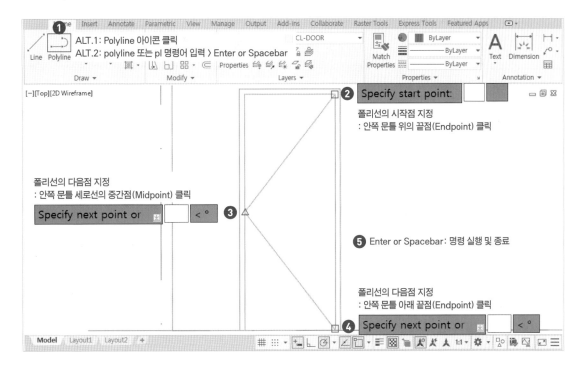

25 작업한 폴리선은 가상의 선이기 때문에 Properties 패널에서 색상(Color) 및 선 종류(Linetype)를 얇은 일점쇄선으로 설정한다.

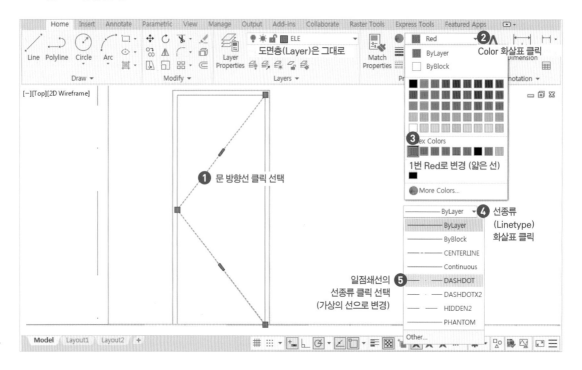

26 문손잡이 블록(Block) 파일을 불러오기 위해 Insert 명령을 실행한다. 설정창이 뜨면 Browse 버튼을 클릭하고 'ELEVATION BLOCK' 자료 폴더에서 DOOR HANDLE 블록(Block) 파일을 선택하여 가져온다.

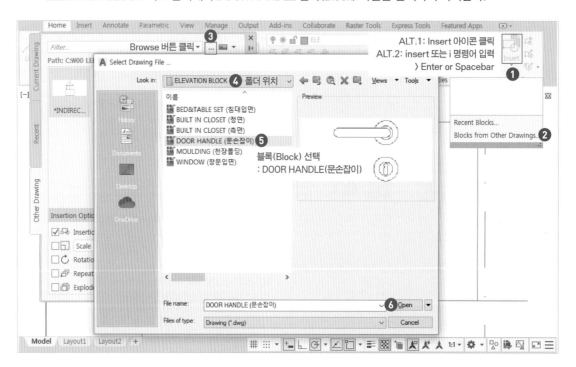

27 임의로 화면의 빈 곳을 클릭하여 문손잡이 블록(Block)을 배치한다.

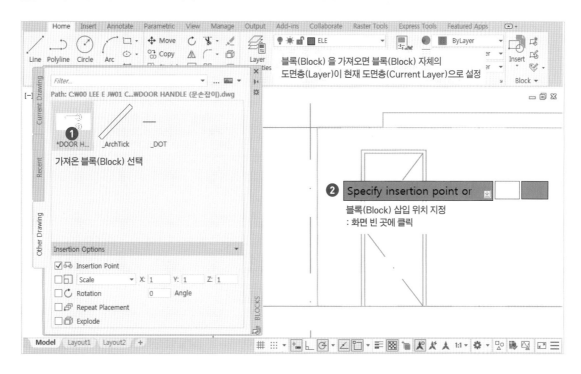

28 블록(Block)의 Base point 위치가 멀리 지정되어 있으면 블록(Block)이 한 번에 보이지 않을 수 있다. 이 경우,
마우스 가운데 휠을 더블클릭(Zoom Extents 명령)으로 모든 객체가 전체 화면에 보이게 설정한다.

29 문손잡이의 위치를 확인하고 Grip을 이용하여 블록(Block)을 이동한다(Move 명령으로도 이동 가능).

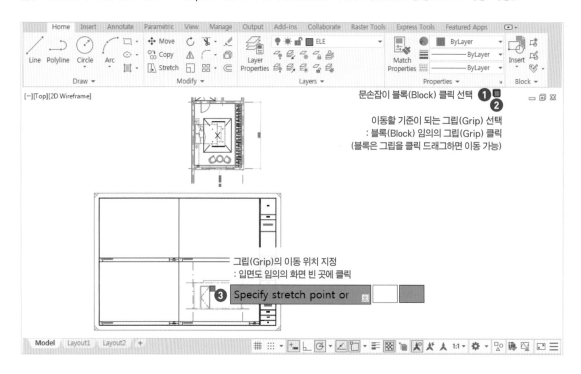

30 문손잡이 위치를 지정하기 위해 Offset 명령으로 바닥선에서 950mm 위로 간격을 띄운다(Copy 명령으로도 작업 가능).

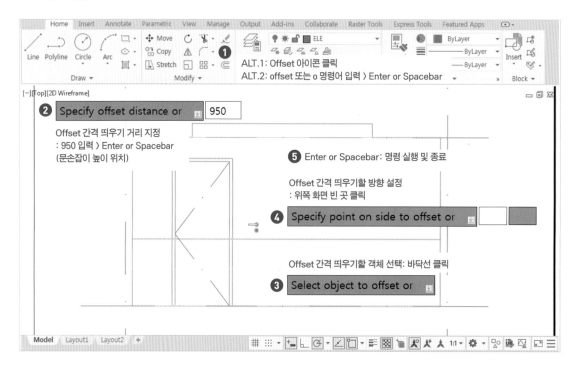

31 다시 Offset 명령으로 문틀 안쪽 선에서 90mm 옆으로 간격을 띄운다(Copy 명령으로도 작업 가능).

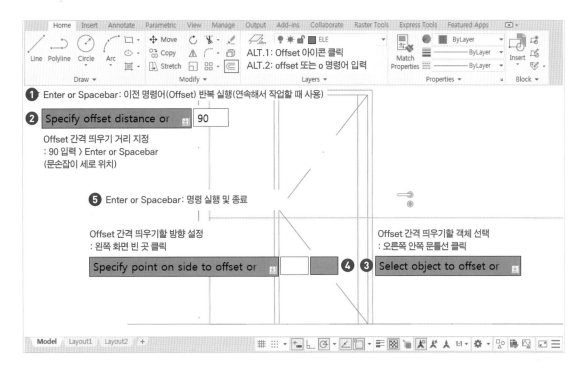

32 문손잡이 회전축의 Grip을 클릭하고 작업한 가로선과 세로선이 만나는 교차점으로 이동한다.

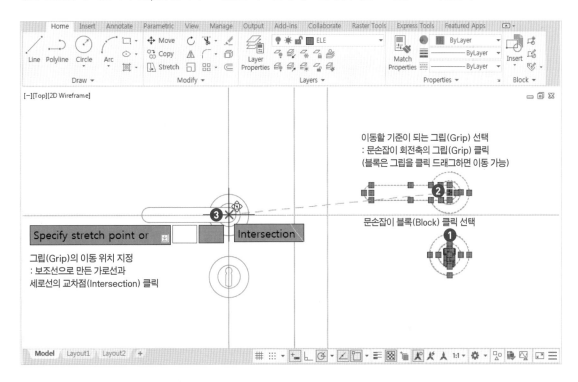

33 보조선으로 만든 가로선과 세로선은 선택하여 Delete 키로 삭제한다.

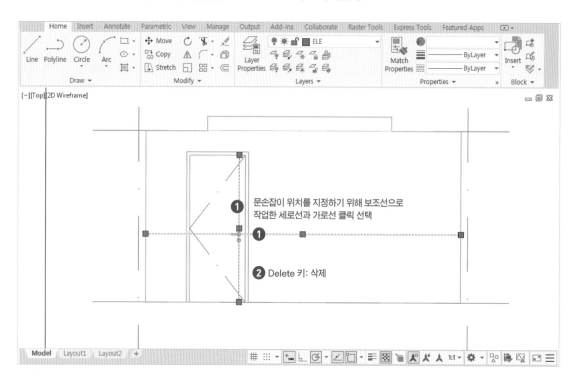

34 이번에는 몰딩 단면 블록(Block) 파일을 불러오기 위해 Insert 명령을 실행한다. 설정창이 뜨면 Browse 버튼을 클릭하고 'ELEVATION BLOCK' 자료 폴더에서 MOULDING 블록(Block) 파일을 선택하여 가져온다.

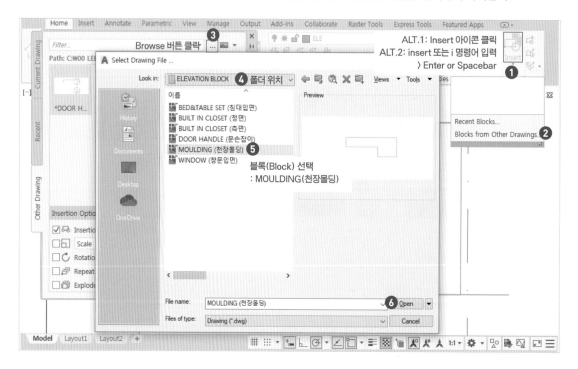

35 임의로 화면의 빈 곳을 클릭하여 몰딩 단면 블록(Block)을 배치한다.

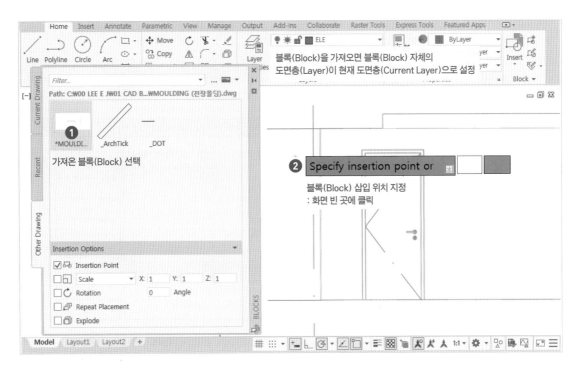

36 벽체와 천장이 만나는 코너 부분에 몰딩 단면 블록(Block)이 위치해야 한다. 블록(Block)의 Grip을 이용하여 한쪽 벽체 코너 끝점에 블록(Block)을 이동한다(Move 명령으로도 이동 가능).

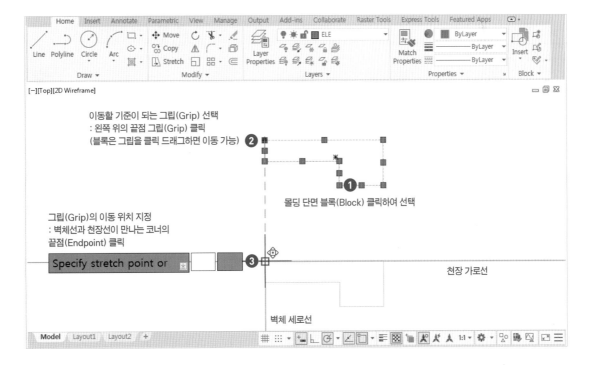

37 Mirror 명령으로 반대쪽 벽체와 천장이 만나는 코너 부분에 대칭 복사한다.

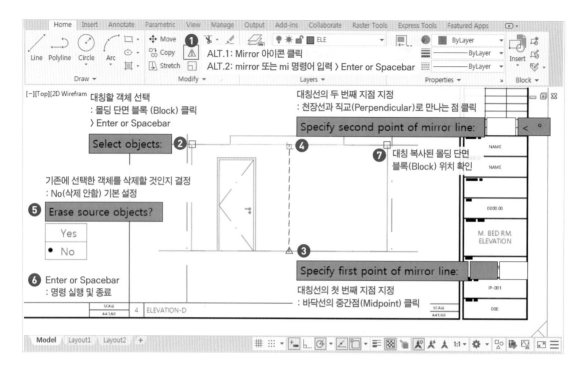

38 Line 명령으로 몰딩 단면의 아래 끝점을 연결하는 몰딩 측면선을 그린다.

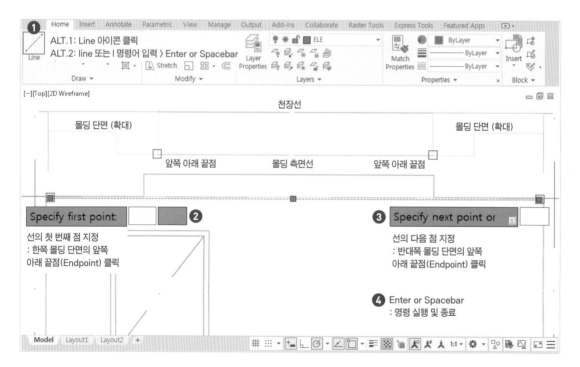

39 가장 얇은 선으로 표현되어야 하므로 몰딩 측면선을 선택하고 Properties 패널에서 색상(Color)을 1번 Red 또는 5번 Blue로 변경한다.

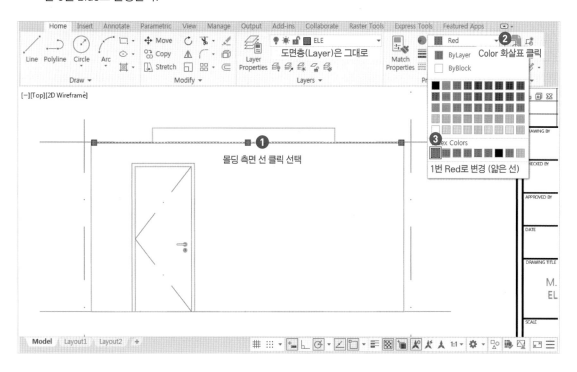

40 이번에는 바닥과 벽체가 만나는 부분에 걸레받이를 작업한다. 먼저 Offset 명령으로 바닥선을 위로 걸레받이* 높이(60mm)만큼 간격을 띄운다.

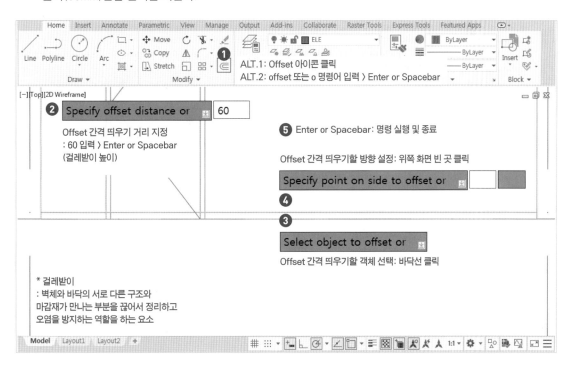

41 얇은 선으로 표현되어야 하므로 선택하여 Properties 패널에서 색상(Color)을 9번(회색)으로 변경한다.

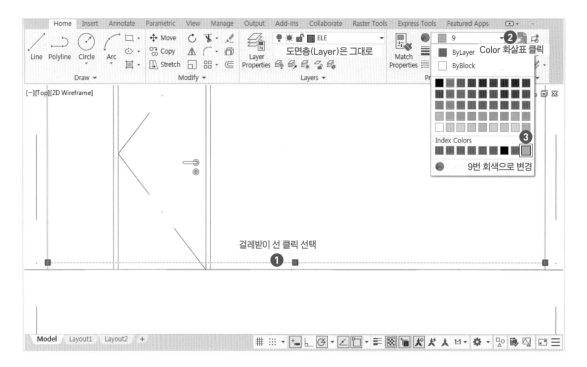

42 문에는 걸레받이가 없으므로 Trim 명령으로 필요 없는 부분을 잘라낸다.

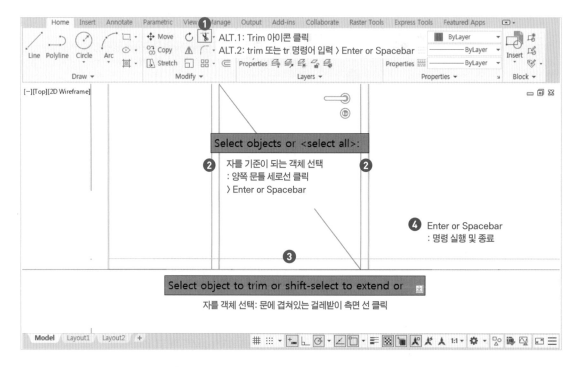

43 입면도에서 붙박이 가구 블록(Block)을 작업하기 위해 현재 도면층(Current Layer)을 'ELE-FUR(Builtin)' 도면층으로 설정한다.

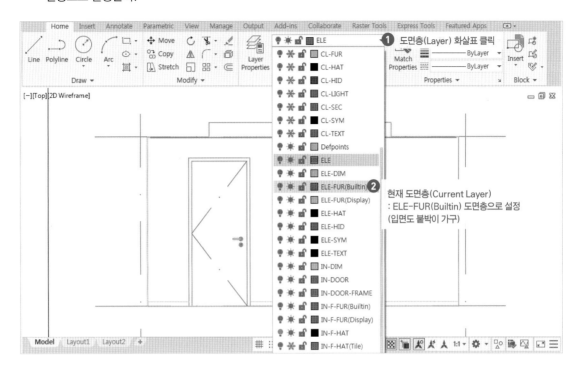

44 붙박이 가구 블록(Block) 파일을 불러오기 위해 Insert 명령을 실행한다. 설정창이 뜨면 Browse 버튼을 클릭하고 'ELEVATION BLOCK' 자료 폴더에서 원하는 블록(Block) 파일을 선택하여 가져온다.

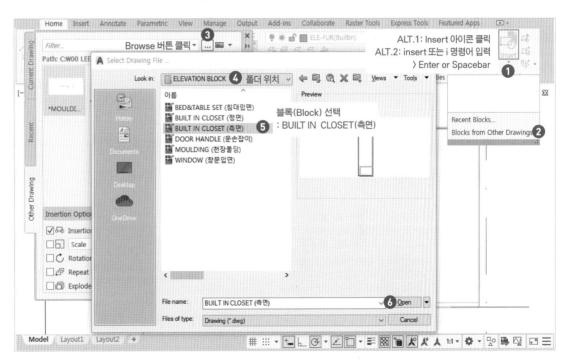

45 임의로 화면의 빈 곳을 클릭하여 가구 단면 블록(Block)을 배치한다.

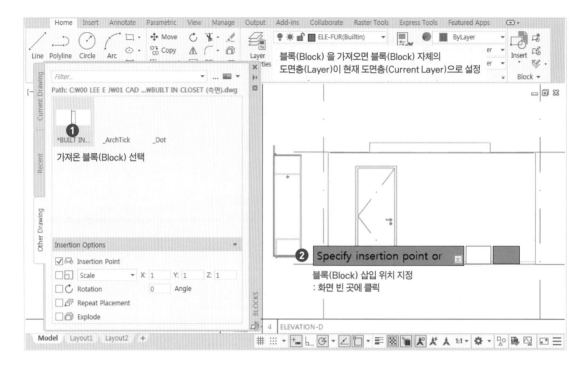

46 블록(Block)의 Grip을 이용하여 벽체 끝점에 블록(Block)을 이동한다(Move 명령으로도 이동 가능).

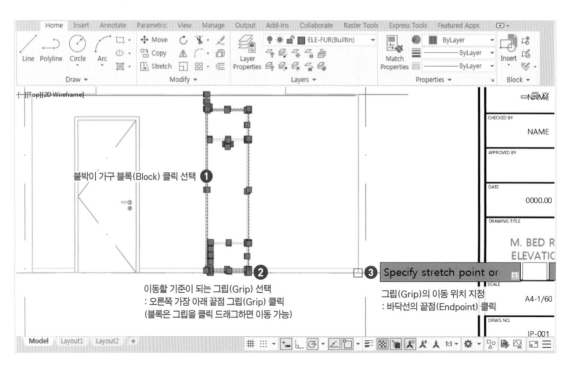

47 천장 몰딩 및 걸레받이는 붙박이 가구에서 끝나거나 앞으로 배치되어야 한다. 먼저 Trim 명령으로 걸레받이 선을 붙박이 가구 부분까지 자른다.

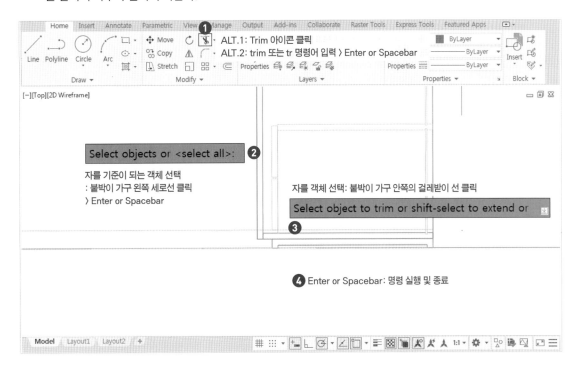

48 벽체 끝점에 위치한 천장 몰딩 단면 블록(Block)을 붙박이 가구 앞으로 이동시킨다.

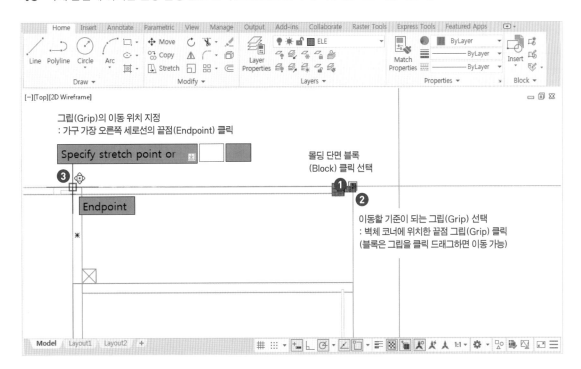

49 몰딩 측면선도 Grip을 이용하여 이동시킨 몰딩 단면 블록(Block)까지 길이를 조정한다(Trim 명령으로 잘라서 정리 가능).

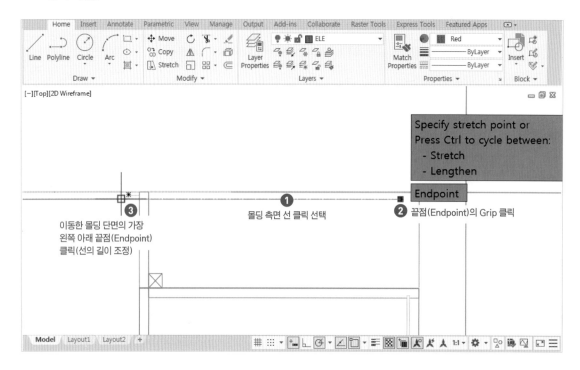

50 벽체가 가장 중요한 요소이기 때문에 위에 위치해야 한다. 따라서 벽체 위에 위치한 붙박이 가구 블록(Block)을 선택하고 Draw Order 명령을 이용해서 순서를 가장 뒤로 보낸다.

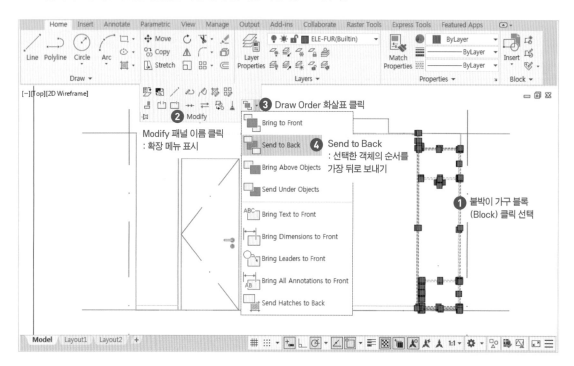

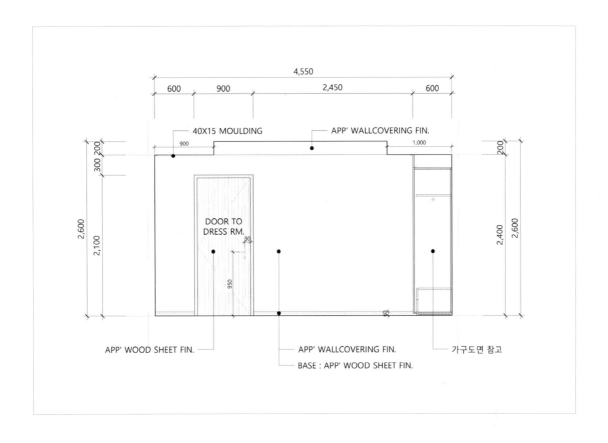

01 마감재 패턴(Hatch) 작업을 하기 위해 현재 도면층(Current Layer)을 'ELE-HAT' 도면층으로 설정한다.

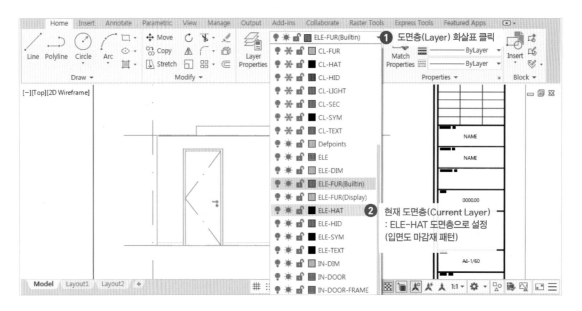

02 해치(Hatch) 명령을 실행하고 해치 패턴을 적용할 도면층(Layer)와 색상(Color)을 확인하고 설정한다.

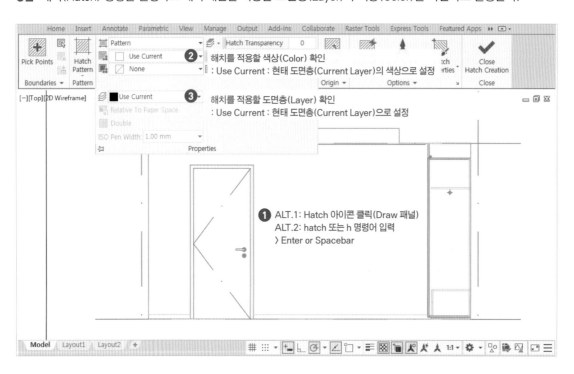

03 Hatch 패턴을 AR-RROOF 나무결 패턴으로 설정하고 걸레받이 내부 화면 빈 곳을 클릭하여 해치를 적용시킨다.

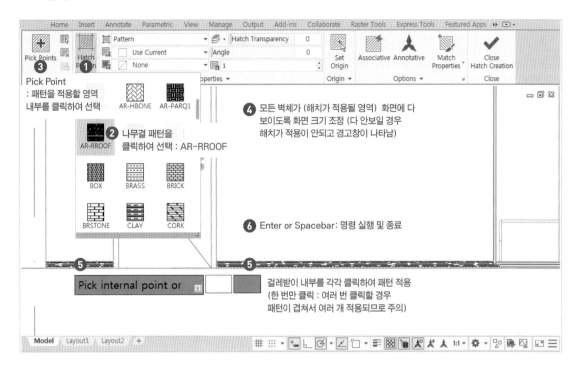

04 적용한 해치를 클릭하여 선택하여 해치 편집 모드에서 상황에 따라 항목을 조정한다.

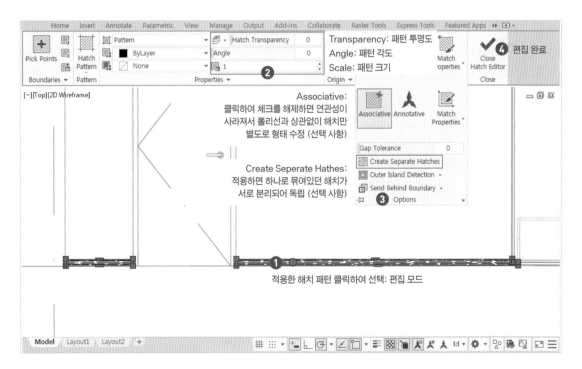

05 다시 해치(Hatch) 명령을 실행하고 문에도 같은 방법으로 같은 패턴을 적용한다(각도는 90도로 회전하고 패턴의 크기는 3정도로 적절하게 조정).

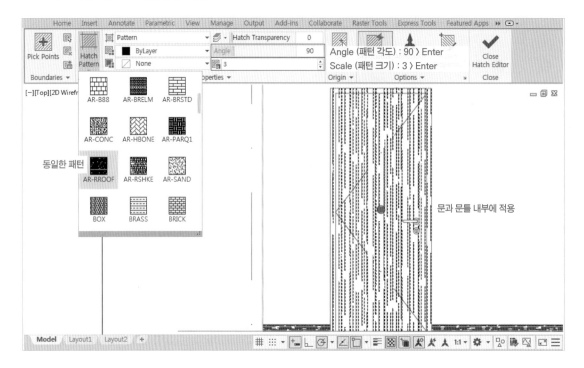

06 이번에는 문자 작업을 하기 위해 현재 도면층(Current Layer)을 'ELE-TEXT' 도면층으로 설정한다.

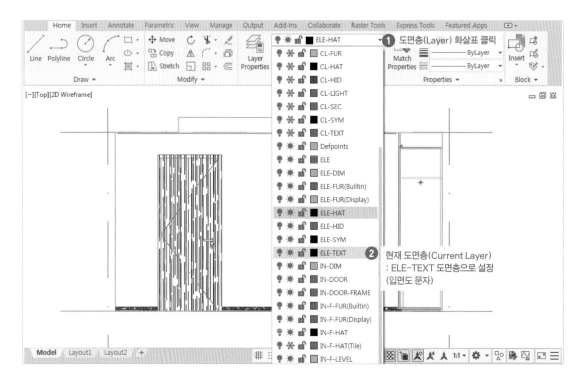

07 Annotation 패널의 확장 메뉴에서 Text Style을 평면도와 동일한 스타일로 설정한다.

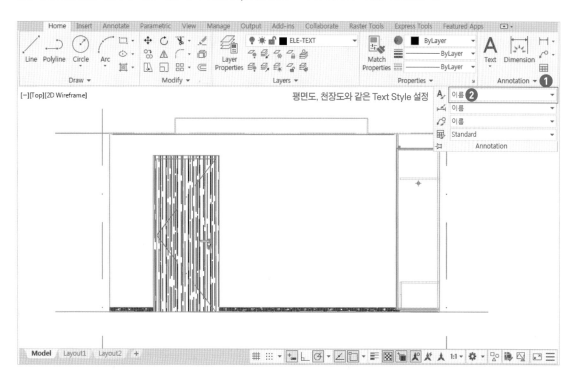

08 Multiline Text 명령을 사용하여 일반 문자를 작성한다. 1:1 크기 = 1.5mm x 도면 축척(Scale)

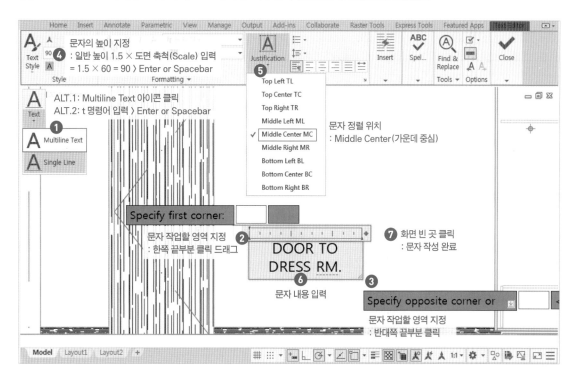

09 문자의 가운데 그립을 클릭 드래그하여 적절한 위치에 이동한다.

10 이번에는 지시선 및 치수의 위치를 설정하기 위해 현재 도면층(Current Layer)을 'Defpoints' 도면층으로 설정한다.

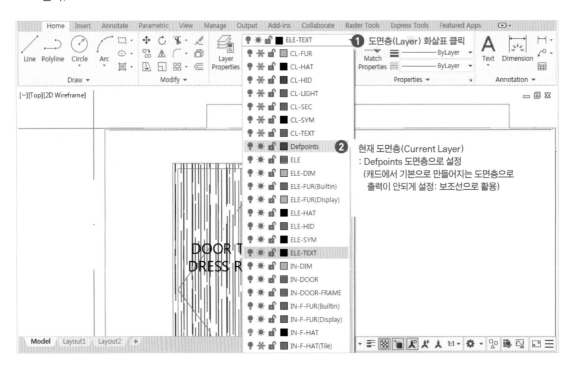

11 Rectangle 명령으로 입면도 도면 전체의 크기에 맞춰 사각형을 만든다.

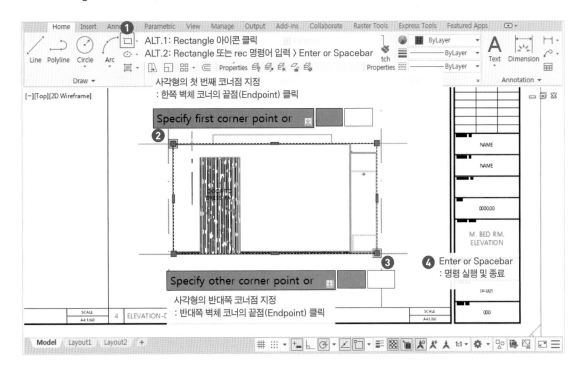

12 지시선 및 치수의 시작점 위치를 지정하기 위해 Offset 명령으로 중심선의 끝점 위치로 사각형을 간격을 띄워 복사한다.

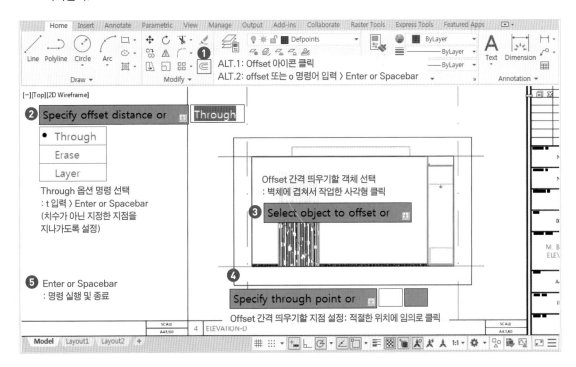

13 입면도 벽체에 겹쳐서 작업한 사각형은 필요 없으므로 선택하여 삭제한다.

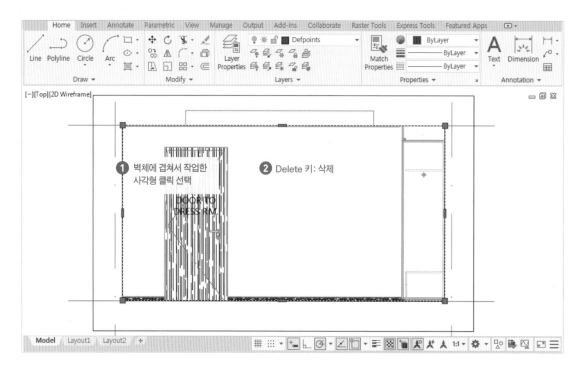

14 Trim 또는 Extend 명령으로 중심선의 길이를 Offset 작업한 사각형의 위치에 맞게 정리한다.

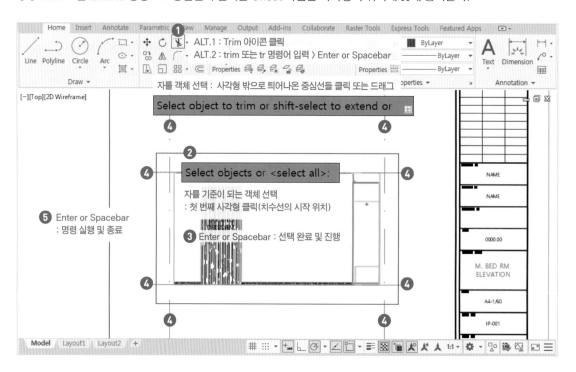

15 첫 번째 사각형은 치수의 시작점 위치이므로 도면 아래 부분에는 필요 없다. 따라서 사각형을 선택하고 그립 (Grip)을 이용하여 아래 가로선의 위치를 바닥선까지 조정한다.

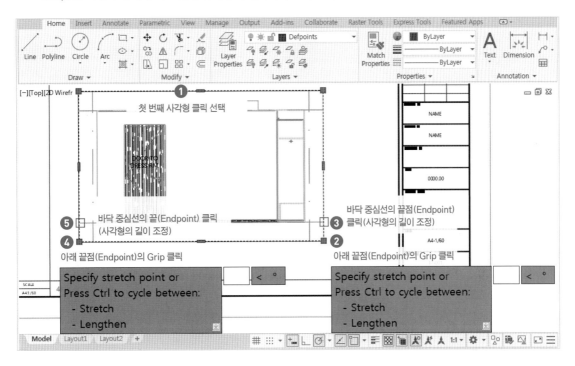

16 첫 번째 지시선 및 치수선의 위치를 지정하기 위해 다시 Offset 명령으로 사각형의 간격을 띄운다.

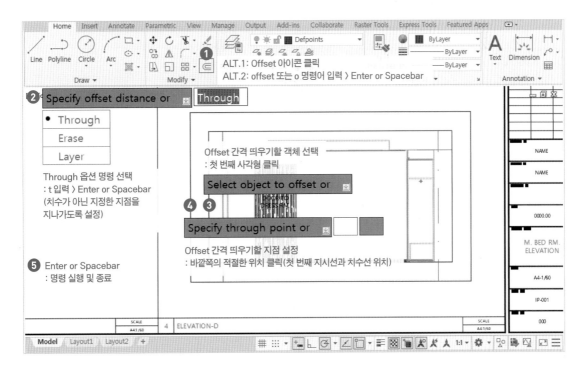

17 두 번째 지시선 및 치수선의 위치도 지정하기 위해 다시 Offset 명령으로 사각형을 간격을 띄워 복사한다.

> 첫 번째 치수선과 두 번째 치수선의 간격: 1:1 크기 4mm × 도면 축척(Scale)

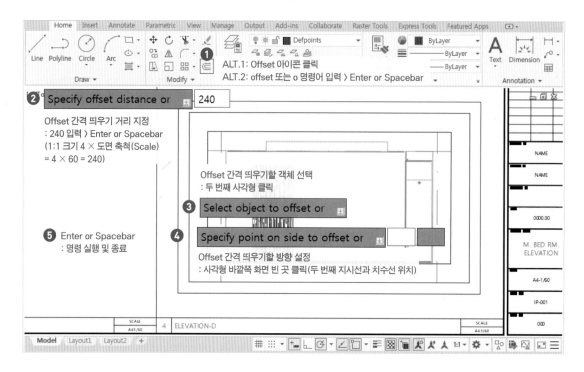

18 사각 보조선의 작업이 끝났으면 입면도 마감재를 설명하기 위한 지시선을 작업한다. 지시선 작업을 위해 현재 도면층(Current Layer)을 'ELE-SYM' 도면층으로 설정한다.

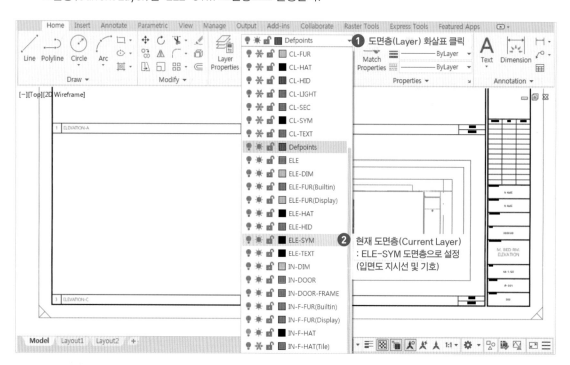

19 Annotation 패널의 확장 메뉴에서 Multileader Style 설정을 클릭하고 Modify를 눌러 편집 창을 연다.

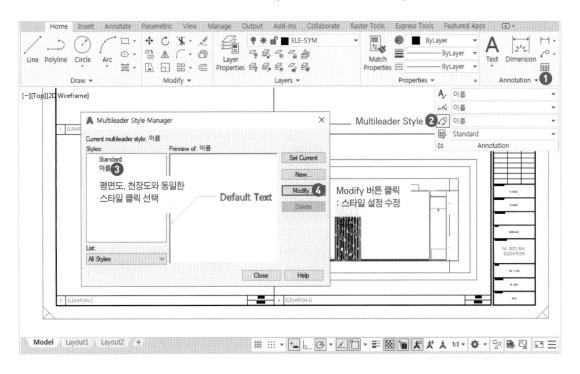

20 편집 창이 나타나면 Leader Structure 탭의 Scale 항목을 입면도 축척(Scale)과 동일하게 변경한다.

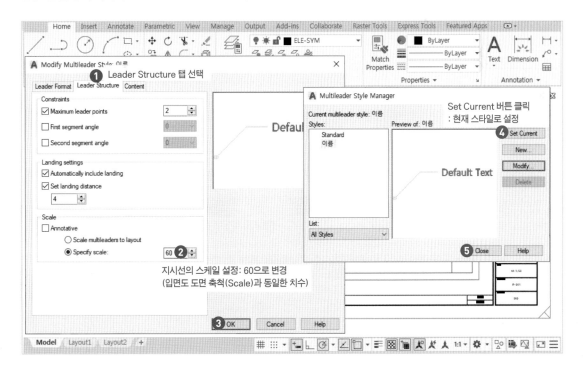

21 Leader 명령으로 첫 번째 지시선을 보조선 위에 직선으로 하나 만든다. 마감재 문자 내용은 입면도 도면 이미지 참고

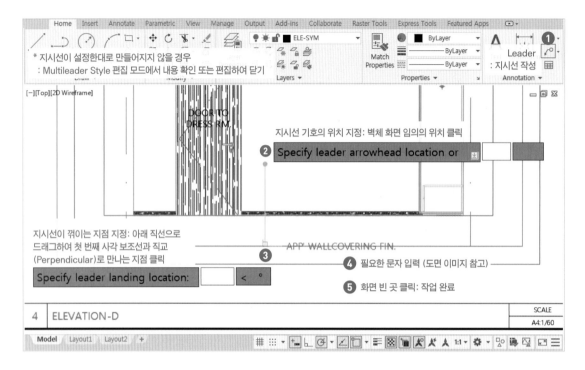

22 작업한 지시선을 아래의 보조선 위에 복사하여 배치한다(앞과 같이 지시선을 새로 만들어 배치해도 된다).

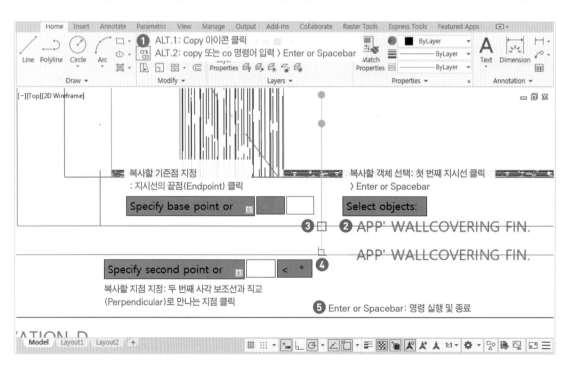

23 복사한 지시선의 문자를 더블클릭하여 수정해야 하는 문자 부분을 드래그하고 다른 내용으로 변경한다.

입면도 도면 이미지 참고

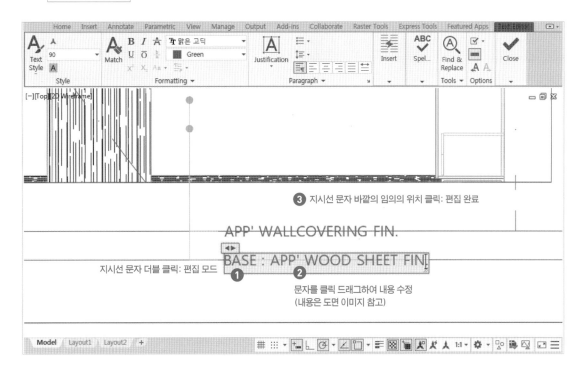

③ 지시선 문자 바깥의 임의의 위치 클릭: 편집 완료

APP' WALLCOVERING FIN.

지시선 문자 더블 클릭: 편집 모드 ① BASE : APP' WOOD SHEET FIN. ②

문자를 클릭 드래그하여 내용 수정
(내용은 도면 이미지 참고)

24 복사한 지시선을 선택하고 그립(Grip)을 이용하여 알맞은 마감재 위로 지시선 기호의 위치를 조정한다.

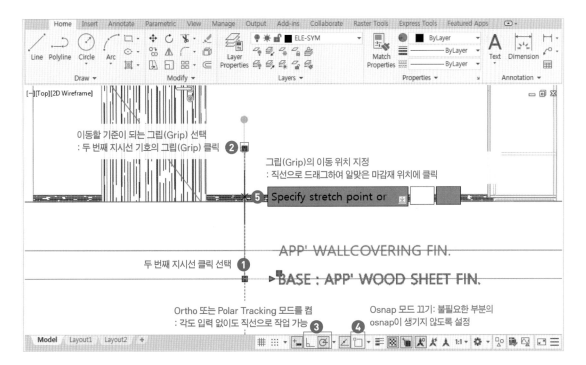

이동할 기준이 되는 그립(Grip) 선택
: 두 번째 지시선 기호의 그립(Grip) 클릭 ②

그립(Grip)의 이동 위치 지정
: 직선으로 드래그하여 알맞은 마감재 위치에 클릭

⑤ Specify stretch point or

APP' WALLCOVERING FIN.

두 번째 지시선 클릭 선택 ① ►BASE : APP' WOOD SHEET FIN.

Ortho 또는 Polar Tracking 모드를 켬
: 각도 입력 없이도 직선으로 작업 가능 ③

Osnap 모드 끄기: 불필요한 부분의
osnap이 생기지 않도록 설정 ④

25 입면도 도면 이미지를 확인하면서 다른 마감재의 지시선도 같은 방법으로 작업한다(지시선을 배치할 부분이 부족할 경우 Mirror 명령으로 지시선의 방향을 반대로 대칭시켜 조정).

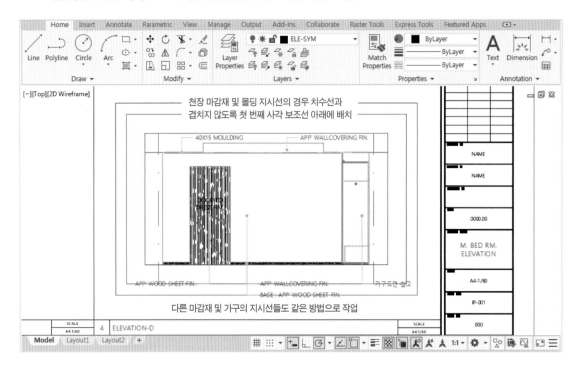

26 치수를 작업하기 위한 보조선을 추가로 작업하기 위해 현재 도면층(Current Layer)을 'Defpoints' 도면층으로 다시 설정한다.

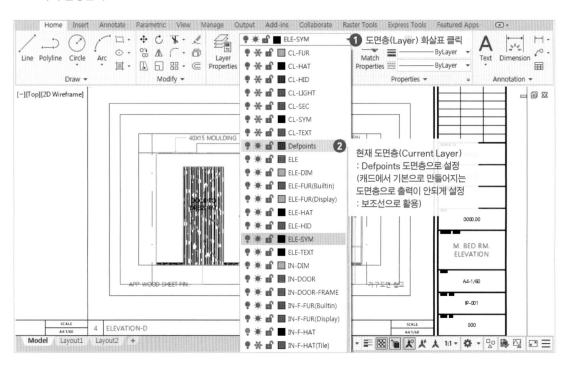

27 Line 명령으로 도면에서 치수를 작업해야 하는 위치에서 첫 번째 사각 보조선까지 선을 그린다.

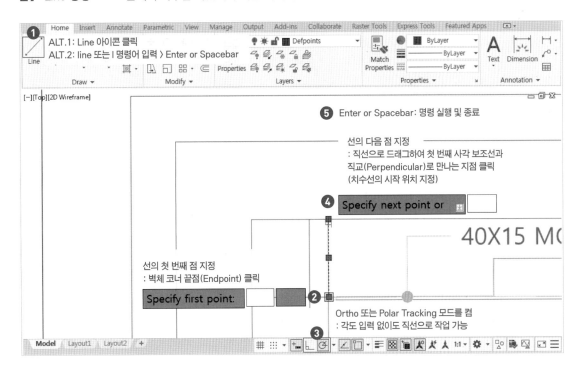

28 다른 부분에도 같은 방법으로 직선의 보조선을 작업한다. 입면도 도면 이미지 참고

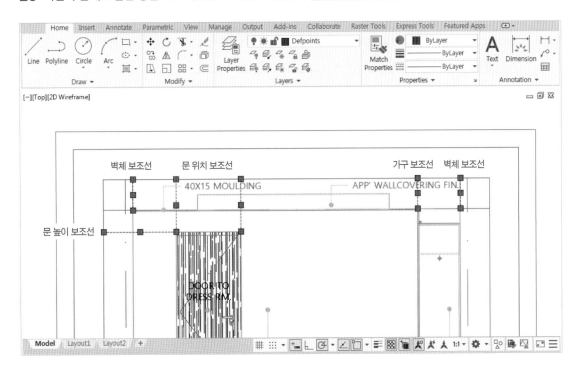

29 보조선 작업이 완료되면 치수를 작업하기 위해 현재 도면층(Current Layer)을 'ELE-DIM' 도면층으로 설정한다.

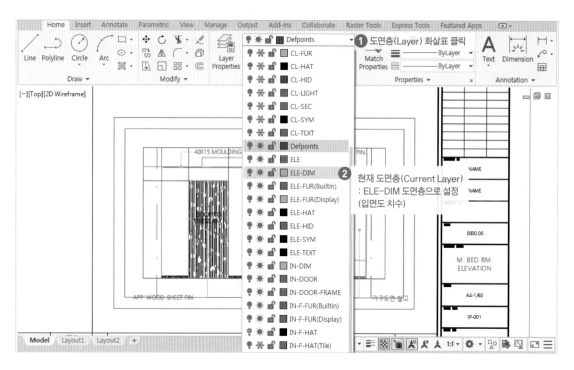

30 Annotation 패널의 확장 메뉴에서 Dimension Style 설정을 클릭하고 Modify를 눌러 편집 창을 연다.

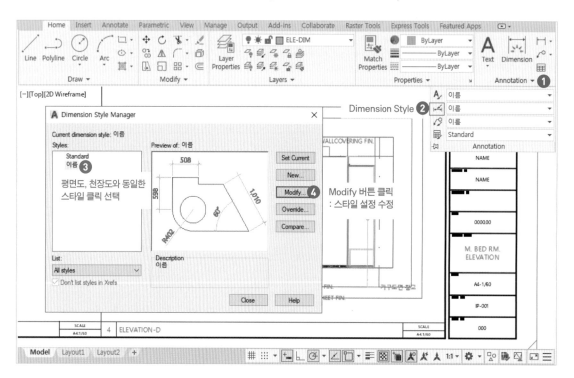

31 편집 창이 나타나면 Fit 탭의 Use overall scale of 항목을 입면도 축척(Scale)과 동일하게 변경한다.

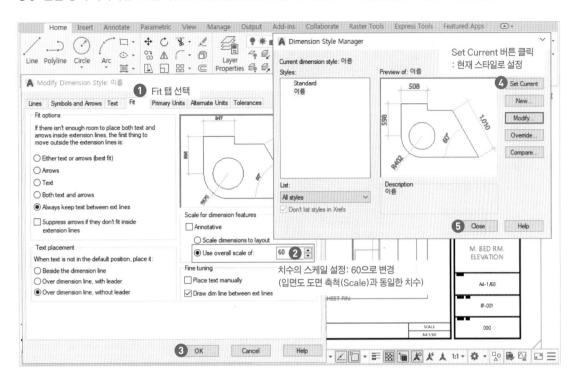

32 Linear 또는 Dimension 명령으로 도면에서 치수를 하나 만든다.

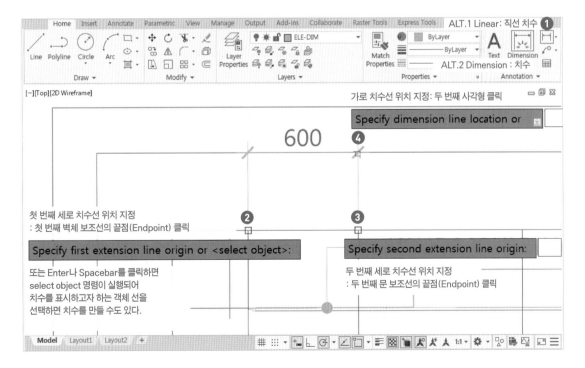

33 기존 치수를 선택하고 Grip(그립)의 Continue 옵션(또는 Dimension 명령 사용)으로 연속된 치수선을 만든다.

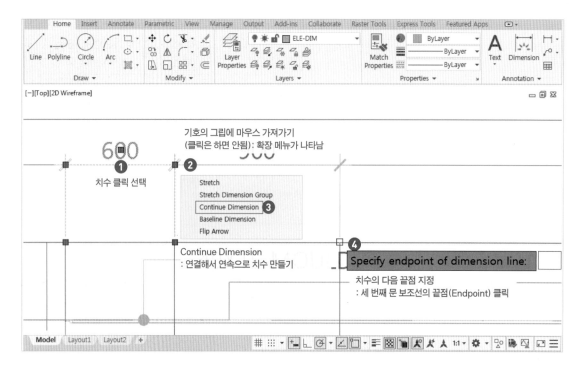

34 연속해서 첫 번째 치수선을 완성한다.

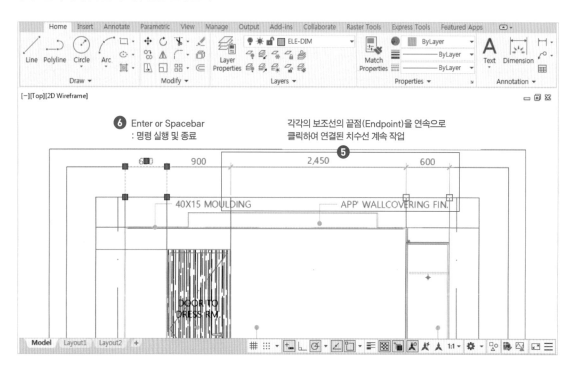

35 기존 치수를 다시 선택하고 Grip(그립)의 Baseline 옵션(또는 Dimension 명령 사용)으로 두 번째 줄의 전체 치수선을 만든다.

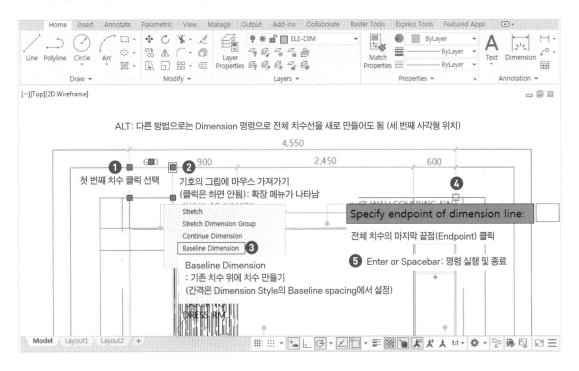

36 다른 위치에도 같은 방법으로 치수를 만든다. 입면도 도면 이미지 참고

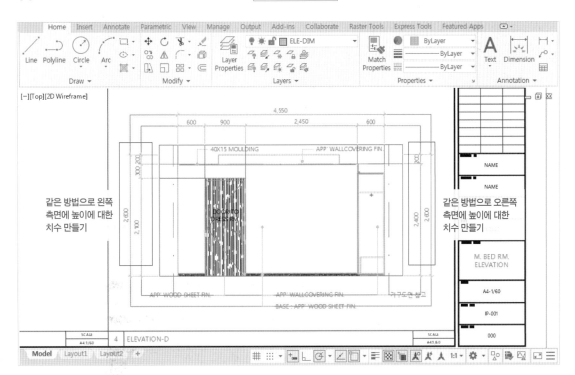

37 필요에 따라 도면 내부에도 치수선을 추가로 만든다.

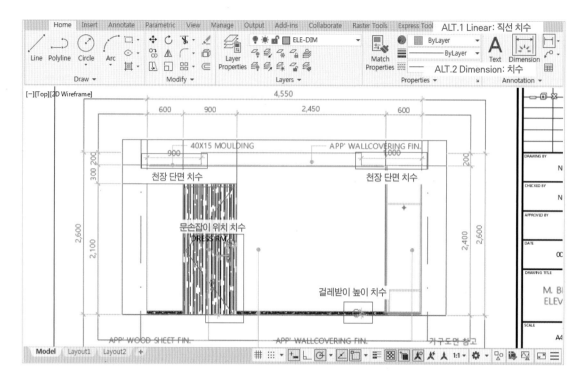

38 도면 내부 치수의 경우 Properties 창에서 스케일을 기본 치수보다 작게 설정한다.

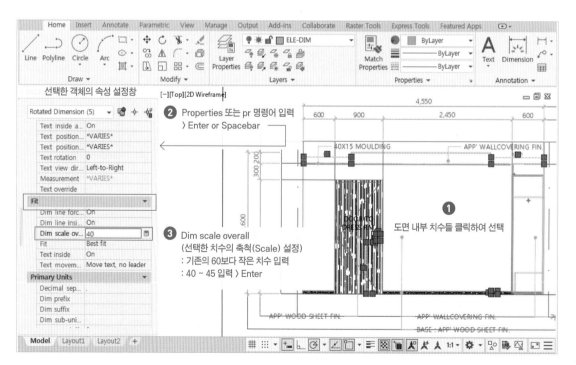

39 문자, 지시선, 기호, 패턴, 치수 등 도면을 설명하는 작업이 완료되었다. 먼저 해치(Hatch) 패턴은 보조적인 부분으로 뒤에 배치되어야 하므로 Draw Order의 Send Hatch to Back 명령을 실행한다.

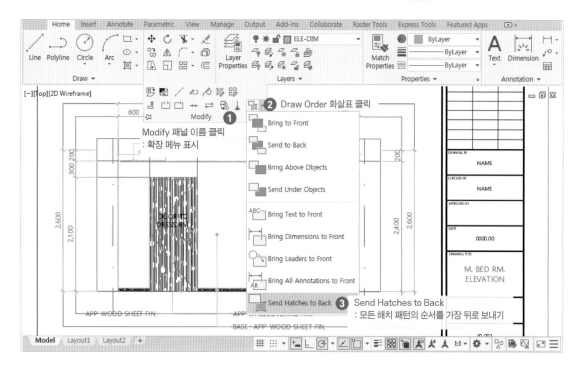

40 이번에는 도면의 중요한 요소(모든 문자, 지시선, 치수)를 가장 앞으로 배치하기 위해 Draw Order의 Bring All Annotations to Front 명령을 실행한다.

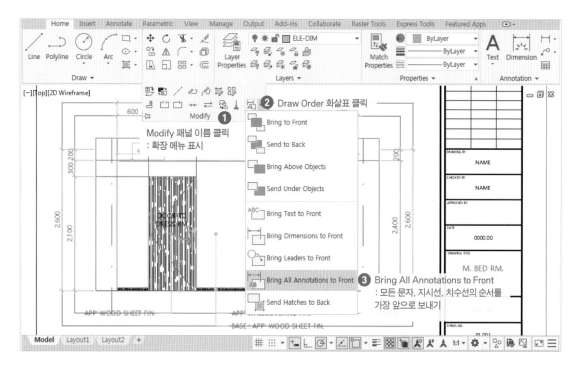

Section 04 | 입면도 도면 완성 및 정리

01 ELEVATION-D 입면도 작업이 완료되었다. 다른 입면도 부분을 작업하기 위해서는 먼저 평면, 천정도면을 선택하고 입면도 방향에 맞게 회전시킨다.

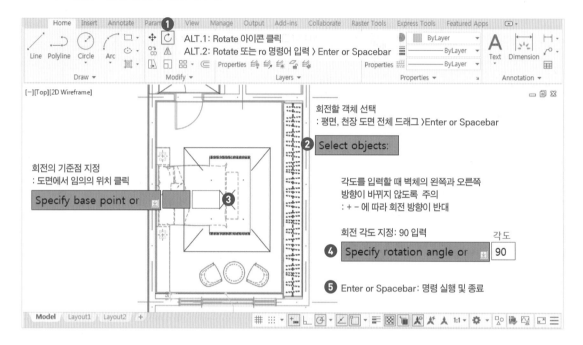

02 도면 양식 및 입면도의 위치가 설정한 입면도 벽체 아래에 위치하도록 이동시킨다.

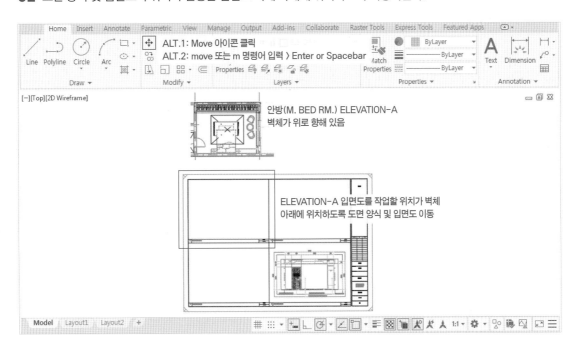

안방(M. BED RM.) ELEVATION-A
벽체가 위로 향해 있음

ELEVATION-A 입면도를 작업할 위치가 벽체
아래에 위치하도록 도면 양식 및 입면도 이동

03 ELEVATION-D 입면도와 같은 방법으로 ELEVATION-A 입면도를 작업한다.

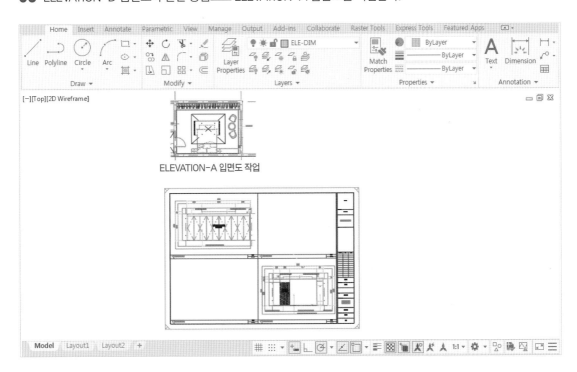

ELEVATION-A 입면도 작업

04 ELEVATION-B, ELEVATION-C 입면도도 같은 방법으로 만들어 안방(M. BED RM.) 입면도 작업을 완료한다.

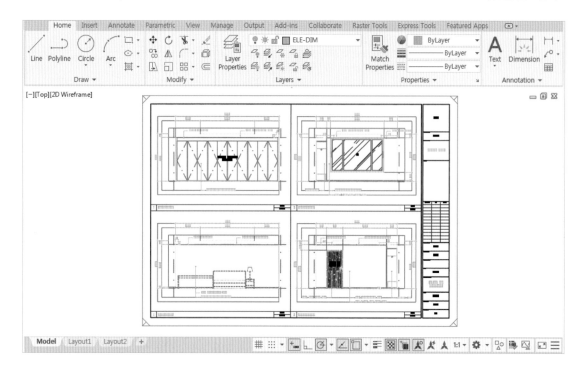

05 Turn All Layers On 명령과 Thaw All Layers 명령으로 꺼져있던 평면도, 천장도 도면층(Layer)을 모두 화면에 보이도록 켠다.

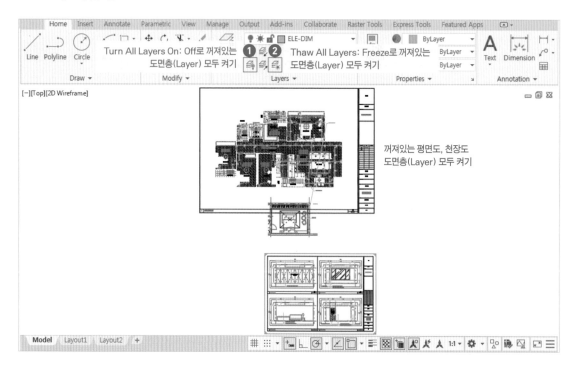

06 입면도 파일에서 평면도와 천장도는 필요 없으므로 모두 선택하여 삭제한다.

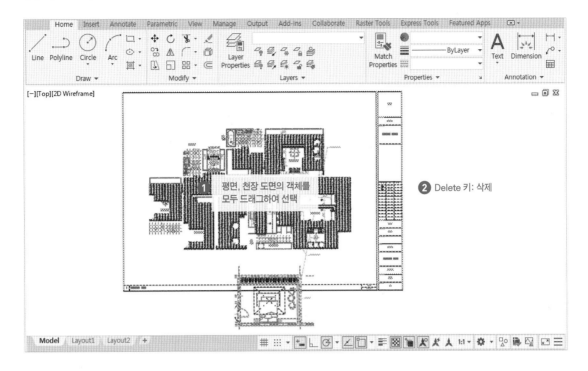

07 Purge 명령으로 사용하지 않는 요소를 삭제하여 전체 도면 상태를 정리한다.

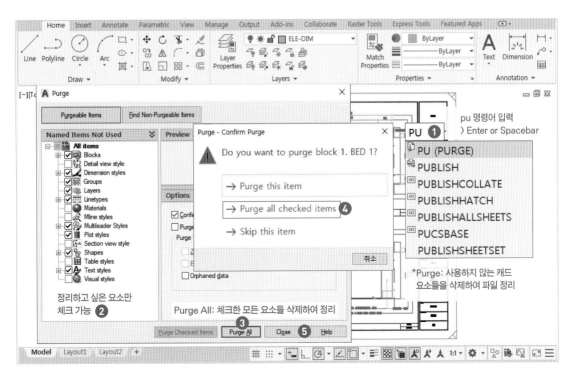

08 평면도, 천장도에서와 같이 Layer Walk 명령으로 입면도 도면층(Layer)을 확인한다.

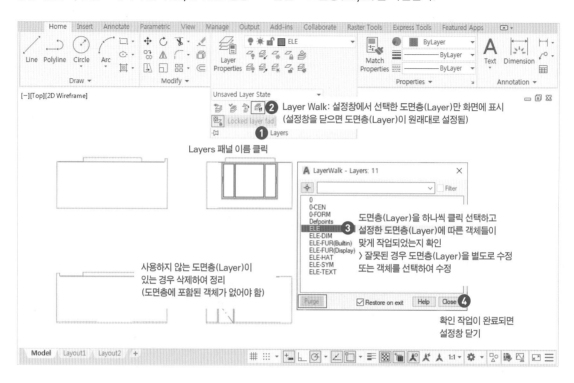

09 도면층 특성창(Layer Properties)을 열고 평면도, 천장도에서와 같은 방법으로 불필요한 도면층(Layer)이나 중복되는 도면층(Layer)을 정리한다.

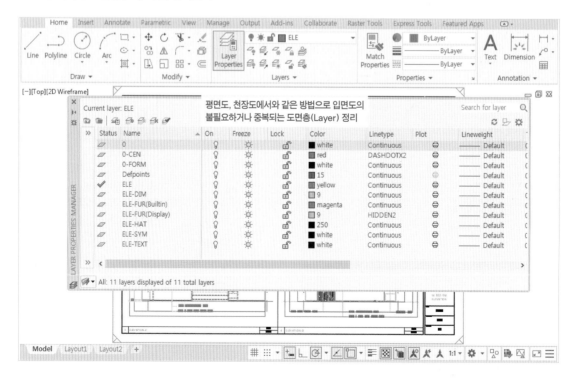

NOTE

PART —————— 08

도면 출력

CHAPTER 1.

출력(Plot) 설정창

도면 작업 시 계산한 도면 축척(Scale)을 기준으로 용지 크기와 출력 스케일을 설정한다. 즉 실제 크기로 작업한 도면을 설정한 축척 치수로 줄여서 선택한 용지에 출력하는 것이다. 예를 들어 도면 축척이 A4 용지 기준으로 1/100일 때 실제 크기로 작업한 도면을 100배 줄이면 A4 용지에 출력할 수 있는 것이다.

또한 도면을 진행할 때 1:1 크기에 축척(Scale)을 곱하여 작업한 도면 양식과 도면 정보[1]가 다시 축척(Scale) 치수로 줄여서 용지에 1:1 크기로 출력된다. 따라서 서로 다른 축척의 모든 도면을 같은 크기의 기호로 확인할 수 있어 통일성을 가진다. 예를 들어 도면 축척이 1/100일 때 캐드 도면에서는 일반 문자 높이를 1.5mm에 100을 곱하여 150mm로 작업한다. 그 후 100배 줄여서 출력하게 되면 용지에 다시 1.5mm 높이로 표현된다.

프린터기에서 종이로 바로 출력할 경우 프린터나 잉크의 종류에 따라 선 두께나 색감이 다르게 나타난다. 따라서 여러 번 시험 출력을 하면서 색상(Color)을 조정하거나 Plot Style에서 색상별 선 두께를 변경하여 최적의 결과물로 출력하도록 한다. 파일로 출력할 경우에도 파일 형식이나 편집할 이미지 프로그램의 종류에 따라서 결과물이 조금씩 다르게 표현되므로 상황에 따라 적절한 설정을 하도록 한다.

Menu 〉 Print 〉 Plot

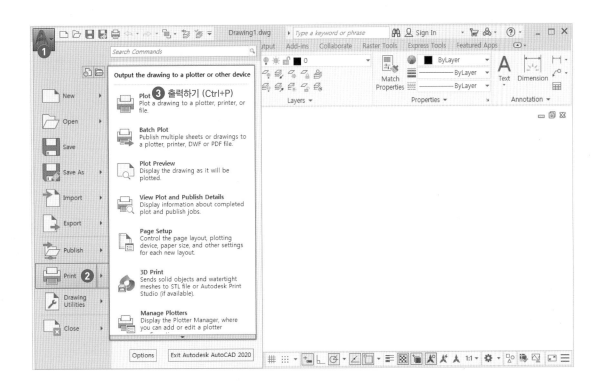

1 문자, 지시선, 기호, 치수 등

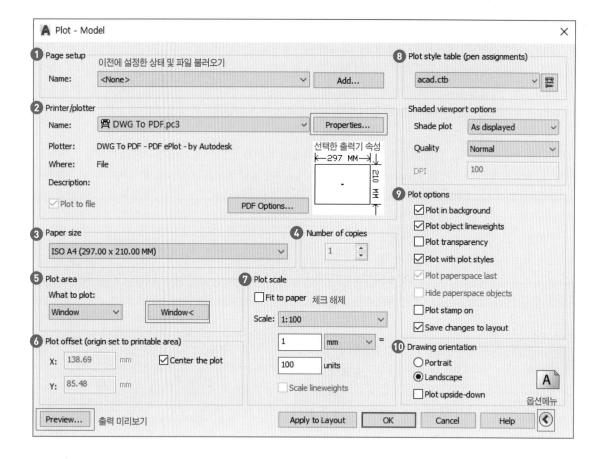

❶ Page setup: 설정 내용을 저장하거나 불러올 수 있다. Previous plot을 선택할 경우에는 이전에 설정한 상태가 표시된다.

❷ Printer/plotter: 출력기를 선택하고 속성을 설정할 수 있다.

• **Name:** 원하는 출력기를 선택한다.

• **Properties:** 선택한 출력기의 속성을 설정하거나 수정한다.

❸ Paper size: 도면의 용지 크기와 방향을 설정한다. A4(297.00 × 210.00 mm)는 A4 크기의 가로 방향 용지이고, A4(210.00 × 297.00 mm)는 A4 크기의 세로 방향 용지이다. 두 가지를 구분하여 선택해야 한다.

❹ Number of copies: 출력할 장수를 설정한다.

❺ Plot area: 출력될 도면의 영역을 선택한다.

• **Display:** 화면에 보이는 부분을 출력한다.

- **Extents:** 전체가 화면에 꽉 차게 출력된다.
- **Limits:** Limits 명령으로 설정된 부분만 출력된다.
- **Window:** 출력할 영역을 화면에서 직접 지정하여 출력한다. 일반적으로 사용

⑥ Plot offset: 용지에서 출력되는 부분의 위치를 조정한다.

- **X:** X 좌표 위치를 지정한다.
- **Y:** Y 좌표 위치를 지정한다.
- **Center the plot:** 용지의 가운데 부분에 출력된다. 체크

⑦ Plot scale: 출력할 축척(Scale)을 설정한다.

- **Fit to paper:** 축척(Scale)과 상관없이 용지 크기에 맞춰서 자동으로 출력된다(지정한 영역의 축척(Scale)을 미리 확인할 수 있다).
- **Scale:** 1/100 축척(Scale)의 도면일 경우 1mm= 100 units 치수로 설정한다.

⑧ Plot style table: 색상(Color)에 따른 선 두께를 지정하여 출력한다. Edit 버튼을 클릭하여 본인만의 출력선 두께를 설정하여 저장하고 설정한 Plot style을 선택한다.

⑨ Plot options: 다양한 옵션을 설정한다.

- **Plot in background:** 출력 상태를 배경으로 지정하여 출력을 실행하는 중에도 다른 작업을 할 수 있다.
- **Plot object lineweights:** 객체의 선 두께를 출력할 것인지 설정한다. 기본적으로 체크
- **Plot transparency:** 투명한 영역을 출력할 것인지 설정한다. 체크하면 EPS 출력할 때 전체가 투명해지기 때문에 체크하지 않음
- **Plot with plot styles:** Plot style을 적용하여 출력할 것인지 설정한다. 기본적으로 체크
- **Save changes to layout:** 현재 상태를 저장하여 다음에 출력할 때 그대로 설정한다.

⑩ Drawing orientation: 출력 방향을 설정한다.
- **Portrait:** 세로 방향으로 출력한다.
- **Landscape:** 가로 방향으로 출력한다.
- **Plot upside-down:** 대칭되어 출력된다.

⑪ Preview: 출력 상태를 미리보기 한다.

> 📢 미리보기에서는 선 두께가 제대로 표현되지 않으므로 출력한 파일이나 용지로 확인해야 한다.

CHAPTER 2.

PLOT STYLE 설정

선 색상(Color)에 따른 선두께, 불투명도 등을 설정하여 사용한다.

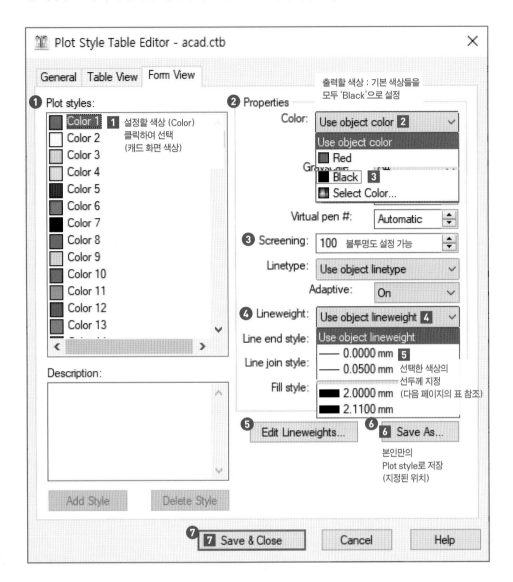

1 ~ 7 : Plot Style 설정 순서

❶ Plot Style: 출력 스타일을 설정할 색상(Color)을 클릭하여 선택한다. 기본 설정은 캐드 화면에서 작업하는 색상(Color)이며, Shift나 Ctrl을 눌러 다중 선택할 수 있다.

❷ Properties: 선택한 색상(Color)에 대한 속성을 설정한다.

• **Color:** 출력할 색상을 선택한다(캐드 화면과 상관없이 출력 시 표현될 색상을 지정). 1번에서 9번까지 기본적으로 사용하는 색상은 모두 Black(검정색)으로 설정한다. Use object color로 설정하면 캐드 화면 색상 그대로 출력된다. 상황에 따라서 흑백이 아닌 색상으로 표현할 색상은 Use object color로 설정한다.

❸ Screening: 선택할 색상(Color)의 불투명도를 설정할 수 있다. 100이면 완전 불투명하고 0이 되면 투명하게 되어 출력이 안된다. 상황에 따라 흐리게 출력하여 세밀한 선 두께를 표현하고자 할 때 사용한다.

❹ Lineweight: 선택한 색상(Color)의 출력할 때 선 두께를 설정한다.

❺ Edit Lineweight: 원하는 선 두께를 편집하여 설정할 수 있다.

❻ Save As: 설정한 Plot style 파일을 지정된 위치에 저장한다. 추후 Manage plot style 명령으로 지정된 폴더를 열어서 복사 및 붙여넣기로 다른 컴퓨터의 캐드 프로그램에서 사용할 수 있다.

❼ Save & Close: 설정한 Plot style을 저장하고 설정창을 닫는다.

색상(Color)별 선 두께(Lineweight) 설정

도면 요소별로 설정한 도면 색상을 출력할 때 출력 색상과 선 두께를 지정한다. 중요한 요소들은 굵은 선, 보조적인 요소들은 얇은 선으로 표현해야 출력된 도면을 쉽고 효율적으로 읽을 수 있다.

캐드 화면 선 색상	출력 색상	선두께 (Lineweight)	도면 요소 (Layer)	캐드 화면 선 색상	출력 색상	선두께 (Lineweight)	도면 요소 (Layer)
1 (RED)	BLACK	0.00	CENTER (중심선) 일점쇄선 보조선	7 (WHITE)	BLACK	0.18	중간 두께의 선
2 (YELLOW)	BLACK	0.30~0.35	WALL (외벽) COL (기둥) ELE (입면 외곽선)	8 (GRAY)	BLACK	0.03	HATCH (타일 패턴) HIDDEN (숨긴선) 얇은 선
3 (GREEN)	BLACK	0.20~0.25	IWALL (내벽) TEXT (문자) SECTION (단면선)	9 (GRAY)	BLACK	0.09	마감재 분리선 치수 및 지시선 선 천장 가구선
4 (CYAN)	BLACK	0.15	WINDOW (창문) DOOR (문) FURNITURE (가구)	10 (RED)	USE OBJECT COLOR	0.00	빨간색으로 출력 (영역 표시)
5 (BLUE)	BLACK	0.00	보조선 아주 얇은 선	11 (PINK)	BLACK	0.00	평면 벽체 마감선
6 (MAGENTA)	BLACK	0.13	FURNITURE (가구) TOILET (화장실) LIGHTING (조명)	250~252 (GARY)	USE OBJECT COLOR	0.00	HATCH (패턴) 보조선 (가장 얇은 선)

CHAPTER 3.

출력(Plot) 실습

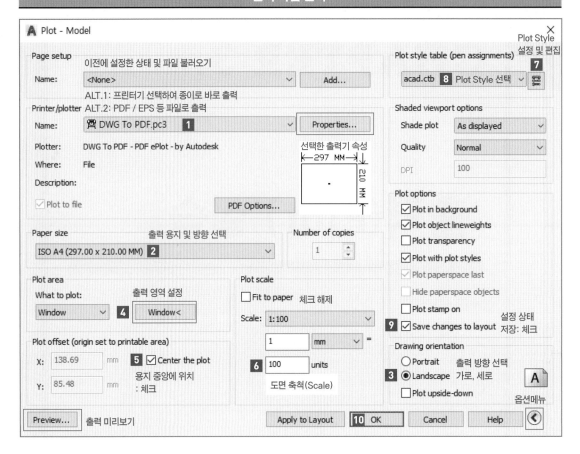

01 출력할 파일을 열고 Print 메뉴의 Plot 명령으로 출력을 실행한다.

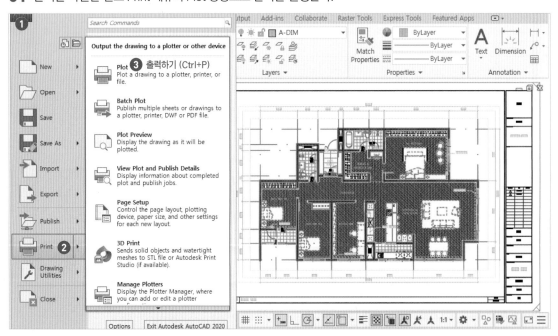

02 DWG To PDF 출력기로 설정하고 A4 용지를 선택한다. 그리고 Plot area 항목을 Window로 선택한다.

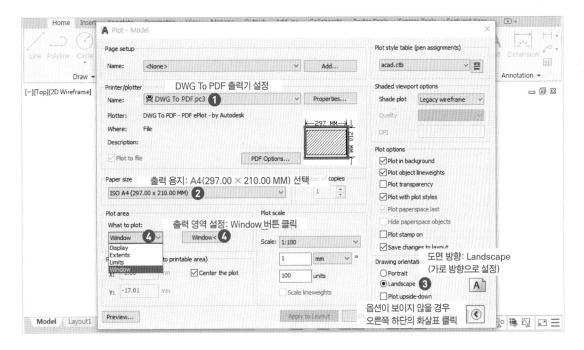

03 캐드 화면이 나타나면 출력할 영역을 지정한 후 다시 출력 창으로 돌아간다.

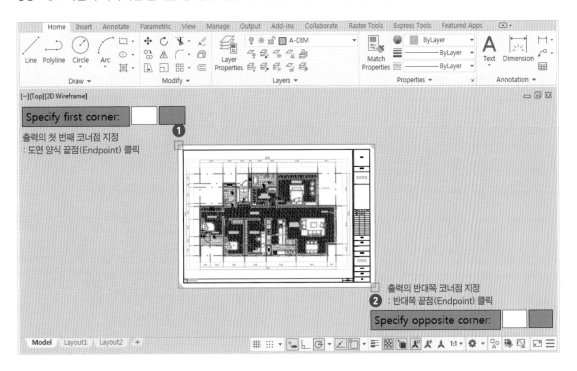

04 Plot offset에서 Center the plot 항목을 체크하고 출력 축척(Scale)을 설정한다. 그리고 Plot style에서 기본 출력 스타일(acad)을 선택하고 Edit 버튼을 클릭한다.

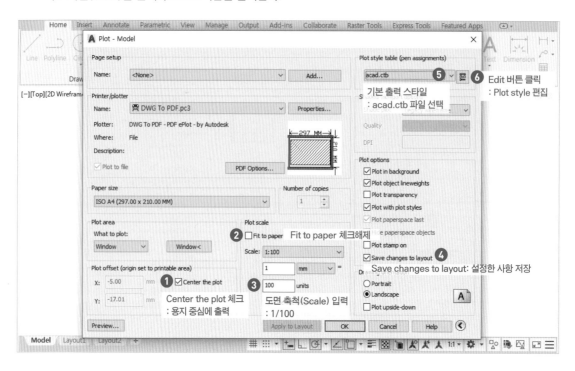

05 Chapter2(이전 챕터)의 내용을 참고하여 색상(Color)에 따른 Plot Style을 설정한다.

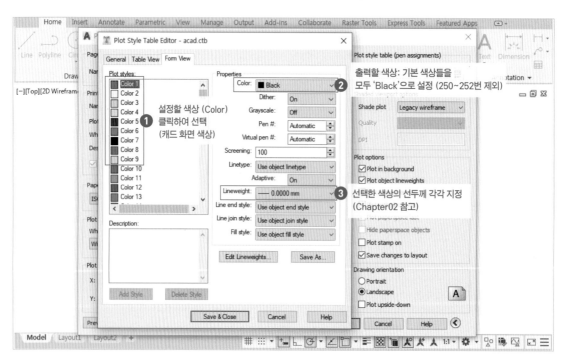

06 8번 회색의 선 두께를 만들기 위해 Edit Lineweights 버튼을 클릭하고 설정 창에서 0.05mm의 선 두께를 0.03mm로 수정한다.

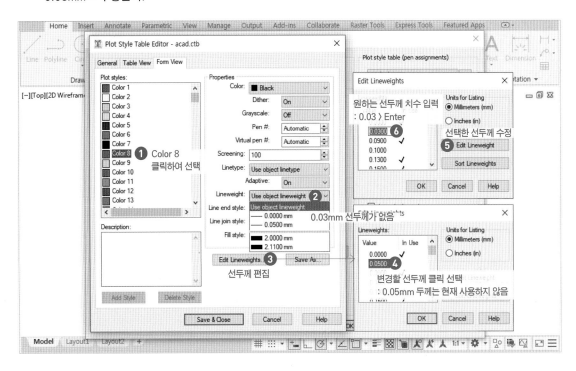

07 다시 Lineweight 항목에서 변경한 선 두께로 설정한다.

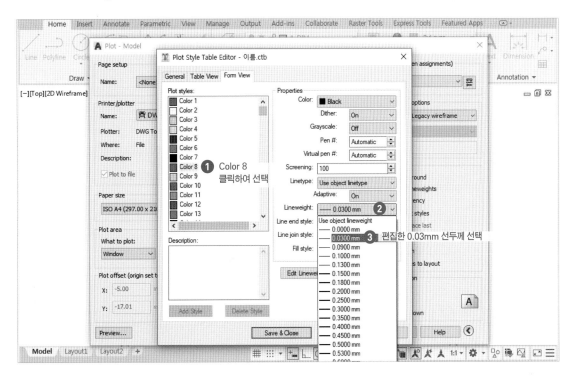

08 Save As 버튼을 클릭하여 지정된 폴더 위치에 본인 스타일의 이름으로 저장한다.

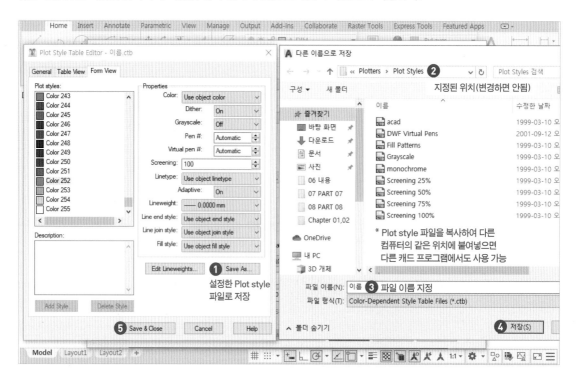

09 Plot style에서 설정하여 저장한 Plot style을 선택하고 Preview 버튼으로 출력을 미리보기 한다.

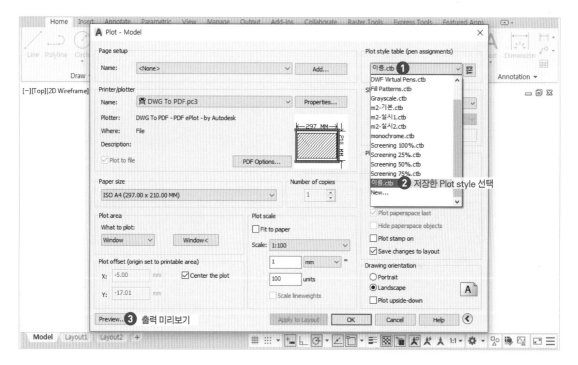

10 미리보기 창에서 도면 양식이 잘려서 표현될 수 있다. 그럴 경우 Printer/plotter 항목에서 Properties 버튼을 클릭하여 선택한 출력기의 속성 창을 연다.

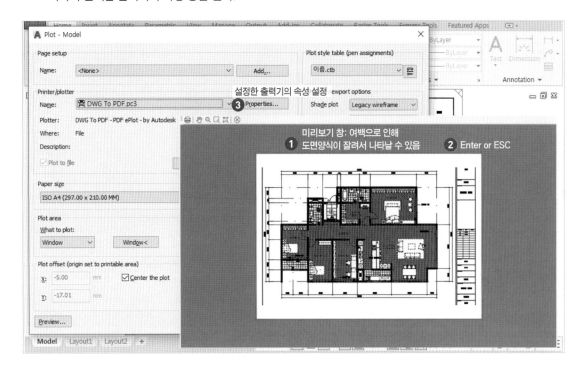

11 Modify Standard Paper Sizes(Printable Area)를 클릭하고 출력과 동일한 용지 크기를 선택한다. 그리고 Modify 버튼을 클릭하여 수정 창을 열고 모든 여백을 0으로 설정한다(선택한 용지에서 여백 없이 출력).

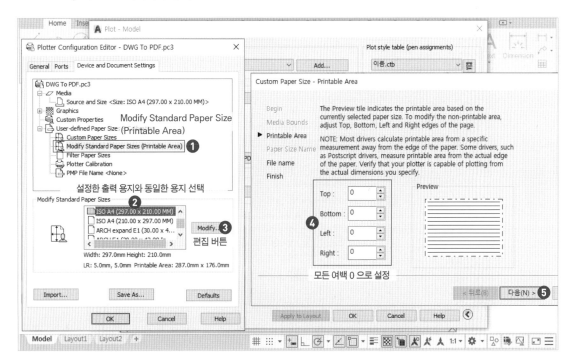

12 다음 버튼을 클릭하고 마침 버튼을 클릭하여 여백 설정을 완료한다.

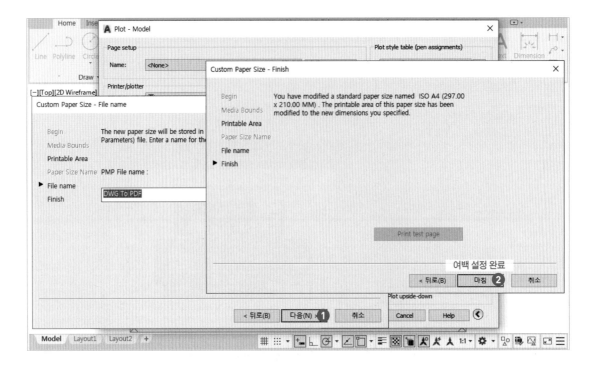

13 설정한 여백을 저장하고 다시 미리보기로 출력 상황을 확인한다.

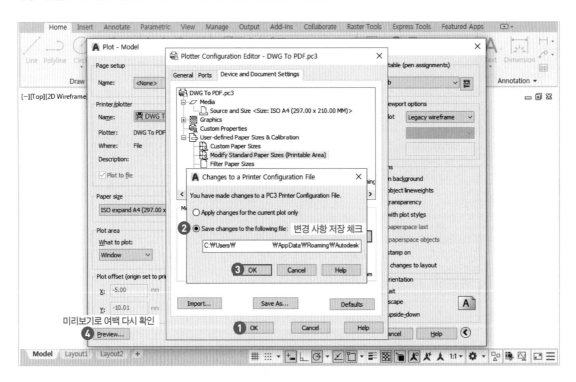

14 출력 창에서 OK 버튼을 클릭한다. 그 후 원하는 위치에 PDF 파일로 출력 저장한다.

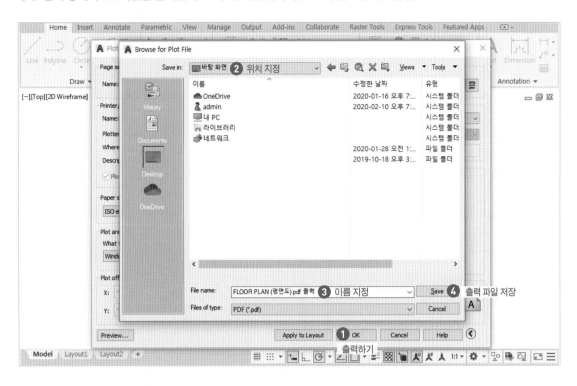

15 Print 메뉴의 Manage Plot style 명령을 실행하면 나타나는 폴더에서 본인이 만든 Plot Style 파일을 확인한다.
(필요에 따라 파일을 복사하고 다른 컴퓨터의 같은 폴더 위치에 붙여넣기하면 사용 가능)

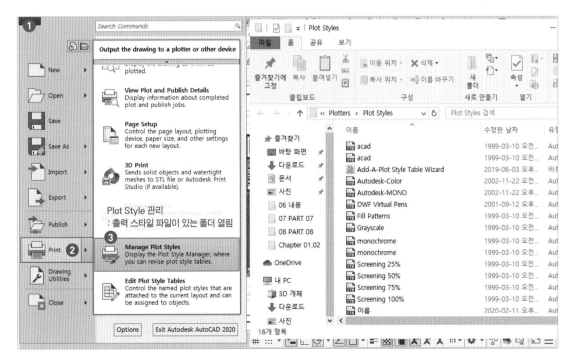

01 Print 메뉴의 Manage Plotters 명령을 클릭하면 나타나는 폴더에서 Add-A-Plotter Wizard 프로그램 파일을 더블클릭하여 실행한다.

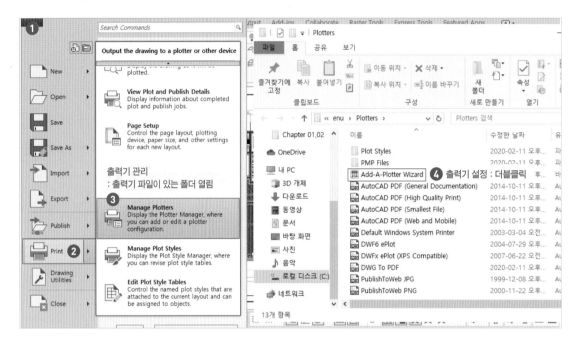

02 계속 '다음' 버튼을 클릭하여 진행한다.

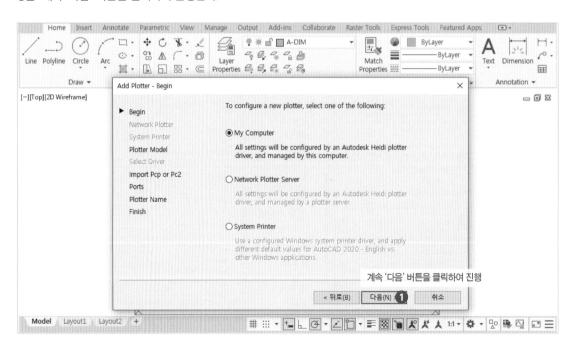

03 Ports에서 Plot to File 항목을 체크하고 '다음' 버튼을 클릭한다.

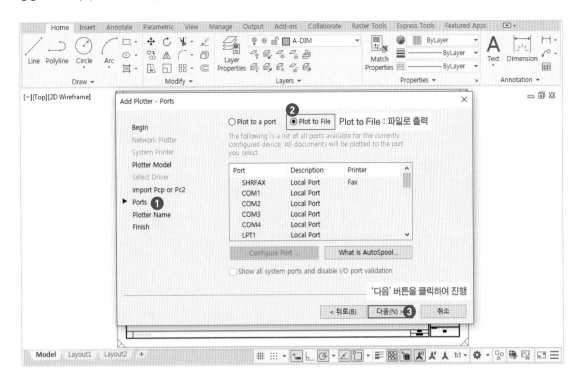

04 Plotter Name에서 본인이 구분할 수 있는 이름을 지정한다.

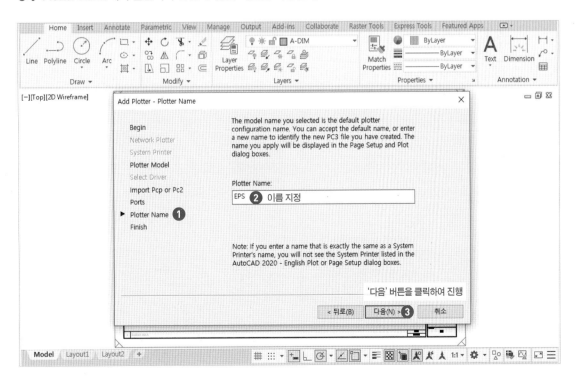

05 Finish에서 '마침' 버튼을 클릭하여 완료한다.

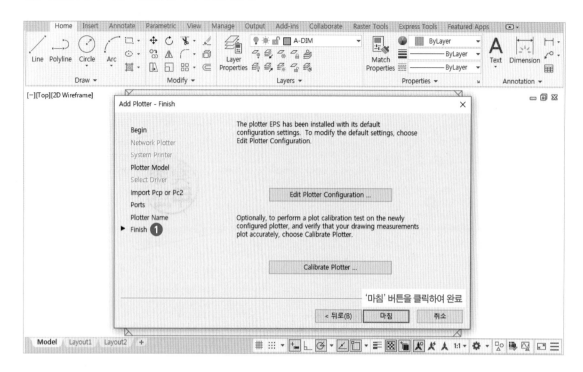

06 출력할 때 Printer/plotter 항목의 Name에서 새로 만든 이미지 출력기(EPS)를 선택하고 앞에서와 같은 방법으로 출력을 진행한다.

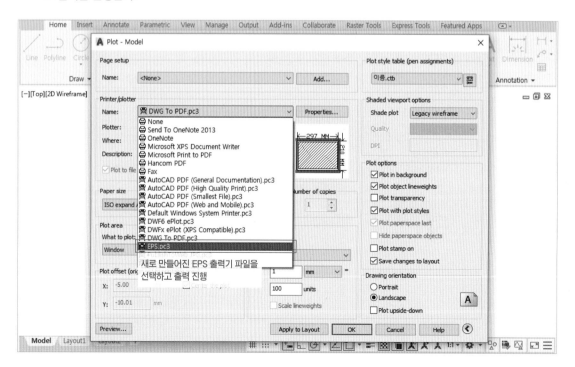

· · · ·
건축·인테리어 도면 입문을 위한
AutoCAD Drawing

1판 1쇄 인쇄 2020년 05월 25일
1판 1쇄 발행 2020년 05월 30일

지 은 이 이은진
발 행 인 이미옥
발 행 처 디지털북스
정　　가 28,000원
등 록 일 1999년 9월 3일
등록번호 220-90-18139
주　　소 (03979) 서울 마포구 성미산로 23길 72 (연남동)
전화번호 (02) 447-3157~8
팩스번호 (02) 447-3159

ISBN 978-89-6088-341-3 (93540)
D-20-11

DIGITAL BOOKS
디지털북스